Humberto Lima Soriano, D.Sc

Professor titular da Faculdade de Engenharia da Universidade do Estado do Rio de Janeiro.
Professor titular aposentado da Escola Politécnica da Universidade Federal do Rio de Janeiro
e da Coordenação dos Programas de Pós-Graduação em Engenharia – COPPE-UFRJ.

Análise de Estruturas

Formulação Matricial e Implementação Computacional

Cópia não autorizada é crime
Lei 9.610 de 19/02/1998
Respeite o direito autoral

EDITORA
CIÊNCIA MODERNA

Editor: Paulo André P. Marques
Capa e Diagramação: Patricia Seabra
Digitalização de Imagens e digitação: Humberto Lima Soriano
Revisão: Sandra Valéria Ferreira de Oliveira
Assistente Editorial: Daniele M. Oliveira

FICHA CATALOGRÁFICA

Soriano, Humberto Lima
Análise de Estruturas – Formulação Matricial e Implementação Computacional
Rio de Janeiro: Editora Ciência Moderna Ltda., 2005.

Engenharia estrutural; análise estrutural
I — Título

ISBN: 85-7393-452-2

CDD 624.1

Editora Ciência Moderna Ltda.
Rua Alice Figueiredo, 46 – Riachuelo
CEP: 20950-150 – Rio de Janeiro – Brasil
Tel: (21) 2201-6662/2201-6492/2201-6511/2201-6998
Fax: (21) 2201-6896/2281-5778

E-mail: LCM@LCM.COM.BR

WWW.LCM.COM.BR

"No início dos anos 50 os engenheiros estruturais, principalmente os aeronáuticos, sentiram a necessidade do estabelecimento de processos de cálculo estrutural apropriados para análise de grandes sistemas estruturais. O início da utilização dos computadores digitais e a formulação matricial da teoria das estruturas conjugaram-se admiravelmente para a consecução daquele objetivo. Por outro lado, a formulação matricial permite um tratamento altamente unificado da teoria das estruturas. A análise matricial de estruturas por meio de computadores digitais marca, conseqüentemente, o início de uma nova época no cálculo estrutural."

Fernando Venancio Filho, em prefácio ao livro
Análise Matricial de Estruturas.

À minha afetuosa esposa Carminda e aos meus queridos filhos Humberto e Luciana, pelo estímulo e compreensão durante o desenvolvimento deste livro.

Prefácio

A *Análise de Estruturas* tem uma *formulação clássica* e uma *formulação matricial*. Na primeira formulação, desenvolvem-se os métodos das forças e dos deslocamentos em apresentações simplificadas que requerem reduzido volume de cálculo. Essa formulação clássica é útil para o desenvolvimento de compreensão do comportamento das estruturas em barras, muito importante para a concepção de estruturas eficientes e para a análise crítica de resultados fornecidos por computador. Já na formulação matricial, a ênfase é a generalização. Além disso, como operar com matrizes em linguagem de programação de alto nível é extremamente simples e eficiente, essa formulação é especialmente adequada para programação automática. Nessa última, identifica-se que o método dos deslocamentos é de melhor automatização do que o método das forças, e que esse método em formulação clássica é necessário ao desenvolvimento do primeiro.

Alguns currículos de engenharia têm, na presente área de conhecimento, apenas a formulação clássica, enquanto outros currículos incluem também a *formulação matricial* do método dos deslocamentos. Há ainda aqueles que englobam essa formulação juntamente com o estudo dos teoremas de energia, noções da teoria da elasticidade e do método dos elementos finitos. Este livro destina-se inicialmente aos estudantes de engenharia desses últimos currículos, pois tem como principal objetivo o desenvolvimento e a aplicação computacional do método dos deslocamentos em formulação matricial. Destina-se também aos estudantes de pós-graduação e aos profissionais de engenharia que necessitem desenvolver programas automáticos de análise de estruturas. Os teoremas de energia, noções da teoria da elasticidade e do método dos elementos finitos serão tratados em próximos livros deste autor.

Atualmente, todos os sistemas computacionais comerciais de análise de estruturas fazem uso do método dos deslocamentos, incluindo sua extensão ao método dos elementos finitos em análise de estruturas contínuas. Não se projetam mais estruturas com algum grau de complexidade sem fazer uso desses sistemas. Assim, requisita-se do engenheiro qualificação para bem utilizar esses sistemas. Além disso, pode não estar disponível um programa automático para atendimento de necessidades específicas do engenheiro, requerendo deste a capacitação de desenvolvimento de programas próprios.

No primeiro capítulo deste livro, são apresentados os teoremas dos deslocamentos virtuais e das forças virtuais, e os métodos da força unitária e das forças. Esses tópicos são essenciais ao desenvolvimento do método dos deslocamentos formulado no segundo e no terceiro capítulos. O tratamento computacional do sistema de equações desse método é abordado no quarto capítulo. Ao final de cada capítulo são propostos exercícios e "questões para reflexão", a fim de estimular o leitor a transformar as informações aqui apresentadas em conhecimento. Também para motivar o leitor, no Anexo I é apresentado um levantamento comentado de "Quem fez a história da análise de estruturas?".

Como o método dos deslocamentos em formulação matricial não é prático de ser utilizado em procedimento manual de cálculo, exemplifica-se o seu uso com o sistema computacional *Mathcad* (marca registrada e comercializada por *Mathsoft Engineering & Education, Inc.*). Esse sistema foi escolhido por ter sintaxe semelhante à dos desenvolvimentos matemáticos, por exibir em tela de computador a seqüência de cálculos ao se deslizar a barra de rolamento vertical e por ser utilizado nas principais instituições de ensino superior do país. Uma vez que o leitor se familiarize com essa sintaxe, a leitura dos programas aqui apresentados esclarece o uso do método dos deslocamentos em formulação matricial. Para os leitores não familiarizados com o *Mathcad*, explicações básicas suficientes para o entendimento desses programas são encontradas no Anexo II.

Com o estudo deste livro, o leitor irá entender como se implementa a análise de estruturas em barras, capacitando-se a melhor utilizar os sistemas computacionais comerciais dessa análise e a desenvolver seus próprios programas automáticos na linguagem que lhe for mais conveniente.

O autor deu o melhor de si para apresentar o assunto em linguagem clara, objetiva e precisa. Espera que o leitor faça bom proveito deste livro em suas atividades acadêmicas e profissionais. Contudo, como provavelmente este livro necessitará de aprimoramentos para as futuras edições, sugestões e críticas são bem-vindas e podem ser encaminhadas ao endereço eletrônico sorianohls@speednetrj.com.

O Autor

Humberto Lima Soriano graduou-se em engenharia civil pela Escola de Engenharia da Universidade Federal de Minas Gerais em 1969. Obteve os títulos de M.Sc. e de D.Sc. na Coordenação dos Programas de Pós-Graduação em Engenharia – COPPE, da Universidade Federal do Rio de Janeiro. Cumpriu estágios de pós-doutorado no Laboratório de Engenharia Civil – LNEC, em Lisboa, e na Universidade de Southampton, no Reino Unido. Na área de análise de estruturas, é grande sua experiência no ensino de graduação e de pós-graduação. Publicou relevantes artigos científicos e desenvolveu importantes trabalhos de consultoria. É autor do livro Método de Elementos Finitos em Análise de Estruturas, publicado pela Editora da Universidade do Estado de São Paulo – EDUSP, e autor, em co-autoria com o professor Silvio de Souza Lima, do livro Análise de Estruturas – Método das Forças e Método dos Deslocamentos, publicado pela Editora Ciência Moderna. Aposentou-se como professor titular da Universidade Federal do Rio de Janeiro em 1998 e, atualmente, é professor titular da Faculdade de Engenharia da Universidade do Estado do Rio de Janeiro.

Agradecimentos

Este autor é grato:

À Faculdade de Engenharia da UERJ, pelo ambiente favorável ao desenvolvimento deste livro, na figura do seu ex-diretor **Maurício José Ferrari Rey** que muito o estimulou à escrita de seus livros;

Aos antigos mestres, representados pelo professor **Fernando Luiz Lobo Carneiro** que o iniciou no estudo da análise matricial das estruturas;

Aos colegas professores e profissionais de engenharia pela profícua interação, em especial ao professor **Silvio de Souza Lima** com o qual partilhou a coordenação do Sistema SALT – Sistema de Análise de Estruturas;

Aos seus alunos com os quais teve a oportunidade de aprender, representados pelo atual professor **Cláudio Cruz Nunes**,

À Editora Ciência Moderna pelas facilidades oferecidas para a publicação deste livro, particularmente ao seu Diretor Comercial **George Meireles,** grande entusiasta da publicação de livros técnicos nacionais.

Apresentação

Análise de Estruturas – Formulação Matricial e Implementação Computacional de **Humberto Lima Soriano**.

Neste volume da série *Análise de Estruturas* é apresentada a formulação matricial da análise de estruturas formadas por elementos lineares, escrita pelo especialista em teoria dos elementos finitos **Humberto Lima Soriano**. Essas estruturas podem constituir vigas contínuas, grelhas, treliças, quadros planos, quadros espaciais, arcos planos e espaciais etc. Neste livro são apresentas formulações para estruturas com elementos de eixos retos e curvos.

O livro direciona a análise para a programação automática, pois a trata com a conceituação matricial. É a teoria empregada em praticamente todos os programas comerciais de análise de estruturas.

A análise matricial de estruturas formadas por peças lineares deveria ser matéria obrigatória em todos os cursos de engenharia civil, aeronáutica, naval, mecânica, petrolífera, pois representa o passo inicial para o estudo da teoria dos elementos finitos que está sendo empregada de forma maciça nestas engenharias, incluindo na hidráulica, na meteorologia, na engenharia do meio ambiente em estudos de dispersão de poluentes etc.

O autor exemplifica a análise utilizando o sistema computacional *Mathcad*, que permite a realização de exercícios de forma prática e rápida. Esta proposta de tratamento numérico facilita a aprendizagem imediata sem a preparação de programas automáticos com linguagens de programação, tais como Basic, Fortran, Pascal ou C.

É um livro moderno orientado ao ensino de técnicas efetivamente usadas em programas comerciais de análise de estruturas, apresentando o estudo inicial de um dos campos mais férteis da engenharia moderna: a dos elementos finitos. Pode ser usado tanto em cursos de graduação como de pós-graduação.

B. Ernani Diaz
Professor Emérito da UFRJ

CAPÍTULO 1

Fundamentos

1.1 – Introdução

Neste livro serão estudadas as estruturas constituídas de barras ou componentes estruturais que se caracterizam por ter uma dimensão preponderante em relação às suas demais dimensões. Por essa razão são denominadas *estruturas em barras* ou *estruturas reticuladas*. De acordo com a sua função, a barra é chamada de viga, coluna, pilar, escora, haste, tirante, eixo, nervura etc. Já em análise computacional, a barra costuma ser referida como *elemento*. Seção transversal de uma barra é a figura plana que gera essa barra ao se deslocar segundo uma trajetória reta ou curva, mantendo-se perpendicular a essa trajetória, mas não necessariamente com as mesmas dimensões. Assim, a barra pode ser reta ou curva, de seção transversal constante ou variável.

Com a suposição de que a seção transversal permaneça plana após a aplicação das ações externas, a barra é idealizada como a trajetória do centróide da figura plana que a gera, denominada *eixo geométrico*. Assim, a barra é representada graficamente por um segmento de reta ou de curva que, por simplicidade, é também denominado barra ou elemento. Como a seção transversal pode ser variável, é usual fazer-se referência à seção transversal em cada ponto desse eixo e dizer que a barra é idealizada no lugar geométrico dos centróides de suas seções transversais. Os pontos extremos desse eixo são ditos *pontos nodais* ou *nós*, da barra. Por vezes, para facilidade de análise, consideram-se pontos nodais internos a esse eixo. Isso equivale a dividir a barra em novas barras ou elementos de menores comprimentos, o que não afeta os resultados. Desse modo, o sistema físico estrutura em barras fica idealizado em um conjunto de elementos unidimensionais, ligados entre si e ao meio exterior de forma pontual, caracterizando um conjunto de pontos nodais da estrutura.

Quando a estrutura é constituída de um ou mais componentes estruturais nos quais não se caracterize uma dimensão preponderante em relação às demais, diz-se *estrutura contínua*. Com isso, a ligação entre elementos e/ou entre elementos e o meio exterior é contínua em duas ou três dimensões, e não mais pontual como nas estruturas em barras. É o caso das chapas, placas, cascas, membranas e sólidos.

À estrutura em barras podem ser aplicadas ações ou solicitações externas que, de forma simples, se classificam como:

$$
\begin{cases}
\text{força externa} \begin{cases} \text{em ponto nodal} \\ \text{em barra} \begin{cases} \text{concentrada} \\ \text{distribuída em linha} \end{cases} \end{cases} \\[2ex]
\text{variação de temperatura em barra} \begin{cases} \text{uniforme} \\ \text{gradiente de temperatura} \end{cases} \\[2ex]
\text{deformação prévia} \begin{cases} \text{por deslocamento prescrito} \\ \text{por protensão} \\ \text{por efeito de montagem} \end{cases}
\end{cases}
$$

Força externa devido à ação da gravidade costuma ser referida como *carga*. Esta pode ser permanente (correspondente ao peso da estrutura e dos componentes não estruturais que lhe são agregados), acidental (que atua esporadicamente) e móvel (que se desloca relativamente à estrutura em que atua). Força concentrada é a resultante de força distribuída em uma pequena região comparativamente às dimensões das barras. Força distribuída em linha se deve à idealização das barras em seus eixos geométricos. Assim, o peso próprio de uma barra é substituído por uma força por unidade de comprimento. Variação uniforme de temperatura diz respeito à variação de temperatura em barra que, suposta não restringida, sofra alteração de comprimento sem flexão. Gradiente de temperatura refere-se à variação de temperatura que, em barra suposta não restringida, provoque flexão sem alteração de comprimento. Quando essas variações de temperatura são aplicadas em barras com restrições elásticas às suas deformações, como ocorre na maior parte das estruturas, esforços internos são introduzidos. Deslocamentos prescritos são deslocamentos nodais impostos em apoios, como recalques de fundação ou provocados por macacos hidráulicos. Esses deslocamentos também costumam provocar esforços internos. Protensão é uma ação externa aplicada à estrutura com objetivo precípuo de provocar esforços internos em sentidos contrários a esforços devidos a outras ações externas. Deformação por efeito de montagem deve-se a tolerâncias de fabricação em barras que são forçadas a assumirem determinadas configurações quando de suas instalações na estrutura.

Assim, as ações externas provocam deformação na estrutura e, conseqüentemente tensão "em cada um de seus pontos materiais". Essa tensão, utilizando a representação de seção transversal (de barra) por seu centróide, é considerada na presente análise através das resultantes das distribuições das componentes de tensão em cada seção. Essas resultantes são denominadas *esforços seccionais* ou *esforços solicitantes (internos)*. Elas podem também ser entendidas como as componentes da força resultante F_R e do momento resultante M_R no centróide de cada seção, que a parte da barra à esquerda dessa seção exerce sobre a parte à direita, ou vice-versa. Essas componentes são consideradas em um referencial xyz em que o eixo x é normal à seção em questão, e os eixos y e z coincidem com os eixos principais de inércia dessa seção. Esses esforços são ilustrados em representação tridimensional na Figura 1.1, como o efeito da parte em tracejado sobre a parte em traço contínuo da barra. Em barra reta o eixo x coincide com o eixo geométrico, e no caso de barra curva o eixo x é tangente ao eixo geométrico no ponto representativo de cada seção como mostra a Figura 1.2 em representação bidimensional de barra.

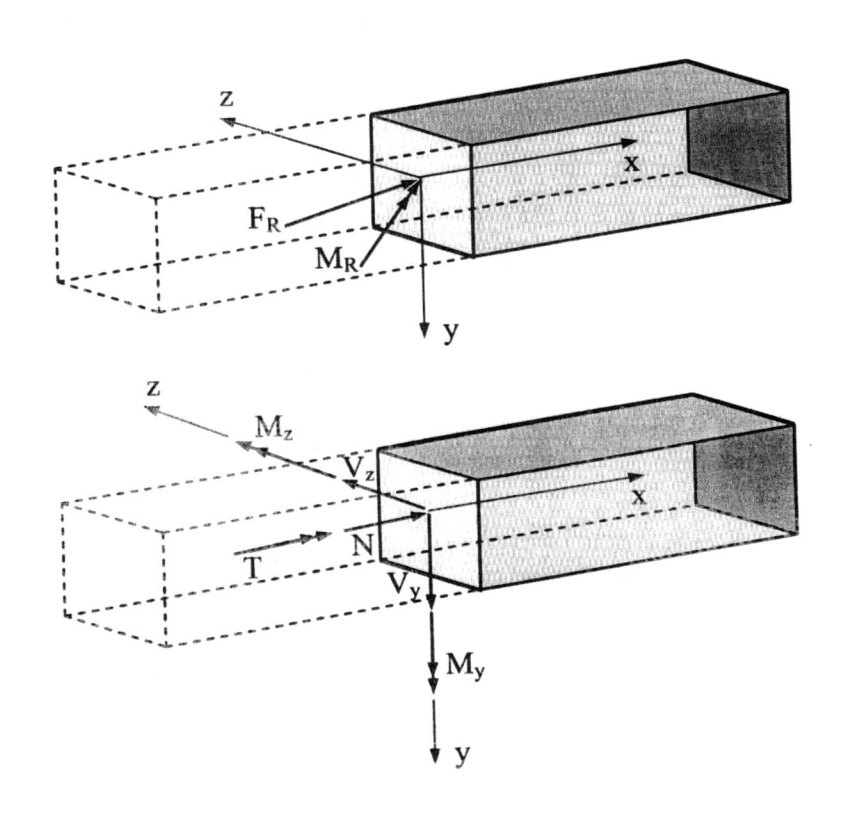

Figura 1.1 – Esforços seccionais.

Com as notações da Figura 1.1, escreve-se:

$$\vec{F}_R = \vec{N} + \vec{V}_y + \vec{V}_z \tag{1.1a}$$

$$\vec{M}_R = \vec{T} + \vec{M}_y + \vec{M}_z \tag{1.1b}$$

Nessas equações $\vec{N}$ é *força (ou esforço) normal*; $\vec{V}_z$ e $\vec{V}_y$ são *forças (ou esforços) cortantes*, $\vec{T}$ é *momento de torção*, e $\vec{M}_y$ e $\vec{M}_z$ são *momentos fletores*, esforços estes que por simplicidade serão utilizados neste livro sem notação vetorial. Conhecidos esses esforços em uma seção da barra e as forças externas atuantes nessa mesma, podem ser determinados os esforços seccionais em qualquer outra seção. Na análise matricial de estruturas, esses esforços são considerados positivos se coincidentes com os sentidos positivos dos eixos xyz, diferentemente que na convenção clássica em que os sinais desses esforços dependem da posição em que se observa a barra.

Em estrutura plana, costuma-se ter apenas uma força cortante, quando então se adota para essa força a notação V, e apenas um momento fletor, com a notação M, como ilustra a Figura 1.2 no caso de barra curva em um plano solicitada apenas nesse próprio plano.

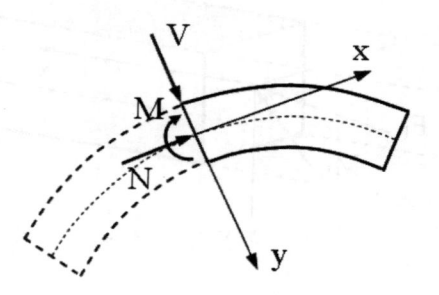

Figura 1.2 *– Esforços seccionais em barra curva.*

Força e momento são referidos neste livro como *esforços generalizados*. A cada esforço generalizado associa-se um *deslocamento generalizado*. O deslocamento associado a uma força concentrada é a projeção do deslocamento de seu ponto de aplicação na direção dessa força. O deslocamento associado a um momento concentrado é a projeção do vetor representativo da rotação da seção transversal de aplicação desse momento, na direção do vetor representativo desse momento. Assim, diz-se que o deslocamento de um esforço é o deslocamento "na direção desse esforço".

Os esforços atuantes nas estruturas em barras se classificam como:

$$
\begin{cases}
\text{externos}
\begin{cases}
\text{em ponto nodal (concentrado)}
\begin{cases}
\text{força devido a um agente externo}\\
\text{reação de apoio}
\end{cases}\\[2ex]
\text{em barra}
\begin{cases}
\text{concentrado}\\
\text{distribuído em linha}
\end{cases}
\end{cases}\\[6ex]
\text{internos ou seccionais}
\begin{cases}
\text{força normal, N}\\
\text{forças cortantes, } V_y \text{ e } V_z, \text{ ou simplesmente, V}\\
\text{momentos fletores, } M_y \text{ e } M_z, \text{ ou simplesmente, M}\\
\text{momento de torção, T}
\end{cases}
\end{cases}
$$

Reações de apoio são esforços reativos do meio exterior à ação transmitida pela estrutura em pontos onde os deslocamentos são prescritos com valores nulos ou não. Quando o efeito dos apoios é substituído pelas correspondentes reações, tem-se uma *estrutura auto-equilibrada*.

A deformação de uma estrutura tem caráter puramente geométrico, é função de seus apoios, geometria, propriedades de material e ações externas. No caso de estruturas em barras, com a hipótese da seção plana, essa deformação pode ser caracterizada pelo deslocamento translacional e pela rotação de cada uma das seções transversais de suas barras, medidos no centróide da seção em questão. A exemplo dos esforços seccionais, esses deslocamento e rotação são considerados através de suas componentes em um referencial cartesiano. Essas componentes são designadas genericamente e por simplicidade como *deslocamentos*, e os deslocamentos dos pontos nodais são ditos *deslocamentos nodais*. Sendo conhecidos esses deslocamentos, geometria, propriedades elásticas do material e ações externas, de uma barra, podem ser determinados os deslocamentos de qualquer outra seção dessa barra. No sentido de poder-se escolher um número discreto de pontos nodais para se determinar seus deslocamentos que uma vez conhecidos permitem a determinação, sem aproximações adicionais, dos deslocamentos e esforços seccionais em pontos internos de cada uma das barras, diz-se que a estrutura em barras é *naturalmente discretizável*. Isso já não ocorre com as estruturas contínuas.

Assim, em análise de estruturas em barras, têm-se deslocamentos como incógnitas em pontos nodais não restringidos e têm-se reações de apoio desconhecidas em pontos nodais restringidos. As direções desses deslocamentos e reações são chamadas de *coordenadas* e numeradas seqüencialmente a partir de 1. Em termos de estrutura, essas coordenadas costumam dizer respeito a um único referencial dito *referencial global*, e em termos de cada barra, ser referidas a um referencial próprio da barra dito *referencial local* e que será apresentado posteriormente.

As estruturas podem ter *comportamento físico linear* ou *não linear*, e *comportamento geométrico linear* ou *não linear*. Diz-se comportamento físico linear quando o material constituinte da estrutura tem diagrama tensão-deformação linear, além de propriedades elásticas independentes do tempo. Trata-se do comportamento *elástico linear*, quando então se diz que o material segue a lei de Hooke. Tem-se comportamento físico não linear, em caso contrário, com material elástico ou não. Diz-se *elástico* quando cessadas as ações externas, a estrutura volta à sua configuração inicial, e *não elástico*, em caso contrário. Diz-se *comportamento geométrico linear* quando as equações de equilíbrio da estrutura podem ser escritas, com aproximações julgadas aceitáveis, na configuração anterior à aplicação das ações externas embora se suponha que essas ações estejam atuando. Com essa hipótese, em deformação de barra reta não se tem interação entre esforço normal e momento fletor, nem interação entre momento de torção e momento fletor. Trata-se de análise com pequenos deslocamentos em que a tangente de ângulo de rotação de seção é tomada igual ao próprio ângulo em radianos. Diz-se *comportamento geométrico não linear*, em caso contrário, quando então os efeitos de segunda ordem devidos à modificação da geometria da estrutura têm influência em seu equilíbrio. O exemplo mais contundente de não linearidade geométrica é em flexão composta de barra esbelta, quando então a interação entre força normal de compressão e momento fletor provoca instabilidade elástica da barra quando essa força atinge a *força crítica de flambagem* ou *força de Euler.*

As ações externas podem ser aplicadas gradualmente a partir de zero até os seus valores finais sem despertarem forças de inércia e de amortecimento, no que se diz *comportamento estático.* Alternativamente, podem ser aplicadas com leis de variação no tempo de maneira a provocar significativamente essas forças, no que se diz *comportamento dinâmico.*

Em comportamento estático linear (físico e geométrico) tem-se proporcionalidade entre as ações externas e seus efeitos: deslocamentos, reações de apoio e esforços seccionais. No caso, é válido o *princípio da superposição (dos efeitos)* segundo o qual o comportamento de uma estrutura sob várias ações externas é igual à superposição dos seus comportamentos devidos a cada uma dessas ações agindo isoladamente.

O objetivo central deste livro é analisar as estruturas em barras de comportamento estático linear, através do método dos deslocamentos em formulação matricial, determinando deslocamentos, reações de apoio e esforços seccionais. Os fundamentos para esse objetivo são apresentados de forma resumida neste capítulo. O método dos deslocamentos será desenvolvido no segundo e no terceiro capítulos, e o tratamento computacional de seu sistema de equações, no quarto capítulo. Assim, o leitor que conhece esses fundamentos e a nomenclatura usual da análise de estruturas, poderá iniciar o estudo deste livro a partir do segundo capítulo. Ao final deste e dos demais capítulos são propostos diversos exercícios e "questões para reflexão" como estímulo ao leitor a transformar as informações aqui apresentadas em conhecimento. Além disso, para motivar o leitor, é apresentado no Anexo I um levantamento comentado de *"Quem fez a história da análise de estruturas?".*

Como a análise matricial de estruturas não é prática de ser levada a efeito em procedimento manual de cálculo, exemplifica-se sua utilização com o sistema computacional *Mathcad* (marca registrada e comercializada por *Mathsoft Engineering & Education, Inc.*). Esse sistema foi escolhido por ter sintaxe semelhante à de equacionamento de um problema de matemática, por permitir exibir em tela de computador a seqüência de cálculos ao se deslizar a barra de rolamento vertical e por ser utilizado nas principais instituições de ensino superior do país. Para os leitores não conhecedores do *Mathcad*, mostra-se no Anexo II como utilizá-lo. Uma vez que se familiarize com a sintaxe desse sistema, a leitura dos programas aqui apresentados, que foram desenvolvidos em níveis crescentes de detalhamento, esclarece o uso do método dos deslocamentos. Além disso, foram evitados processamentos com muitas incógnitas, que requerem grande volume de dados e fornecem muitos resultados sem a contrapartida de maiores esclarecimentos quanto à formulação matricial do método dos deslocamentos.

Com o estudo deste livro, o leitor irá entender como se implementa a análise de estruturas em barras, capacitando-se a melhor utilizar os sistemas computacionais comerciais dessa análise e a desenvolver seus próprios programas automáticos na linguagem que lhe for mais conveniente.

1.2 – Classificação das estruturas em barras

Quanto aos esforços seccionais desenvolvidos nas barras das estruturas, tem-se a classificação:

$$
\begin{cases}
\text{treliça} \begin{cases} \text{plana} \\ \text{espacial} \end{cases} \\[2mm]
\text{pórtico} \begin{cases} \text{plano} \\ \text{espacial} \end{cases} \\[2mm]
\text{grelha} \\[1mm]
\text{estrutura com escoras, tirantes e/ou cabos}
\end{cases}
$$

As *treliças* são modelos de estruturas em que todas as barras são retas e rotuladas em suas extremidades, sob forças externas apenas nessas extremidades, de maneira que em cada barra desenvolva unicamente força normal (constante). Com isso, é irrelevante o posicionamento dos eixos principais de inércia de seção transversal de barra. A Figura 1.3 ilustra os casos de treliças plana e espacial, em representação unifilar. Adota-se um referencial global XYZ, referencial esse que no caso de estrutura plana é escolhido com os eixos X e Y no plano da estrutura.

A Foto 1.1 mostra conjunto de treliças planas apoiadas em barras horizontais, juntamente com reprodução de tela de computador com vista de uma dessas treliças com os tipos de barras representados por códigos de cores. Nesse caso, as treliças têm vãos próximos de 20m, quando então são mais econômicas que as convencionais terças de perfil do tipo   confeccionadas em chapa dobrada.

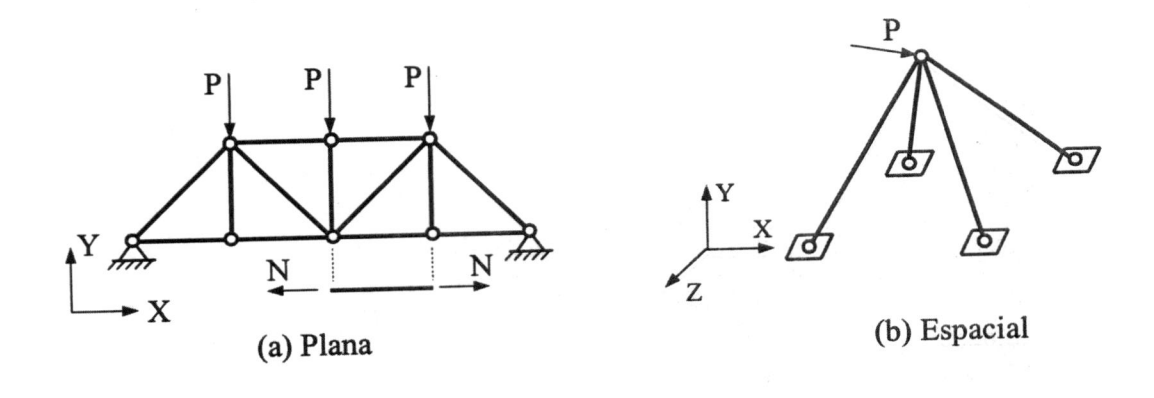

(a) Plana   (b) Espacial

Figura 1.3 – Treliças.

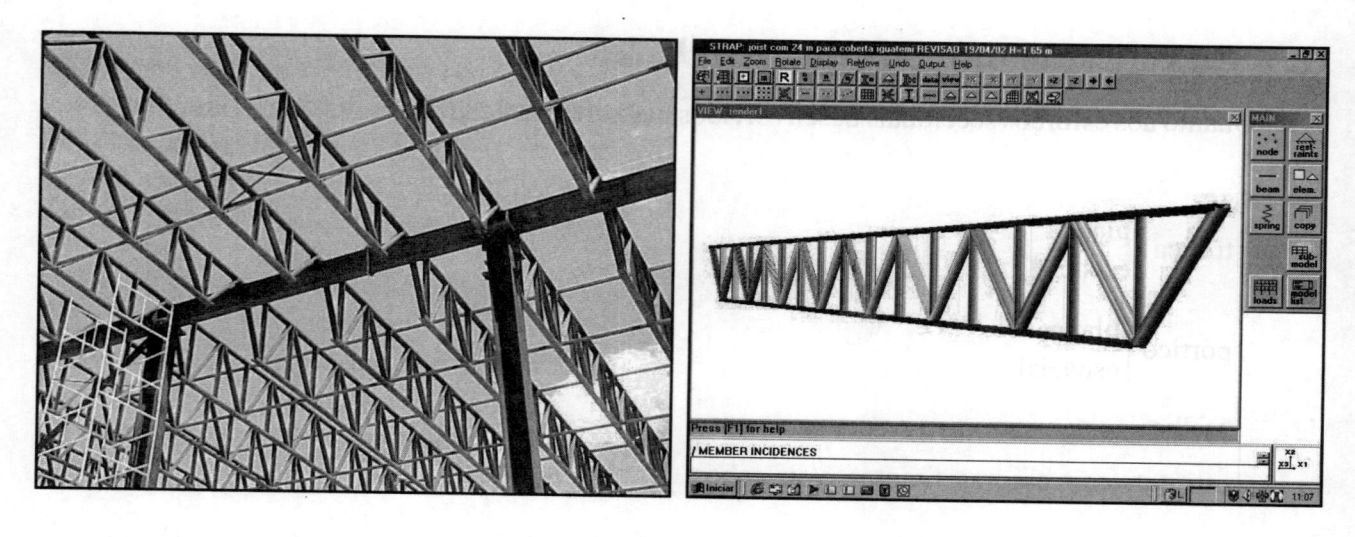

***Foto 1.1** – Treliça plana, cortesia do Engº Calixto Melo, www.rcmproj.com.br.*

A Foto 1.2 mostra domo em aço de diâmetro de 50m que foi utilizado na entrada do *Rock in Rio 3* e posteriormente desmontado, ampliado e remontado no *Projac* da *Rede Globo*. Trata-se de estrutura formada por treliças planas meridionais encimadas por um anel treliçado e associadas a terças e treliças horizontais.

***Foto 1.2** – Domo da entrada do Rock in Rio 3, cortesia Tecton Engenharia Ltda, www.tectonengenharia.com.br.*

Os *pórticos planos* são modelos de estruturas em barras retas ou curvas, situadas em um mesmo plano (usualmente vertical), sob ações externas que as solicitam apenas nesse plano, de maneira que em cada seção transversal de barra desenvolvam somente momento fletor de vetor representativo normal a esse plano, e força normal e força cortante de vetores representativos nesse plano, como ilustra a Figura 1.4. Para isso é necessário que um dos eixos principais de inércia das seções transversais das barras seja situado no plano do pórtico. Viga (reta) é um caso particular de pórtico plano em que as barras são dispostas seqüencialmente em uma mesma linha reta horizontal e supostas usualmente inextensíveis, desenvolvendo apenas momento fletor e força cortante. Arco plano é um caso particular de pórtico plano de uma única barra, no caso curva.

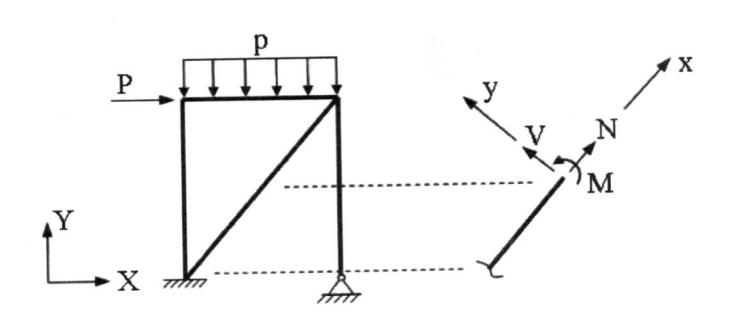

Figura 1.4 – Pórtico plano.

As *grelhas* são modelos de estruturas em barras retas ou curvas, situadas em um mesmo plano (usualmente horizontal), sob ações externas que somente as solicitam transversalmente a esse plano, de maneira a desenvolver em cada seção transversal de barra apenas momento fletor de vetor representativo no plano da grelha, força cortante de vetor representativo normal a esse plano e momento de torção, como mostra a Figura 1.5. Também nesse caso é necessário que um dos eixos principais de inércia das seções transversais das barras seja situado no plano da estrutura. O eixo z do referencial de definição dos esforços seccionais é escolhido paralelo ao eixo Z do referencial global. Viga balcão é um caso particular de grelha de uma única barra, no caso curva.

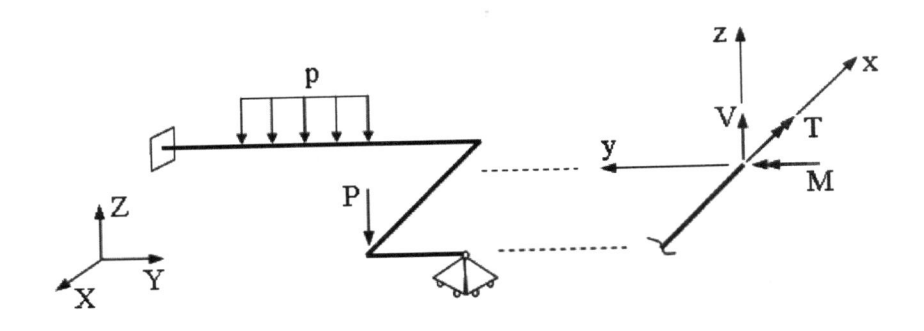

Figura 1.5 – Grelha.

A Foto 1.3 mostra grelha da laje em concreto da cobertura do acesso ao Hospital Metropolitano de Emergências da cidade de Belém.

Foto 1.3 – *Grelha, cortesia SF Engenharia Ltda, www.sfengenharia.com.br.*

Os *pórticos espaciais* são modelos de estruturas em barras retas ou curvas, nos quais podem ser desenvolvidos os seis esforços seccionais: força normal, N; força cortante segundo o eixo y, V_y; força cortante segundo o eixo z, V_z; momento fletor de vetor representativo segundo o eixo y, M_y; momento fletor de vetor representativo segundo o eixo z, M_z; e momento de torção T, como ilustra a Figura 1.6. Treliças plana e espacial, pórtico plano e grelha são casos particulares de pórtico espacial em que alguns esforços seccionais são nulos. Arco reverso é um caso particular de pórtico espacial de uma única barra curva. Os pórticos e as grelhas são chamados de estruturas reticuladas de "nós rígidos" por terem em cada ponto nodal não articulado continuidade de deslocamentos. As treliças são estruturas reticuladas de nós rotulados, tendo-se conseqüentemente, descontinuidade de rotações nas extremidades das barras em um mesmo ponto nodal.

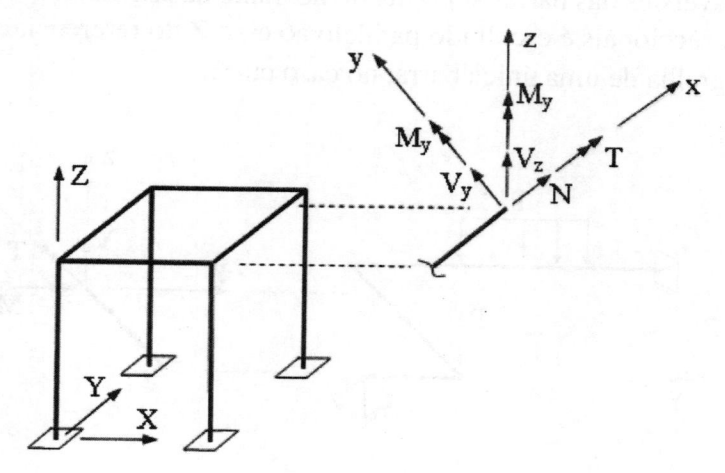

Figura 1.6 – *Pórtico espacial.*

A Foto 1.4 mostra pórtico espacial em aço, de prédio industrial com ponte rolante e mezanino em Macaé, RJ, juntamente com vista do correspondente modelo computacional.

 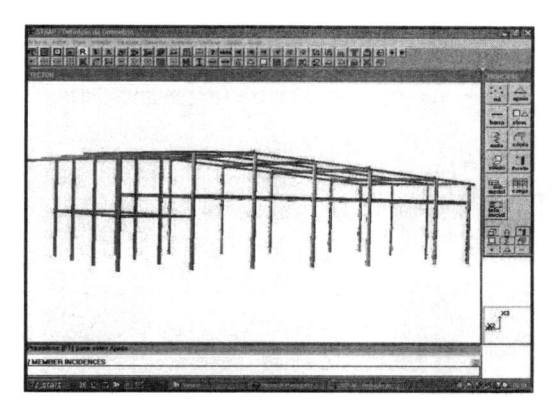

Foto 1.4 – Pórtico espacial, cortesia Tecton Engenharia Ltda,
www.tectonengenharia.com.br.

A *escora* é uma barra que só trabalha à compressão. O *tirante* e o *cabo* são elementos unidimensionais com resistência apenas à tração, sendo o primeiro retilíneo e o segundo curvo em função das forças que lhe são aplicadas. Esses elementos são usualmente utilizados em uma estrutura mista com um dos modelos descritos anteriormente. Os tirantes são utilizados em estruturas atirantadas como as pontes estaiadas, por exemplo. Os cabos são usualmente utilizados em estruturas suspensas como as pontes pênseis, por exemplo. A determinação do comportamento de estruturas com tirantes e/ou escoras pode requerer análises sucessivas em que os tirantes são desativados no caso de se identificar compressão nos mesmos, e as escoras são desativadas no caso de se identificar tração nas mesmas.

A Foto 1.5 mostra monumento da entrada da cidade de Natal e respectivo desenho da estrutura. Trata-se de estrutura espacial de aço, não convencional face às exigências plásticas impostas pela arquitetura, atirantada a um mastro tubular de eixo curvo que compõe esteticamente o monumento.

 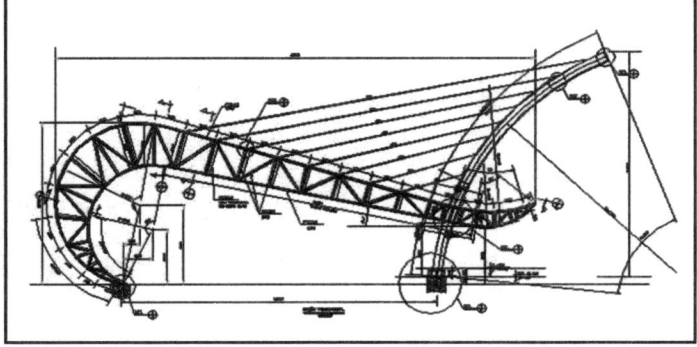

Foto 1.5 – Estrutura atirantada, cortesia do Engº Calixto Melo, www.rcmproj.com.br.

As Fotos 1.6 mostram cobertura de abastecimento de combustível em que a estrutura é em treliça espacial com tubos de aço de seção circular, atirantada em pórtico espacial de tubos de aço de seção quadrada. Para se precaver quanto à elevação da cobertura por ação de sucção de vento, foram utilizadas placas de concreto como lastro, escondidas atrás dos painéis luminosos das testeiras da cobertura.

Fotos 1.6 – Cobertura de abastecimento, cortesia
Tecton Engenharia Ltda, www.tectonengenharia.com.br.

A Foto 1.7 mostra a ponte pênsil Álvares Lima, situada na divisa entre os Estados de São Paulo (Chavantes) e Paraná (Ribeirão Claro), concluída em 1928. Tem largura de 4,1m e extensão de 164m, sendo 82,5m na parte suspensa pelos cabos e 81,5m na parte não suspensa. Embora esse tipo de ponte seja muito utilizado no exterior quando se necessita vencer grandes vãos, não é usual no Brasil, onde existem apenas mais duas: a ponte de São Vicente concluída em 1914 (vide Fotos I.4 do Anexo I) e a ponte Hercílio Luz em Florianópolis concluída em 1926.

Foto 1.7 – Ponte pênsil, www.ribeiraoclaro.com.br.

Quanto ao equilíbrio estático, as estruturas em barras são classificadas em hipostática, isostática e hiperestática. Diz-se *estrutura hipostática* quando os vínculos externos (restrições de apoio) e internos (restrições de ligação entre seções transversais adjacentes de maneira a transmitir esforços seccionais) são insuficientes para manter o equilíbrio estático da estrutura e/ou de suas partes, sob ações quaisquer. Eventual equilíbrio em estrutura hipostática é sob ações particulares. Diz-se *estrutura isostática* quando esses vínculos são estritamente o necessário para o equilíbrio estático da estrutura como um todo e de cada uma de suas partes. No caso, utilizando as leis da estática, podem ser determinados os esforços seccionais e as reações de apoio. Diz-se *estrutura hiperestática interna e/ou externamente* quando se têm vínculos internos e/ou externos superabundantes a esse equilíbrio. No caso, para se determinarem os esforços seccionais e as reações, é necessário recorrer às leis da estática e à deformabilidade da estrutura. Por essa razão, as estruturas hiperestáticas são ditas *estaticamente indeterminadas*.

Na análise de estruturas hiperestáticas têm-se dois métodos básicos, a saber: o das forças e o dos deslocamentos. No *método das forças*, as incógnitas primárias são reações e/ou esforços seccionais superabundantes ao equilíbrio estático da estrutura. No *método dos deslocamentos*, as incógnitas primárias são deslocamentos nodais adequadamente escolhidos na estrutura. Esses métodos utilizam condições de equilíbrio de forças, condições de compatibilidade de deslocamentos, e relações entre forças e deslocamentos baseadas na lei de Hooke, como mostrado neste livro. Ambos os métodos têm formulação clássica e formulação matricial. A ênfase da formulação clássica é o desenvolvimento de apresentações simplificadas dos referidos métodos, objetivando reduzido volume de cálculo. Isso porque, essa formulação é anterior à disseminação dos computadores. Contudo, ela tem a vantagem de ser útil para o desenvolvimento de compreensão do comportamento das estruturas em barras, muito importante para a concepção de estruturas eficientes e para a análise crítica de resultados de computador. Já na formulação matricial, a ênfase é generalização. Além disso, como operar com matrizes em linguagem de programação de alto nível é extremamente simples e eficiente, essa formulação é especialmente adequada para programação automática, não o sendo em procedimento manual. Nessa formulação, identifica-se que o método dos deslocamentos é de melhor automatização do que o método das forças, e que esse último em formulação clássica é necessário ao desenvolvimento do primeiro. Por isso, atualmente todos os sistemas computacionais comerciais de análise de estruturas fazem uso do método dos deslocamentos, incluindo sua extensão ao método dos elementos finitos em análise de estruturas contínuas. Nesse contexto, apresenta-se no item 1.3, o teorema dos deslocamentos virtuais; no item 1.4, o teorema das forças virtuais e no item 1.5, o método da força unitária, que constituem a base para o desenvolvimento no item 1.6 do método das forças em formulação clássica.

1.3 – Teorema dos deslocamentos virtuais

Para apresentar o teorema dos deslocamentos virtuais no caso de estruturas em barras de comportamento linear, considere-se uma viga contínua em equilíbrio estático sob ação de forças externas concentradas $P_1, P_2, \dots P_i$ e de deslocamentos prescritos δ_{pj}, como ilustra a Figura 1.7 no caso de apenas um deslocamento prescrito. Nessa figura, representou-se a configuração não deformada da viga em tracejado e a configuração imposta pelo deslocamento prescrito em traço-ponto com a denominação *configuração original*.

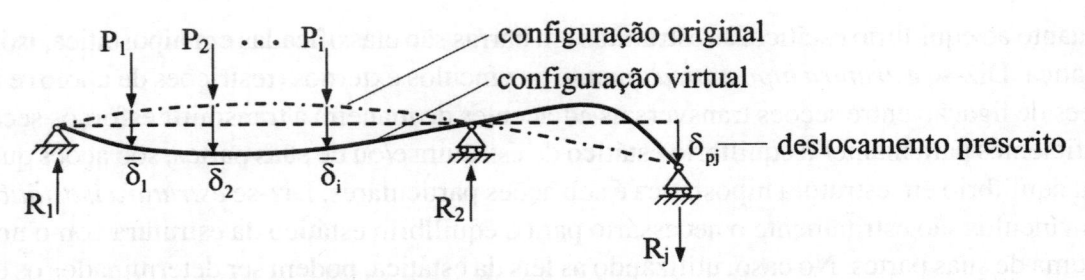

(a) Não incluindo as reações de apoio

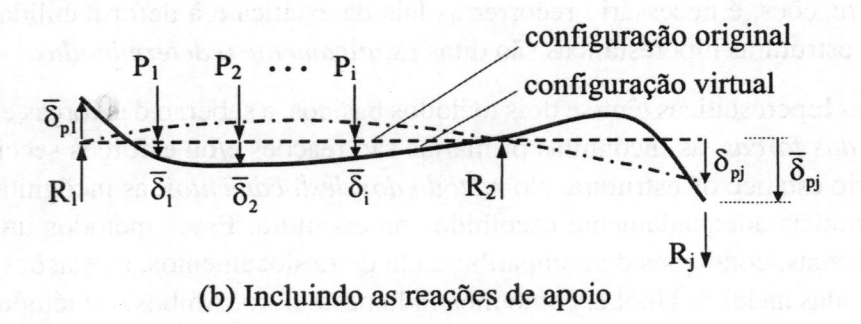

(b) Incluindo as reações de apoio

Figura 1.7 – Deslocamentos virtuais.

Supõe-se inicialmente um campo de deslocamentos $\overline{\delta}_i$ que se anulem nos apoios e que sejam medidos a partir da configuração original. Por esses deslocamentos serem fictícios, eles são ditos *virtuais*, e a configuração de deformada por eles definida é chamada de *configuração virtual*.

O trabalho das forças externas P_i nos deslocamentos virtuais se escreve:

$$\overline{W}_e = \sum_i P_i \, \overline{\delta}_i \tag{1.2}$$

Esse é o *trabalho virtual externo*. Nele, $\overline{\delta}_i$ são os deslocamentos virtuais associados às forças externas P_i, isto é, deslocamentos nos pontos e direções dessas forças. Nesse trabalho não se tem o fator ½ (como na expressão do trabalho realizado por uma força a partir de zero até o seu valor final) porque os deslocamentos virtuais são supostos ocorrerem após a aplicação das forças externas e estas são supostas permanecerem constantes e com direções inalteradas durante essa ocorrência. Nessa última equação e em todo este livro, a barra sobre uma notação denota grandeza virtual.

Em se tendo momento externo aplicado, o correspondente deslocamento virtual é uma rotação em seu ponto de aplicação e de vetor representativo na direção desse momento. No caso de força externa distribuída, o correspondente trabalho virtual é obtido pela integral do produto dessa força pelo correspondente deslocamento, ao longo do comprimento de sua distribuição.

O campo de deslocamentos virtuais implica em um campo de deformações virtuais e, conseqüentemente, em um campo de tensões virtuais. As resultantes dessas tensões em seções transversais das barras são esforços seccionais virtuais denotados por $\overline{N}$, $\overline{M}$, $\overline{V}$ e $\overline{T}$. Foi demonstrado em livro anterior deste autor que, em se tratando de estrutura em barras de comportamento linear, o trabalho dos esforços seccionais reais N, M, V e T nos deslocamentos virtuais associados às deformações virtuais se escreve:

$$\overline{W}_i = \sum_b \int_x \left(\frac{N\overline{N}}{EA} + \frac{M\overline{M}}{EI} + \frac{V\overline{V}}{GA_V} + \frac{T\overline{T}}{GJ} \right) dx \tag{1.3}$$

Essa é a equação do *trabalho virtual interno* em que:

a) O somatório expressa que a integração é ao longo do comprimento dos eixos geométricos das barras da estrutura. No caso de barra de pequena curvatura, isso é, de grande raio de curvatura relativamente às dimensões da seção transversal, supõe-se válida a teoria clássica de viga para que seja válida a equação anterior com integral ao longo do eixo geométrico curvo da barra.

b) E e G são os módulos de elasticidade longitudinal e transversal, respectivamente.

c) A, I e J são, respectivamente, a área, o momento de inércia e o momento de inércia à torção, da seção transversal. No caso de seção transversal circular, essa última propriedade de seção é igual ao momento de inércia polar.

d) A_V é a área de cisalhamento associada à força cortante, que é igual à área real da seção transversal dividida pelo fator de cisalhamento f.

e) A notação M se refere ao momento fletor M_y adotando-se o momento de inércia I_y, e ao momento fletor M_z adotando-se o momento de inércia I_z. Semelhantemente, a notação V se refere à força cortante V_y, quando então se adota o fator de cisalhamento f_y, e à força cortante V_z, quando se adota o fator de cisalhamento f_z.

f) EA, EI, GA_V e GJ são respectivamente as rigidezes axial, de flexão, de distorção e de torção.

A Tabela 1.1 apresenta as citadas propriedades geométricas de figuras planas, nos casos mais usuais de seção transversal.

	$$I_z = \frac{bh^3}{12} \qquad J = hb^3\left[\frac{1}{3} - 0{,}21\frac{b}{h}\left(1 - \frac{b^4}{12h^4}\right)\right] \text{ com } h \geq b$$ $$I_y \cong \frac{hb^3}{12} \qquad\qquad A = bh \qquad\qquad f_y = f_z = \frac{6}{5}$$
	$$I_y = I_z = \frac{\pi r^4}{4} = \frac{\pi d^4}{4} \qquad J \cong \frac{\pi r^4}{2} = \frac{\pi d^4}{32}$$ $$A = \pi r^2 \qquad\qquad f_y = f_z = \frac{10}{9}$$
	$$I_y = I_z \cong \pi r^3 t \qquad\qquad J \cong 2\pi r^3 t$$ $$A \cong 2\pi r t \qquad\qquad f_y = f_z = 2$$
	$$I_z \cong \frac{h^2}{6}\left(ht_h + 3bt_b\right) \qquad J \cong 2b^2 h^2 \frac{t_b t_h}{bt_h + ht_b}$$ $$I_y \cong \frac{b^2}{6}\left(bt_b + 3ht_h\right) \qquad A \cong 2\left(bt_b + ht_h\right)$$ $$f_y \cong \frac{A}{2ht_h} \qquad\qquad f_z \cong \frac{A}{2bt_b}$$
	$$I_z \cong \frac{h^2}{6}\left(ht_h + 6bt_b\right) \qquad J \cong \frac{1}{3}\left(ht_h^3 + 2bt_b^3\right)$$ $$I_y \cong \frac{b^3 t_b}{6} \qquad\qquad A \cong ht_h + 2bt_b$$ $$f_y \cong \frac{A}{ht_h} \qquad\qquad f_z \cong \frac{A}{2bt_b}$$

Tabela 1.1 – Propriedades de seção transversal de barra.

O teorema ou princípio dos deslocamentos virtuais estabelece que, *considerando um campo de deslocamentos virtuais em uma estrutura sob ações externas, a igualdade entre o trabalho virtual externo e o trabalho virtual interno*:

$$\sum_i P_i \, \overline{\delta}_i = \sum_b \int_x \left(\frac{N\overline{N}}{EA} + \frac{M\overline{M}}{E\,I} + \frac{V\overline{V}}{GA_V} + \frac{T\overline{T}}{GJ} \right) dx \tag{1.4}$$

é condição necessária e suficiente de equilíbrio da estrutura.

Sob a forma da equação anterior, o campo dos deslocamentos virtuais se anula nos apoios, isso é, atende às condições geométricas de contorno. Para eliminar essa restrição, supõe-se agora que as reações R_1, R_2 ... R_j equilibradoras das ações externas sejam conhecidas. Com isso, essas reações passam a ter a conotação de forças aplicadas em uma estrutura auto-equilibrada e o campo de deslocamentos virtuais não mais têm condições geométricas de contorno a atender. Conseqüentemente esses deslocamentos passam a ser medidos a partir da configuração anterior à aplicação das forças externas e dos deslocamentos prescritos, representada na Figura 1.7b em tracejado e indicada como *configuração original*. Logo, a equação do teorema dos deslocamentos virtuais toma a forma modificada:

$$\sum_i P_i \, \overline{\delta}_i + \sum_j R_j \, \overline{\delta}_{pj} = \sum_b \int_x \left(\frac{N\overline{N}}{EA} + \frac{M\overline{M}}{E\,I} + \frac{V\overline{V}}{GA_V} + \frac{T\overline{T}}{GJ} \right) dx \tag{1.5}$$

Para evidenciar que essa equação "contém as condições de equilíbrio", considera-se a redução da estrutura a uma partícula. Com isso, o segundo membro dessa equação se anula, e as forças P_i e R_j passam a ser auto-equilibradas no ponto representativo da partícula, conforme ilustra a Figura 1.8. Supondo-se um deslocamento virtual $\overline{\delta}$ dessa partícula, sem alteração das direções e sentidos dessas forças, $\overline{\delta}_i$ e $\overline{\delta}_{pj}$ passam a ser projeções desse deslocamento nessas direções, e a equação anterior pode ser escrita sob a forma:

$$\sum_i \vec{P}_i \cdot \vec{\overline{\delta}} + \sum_j \vec{R}_j \cdot \vec{\overline{\delta}} = 0 \tag{1.6}$$

em que o ponto indica produto escalar de vetores.

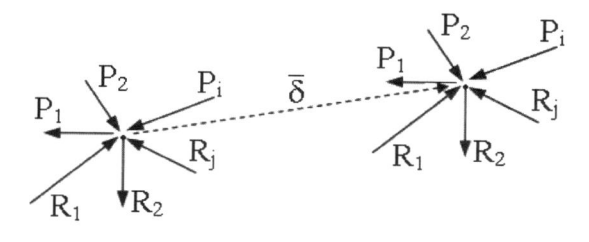

Figura 1.8 – *Deslocamento virtual de partícula em equilíbrio.*

Como o deslocamento virtual é qualquer, decorre da equação anterior que a resultante das forças atuantes na partícula é nula e, portanto, que são nulas as componentes dessa resultante em um referencial XYZ, ou, em outras palavras, que são nulas as somas das projeções dessa resultante nas direções dos eixos X, Y e Z:

$$\sum_i F_{Xi} = 0, \qquad \sum_i F_{Yi} = 0, \qquad \sum_i F_{Zi} = 0 \qquad\qquad (1.7a,b,c)$$

Essas são *equações de equilíbrio da estática.* Conclui-se assim, que *a partícula está em equilíbrio se o trabalho virtual de todas as forças nela atuantes for nulo*, e, vice-versa, que *o trabalho virtual de todas as forças atuantes na partícula é nulo se a partícula estiver em equilíbrio*. Considerando a estrutura como constituída por um número infinito de partículas, é natural que a conclusão anterior se estenda ao caso de estrutura. Logo, utilizando o teorema dos deslocamentos virtuais podem ser obtidas as equações de equilíbrio de qualquer estrutura.

Na equação 1.5 do teorema dos deslocamentos virtuais em estrutura em barras, os deslocamentos virtuais precisam ser pequenos para não alterarem o efeito das ações externas. Já na equação 1.6 desse teorema no caso de partícula, o deslocamento virtual não precisa ser pequeno, desde que se mantenham inalteradas as direções e os sentidos das forças aplicadas à partícula.

Adotando um campo de deslocamentos virtuais que se anule nos pontos e direções das reações de apoio a menos de uma, a equação 1.5 pode ser utilizada na determinação dessa reação. Isso é particularmente útil no caso de estrutura isostática, quando então o segundo membro dessa equação se anula, facilitando o processo de cálculo.

Exemplo 1.1 – Calcula-se a reação no apoio A da viga representada na parte esquerda da Figura E1.1.

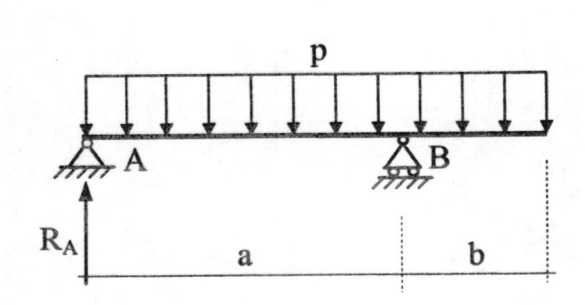 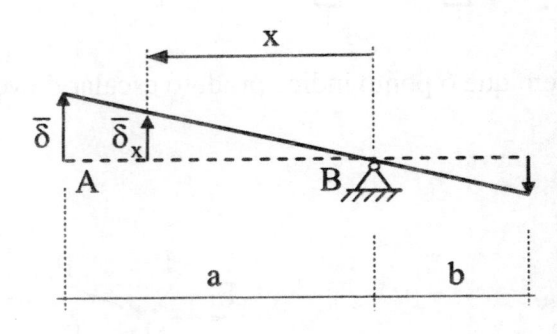

Figura E1.1

Adota-se o campo de deslocamentos virtuais representado na parte direita da Figura E1.1, que foi escolhido por ter deslocamento nulo no apoio B. Dessa configuração virtual, tem-se a relação geométrica:

$$\frac{\overline{\delta}_x}{x} = \frac{\overline{\delta}}{a} \qquad \rightarrow$$

Logo, a equação 1.5 do teorema dos deslocamentos virtuais se particulariza para:

$$R_A \overline{\delta} + \int_0^a (-p)\overline{\delta}_x \ dx + \int_0^{-b} p\overline{\delta}_x \ dx = 0$$

Substituindo a relação geométrica anterior nessa última equação, obtém-se:

$$R_A \overline{\delta} - \int_0^a p\left(\frac{\overline{\delta} x}{a}\right) dx + \int_0^{-b} p\left(\frac{\overline{\delta} x}{a}\right) dx = 0$$

que fornece a reação de apoio procurada:

$$R_A = \frac{p}{2a}\left(a^2 - b^2\right)$$

Sugere-se ao leitor determinar com o teorema dos deslocamentos virtuais a reação no apoio B da viga da figura anterior.

$$\overline{\delta}_x = \frac{\delta x}{a}$$

1.4 – Teorema das forças virtuais

O teorema das forças virtuais tem analogia com o teorema dos deslocamentos virtuais e no presente caso de estruturas em barras de comportamento linear é apenas uma forma alternativa de se escrever esse último teorema, muito útil para o cálculo de deslocamentos.

Independentemente das ações atuantes na estrutura e das condições de apoio desta, suponha-se um sistema de forças externas em equilíbrio, como ilustra a Figura 1.9 em que se tem uma viga sob ações externas na parte (a), e se têm três exemplos de sistemas de forças auto-equilibradas na parte (b) dessa mesma figura.

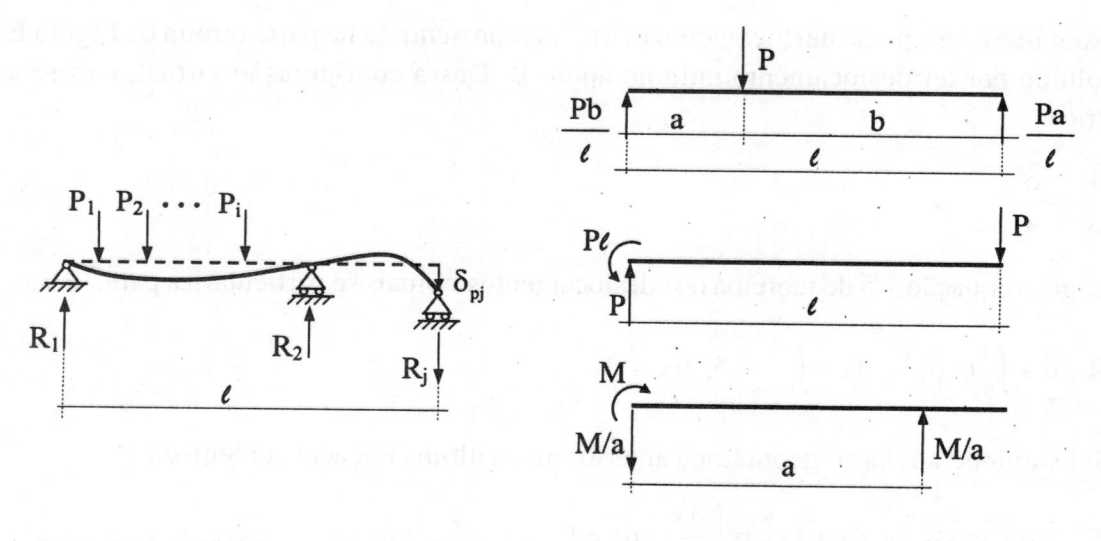

(a) Deformada devido a ações reais   (b) Sistemas de forças em equilíbrio

Figura 1.9 *– Viga.*

Os deslocamentos que definem a deformação da estrutura sob as ações externas reais podem ser supostos como deslocamentos virtuais na estrutura auto-equilibrada sob a ação de qualquer dos sistemas de forças ilustrados. Por outro lado, como esses sistemas de forças em equilíbrio são quaisquer, essas forças podem ser chamadas de virtuais, e aqueles deslocamentos de reais, escrevendo-se a partir da equação 1.5:

$$\sum_i \overline{P}_i \delta_i + \sum_j \overline{R}_j \delta_{pj} = \sum_b \int_x \left(\frac{\overline{N}N}{EA} + \frac{\overline{M}M}{EI} + \frac{\overline{V}V}{GA_V} + \frac{\overline{T}T}{GJ} \right) dx \tag{1.8}$$

onde δ_{pj} são os deslocamentos prescritos reais nos pontos onde são supostas forças virtuais designadas por $\overline{R}_j$. Essa é a equação do *teorema* ou *do princípio das forças virtuais* no caso de estruturas em barras de comportamento linear. Como nessa equação o primeiro membro é o produto de forças virtuais por deslocamentos reais, esse expressa trabalho virtual externo. Como o segundo membro dessa equação é igual ao segundo membro da equação 1.5, é o mesmo trabalho virtual interno do teorema dos deslocamentos virtuais, comprovando que essa equação é apenas uma forma alternativa de se escrever a equação desse teorema. Nos casos de estruturas em barras de comportamento físico não linear e de estruturas contínuas, o teorema das forças virtuais tem fundamental diferença do teorema dos deslocamentos, obtendo-se equações de compatibilidade do primeiro e equações de equilíbrio do segundo.

No teorema dos deslocamentos virtuais, trabalha-se com deslocamentos fictícios e com forças reais, o que permite a determinação de forças desconhecidas, como foi mostrado no Exemplo 1.1. No teorema das forças virtuais, trabalha-se com forças fictícias e com deslocamentos reais, o que permite a determinação de deslocamentos desconhecidos, como será apresentado no próximo item.

1.5 – Método da força unitária

Com o *método da força unitária* ou *de Maxwell-Mohr* obtém-se o deslocamento de um ponto qualquer, em qualquer direção, de uma estrutura em barras sob ações externas quaisquer, como por exemplo, o deslocamento δ do pórtico plano hiperestático representado na Figura 1.10a sob a ação de forças externas.

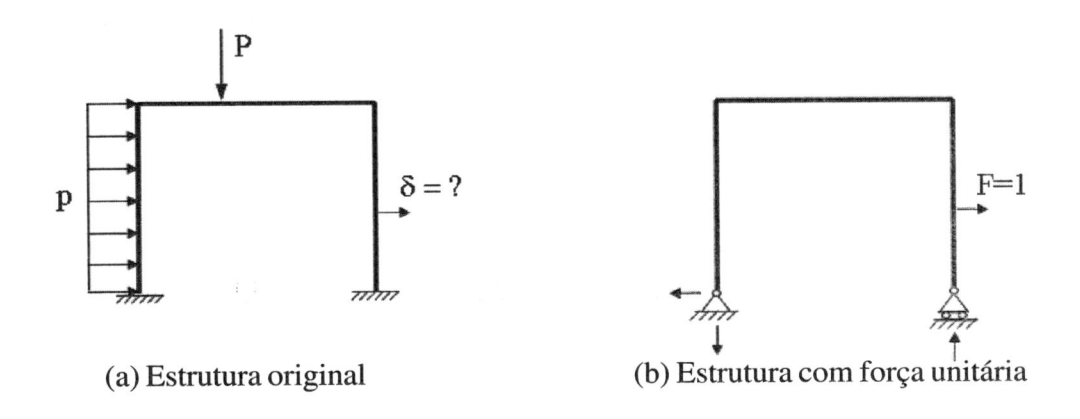

(a) Estrutura original   (b) Estrutura com força unitária

Figura 1.10 – Estrutura sob forças quaisquer.

Retirando-se vínculos superabundantes na estrutura original, supõe-se uma estrutura isostática na qual se aplica uma força unitária no ponto e direção do deslocamento desejado, como ilustra a Figura 1.10b. Essa força está em equilíbrio com as reações de apoio nessa estrutura, formando um sistema de forças virtuais (por serem fictícias e auto-equilibradas). Logo, a partir da equação 1.8 do teorema das forças virtuais, escreve-se:

$$1 \cdot \delta = \sum_b \int_x \left(\frac{N_u N}{EA} + \frac{M_u N}{EI} + \frac{V_u V}{GA_v} + \frac{T_u T}{GJ} \right) dx \qquad (1.9)$$

Nessa equação, N_u, M_u, V_u e T_u denotam os esforços seccionais na estrutura com a força virtual unitária; N, M, V e T representam os esforços seccionais na estrutura original com as forças externas reais e o somatório expressa que a integração é ao longo de todas as barras da estrutura. É evidente que no caso da estrutura original ser isostática não se retiram vínculos para a construção da estrutura com a força unitária.

Dividindo ambos os membros da equação anterior pela unidade de força, o que equivale a considerar um modelo com uma "força virtual unitária adimensional", obtém-se o deslocamento desejado:

$$\delta = \sum_b \int_x \left(\frac{N_u N}{EA} + \frac{M_u M}{E I} + \frac{V_u V}{G A_V} + \frac{T_u T}{GJ} \right) dx \tag{1.10a}$$

No caso de barras de pequena curvatura, essa equação toma a forma:

$$\delta = \sum_b \int_s \left(\frac{N_u N}{EA} + \frac{M_u M}{E I} + \frac{V_u V}{G A_V} + \frac{T_u T}{GJ} \right) ds \tag{1.10b}$$

onde ds é comprimento infinitesimal de arco ao longo dos eixos das barras.

Para determinar a rotação de uma seção, supõe-se, na estrutura isostática obtida a partir da estrutura original, um momento unitário no ponto representativo da seção e na direção da rotação desejada para então aplicar a equação anterior. Para determinar o deslocamento relativo entre dois pontos, supõe-se a aplicação nesses pontos de um par de forças unitárias de sentidos opostos e eventualmente a estrutura pode ser auto-equilibrada.

Exemplo 1.2 – Determina-se, considerando apenas o efeito do momento fletor, o deslocamento de abertura de um anel circular de raio R e de propriedade EI constante, ao aplicar o par de forças P como representado na parte esquerda da Figura E1.2. $\quad M_u = R(1-\cos\alpha)$

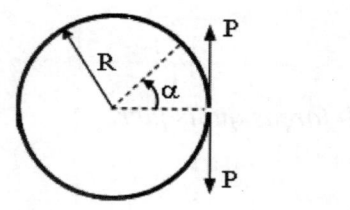 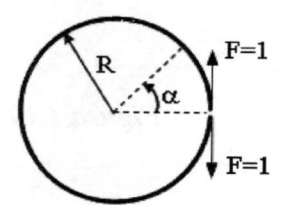

Figura E1.2

De acordo com o método da força unitária, considera-se o par de forças unitárias como representado na parte direita da figura anterior. Para o carregamento original e esse carregamento, têm-se, respectivamente, as equações de momento fletor:

$$M = PR(1-\cos\alpha) \quad e$$

Logo, de acordo com a equação 1.10b, o deslocamento procurado se escreve:

$$\delta = \frac{1}{E I} \int_0^{2\pi R} PR(1-\cos\alpha) \cdot R(1-\cos\alpha) ds$$

Como $ds = R\,d\alpha$, a equação anterior fornece:

$$\delta = \frac{1}{EI}\int_0^{2\pi} PR(1-\cos\alpha)\cdot R(1-\cos\alpha)R\,d\alpha = \frac{PR^3}{EI}\int_0^{2\pi}(1-\cos\alpha)^2\,d\alpha = \frac{3\pi PR^3}{EI}$$

Exemplo 1.3 – Determina-se o deslocamento vertical da rótula C da treliça representada na parte esquerda da Figura E1.3 em que todas as barras têm o mesmo EA.

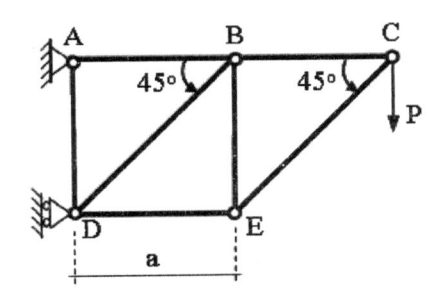
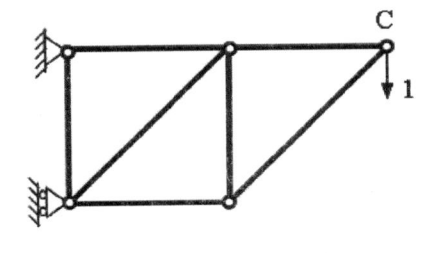

Figura E1.3.

Considera-se a treliça com uma força unitária como representado na parte direita da Figura E1.3. Logo, por equilíbrio dos pontos nodais da treliça com o carregamento original e por equilíbrio dos pontos nodais da treliça com a força unitária, determinam-se as forças normais nas barras e constrói-se a Tabela ET1.3 para o cálculo do referido deslocamento.

Barra	ℓ_b	N	N_u	$\int_0^{\ell_b} N_u N\,dx$
AB	a	2P	2	4Pa
BC	a	P	1	Pa
BD	$a\sqrt{2}$	$-P\sqrt{2}$	$-\sqrt{2}$	$2\sqrt{2}\,Pa$
BE	a	P	1	Pa
CE	$a\sqrt{2}$	$-P\sqrt{2}$	$-\sqrt{2}$	$2\sqrt{2}\,Pa$
DE	a	$-P$	-1	Pa
			$\sum_b \int_0^{\ell_b} N_u N\,dx$	$Pa\left(7+4\sqrt{2}\right)$

Tabela ET1.3.

Logo, tem-se o deslocamento procurado:

$$\delta = \frac{\left(7 + 4\sqrt{2}\right)Pa}{EA}$$

em que o sinal positivo expressa que esse deslocamento é no sentido da força unitária considerada.

Sugere-se ao leitor determinar os deslocamentos verticais das demais rótulas da treliça anterior.

Em procedimento manual de cálculo, é usual evitar o desenvolvimento analítico das integrais que ocorrem no método da força unitária, utilizando-se resultados tabelados. Esses resultados, no caso de barra reta de seção transversal e propriedades elásticas constantes, são apresentados nas Tabelas 1.2a e 1.2b. Muito embora se adote a notação de momento fletor, essas tabelas podem ser utilizadas com qualquer outro esforço seccional, bastando para isso que se troque adequadamente a notação do esforço. Nos casos de diagramas formados pela soma ou subtração dos diagramas representados nessas tabelas, faz-se a integral do produto de cada uma de suas parcelas separadamente e somam-se ou subtraem-se os correspondentes resultados, como mostrado nos exemplos a seguir.

Tabela 1.2a – Integral do produto de diagramas de esforços seccionais – parte A.

	M_a, ℓ, $+$		M_a, ℓ, $+$
M_b, ℓ, $+$	$\dfrac{1}{2}M_a M_b \ell$	2°grau, M_b, ℓ, $+$, tg	$\dfrac{1}{3}M_a M_b \ell$
M_b, ℓ, $+$	$M_a M_b \ell$	3°grau, M_b, ℓ, $+$, tg	$\dfrac{1}{4}M_a M_b \ell$
M_b, ℓ, $+$, M_c	$\dfrac{1}{2}M_a\left(M_b + M_c\right)\ell$	2°grau, ℓ, $+$, M_b, tg	$\dfrac{2}{3}M_a M_b \ell$
a, b, $+$, M_b	$\dfrac{1}{2}M_a M_b \ell$	3°grau, ℓ, $+$, $M_b = \dfrac{p\ell^2}{16}$, tg	$\dfrac{2}{3}M_a M_b \ell$

***Tabela 1.2b** – Integral do produto de diagramas de esforços seccionais – parte B.*

Em vigas e pórticos, a influência dos esforços cortante e normal na deformação da estrutura é normalmente muito menor do que a influência do momento fletor, sendo por essa razão usualmente desprezada em cálculos manuais. O esforço cortante costuma ter influência relevante apenas no caso de barra de grande altura relativamente ao seu comprimento, e o esforço normal costuma ter influência relevante quando ocorrem tirantes e/ou escoras de reduzida rigidez axial. Em grelha, a influência do esforço cortante é normalmente muito menor do que a influência do momento fletor e do momento de torção, sendo também desprezada em cálculos manuais.

Exemplo 1.4 – Determina-se, considerando apenas deformação de momento fletor, a rotação relativa das seções adjacentes à rótula A do pórtico representado na parte esquerda da Figura E1.4a, em que as barras têm as propriedades $E = 2{,}05 \cdot 10^8\,\text{kN/m}^2$ e $I = 1{,}60 \cdot 10^{-4}\,\text{m}^4$. O tracejado do lado de cada barra na representação da estrutura indica a posição do observador para efeito da convenção clássica dos esforços seccionais.

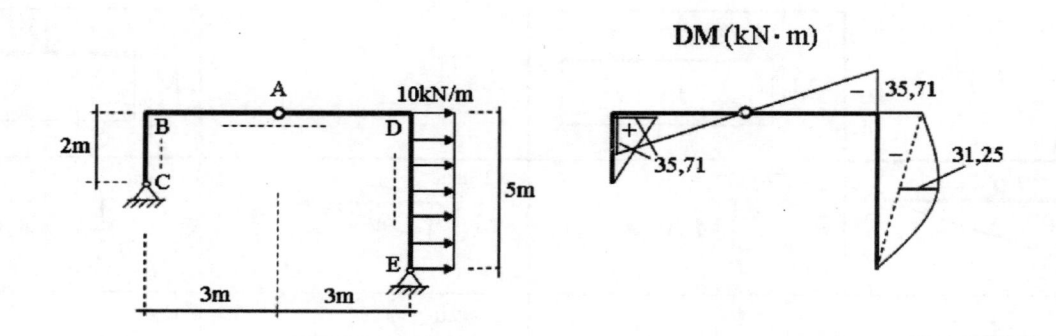

Figura E1.4a.

Trata-se de pórtico triarticulado isostático, de diagrama de momento fletor representado na parte direita da Figura E1.4a. Para determinar a referida rotação, considera-se esse pórtico sob momentos unitários aplicados nas seções adjacentes à rótula A, como mostrado na parte esquerda da Figura E1.4b, carregamento esse que implica no diagrama de momento fletor representado na parte direita dessa mesma figura.

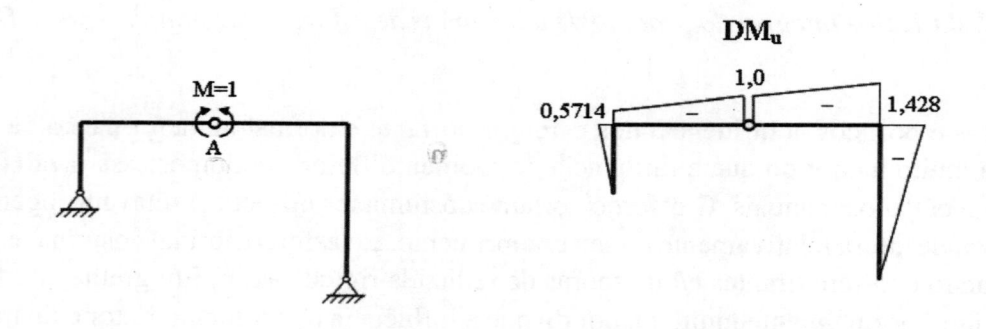

Figura E1.4b.

Tem-se $EI = 2,05 \cdot 10^8 \cdot 1,6 \cdot 10^{-4} = 3,28 \cdot 10^4 \, kN \cdot m^2$.

Utilizando a Tabela 1.2a, o cálculo da integral $\left(\int_0^{\ell_b} M_u M \, dx \right)$ está esquematizado na Tabela ET1.4.

Barra	$\ell_b\,(m)$	M_u	$M\,(kN\cdot m)$	$\int_0^{\ell_b} M_u M\,dx$
CB	2,0	0,5714 —	+ 35,71	$-\dfrac{1}{3}\cdot 0,5714\cdot 35,71\cdot 2$
BA	3,0	0,5714 — 1,0	+ 35,71	$-\dfrac{1}{6}\cdot 35,71\cdot(2\cdot 0,5714+1)\cdot 3$
AD	3,0	1,0 — 1,428	35,71 —	$\dfrac{1}{6}\cdot 35,71\cdot(2\cdot 1,428+1)\cdot 3$
DE	5,0	1,428 —	35,71 — / 31,25 —	$\dfrac{1}{3}\cdot 1,428\cdot 35,71\cdot 5$ $+\dfrac{1}{3}\cdot 1,428\cdot 31,25\cdot 5$
			$\displaystyle\sum_b \int_0^{\ell_b} M_u M\,dx$	**176,35**

Tabela ET1.4.

Logo, tem-se a rotação procurada:

$$\theta = \frac{176,35}{3,28\cdot 10^4} = 5,3765\cdot 10^{-3}\,\text{rad}$$

Exemplo 1.5 – Para o pórtico plano hiperestático da parte esquerda da Figura E1.5a em que todas as barras têm as propriedades $I=1,538\cdot 10^{-2}$ m⁴ e $E=20$GPa, e de diagrama de momento fletor representado na parte direita dessa mesma figura, determina-se a rotação da seção A indicada, considerando apenas deformação de momento fletor.

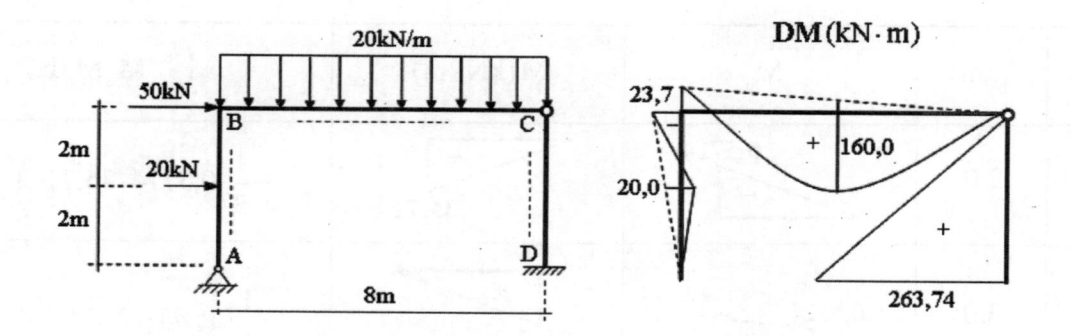

Figura E1.5a.

A partir do pórtico original, escolhe-se o pórtico isostático representado na parte esquerda da Figura E1.5b para aplicação de momento unitário na seção em que se deseja determinar rotação. O diagrama de momento fletor desse pórtico está representado na parte direita dessa mesma figura.

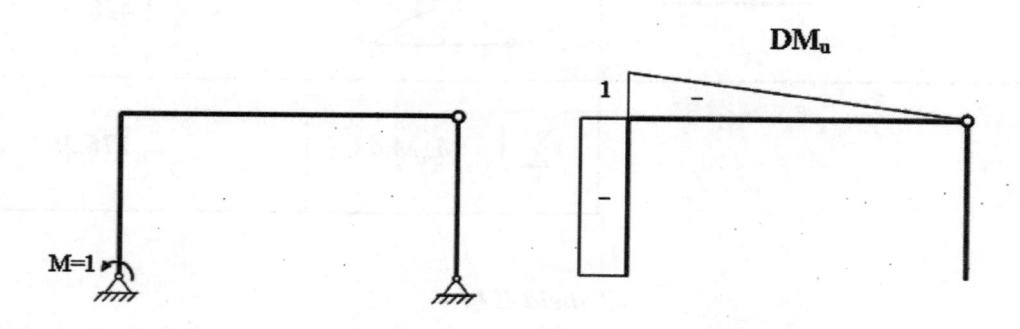

Figura E1.5b.

Tem-se $EI = 20 \cdot 10^6 \cdot 1,538 \cdot 10^{-2} = 3,076 \cdot 10^5 \, kN \cdot m^2$.

Utilizando as Tabelas 1.2, o cálculo da integral $\left(\int_0^{\ell_b} M_u M \, dx \right)$ está esquematizado na Tabela ET1.5.

Barra	ℓ_b (m)	M_u	M (kN · m)	$\int_0^{\ell_b} M_u M \, dx$
AB	4,0	1,0 −	23,7 − + 20	$\dfrac{1}{2} \cdot 1 \cdot 23,7 \cdot 4$ $-\dfrac{1}{2} \cdot 1 \cdot 20 \cdot 4$
BC	8,0	1,0 −	23,7 − + 160	$-\dfrac{1}{3} \cdot 1 \cdot 160 \cdot 8$ $+\dfrac{1}{3} \cdot 1 \cdot 23,7 \cdot 8$
			$\displaystyle\sum_b \int_0^{\ell_b} M_u M \, dx$	$-356,07$

Tabela ET1.5.

Logo, tem-se a rotação procurada:

$$\theta = \frac{-356,07}{3,076 \cdot 10^5} = -1,1576 \cdot 10^{-3} \, \text{rad.}$$

No caso da estrutura original ter deslocamentos prescritos de translação ou de rotação, como ilustrado na Figura 1.11a com os deslocamentos δ_{p1}, δ_{p2} e δ_{p3} em um dos engastes, retiram-se os vínculos superabundantes (caso existam) que não coincidem com os pontos e direções desses deslocamentos, de maneira a se obter uma estrutura isostática sem deslocamentos prescritos e sob a ação de uma força virtual unitária no ponto e direção do deslocamento desejado, como mostra a Figura 1.11b. Logo, a partir da equação 1.8 do teorema das forças virtuais, escreve-se:

$$1 \cdot \delta + \sum_j R_{uj} \delta_{pj} = \sum_b \int_x \left(\frac{N_u N}{EA} + \frac{M_u M}{EI} + \frac{V_u V}{GA_V} + \frac{T_u T}{GJ} \right) dx \tag{1.11}$$

Nessa equação, o primeiro somatório diz respeito ao número total de deslocamentos prescritos, sendo R_{uj} a reação na estrutura com a força virtual unitária, reação essa no ponto e na direção correspondentes ao j-ésimo deslocamento prescrito da estrutura original, δ_{pj}. Importa observar que o deslocamento δ_{p2} indicado na Figura 1.11a é negativo, por ser de sentido contrário ao adotado como positivo para a reação de apoio R_{u2} indicada na Figura 1.11b.

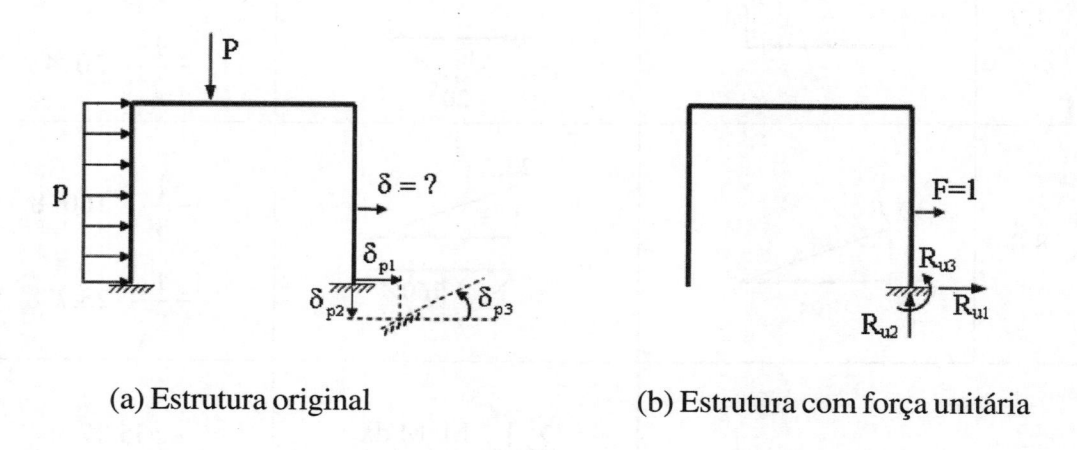

(a) Estrutura original   (b) Estrutura com força unitária

***Figura 1.11** – Estrutura com forças e deslocamentos prescritos.*

Dividindo ambos os membros da equação anterior pela unidade de força, obtém-se o deslocamento desejado:

$$\delta = \sum_b \int_x \left(\frac{N_u N}{EA} + \frac{M_u M}{EI} + \frac{V_u V}{GA_V} + \frac{T_u T}{GJ} \right) dx - \sum_j R_{uj} \delta_{pj} \tag{1.12}$$

Exemplo 1.6 – Modifica-se o Exemplo 1.4 de determinação da rotação relativa das seções adjacentes à rótula A, prescrevendo no apoio E do pórtico triarticulado o deslocamento de 0,01m de cima para baixo, como indicado na parte esquerda da Figura E1.6.

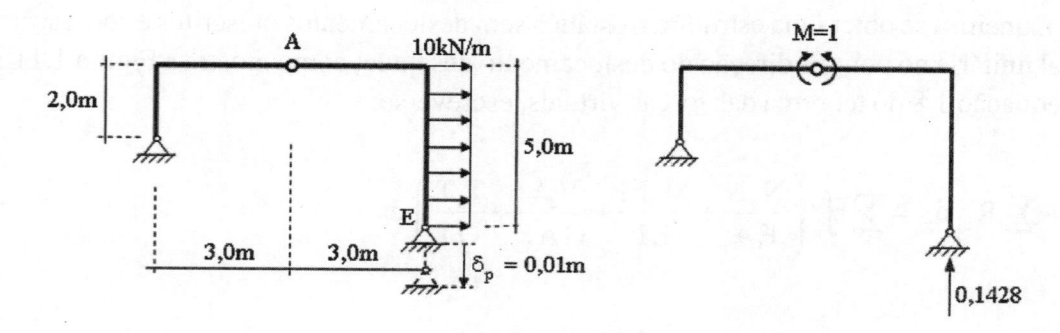

Figura E1.6.

Para determinar a rotação relativa das seções adjacentes à rótula A do pórtico em questão, considera-se o par de momentos unitários como mostrado na parte direita da Figura E1.6 e calcula-se a reação no apoio e na direção em que se prescreveu deslocamento.

Logo, com a equação 1.12 e a partir do resultado do Exemplo 1.4, tem-se a rotação procurada:

$$\theta = 5{,}365 \cdot 10^{-3} - 0{,}1428\left(-0{,}01\right) = 6{,}805 \cdot 10^{-3}\,\text{rad.}$$

1.6 – Método das forças

No método das forças, também denominado *método da flexibilidade*, determina-se um conjunto de reações e/ou esforços seccionais superabundantes ao equilíbrio estático de estrutura hiperestática, permitindo que as outras reações e/ou esforços seccionais sejam calculados com as leis da estática.

Neste método, seleciona-se um conjunto de redundantes estáticas X_i, cuja retirada da estrutura hiperestática a transforma em estrutura passível de ter seus esforços solicitantes determinados com as leis da estática, denominada *sistema principal*. Esse sistema é uma estrutura isostática ou uma estrutura auto-equilibrada que possa ter seus esforços determinados com as leis da estática. Como ilustração, para o pórtico plano de indeterminação estática igual a 3 representado na parte (a) da Figura 1.12, são mostrados nas partes (b) a (f) dessa figura cinco sistemas principais, indicando as redundantes estáticas escolhidas em tracejado. Nas partes (b) e (c) foram consideradas como redundantes uma reação de apoio e as forças normal e cortante que ocorrem na rótula interna desse pórtico. Na parte (d) foram supostas como redundantes três momentos fletores em seções transversais internas ao pórtico, e nas partes (e) e (f), dois momentos fletores em seções internas e uma reação de apoio. Nessa estrutura hiperestática e na grande maioria dos casos, têm-se infinitas possibilidades de sistemas principais, pois as barras têm infinitos pontos onde esforços seccionais podem ser escolhidos como redundantes, não existindo uma sistemática única de escolha de sistema principal. É por essa razão que esse método não é utilizado nos sistemas computacionais de análise comerciais.

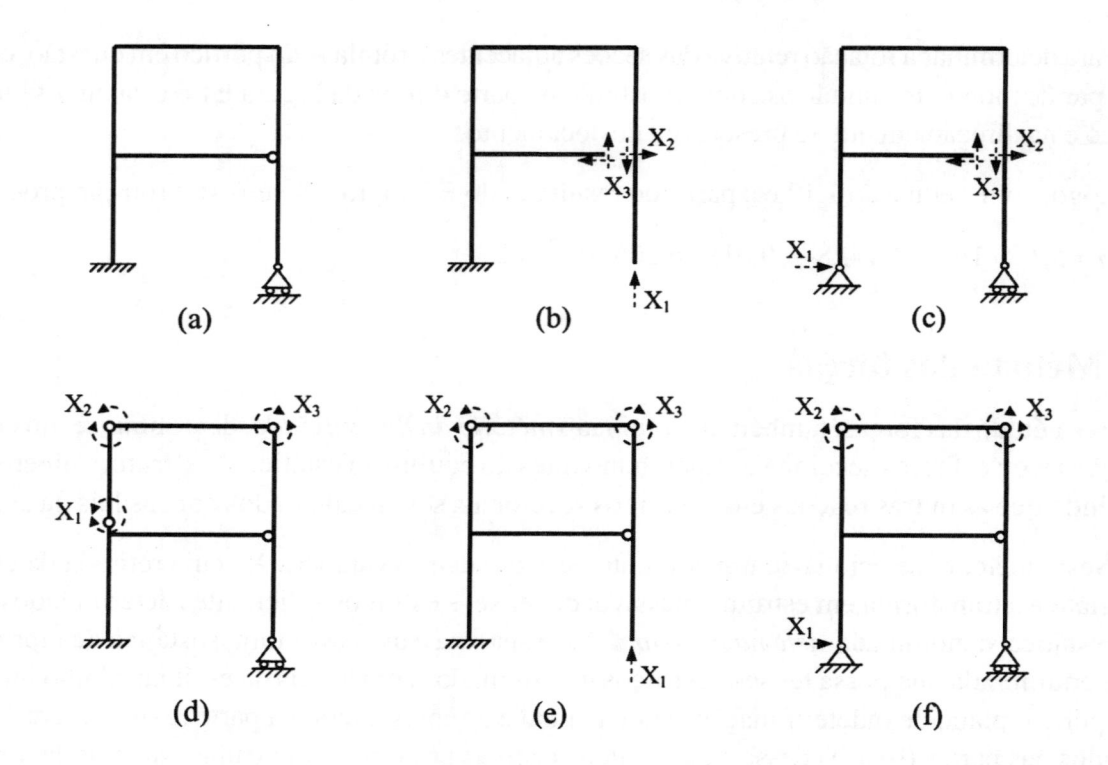

Figura 1.12 – *Pórtico hiperestático e alguns de seus sistemas principais.*

Selecionado um sistema principal, escrevem-se as equações de compatibilidade de deslocamentos nas direções das redundantes estáticas escolhidas, em procedimento de combinação linear de estados de solicitação, de maneira a restituir a estrutura original. Adotando a notação δ_{ij} para representar deslocamentos, a Figura 1.13 ilustra essa combinação no caso de uma viga contínua com duas redundantes estáticas quando as reações nos apoios centrais são escolhidas como redundantes. No caso, as equações de compatibilidade de deslocamentos se escrevem:

$$\begin{cases} \delta_{10} + \delta_{11}\, X_1 + \delta_{12}\, X_2 = 0 \\ \delta_{20} + \delta_{21}\, X_1 + \delta_{22}\, X_2 = 0 \end{cases} \tag{1.13}$$

expressando que os deslocamentos verticais nos apoios intermediários são nulos. Entende-se que os deslocamentos δ_{ij} são positivos quando de sentidos coincidentes com os sentidos positivos arbitrados para as redundantes X_i. O número dessas redundantes é denominado *grau de indeterminação estática*. δ_{i0} é o deslocamento do ponto de aplicação da redundante estática X_i e em sua própria direção, quando se aplica ao sistema principal o carregamento original, no que se chama estado E_0. Esse deslocamento é denominado *coeficiente de carga*. Ainda como ilustrado na Figura 1.13, δ_{ij}, com j diferente de zero, é numericamente igual ao deslocamento do ponto da redundante X_i e em sua própria direção, quando se aplica ao sistema principal uma força unitária no ponto e na direção da redundante X_j, no que se chama estado E_j. Em notação análoga, E representa o estado da estrutura hiperestática original. Vale observar que os deslocamentos δ_{i0}, com i igual a 1 e igual a 2, representados na referida figura são negativos, por serem em sentidos contrários aos sentidos arbitrados para as correspondentes redundantes. Diz-se que δ_{ij}, com j diferente de zero, é o coeficiente de influência da força ou momento na direção j sobre o deslocamento de translação ou de rotação na direção j, ou simplesmente *coeficiente de flexibilidade*.

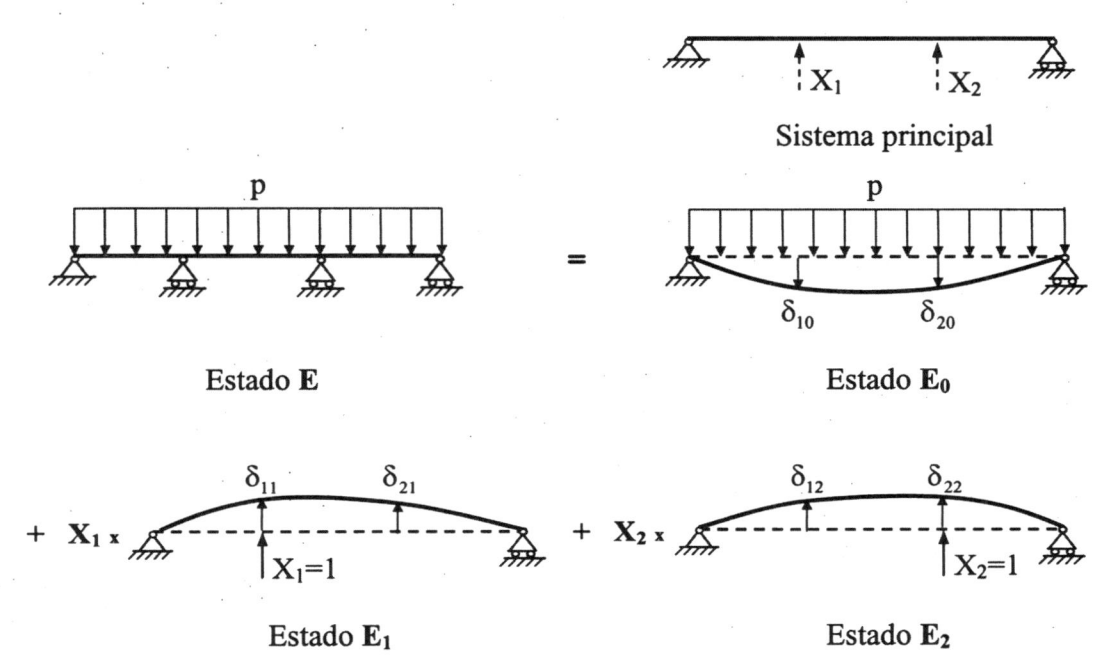

Figura 1.13 – *Método das forças escolhendo reações como redundantes estáticas.*

Para a mesma viga da figura anterior, a Figura 1.14 ilustra a combinação de estados desse método, no caso de escolha dos momentos fletores nas seções dos apoios intermediários como redundantes estáticas, quando então o sistema principal é obtido introduzindo-se rótulas nessas seções. Nesse caso, δ_{i0} é o ângulo entre as tangentes à esquerda e à direita da i-ésima seção em que se introduziu rótula, quando se aplica ao sistema principal o carregamento original. δ_{ij}, com j diferente de zero, é numericamente igual ao ângulo entre as tangentes à esquerda e à direita da seção de ordem i, quando se aplica ao sistema principal momentos unitários à esquerda e à direita da seção de ordem j. Esses ângulos são iguais às rotações relativas das seções adjacentes às referidas rótulas. Observa-se que com os sentidos arbitrados para as redundantes X_i na Figura 1.14, os coeficientes de força δ_{10} e δ_{20} são negativos.

A equação anterior se escreve em forma matricial:

$$\begin{bmatrix} \delta_{11} & \delta_{12} \\ \delta_{21} & \delta_{22} \end{bmatrix} \begin{Bmatrix} X_1 \\ X_2 \end{Bmatrix} = - \begin{Bmatrix} \delta_{10} \\ \delta_{20} \end{Bmatrix} \tag{1.14}$$

$$\underset{\sim}{\Delta} \, \underset{\sim}{X} = - \underset{\sim 0}{\delta} \tag{1.15}$$

onde o til sob a notação denota matriz e matriz coluna também denominada "vetor". Essa equação representa um sistema de equações algébricas lineares, onde Δ é a *matriz de flexibilidade* de coeficientes δ_{ij}; X é o *vetor das redundantes estáticas* X_i a ser determinado e $\underset{\sim}{\delta}_0$ é o *vetor dos coeficientes de força* $\underset{\sim}{\delta}_{i0}$. Assim, a equação anterior expressa uma transformação linear em que a matriz de flexibilidade transforma redundantes estáticas em coeficientes de força com sinais contrários.

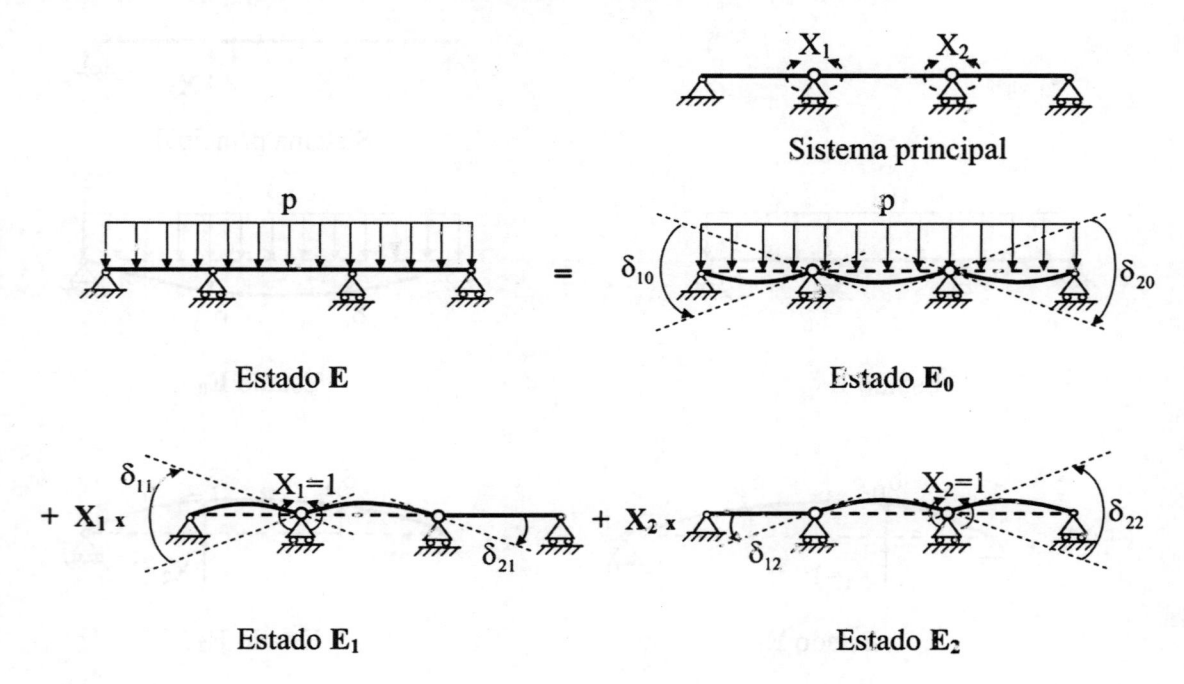

Figura 1.14 – *Método das forças escolhendo momentos fletores como redundantes estáticas.*

Pelo teorema do deslocamento recíproco, tem-se $\delta_{ij} = \delta_{ji}$, expressando que a matriz de flexibilidade é simétrica.

Os coeficiente δ_{i0} e δ_{ij} podem ser obtidos com o método da força unitária apresentado no item anterior. Assim, a partir da equação 1.10a, escreve-se:

$$\delta_{ij} = \sum_b \int_x \left(\frac{N_i N_j}{E\,A} + \frac{M_i M_j}{E\,I} + \frac{V_i V_j}{G\,A_v} + \frac{T_i T_j}{G\,J} \right) dx \tag{1.16}$$

Nessa equação o somatório expressa que a integração é ao longo de todas as barras da estrutura, o índice i varia de 1 até o número de redundantes; o índice j varia de 0 até o número de redundantes; N_i, M_i, V_i e T_i representam os esforços seccionais no estado E_i, e N_j, M_j, V_j e T_j representam os esforços seccionais no estado E_j.

Como as redundantes estáticas escolhidas são independentes entre si, a matriz de flexibilidade é sempre não singular, tendo-se garantia da solução única:

$$X = -\Delta^{-1} \underset{\sim}{\delta}_0 \qquad\qquad (1.17)$$

Essa equação se generaliza para qualquer estrutura hiperestática, quaisquer que sejam as redundantes estáticas escolhidas.

Uma vez que tenham sido determinadas essas redundantes, os esforços e deslocamentos na estrutura original podem ser obtidos pela combinação linear:

$$\mathbf{E} = \mathbf{E_0} + \sum_i X_i \times \mathbf{E_i} \qquad\qquad (1.18)$$

onde i varia de 1 até o número total de redundantes. Alternativamente, conhecendo-se essas redundantes, pode-se trabalhar diretamente com a estrutura original, calculando-se com as leis da estática as demais reações de apoio e esforços seccionais.

Resumindo, o método das forças tem a seguinte sistemática:

I. Escolha de um sistema estrutural passível de ser analisado com as leis da estática, por retirada de um conjunto de redundantes estáticas da estrutura hiperestática em questão. Essas redundantes são as incógnitas primárias a determinar.

II. Cálculo dos coeficientes de flexibilidade e de força, utilizando a equação 1.16.

III. Montagem e resolução do sistema de equações de compatibilidade de deslocamentos 1.15, com obtenção das referidas redundantes.

IV. Cálculo dos esforços finais utilizando a equação 1.18 ou as leis da estática.

Exemplo 1.7 – Determinam-se os diagramas de esforços seccionais da grelha da Figura E1.7a em que todas as barras têm seção transversal circular vazada, $E = 2{,}05 \cdot 10^5$ MPa e $\nu = 0{,}3$, desconsiderando deformação de força cortante e adotando o sistema principal representado nessa mesma figura.

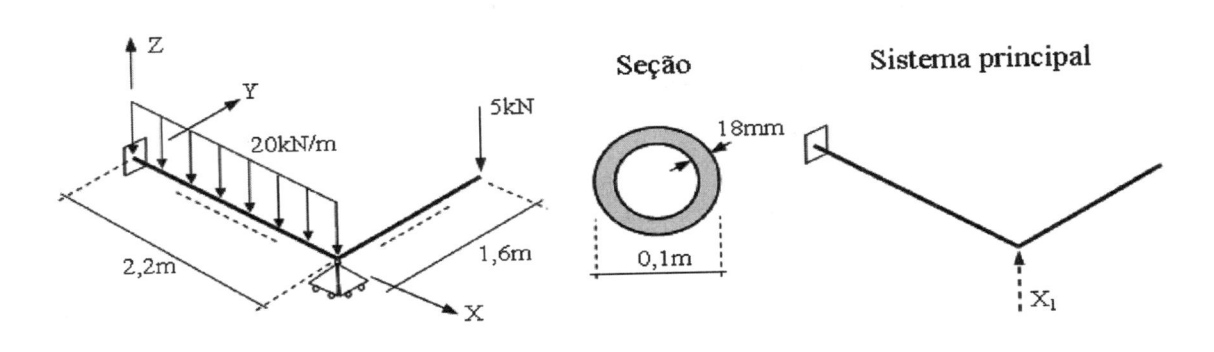

Figura E1.7a.

O raio médio da seção transversal é $r = (0,1-0,018)/2 = 0,041m$. Logo, têm-se as propriedades: $I \cong \pi r^3 t = \pi \cdot 0,041^3 \cdot 0,018 = 3,897 \cdot 10^{-6} m^4$ e $J \cong 2 \cdot I = 7,794 \cdot 10^{-6} m^4$.

O módulo de elasticidade transversal se calcula:

$$G = \frac{E}{2(1+v)} = \frac{2,05 \cdot 10^8}{2(1+0,3)} = 0,7884 \cdot 10^8 kN \cdot m^{-2}.$$

Logo, têm-se as rigidezes:

$$EI = 2,05 \cdot 10^8 \cdot 3,897 \cdot 10^{-6} = 798,88 kN \cdot m^2, \quad GJ = 0,7884 \cdot 10^8 \cdot 7,794 \cdot 10^{-6} = 614,47 kN \cdot m^2$$

Os estados $\mathbf{E_0}$ e $\mathbf{E_1}$ estão representados na Figura E1.7b juntamente com os correspondentes diagramas de momento fletor e de momento de torção.

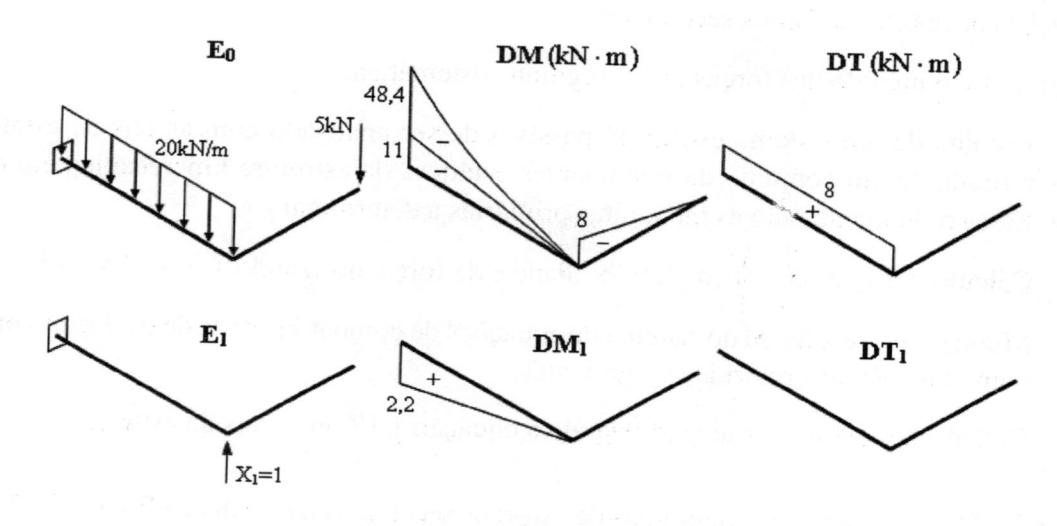

Figura E1.7b.

Utilizando os diagramas da figura anterior e a Tabela 1.2a, determinam-se os coeficientes:

$$\delta_{10} = \frac{1}{EI}\left(-\frac{1}{3} \cdot 2,2 \cdot 11 \cdot 2,2 - \frac{1}{4} \cdot 2,2 \cdot 48,4 \cdot 2,2\right) = \frac{-76,311}{EI}$$

$$\delta_{11} = \frac{1}{EI}\left(\frac{1}{3} \cdot 2,2 \cdot 2,2 \cdot 2,2\right) = \frac{3,5493}{EI}$$

Logo, escreve-se a equação de compatibilidade de deslocamentos:

$$\frac{3,5493}{EI} X_1 = \frac{76,311}{EI}$$

que fornece a redundante estática $X_1 = 21,500 \text{kN}$. Conhecendo-se essa resultante, obtêm-se os diagramas de esforços seccionais representados na Figura E1.7c.

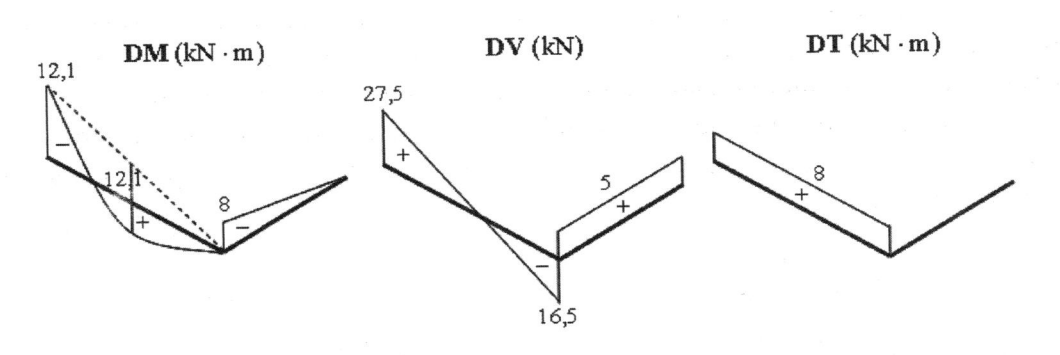

Figura E1.7c.

Esse exemplo é um caso particular em que não se tem influência da deformação de momento de torção no cálculo das reações de apoio. Além disso, como todas as barras têm a mesma seção transversal e o mesmo material, os diagramas obtidos independem dessas propriedades.

Exemplo 1.8 – Determina-se o diagrama de momento fletor do pórtico plano da Figura E1.8a em que todas as barras têm o mesmo EI, desconsiderando as deformações de força normal e de força cortante.

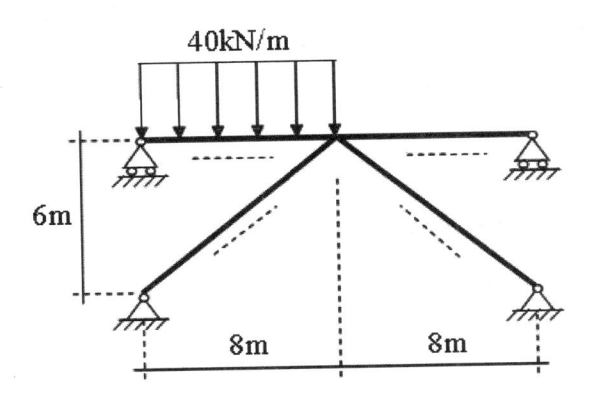

Figura E1.8a.

Essa é uma estrutura simétrica com 3 redundantes estáticas. Para operar com um menor número de redundantes, decompõe-se o carregamento em uma parcela simétrica e outra anti-simétrica, como mostrado na parte superior da Figura E1.8b. Na estrutura com a parcela simétrica de carregamento, o diagrama de momento fletor é simétrico e a seção transversal situada no eixo de simetria tem apenas desloca-mento vertical. Logo, pode-se construir o modelo reduzido representado na parte intermediária esquerda dessa figura juntamente com um sistema principal do método das forças. Na estrutura com a parcela anti-simétrica de carregamento, o diagrama de momento fletor é anti-simétrico e a seção transversal situada no eixo de simetria tem apenas deslocamento horizontal e rotação. Logo, pode-se construir o modelo reduzido representado na parte intermediária direita da referida figura juntamente com um sistema prin-cipal do método das forças. No primeiro desses modelos, desconsiderando-se deformação de força nor-mal, recai-se no modelo representado na parte inferior esquerda da mesma figura juntamente com um sistema principal do método das forças.

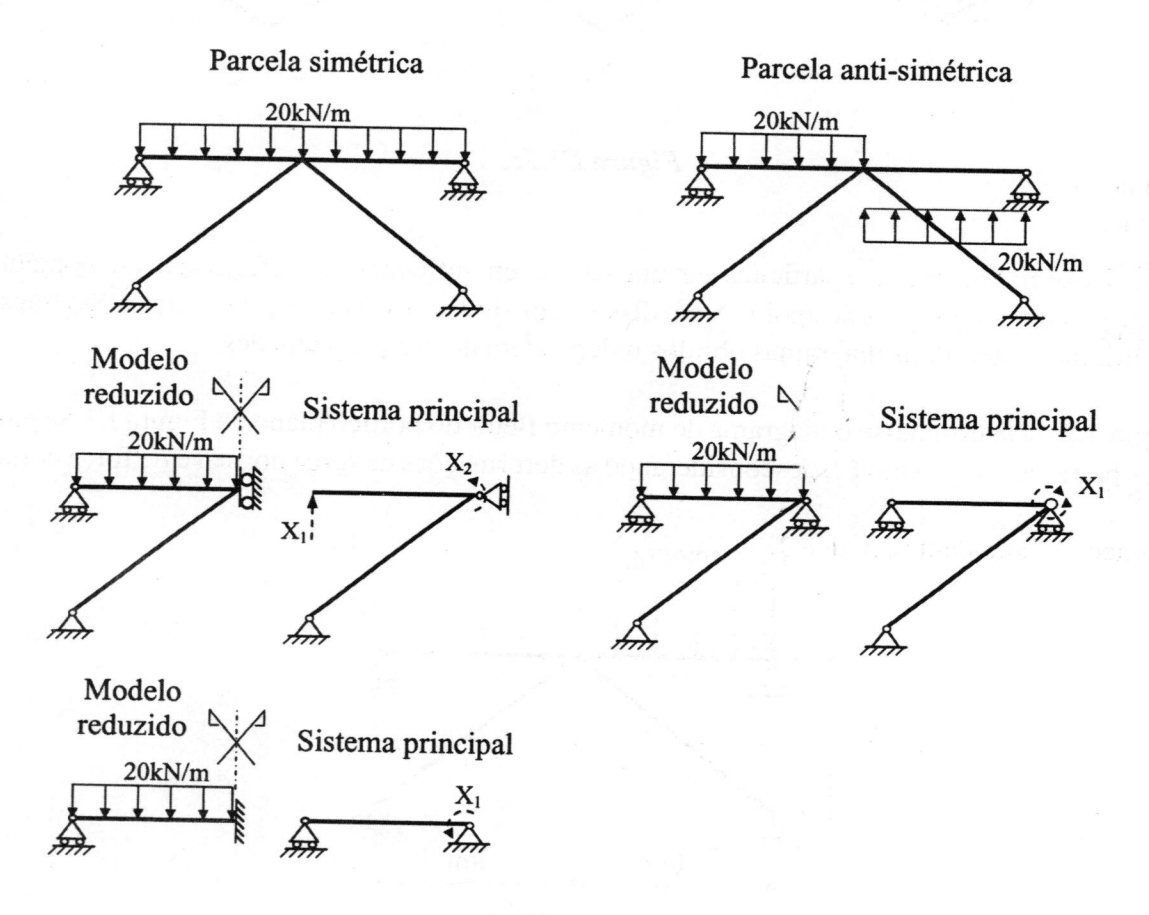

Figura E1.8b.

Para o modelo reduzido com a parcela simétrica de carregamento representado na parte inferior esquerda da Figura E1.8b, têm-se os estados $\mathbf{E_0}$ e $\mathbf{E_1}$ representados na Figura E1.8c juntamente com os correspondentes diagramas de momento fletor. A partir desses estados, determinam-se:

$$EI\delta_{10} = \frac{1}{3} \cdot 160 \cdot 1 \cdot 8 = 426{,}67 \qquad , \qquad EI\delta_{11} = \frac{1}{3} \cdot 1 \cdot 1 \cdot 8 = 2{,}6667$$

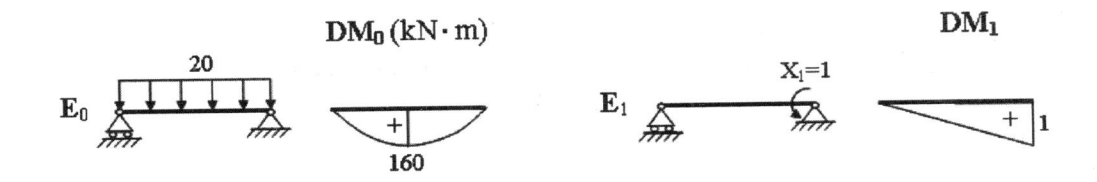

Figura E1.8c

Logo, escreve-se a equação de compatibilidade de deslocamentos:

$$2,6667 X_1 = -426,67$$

que fornece a redundante estática $X_1 \cong -160,0 \text{kN} \cdot \text{m}$ do referido modelo.

Para o modelo reduzido com a parcela anti-simétrica de carregamento representado na parte intermediária direita da Figura E1.8b, têm-se os estados $\mathbf{E_0}$ e $\mathbf{E_1}$ mostrados na Figura E1.8d juntamente com os correspondentes diagramas de momentos fletores. A partir desses estados determinam-se:

$$EI\delta_{10} = -\frac{1}{3} \cdot 160 \cdot 1 \cdot 8 = -426,67 \quad , \quad EI\delta_{11} = \frac{1}{3} \cdot 1 \cdot 1 \cdot 8 + \frac{1}{3} \cdot 1 \cdot 1 \cdot 10 = 6$$

Logo, escreve-se a equação de compatibilidade de deslocamentos:

$$6 X_1 = 426,67$$

que fornece a redundante estática $X_1 = 71,112 \text{kN} \cdot \text{m}$.

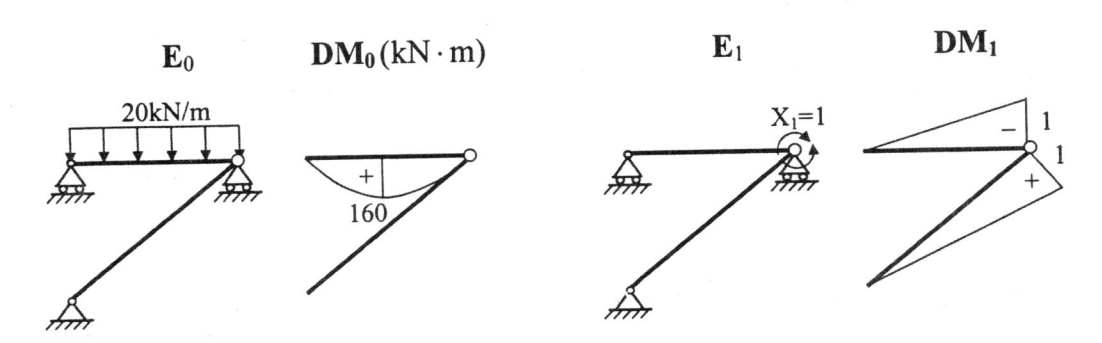

Figura E1.8d.

Conhecendo-se as redundantes anteriores, obtêm-se os diagramas de momento fletor correspondentes às parcelas simétrica e anti-simétrica de carregamento, representados na Figura E1.8e. Como o diagrama de momento fletor da estrutura com a primeira dessas parcelas é simétrico e o diagrama de momento fletor da estrutura com a segunda dessas parcelas é anti-simétrico, esses diagramas podem ser combinados para se obter o diagrama da estrutura com o carregamento original, como representado nessa mesma figura.

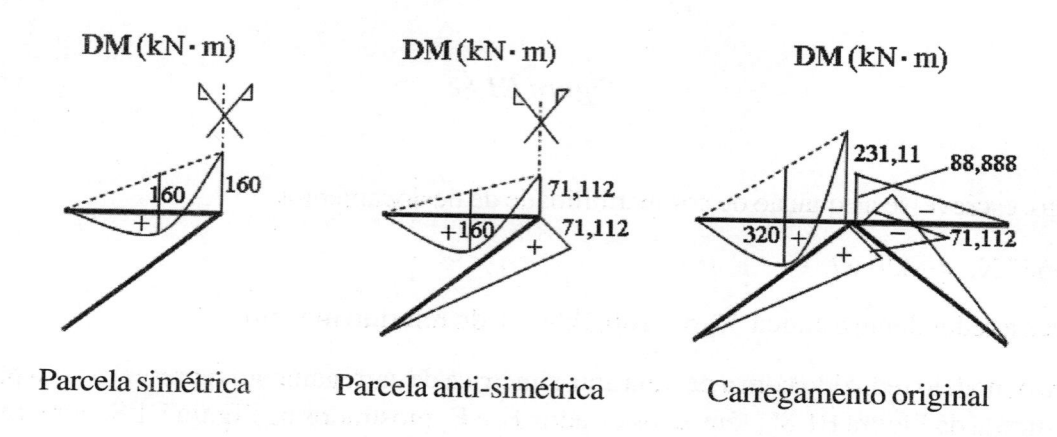

Parcela simétrica   Parcela anti-simétrica   Carregamento original

Figura E1.8e.

Sugere-se ao leitor desenvolver o exemplo anterior, escolhendo outros sistemas principais para cada modelo reduzido e, alternativamente, operando diretamente com a estrutura original sem a decomposição de seu carregamento.

Exemplo 1.9 – Determina-se o diagrama de momento fletor do pórtico auto-equilibrado hiperestático internamente, em que todas as barras têm o mesmo EI, representado na parte esquerda da Figura E1.9a. Considera-se apenas o efeito do momento fletor. Tirando partido da simetria vertical, adota-se o sistema principal representado na parte direita dessa mesma figura. Com isso, em vez de se trabalhar com três redundantes estáticas, trabalha-se apenas com duas redundantes.

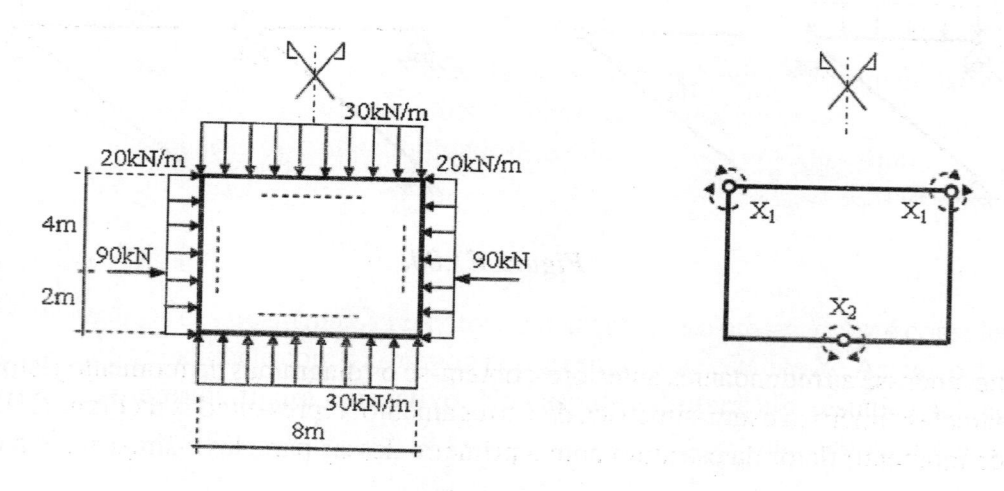

Figura E1.9a.

A Figura E1.9b apresenta os estados $\mathbf{E_0}$, $\mathbf{E_1}$ e $\mathbf{E_2}$, com os correspondentes diagramas de momento fletor. Observa-se que todos esses estados são auto-equilibrados e passíveis de terem seus esforços solicitantes determinados com as leis da estática.

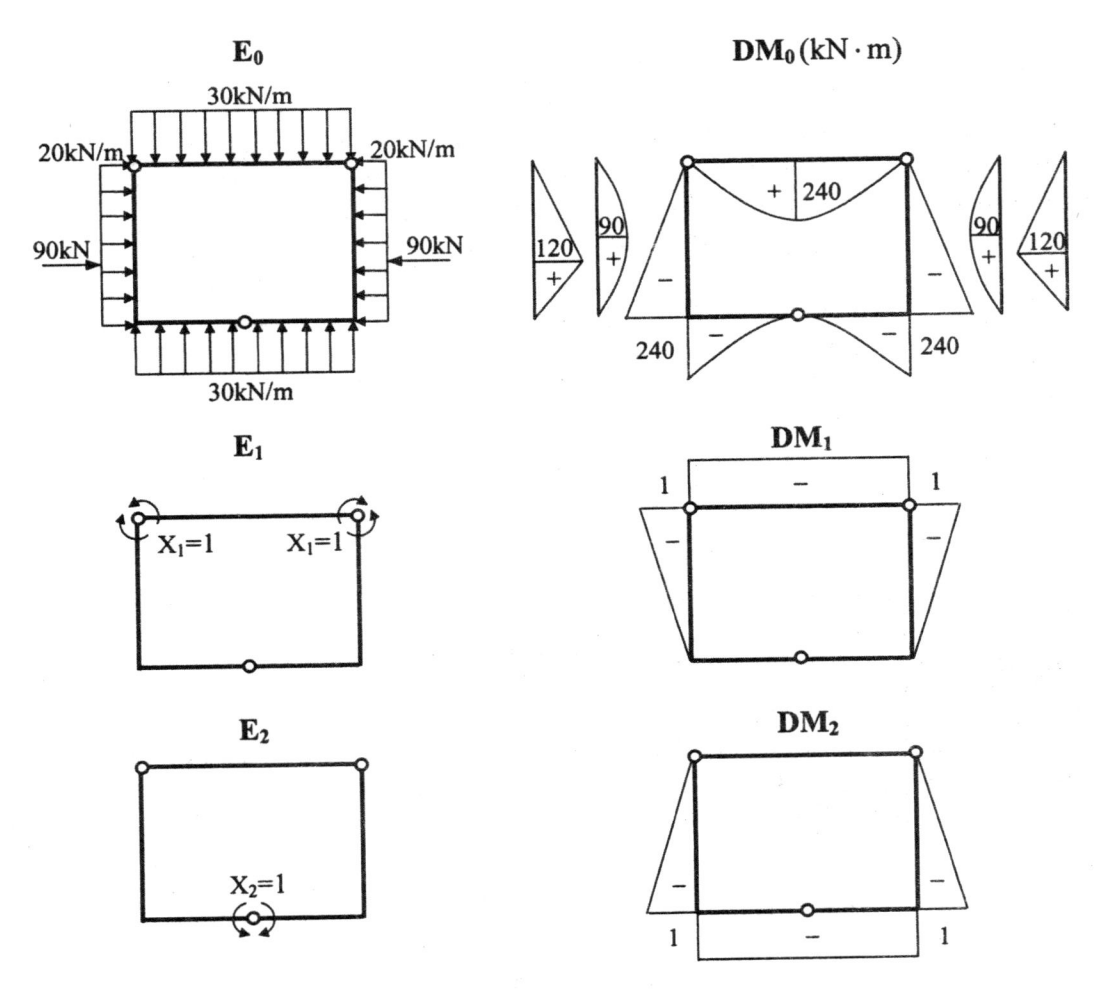

Figura E1.9b.

A partir dos diagramas da Figura E1.9b e utilizando as Tabelas 1.2, obtêm-se:

$$EI\delta_{11} = EI\delta_{22} = 1 \cdot 1 \cdot 8 + \frac{1}{3} \cdot 1 \cdot 1 \cdot 6 \cdot 2 = 12 \qquad , \qquad EI\delta_{12} = \frac{1}{6} \cdot 1 \cdot 1 \cdot 6 \cdot 2 = 2$$

$$EI\delta_{10} = -\frac{2}{3} \cdot 240 \cdot 1 \cdot 8 + 2 \cdot \left\{ \frac{1}{6} \cdot 240 \cdot 1 \cdot 6 - \frac{1}{3} \cdot 90 \cdot 1 \cdot 6 - \frac{1}{6} \cdot 120 \cdot 1 \cdot \left(1 + \frac{2}{6} \right) \cdot 6 \right\} = -1480$$

$$EI\delta_{20} = 240 \cdot 1 \cdot 8 - \frac{2}{3} \cdot 240 \cdot 1 \cdot 8 + 2 \cdot \left\{ \frac{1}{3} \cdot 240 \cdot 1 \cdot 6 - \frac{1}{3} \cdot 90 \cdot 1 \cdot 6 - \frac{1}{6} \cdot 120 \cdot 1 \cdot \left(1 + \frac{4}{6} \right) \cdot 6 \right\} = 840$$

Logo, tem-se o sistema de equações de compatibilidade de deslocamentos:

$$\begin{cases} 12X_1 + 2X_2 = 1480 \\ 2X_1 + 12X_2 = -840 \end{cases}$$

e a correspondente solução: $X_1 = 138,85 \text{kN} \cdot \text{m}$ e $X_2 = -93,142 \text{kN} \cdot \text{m}$.

Com o conhecimento dessas redundantes, representou-se na parte esquerda da Figura E1.9c a linha de fechamento de momento fletor e os diagramas de cada uma das barras como se fossem vigas simplesmente apoiadas. Na parte direita dessa mesma figura, fez-se a superposição desses diagramas, obtendo-se o diagrama de momento fletor final.

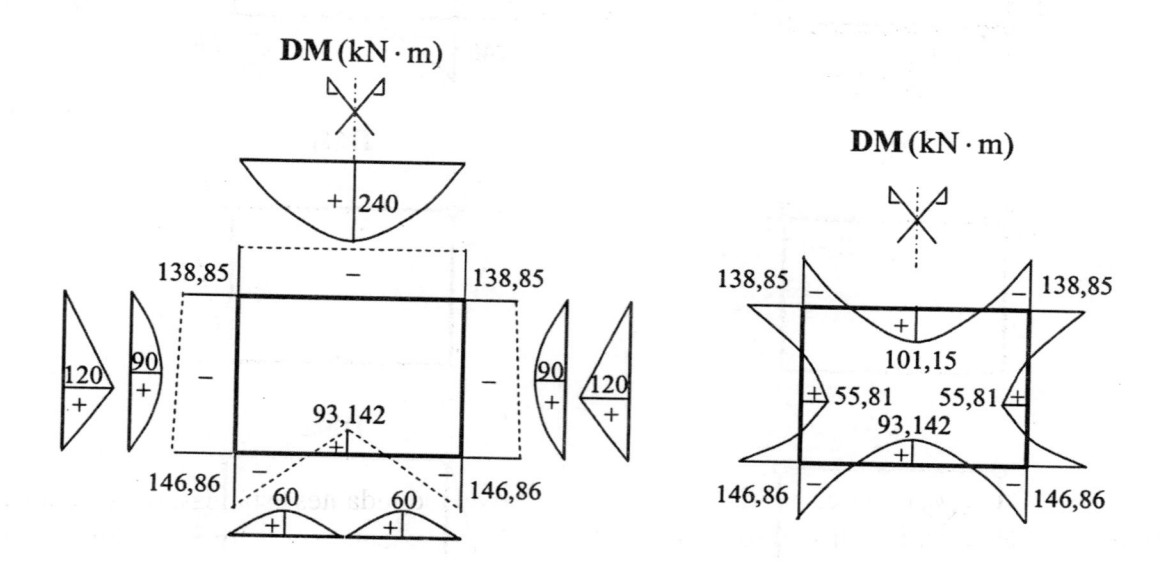

Figura E1.9c.

No caso de estrutura hiperestática sob ação de forças externas e de deslocamentos prescritos, e de escolha de sistema principal por retirada dos vínculos nos pontos e direções desses deslocamentos, como ilustra a Figura 1.15, a equação de compatibilidade de deslocamentos toma a forma:

$$\underset{\sim 0}{\delta} + \underset{\sim}{\Delta}\,\underset{\sim}{X} = \underset{\sim p}{\delta} \tag{1.19}$$

onde $\underset{\sim p}{\delta}$ é o vetor com os deslocamentos prescritos. O deslocamento prescrito δ_{pi} é considerado positivo quando de sentido coincidente com o arbitrado para a redundante estática X_i. Assim, o deslocamento δ_{p2} representado na referida figura é negativo. No caso de estrutura hiperestática sob ação externa apenas de deslocamentos prescritos, o vetor de coeficientes de força $\underset{\sim 0}{\delta}$ que ocorre na equação anterior é nulo.

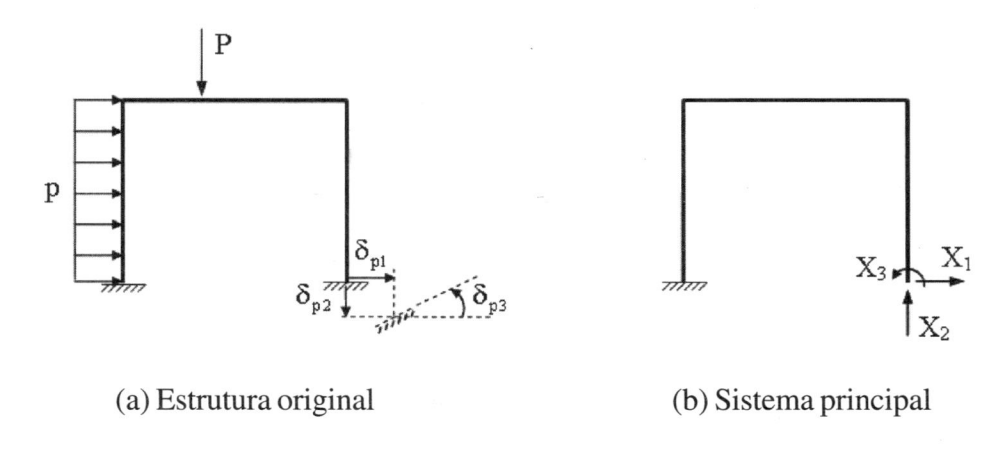

(a) Estrutura original   (b) Sistema principal

Figura 1.15 – *Estrutura hiperestática com deslocamentos prescritos.*

Alternativamente ao procedimento anterior, escolhendo sistema principal por retirada de vínculos em pontos e direções não coincidentes com os deslocamentos prescritos, esses deslocamentos passam a ser ações atuantes no estado $\mathbf{E_0}$, nada se alterando nos demais estados. Logo, utilizando a equação 1.12 do método da força unitária com deslocamentos prescritos, tem-se o coeficiente de força:

$$\delta_{i0} = \sum_b \int_x \left(\frac{N_i N_0}{EA} + \frac{M_i M_0}{EI} + \frac{V_i V_0}{GA_V} + \frac{T_i T_0}{GJ} \right) dx - \sum_n R_{in}\, \delta_{pn} \tag{1.20}$$

Nessa equação, o índice i varia de 1 até o número de redundantes estáticas, o índice n varia de 1 até o número de deslocamentos prescritos; N_0, M_0, V_0 e T_0 representam os esforços seccionais no estado $\mathbf{E_0}$, e N_i, M_i, V_i e T_i representam os esforços seccionais no estado $\mathbf{E_i}$. Assim, δ_{pn} é o n-ésimo deslocamento prescrito na estrutura original e R_{in} é a reação na correspondente direção de apoio no estado $\mathbf{E_i}$. Os coeficientes δ_{ij}, com i e j variando de 1 até o número de redundantes, continuam sendo calculados pela equação 1.16. Com esses coeficientes continua válida a equação de compatibilidade de deslocamentos 1.15.

1.7 – Exercícios propostos

1.7.1   Determine o deslocamento vertical da rótula A em cada uma das treliças planas isostáticas representadas na Figura 1.16 em que todas as barras têm $E = 2,05 \cdot 10^8\, kN/m^2$ e $A = 15,4\, cm^2$.

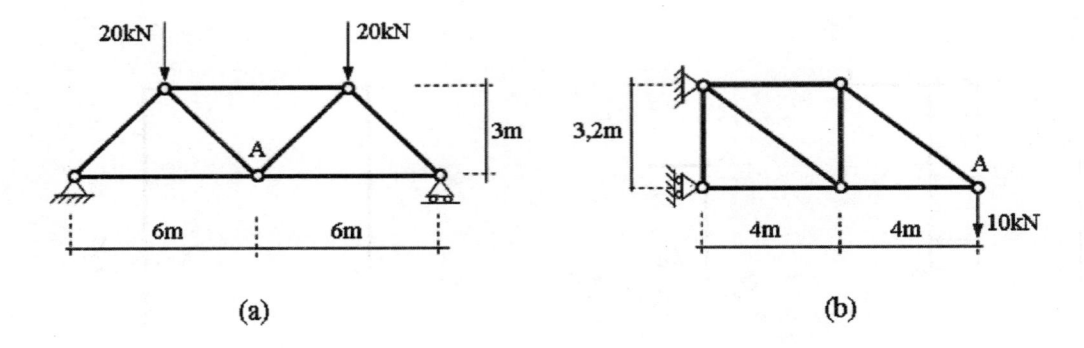

(a) (b)

Figura 1.16 – Treliças planas isostáticas.

1.7.2 Considerando apenas deformação de momento fletor, determine os deslocamentos verticais da seção A em cada um dos pórticos planos isostáticos representados na Figura 1.17 em que todas as barras têm $E = 2{,}1 \cdot 10^7 \, kN/m^2$ e.

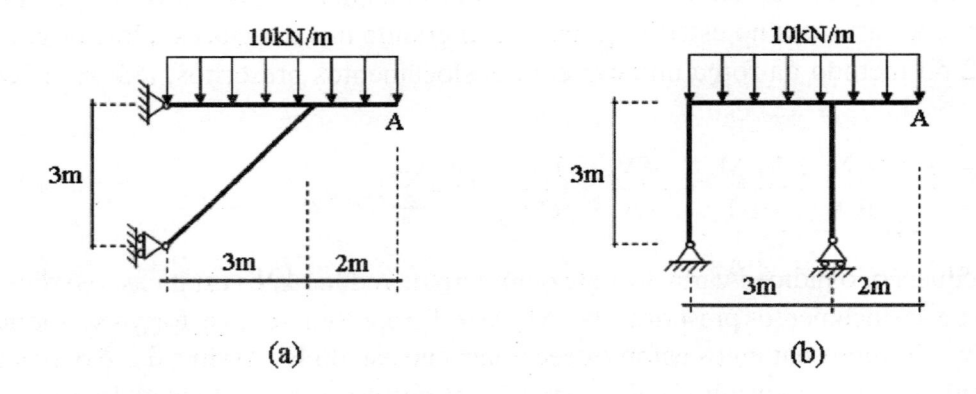

(a) (b)

Figura 1.17 – Pórticos planos isostáticos.

1.7.3 O pórtico plano hiperestático da Figura 1.18 tem o diagrama de momento fletor representado nessa mesma figura, e as propriedades $E = 3{,}0 \cdot 10^7 \, kN/m^2$ e $I = 2{,}921 \cdot 10^{-3} \, m^4$. Determine a rotação no ponto A indicado na figura.

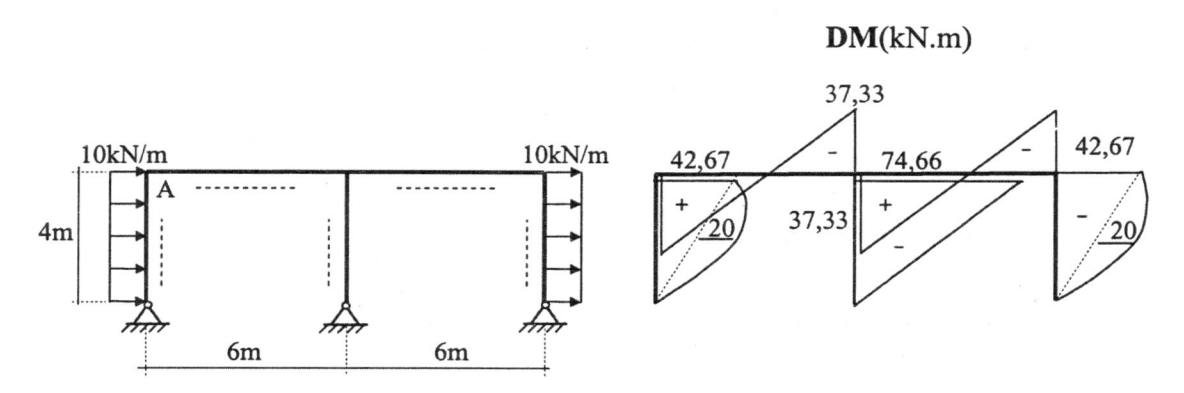

Figura 1.18 – *Pórtico plano hiperestático e correspondente diagrama de momento fletor.*

1.7.4 Classifique quanto ao equilíbrio estático os pórticos planos representados na Figura 1.19, escolhendo para o(s) que for(em) identificado(s) como hiperestático(s) um sistema principal do método das forças.

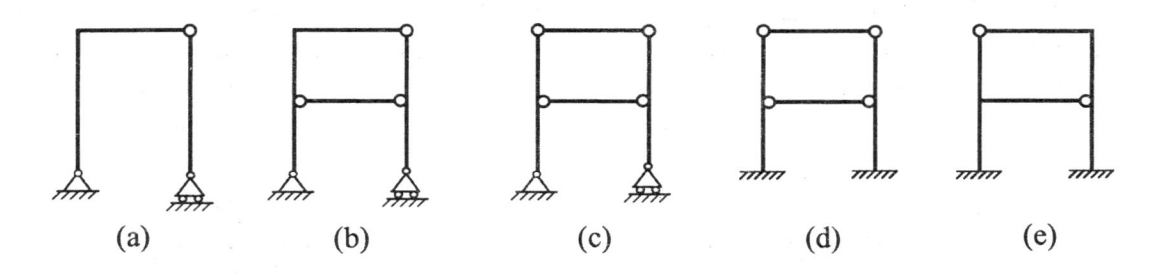

Figura 1.19 – *Pórticos planos.*

1.7.5 Idem, para as estruturas representadas na Figura 1.20.

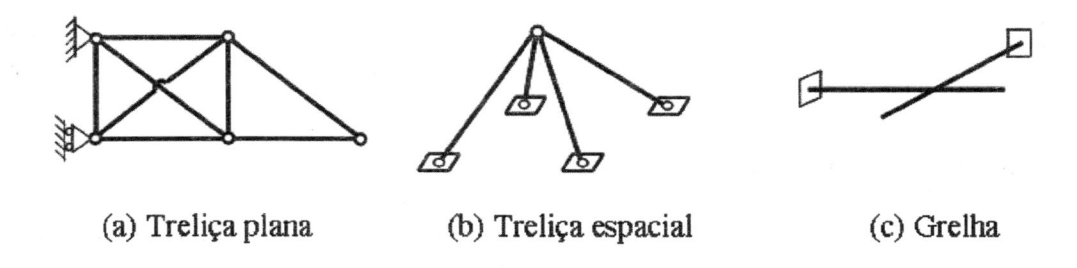

Figura 1.20 – *Treliças e grelha.*

1.7.6 Determine os esforços seccionais nas treliças hiperestáticas da Figura 1.21 em que todas as barras têm o mesmo módulo de elasticidade e a mesma seção transversal.

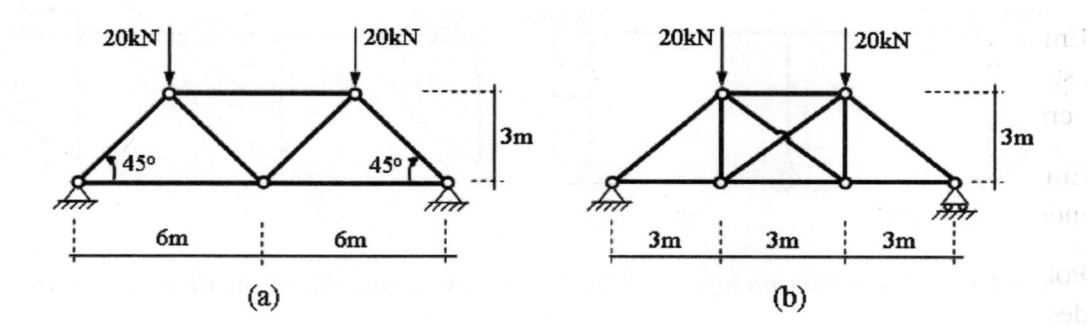

(a)   (b)

Figura 1.21 – Treliças hiperestáticas.

1.7.7 Considerando apenas deformação de momento fletor, determine os diagramas dos esforços seccionais dos pórticos planos representados na Figura 1.22. Interprete a diferença de comportamento da barra inclinada. Adotando $E = 2,1 \cdot 10^7 \, kN/m^2$ e $I = 0,005 m^4$, determine em ambos os casos o deslocamento vertical da extremidade livre da barra horizontal.

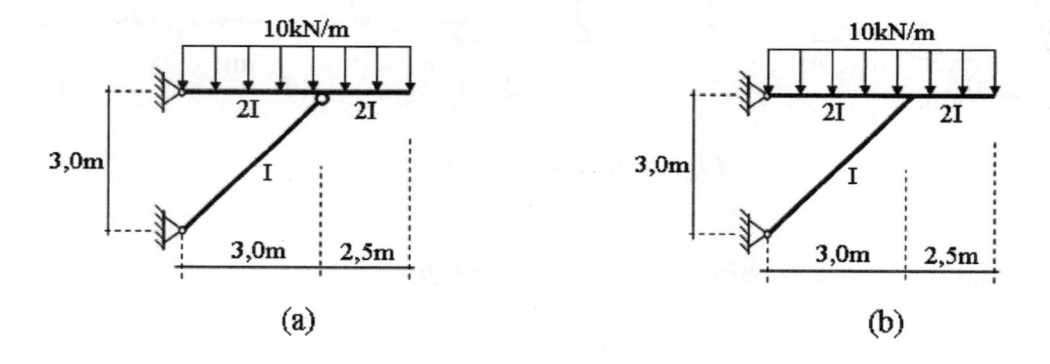

(a)   (b)

Figura 1.22 – Pórticos planos.

1.8 – Questões para reflexão

1.8.1 Por que é irrelevante o posicionamento dos eixos principais de inércia das seções transversais das barras em treliça? Por que em pórtico plano e em grelha um dos eixos principais de inércia dessas seções situa-se no plano da estrutura?

1.8.2 O que são deslocamentos virtuais? Por que esses deslocamentos têm que ser pequenos? Qual é a grande importância do teorema dos deslocamentos virtuais?

1.8.3   O que são forças virtuais? Por que no caso de estruturas em barras de comportamento linear, o teorema das forças virtuais é apenas uma forma alternativa do teorema dos deslocamentos virtuais? Qual é a vantagem dessa forma alternativa?

1.8.4   Em quais modelos de estruturas em barras, são suficientes para se levantar a indeterminação estática, entre as diversas propriedades de seção transversal e de material, a área da seção transversal das barras e o módulo de elasticidade do material? Por quê?

1.8.5   Em quais modelos de estruturas hiperestáticas é essencial no cálculo de deslocamentos utilizar o módulo de elasticidade transversal? Por quê?

1.8.6   Por que é mais preciso dizer que o coeficiente de flexibilidade δ_{ij} *é numericamente igual* ao deslocamento na direção i quando se impõe força unitária na direção j, do que dizer que o referido coeficiente *é igual* ao referido deslocamento?

1.8.7   Em que circunstâncias a determinação de redundantes estáticas independe das propriedades das seções transversais das barras e das propriedades de material? Por quê?

1.8.8   Em que circunstâncias é relevante considerar a influência da deformação de força cortante em análise de pórtico e de grelha? Por quê?

1.8.9   É essencial considerar a influência da deformação de força normal em análise de treliça hiperestática? Por quê?

1.8.10   Existem casos em que a escolha de sistema principal (isostático) do método das forças seja única? Exemplifique. Existem casos em que não se têm infinitos sistemas principais? Exemplifique.

1.8.11   Qual é a vantagem de se utilizar eixos de simetria em análise de estruturas? Exemplifique.

CAPÍTULO 2

Método dos deslocamentos – parte I

2.1 – Introdução

O método das forças, apresentado no capítulo anterior, tem como incógnitas primárias reações e/ou esforços internos superabundantes ao equilíbrio estático de uma estrutura. Já no método dos deslocamentos, tema do presente capítulo, as incógnitas primárias são deslocamentos adequadamente escolhidos na estrutura. O primeiro desses métodos é necessário ao desenvolvimento do segundo, porque o equacionamento desse último método parte da análise pelo método das forças de barras isoladas hiperestáticas.

O método dos deslocamentos é também denominado *método da rigidez*. Nele, determina-se um sistema de equações de equilíbrio, em que a matriz dos coeficientes é chamada de *matriz de rigidez* e o vetor dos termos independentes, *vetor das forças nodais*. A obtenção desse sistema, no caso de estrutura unicamente com forças externas em seus nós, é descrita no item 2.2. Identifica-se, então, o significado físico de seus coeficientes e revela-se que esse sistema pode ser obtido a partir dos sistemas de equações de equilíbrio das diversas barras da estrutura consideradas isoladamente. Em seqüência, no item 2.3 deste capítulo, descreve-se a introdução das condições geométricas de contorno nesse sistema. Com isso, a matriz de rigidez passa a ser não singular e a resolução do sistema de equações resultante fornece os deslocamentos nodais não restringidos. A partir desses deslocamentos podem ser determinados os esforços internos nas extremidades das barras e as reações de apoio da estrutura. Entretanto, verifica-se ser mais simples obter o sistema de equações de cada barra em um referencial próprio à barra. Por isso, apresenta-se no item 2.4 o procedimento de transformação desse sistema para o referencial adotado na estrutura. Assim, determinam-se os sistemas de equações das diversas barras nesse referencial e forma-se o sistema de equações de equilíbrio não restringido da estrutura. Contudo, como ficou faltando obter as matrizes de rigidez das barras, essas matrizes são apresentadas no item 2.5 para os casos de treliças plana e espacial, de grelha e dos pórticos plano e espacial, de barras retas de seção transversal constante. Já no item 2.6, descreve-se a substituição das ações aplicadas nas barras por forças nodais, para permitir a formação do vetor das forças nodais da estrutura no caso de ocorrência dessas ações. Coroando todo esse desenvolvimento e propiciando ao leitor uma ampla visão do método dos deslocamentos, apresenta-se no item 2.7 um panorama desse método. Na parte final deste capítulo, são propostos exercícios e questões para reflexão.

Particularidades de tratamento das matrizes de rigidez e dos esforços de engastamento perfeito de barra serão detalhadas no próximo capítulo. Complementando o tema, particularidades da montagem e da resolução do sistema de equações do método dos deslocamentos, em programação automática, serão apresentadas no quarto capítulo.

2.2 – Sistema de equações de equilíbrio

Considere-se, para apresentação do sistema de equações de equilíbrio do método dos deslocamentos, o pórtico plano da Figura 2.1 em que se têm três barras e quatro pontos nodais. Na parte (a) dessa figura têm-se as numerações das barras, dos pontos nodais (em negrito), dos deslocamentos nodais livres (d_1 a d_6) denominados *graus de liberdade*, e dos deslocamentos nodais dos apoios (d_7 a d_{12}), ditos *deslocamentos prescritos* ou *restringidos*, que no presente item são supostos nulos. Todos esses deslocamentos são no referencial global XYZ (em que o eixo Z é normal ao plano do pórtico e não representado), e numerados a partir de 1 na seqüência dos pontos nodais, sendo em cada ponto nodal na seqüência do deslocamento de translação em X, seguido do deslocamento de translação em Y, seguido da rotação em Z. Por simplicidade, os deslocamentos nodais prescritos foram numerados posteriormente aos deslocamentos livres. Na parte (b) da mesma figura está mostrado o pórtico sob a ação das forças nodais externas (f_1 a f_6), e com as correspondentes reações de apoio (f_7 a f_{12}). Também essas forças são consideradas no referencial global e numeradas a partir de 1, na mesma seqüência que os deslocamentos nodais.

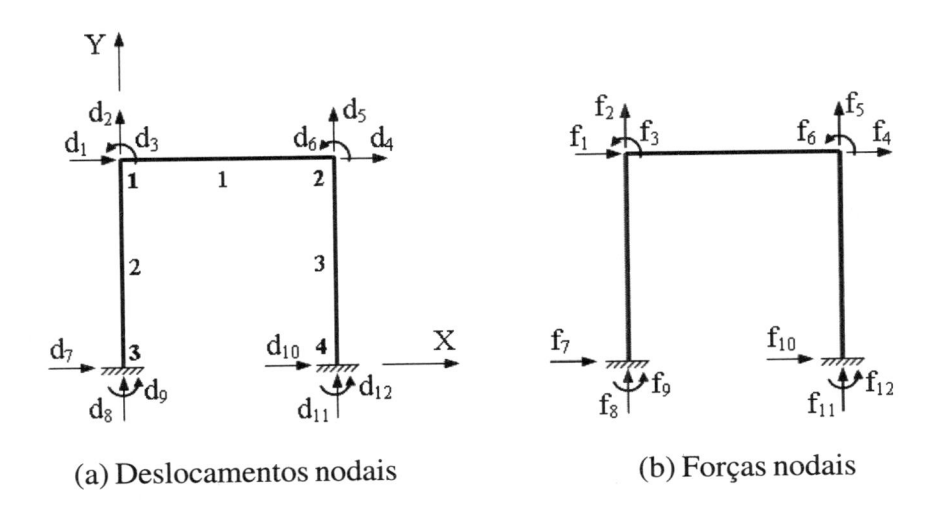

(a) Deslocamentos nodais   (b) Forças nodais

***Figura 2.1** – Pórtico plano.*

Em estrutura adequadamente vinculada e de comportamento linear, tem-se proporcionalidade entre as forças externas e os correspondentes deslocamentos. Assim, considerando inicialmente apenas a aplicação da força nodal f_1, tem-se, no pórtico da Figura 2.1, o deslocamento $d_1 = \delta_{11} f_1$, onde δ_{11} é um coeficiente de flexibilidade. Esse coeficiente é função da geometria da estrutura, de suas condições de apoio e de suas propriedades elásticas, relacionando a força aplicada segundo o primeiro grau de liberdade com o correspondente deslocamento. Supondo agora, a aplicação isolada da força f_2, tem-se um novo deslocamento $d_1 = \delta_{12} f_2$, onde δ_{12} é um outro coeficiente de flexibilidade, que relaciona a força aplicada na direção do segundo grau de liberdade com o deslocamento na direção do primeiro grau de liberdade. Procedendo dessa maneira sucessivamente para as demais forças nodais externas, f_3 a f_6, e superpondo os correspondentes resultados parciais de deslocamento na direção do primeiro grau de liberdade, escreve-se o deslocamento total:

$$d_1 = \sum_{q=1}^{6} \delta_{1q} f_q \tag{2.1}$$

Repetindo o procedimento anterior para cada um dos demais graus de liberdade, obtém-se o sistema de equações algébricas lineares que relaciona o conjunto das forças nodais externas com os deslocamentos nodais livres:

$$\begin{bmatrix} \delta_{11} & \delta_{12} & \delta_{13} & \delta_{14} & \delta_{15} & \delta_{16} \\ \delta_{21} & \delta_{22} & \delta_{23} & \delta_{24} & \delta_{25} & \delta_{26} \\ \delta_{31} & \delta_{32} & \delta_{33} & \delta_{34} & \delta_{35} & \delta_{36} \\ \delta_{41} & \delta_{42} & \delta_{43} & \delta_{44} & \delta_{45} & \delta_{56} \\ \delta_{51} & \delta_{52} & \delta_{53} & \delta_{54} & \delta_{55} & \delta_{56} \\ \delta_{61} & \delta_{62} & \delta_{63} & \delta_{64} & \delta_{65} & \delta_{66} \end{bmatrix} \begin{Bmatrix} f_1 \\ f_2 \\ f_3 \\ f_4 \\ f_5 \\ f_6 \end{Bmatrix} = \begin{Bmatrix} d_1 \\ d_2 \\ d_3 \\ d_4 \\ d_5 \\ d_6 \end{Bmatrix} \tag{2.2}$$

Em forma compacta, esse sistema se escreve:

$$\underset{\sim \ell\ell}{\Delta}\, \underset{\sim\ell}{f} = \underset{\sim\ell}{d} \tag{2.3}$$

onde $\underset{\sim\ell\ell}{\Delta}$ é uma *matriz de flexibilidade*, $\underset{\sim\ell}{f}$ é o vetor das forças nodais externas e $\underset{\sim\ell}{d}$ é o vetor dos deslocamentos nodais livres. Pelo teorema dos deslocamentos recíprocos, essa matriz é simétrica, com $\delta_{pq} = \delta_{qp}$. Vale identificar diferença entre essa matriz de flexibilidade em uma estrutura hiperestática e a utilizada no método das forças desenvolvido no item 1.6, quando então, a matriz de flexibilidade foi obtida em um modelo isostático com o objetivo de se determinarem redundantes estáticas.

Como a matriz de flexibilidade é não singular, a partir da equação anterior obtém-se:

$$\underset{\sim\ell\ell}{\Delta^{-1}}\, \underset{\sim\ell}{d} = \underset{\sim\ell}{f} \tag{2.4}$$

Adotando a notação

$$\underset{\sim\ell\ell}{K} = \underset{\sim\ell\ell}{\Delta^{-1}} \tag{2.5}$$

a equação anterior toma a forma:

$$\underset{\sim\ell\ell}{K}\, \underset{\sim\ell}{d} = \underset{\sim\ell}{f} \tag{2.6}$$

onde $\underset{\sim\ell\ell}{K}$ é denominada *matriz de rigidez restringida*, por ter sido obtida considerando o efeito dos deslocamentos restringidos. Essa matriz é simétrica por ser inversa de matriz simétrica.

A equação anterior expressa o sistema de equações do método dos deslocamentos, que em forma matricial expandida se escreve:

$$\begin{bmatrix} K_{11} & K_{12} & K_{13} & K_{14} & K_{15} & K_{16} \\ K_{21} & K_{22} & K_{23} & K_{24} & K_{25} & K_{26} \\ K_{31} & K_{32} & K_{33} & K_{34} & K_{35} & K_{36} \\ K_{41} & K_{42} & K_{43} & K_{44} & K_{45} & K_{56} \\ K_{51} & K_{52} & K_{53} & K_{54} & K_{55} & K_{56} \\ K_{61} & K_{62} & K_{63} & K_{64} & K_{65} & K_{66} \end{bmatrix} \begin{Bmatrix} d_1 \\ d_2 \\ d_3 \\ d_4 \\ d_5 \\ d_6 \end{Bmatrix} = \begin{Bmatrix} f_1 \\ f_2 \\ f_3 \\ f_4 \\ f_5 \\ f_6 \end{Bmatrix} \tag{2.7}$$

onde K_{pq}, com p e q variando de 1 a 6, é *coeficiente de rigidez*. A resolução desse sistema fornece os deslocamentos nodais $\underset{\sim}{d}_\ell$, cujo número é o *grau de indeterminação cinemática*.

Exemplo 2.1 – Para o pilar de seção transversal constante representado na Figura E2.1 com indicação dos deslocamentos e das forças nodais, obtém-se o sistema de equações do método dos deslocamentos.

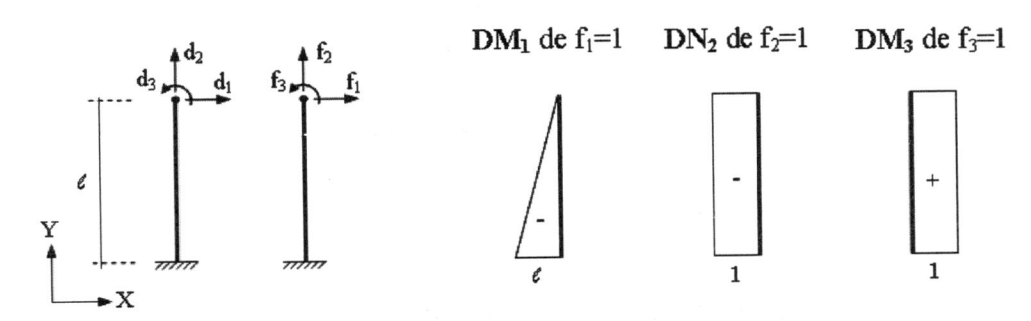

(a) Deslocamentos e forças nodais   (b) Diagramas dos esforços seccionais

Figura E2.1 – Pilar com três deslocamentos nodais.

Utilizando o método da força unitária, supõe-se força unitária segundo cada um dos deslocamentos nodais indicados na Figura E2.1a, obtendo-se os diagramas de esforços seccionais representados na Figura E2.1b. Logo, desconsiderando deformação de força cortante, têm-se os coeficientes de flexibilidade:

$$\delta_{11} = \frac{1}{EI} \cdot \frac{1}{3} \ell^3 = \frac{\ell^3}{3EI} \quad , \quad \delta_{22} = \frac{\ell}{EA} \quad , \quad \delta_{33} = \frac{\ell}{EI}$$

$$\delta_{12} = 0 \quad , \quad \delta_{13} = -\frac{1}{EI} \cdot \frac{1}{2} \cdot 1 \cdot \ell \cdot \ell = -\frac{\ell^2}{2EI} \quad , \quad \delta_{23} = 0$$

Assim, o sistema de equações 2.2 particulariza-se para a forma:

$$\begin{bmatrix} \dfrac{\ell^3}{3EI} & 0 & -\dfrac{\ell^2}{2EI} \\ 0 & \dfrac{\ell}{EA} & 0 \\ -\dfrac{\ell^2}{2EI} & 0 & \dfrac{\ell}{EI} \end{bmatrix} \begin{Bmatrix} f_1 \\ f_2 \\ f_3 \end{Bmatrix} = \begin{Bmatrix} d_1 \\ d_2 \\ d_3 \end{Bmatrix}$$

que, por inversão da matriz de flexibilidade, fornece o sistema de equações do método dos deslocamentos:

$$\begin{bmatrix} \dfrac{12EI}{\ell^3} & 0 & \dfrac{6EI}{\ell^2} \\[2mm] 0 & \dfrac{EA}{\ell} & 0 \\[2mm] \dfrac{6EI}{\ell^2} & 0 & \dfrac{4EI}{\ell} \end{bmatrix} \begin{Bmatrix} d_1 \\[1mm] d_2 \\[1mm] d_3 \end{Bmatrix} = \begin{Bmatrix} f_1 \\[1mm] f_2 \\[1mm] f_3 \end{Bmatrix}$$

A resolução desse sistema fornece os deslocamentos nodais:

$$d_1 = \frac{\ell^3 f_1}{3EI} - \frac{\ell^2 f_3}{2EI} \quad , \quad d_2 = \frac{\ell\, f_2}{EA} \quad , \quad d_3 = -\frac{\ell^2\, f_1}{2EI} + \frac{\ell\, f_3}{EI} \; .$$

A obtenção da matriz de rigidez de uma estrutura através da inversa de matriz de flexibilidade da estrutura não é prática e foi apresentada apenas para ilustrar o sistema de equações do método dos deslocamentos. Para desenvolvimento de procedimento mais prático, identifica-se a seguir o significado físico dos coeficientes de rigidez. Para isso, considera-se novamente o pórtico exemplo da Figura 2.1, agora em modelo com todos os seus deslocamentos nodais restringidos como mostrado na Figura 2.2a onde a restrição de rotação nodal é representada pelo símbolo □. Esse modelo é denominado *sistema principal* do método dos deslocamentos. Nesse sistema, impondo-se $d_3 \neq 0$ enquanto todos os demais deslocamentos nodais são mantidos nulos, obtém-se a partir da terceira equação do sistema 2.7:

$$K_{33} d_3 = f_3 \tag{2.8}$$

Esse resultado evidencia que o coeficiente de rigidez K_{33} é numericamente igual à força para provocar deslocamento unitário segundo o terceiro deslocamento nodal, mantidos nulos os demais deslocamentos nodais, como representado na Figura 2.2b. Nessa figura, indicaram-se também as forças reativas nos apoios originais do pórtico, forças essas que são numericamente iguais a coeficientes de rigidez a serem utilizados posteriormente. É imediato identificar que o coeficiente K_{33} é positivo, assim como todos os demais coeficientes da diagonal principal da matriz de rigidez. Para a mesma configuração de deslocamentos anterior, obtêm-se a partir da primeira, segunda, quarta, quinta e sexta equações do sistema 2.7, respectivamente:

$$K_{13} d_3 = f_1 \quad , \quad K_{23} d_3 = f_2 \quad , \quad K_{43} d_3 = f_4 \quad , \quad K_{53} d_3 = f_5 \quad , \quad K_{63} d_3 = f_6 \tag{2.9}$$

Esses resultados mostram que o coeficiente de rigidez K_{p3}, com $p = 1, 2, \cdots 6$, é numericamente igual à força restritiva na direção do p-ésimo deslocamento nodal, quando se faz unitário o terceiro deslocamento nodal e se mantém nulos os demais deslocamentos nodais. Logo, um coeficiente situado fora da diagonal principal da matriz de rigidez pode ser positivo, negativo ou nulo. Na Figura 2.2b, por exemplo, o coeficiente K_{43} é nulo, o coeficiente K_{53} tem valor negativo e o coeficiente K_{63} tem valor positivo.

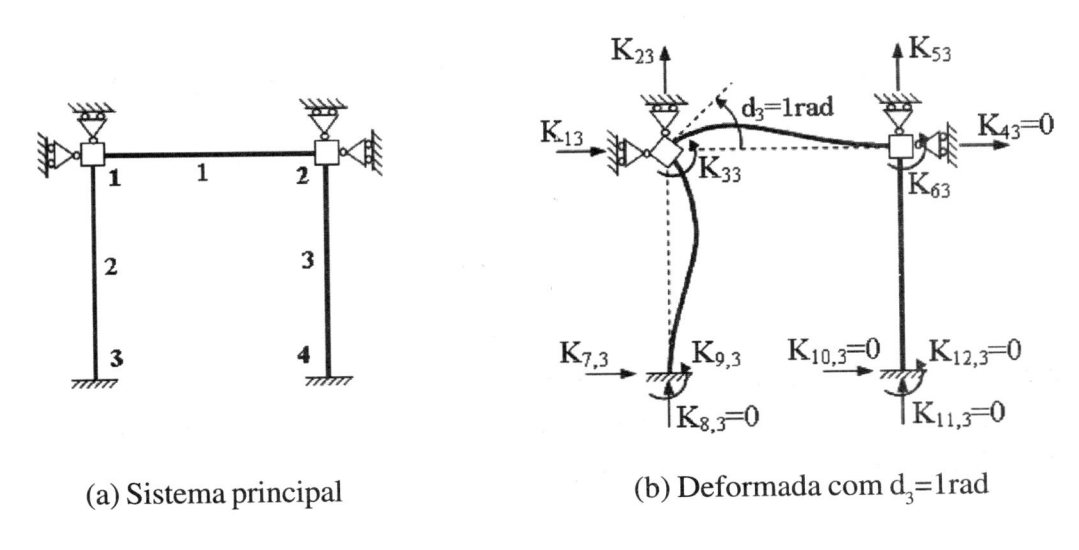

(a) Sistema principal	(b) Deformada com $d_3 = 1\text{rad}$

***Figura 2.2** – Coeficientes de rigidez no pórtico plano da Figura 2.1.*

Generalizando a conclusão anterior, **o coeficiente de rigidez K_{pq} é numericamente igual à força restritiva na direção do p-ésimo deslocamento nodal, quando se faz unitário o q-ésimo deslocamento nodal e se mantém nulos os demais deslocamentos nodais.** A dimensão física desse coeficiente é a dimensão do esforço generalizado na direção do p-ésimo deslocamento, dividida pela dimensão do q-ésimo deslocamento generalizado. Com isso, embora K_{pq} seja numericamente igual a K_{qp}, a dimensão física do primeiro é o inverso da dimensão física do segundo. Diz-se que K_{pq} é o coeficiente de influência do deslocamento de translação ou de rotação na direção coordenada q sobre a ação força ou momento na direção coordenada p.

O exemplo mais simples de coeficiente de rigidez é em mola elástica linear, quando então esse coeficiente é numericamente igual à força que provoca alongamento ou encurtamento unitário da mola, sendo denominado *coeficiente de mola*. Assim, com as notações da Figura 2.3a, tem-se o coeficiente de mola $k = f / d$ e conseqüentemente, $f = k\,d$. Considerando duas molas ligadas em série e de coeficientes de mola k_1 e k_2, como mostra a Figura 2.3b, escreve-se a equação de equilíbrio na direção das molas $(k_1 + k_2) d' = f'$, que permite determinar o deslocamento d' uma vez que se conheça o valor da força f' aplicada na interface dessas molas. Multiplicando esse deslocamento pelo coeficiente de cada uma das molas, obtém-se o valor da força absorvida pela correspondente mola.

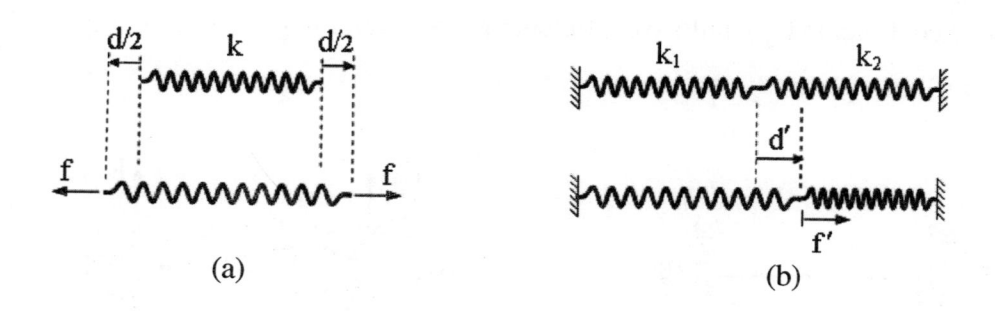

Figura 2.3 – Molas.

Exemplo 2.2 – As molas 1, 2 e 3 da associação de molas representada na Figura E2.2a têm, respectivamente, os coeficientes k_1, k_2 e k_3. Determina-se a matriz de rigidez dessa associação em termos dos deslocamentos d_1 e d_2 indicados na parte (a) dessa figura.

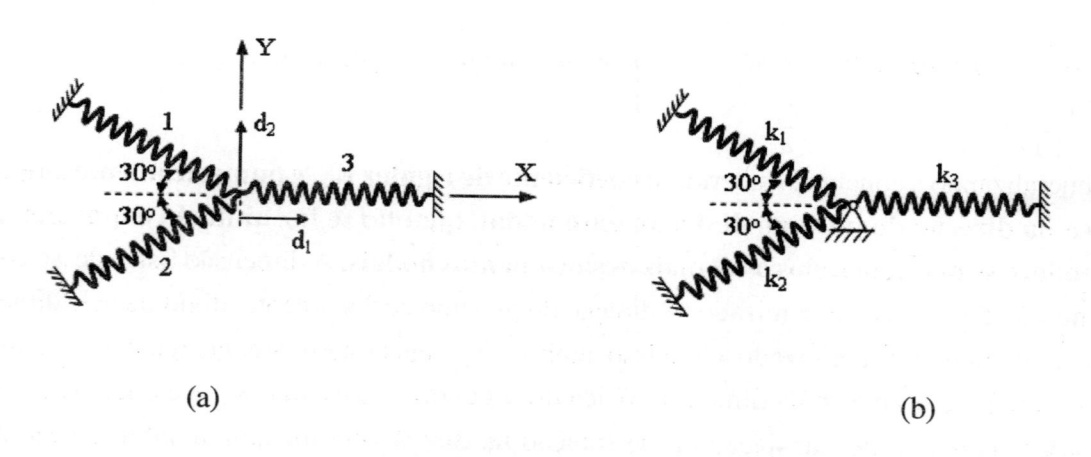

Figura E2.2 – Associação de molas.

O sistema principal é obtido restringindo-se os deslocamentos d_1 e d_2, como mostrado na Figura E2.2b. Nesse sistema, fazendo $d_1 = 1$ e $d_2 = 0$, supondo que se tenha muito pequena alteração de ângulos, obtêm-se nas molas 1 e 2 as "forças de tração" $k_1 \cos 30°$ e $k_2 \cos 30°$, respectivamente, e obtém-se na mola 3 a "força de compressão" k_3. Considerando essas "forças" na configuração não deformada (por se tratar de linearidade geométrica) e projetando-as nas direções dos deslocamentos d_1 e d_2, obtêm-se, respectivamente, os coeficientes de rigidez:

$$K_{11} = (k_1 \cos 30°) \cos 30° + (k_2 \cos 30°) \cos 30° + k_3 = \frac{3}{4} k_1 + \frac{3}{4} k_2 + k_3$$

$$K_{21} = (-k_1 \cos 30°) \cos 60° + (k_2 \cos 30°) \cos 60° = -\frac{\sqrt{3}}{4} k_1 + \frac{\sqrt{3}}{4} k_2$$

No sistema principal, fazendo $d_1 = 0$ e $d_2 = 1$, obtém-se na mola 1 a "força de compressão" $k_1 \cos 60°$, na mola 2 a "força de tração" $k_2 \cos 60°$ e na mola 3 força nula. Projetando essas "forças" nas direções dos deslocamentos d_1 e d_2, obtêm-se, respectivamente, os coeficientes de rigidez:

$$K_{12} = (-k_1 \cos 60°) \cos 30° + (k_2 \cos 60°) \cos 30° = -\frac{\sqrt{3}}{4} k_1 + \frac{\sqrt{3}}{4} k_2$$

$$K_{22} = -(-k_1 \cos 60°) \cos 60° + (k_2 \cos 60°) \cos 60° = \frac{k_1}{4} + \frac{k_2}{4}$$

Logo, os coeficientes de rigidez anteriores formam a matriz procurada:

$$\begin{bmatrix} \dfrac{3 k_1}{4} + \dfrac{3 k_2}{4} + k_3 & -\dfrac{\sqrt{3} k_1}{4} + \dfrac{\sqrt{3} k_2}{4} \\ -\dfrac{\sqrt{3} k_1}{4} + \dfrac{\sqrt{3} k_2}{4} & \dfrac{k_1}{4} + \dfrac{k_2}{4} \end{bmatrix}$$

Exemplo 2.3 – Considere-se a sapata rígida excêntrica, sobre base elástica de Winkler de coeficiente de mola k (em unidade de força por unidade de comprimento ao quadrado), representada na Figura E2.3a. Para os deslocamentos d_1 e d_2 indicados, determina-se, sob a forma de matriz de rigidez, a reação elástica dessa base sobre a sapata.

De acordo com a hipótese de Winkler, a base elástica é idealizada como molas lineares infinitamente próximas entre si, mas separadas de maneira a não se ter resistência a cisalhamento, como representado na Figura E2.3b. A força reativa f(x) da base é então proporcional à deflexão da sapata em cada ponto, com o coeficiente de mola como coeficiente de proporcionalidade.

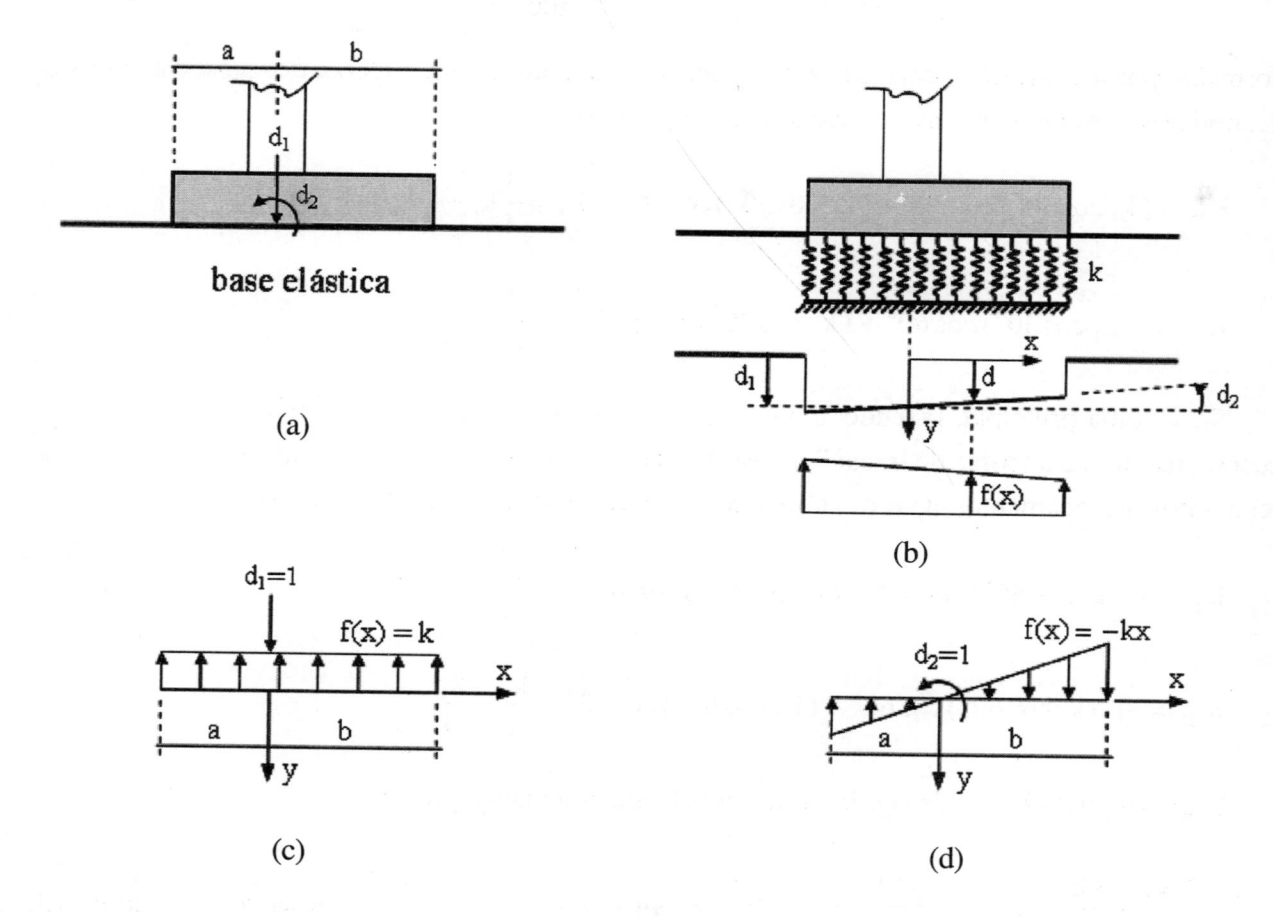

Figura E2.3.

Para os sentidos positivos de deslocamentos mostrados na figura, considerando rotações muito pequenas, a deflexão da sapata no ponto de coordenada x se escreve:

$$d = d_1 - x\, d_2$$

Logo, tem-se a correspondente força reativa (por unidade de comprimento):

$$f(x) = (d_1 - x\, d_2)\, k$$

Fazendo $d_1 = 1$ e $d_2 = 0$, tem-se $f(x) = k$ como ilustrado na Figura E2.3c. Assim, obtêm-se os coeficientes de rigidez:

$$K_{11} = \int_{-a}^{b} k\, dx = k\,(b + a)$$

e
$$K_{21} = -\int_{-a}^{b} k\, x\, dx = -k\, \frac{x^2}{2}\Bigg|_{-a}^{b} = -\frac{k}{2}\left(b^2 - a^2\right)$$

Fazendo $d_1 = 0$ e $d_2 = 1$, tem-se $f(x) = -kx$ como ilustrado na Figura E2.3d. Assim, obtêm-se os coeficientes de rigidez:

$$K_{12} = \int_{-a}^{b} (-kx)dx = -\frac{k}{2}\left(b^2 - a^2\right)$$

e $\quad K_{22} = -\int_{-a}^{b} (-kx)x\,dx = k\left.\frac{x^3}{3}\right|_{-a}^{b} = \frac{k}{3}\left(b^3 + a^3\right)$

Com esses coeficientes, tem-se a matriz de rigidez procurada:

$$k\begin{bmatrix} (a+b) & \dfrac{\left(a^2-b^2\right)}{2} \\[2ex] \dfrac{\left(a^2-b^2\right)}{2} & \dfrac{\left(a^3+b^3\right)}{3} \end{bmatrix}$$

Para mais amplo entendimento do sistema de equações 2.7, consideram-se os deslocamentos d_1 a d_6 diferentes de zero e escreve-se a p-ésima equação desse sistema sob a forma:

$$\sum_{q=1}^{6} K_{pq}\,d_q = f_p \tag{2.10}$$

O primeiro membro dessa equação expressa a força elástica (interna) que se desenvolve na direção do p-ésimo grau de liberdade da estrutura equilibrando a força externa aplicada segundo esse mesmo grau de liberdade, quando se aplicam simultaneamente todas as forças nodais. Logo, essa é a equação de equilíbrio segundo esse grau de liberdade e o sistema 2.7, o sistema de equações de equilíbrio segundo os graus de liberdade considerados na estrutura.

De forma inversa ao procedimento adotado anteriormente para identificação do significado físico dos coeficientes de rigidez, pode-se prescrever como unitário cada um dos deslocamentos d_1 a d_{12} indicadas na Figura 2.1a, um de cada vez enquanto todos os demais deslocamentos são mantidos nulos, e compor as correspondentes relações entre deslocamentos e forças para obter o sistema de equações de equilíbrio segundo esses deslocamentos sob a forma matricial expandida:

$$\begin{bmatrix} K_{11} & \cdots & K_{16} & | & K_{17} & \cdots & K_{1,12} \\ \vdots & & \vdots & | & \vdots & & \vdots \\ K_{61} & \cdots & K_{66} & | & K_{67} & \cdots & K_{6,12} \\ - & - & - & - & - & - & - \\ K_{71} & \cdots & K_{76} & | & K_{77} & \cdots & K_{7,12} \\ \vdots & & \vdots & | & \vdots & & \vdots \\ K_{12,1} & \cdots & K_{12,6} & | & K_{12,7} & \cdots & K_{12,12} \end{bmatrix} \begin{Bmatrix} d_1 \\ \vdots \\ d_6 \\ - \\ d_7 \\ \vdots \\ d_{12} \end{Bmatrix} = \begin{Bmatrix} f_1 \\ \vdots \\ f_6 \\ - \\ f_7 \\ \vdots \\ f_{12} \end{Bmatrix} \tag{2.11}$$

Indicou-se repartição nesse sistema para escrevê-lo sob a forma compacta:

$$\begin{bmatrix} \underset{\sim}{K}_{\ell\ell} & \underset{\sim}{K}_{\ell p} \\ \underset{\sim}{K}_{p\ell} & \underset{\sim}{K}_{pp} \end{bmatrix} \left\{ \begin{array}{c} \underset{\sim}{d}_{\ell} \\ \underset{\sim}{d}_{p} \end{array} \right\} = \left\{ \begin{array}{c} \underset{\sim}{f}_{\ell} \\ \underset{\sim}{f}_{p} \end{array} \right\} \tag{2.12}$$

onde o índice ℓ se refere às grandezas nodais livres e o índice p, às grandezas nodais prescritas. Assim, $\underset{\sim}{d}_{\ell}$ e $\underset{\sim}{d}_{p}$ são, respectivamente, o vetor dos deslocamentos nodais livres e o vetor dos deslocamentos nodais prescritos, nulos ou não. $\underset{\sim}{f}_{\ell}$ e $\underset{\sim}{f}_{p}$ são, respectivamente, o vetor das forças nodais externas e o vetor das reações de apoio. $\underset{\sim}{K}_{\ell\ell}$ é a matriz de rigidez relativa aos deslocamentos nodais livres denominada *matriz de rigidez restringida*, $\underset{\sim}{K}_{pp}$ é a matriz de rigidez relativa aos deslocamentos nodais restringidos, e $\underset{\sim}{K}_{\ell p}$ é a submatriz de rigidez de acoplamento, no sistema de equações de equilíbrio, dos deslocamentos nodais livres com os deslocamentos prescritos.

De forma ainda mais compacta, escreve-se o sistema anterior com a notação:

$$\underset{\sim}{K}\,\underset{\sim}{d} = \underset{\sim}{f} \tag{2.13}$$

onde $\underset{\sim}{K}$ é a matriz de rigidez relativa ao conjunto dos deslocamentos nodais livres e prescritos, denominada *matriz de rigidez não restringida* ou *matriz de rigidez global* da estrutura, $\underset{\sim}{d}$ é o *vetor global dos deslocamentos nodais*, e $\underset{\sim}{f}$ é o *vetor global das forças nodais*. Por questão de equilíbrio, o somatório dos coeficientes de qualquer coluna da matriz de rigidez global é igual a zero, e por simetria, também é nulo o somatório dos coeficientes de qualquer linha dessa matriz.

A equação anterior representa o *sistema de equações de equilíbrio não restringido* ou *sistema global de equações*, sistema esse que naturalmente se estende a qualquer estrutura em barras, sob quaisquer forças nodais externas e deslocamentos prescritos. Como nesse sistema foram considerados todos os deslocamentos nodais, inclusive os prescritos, os correspondentes esforços nodais são dependentes entre si por atenderem às equações de equilíbrio da estática. Com isso, a matriz de rigidez não restringida é singular e não existe matriz de flexibilidade associada a esses esforços. Desde que se prescrevam, no referido sistema, deslocamentos em número suficiente para o impedimento dos deslocamentos de corpo rígido da estrutura, a matriz de rigidez restringida resultante é não singular e o sistema de equações de equilíbrio restringido resultante tem solução única. É imediato identificar que prescrever deslocamentos nulos é o mesmo que eliminar da matriz $\underset{\sim}{K}$ as colunas e linhas de mesma numeração que esses deslocamentos, com conseqüente redução do número de equações de equilíbrio. A prescrição de deslocamentos não nulos será tratada no item 2.3.

Exemplo 2.4 – Em continuidade ao Exercício 2.1, busca-se o sistema de equações de equilíbrio não restringido do pilar representado na Figura E2.4a com os seus deslocamentos e forças nodais.

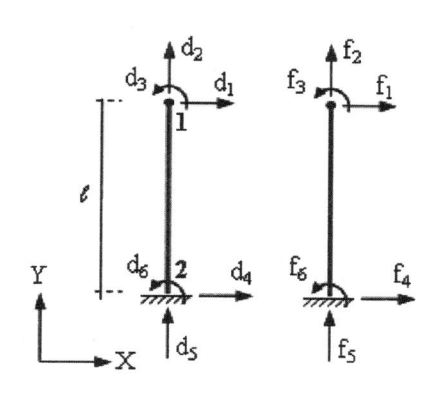

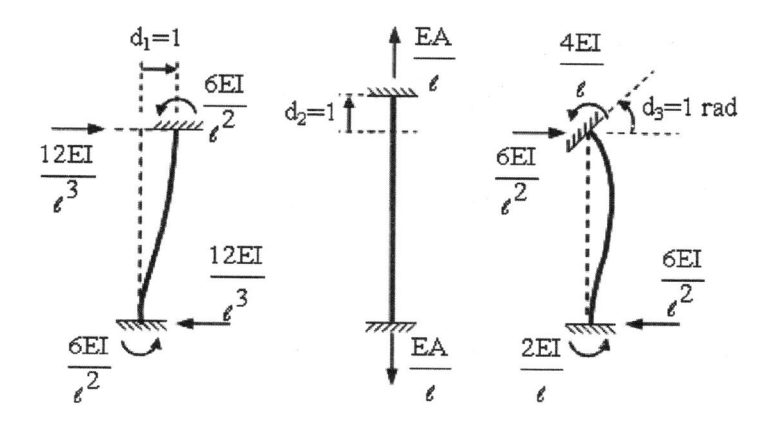

(a) Deslocamentos e forças nodais

(b) Esforços nodais devidos a deslocamentos unitários na extremidade superior

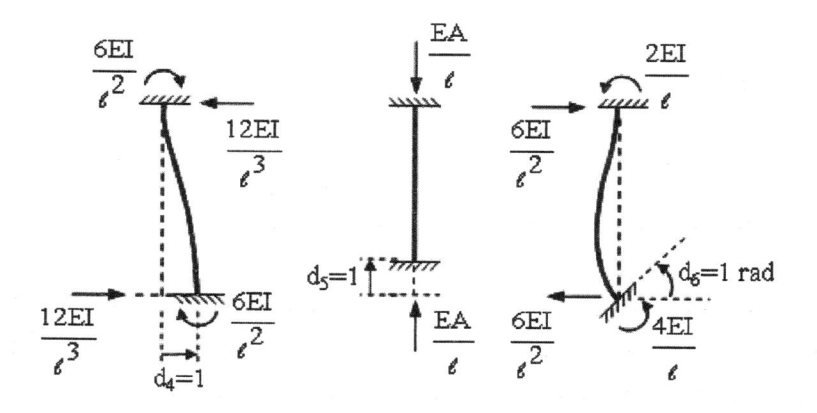

(c) Esforços nodais devidos a deslocamentos unitários na extremidade inferior

***Figura E2.4** – Pilar com seis deslocamentos nodais.*

Identificou-se anteriormente que o coeficiente de rigidez K_{pq} é numericamente igual à força restritiva na direção do p-ésimo deslocamento, quando se impõe deslocamento unitário segundo a q-ésima direção de deslocamento, mantidos todos os demais deslocamentos nulos. Logo, a partir dos coeficientes de rigidez do Exemplo 2.1 e por condições de equilíbrio, têm-se os esforços nodais indicados na Figura E2.4b, devidos a deslocamentos unitários na extremidade superior do pilar. De maneira semelhante, os esforços nodais indicados na Figura E2.4c são provocados por deslocamentos unitários na extremidade inferior desse pilar.

Tendo-se em conta a numeração e os sentidos de deslocamentos representados na Figura E2.4a e os esforços representados nas Figura E2.4b e E2.4c, escreve-se o sistema de equações de equilíbrio do pilar:

$$\begin{bmatrix} \dfrac{12EI}{\ell^3} & 0 & \dfrac{6EI}{\ell^2} & \vline & -\dfrac{12EI}{\ell^3} & 0 & \dfrac{6EI}{\ell^2} \\ . & \dfrac{EA}{\ell} & 0 & \vline & 0 & -\dfrac{EA}{\ell} & 0 \\ . & . & \dfrac{4EI}{\ell} & \vline & -\dfrac{6EI}{\ell^2} & 0 & \dfrac{2EI}{\ell} \\ - & - & - & \vline & \dfrac{12EI}{\ell^3} & 0 & -\dfrac{6EI}{\ell^2} \\ . & . & . & \vline & . & \dfrac{EA}{\ell} & 0 \\ \text{sim.} & . & . & \vline & . & . & \dfrac{4EI}{\ell} \end{bmatrix} \begin{Bmatrix} d_1 \\ d_2 \\ d_3 \\ - \\ d_4 \\ d_5 \\ d_6 \end{Bmatrix} = \begin{Bmatrix} f_1 \\ f_2 \\ f_3 \\ - \\ f_4 \\ f_5 \\ f_6 \end{Bmatrix}$$

Esse sistema foi repartido de forma semelhante à equação 2.11 e, tirando partido da simetria, os coeficientes situados abaixo da diagonal principal foram substituídos por pontos.

Na obtenção do sistema de equações de equilíbrio anterior, fez-se unitário cada um dos deslocamentos nodais, um por vez, enquanto todos os demais deslocamentos foram mantidos nulos, e determinaram-se as correspondentes forças restritivas, que são numericamente iguais a coeficientes de rigidez. No caso de estrutura com diversas barras, essa determinação diretamente em nível da estrutura oferece dificuldades, sendo mais prático prescrever deslocamento unitário em cada extremidade de barra considerada separadamente como biengastada, e superpor os correspondentes efeitos, para obter a configuração resultante de deslocamento nodal unitário prescrito na estrutura. Isso foi exemplificado no caso da associação de molas da Figura E2.2a. Para desenvolvimento de procedimento geral, adota-se uma numeração de deslocamentos e de forças nodais particular à barra de ordem i, e parte-se do sistema de equações de equilíbrio dessa barra com a notação:

$$\underset{\sim G}{k}^i \, \underset{\sim G}{u}^i = \underset{\sim G}{a}^i \tag{2.14}$$

onde $\underset{\sim G}{k}^i$ é a matriz de rigidez da barra, $\underset{\sim G}{u}^i$ é o vetor dos seus deslocamentos nodais e $\underset{\sim G}{a}^i$ é o vetor das correspondentes forças nodais. O índice inferior G denota que essas grandezas são consideradas no referencial global e o índice superior i denota o número da barra e não exponenciação. Vale ressaltar que se adota a letra maiúscula K para coeficiente de rigidez de estrutura e, a letra minúscula k para coeficiente de rigidez de barra.

Exemplo 2.5 – Exemplifica-se o sistema de equações de equilíbrio da segunda barra do pórtico plano da Figura 2.1, escolhendo o nó inferior dessa barra como inicial e as numerações de deslocamentos e de forças nodais indicadas na Figura E2.5.

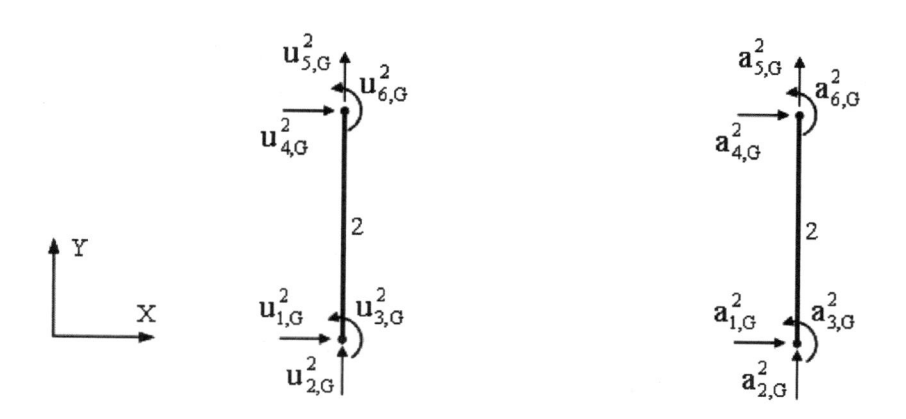

Figura E2.5 – *Deslocamentos e esforços nodais da barra 2 do pórtico da Figura 2.1.*

Por observação das Figuras E2.5, E2.4b e E2.4c, identificam-se as forças nodais correspondentes a cada deslocamento unitário de $u_{1,G}^2$ a $u_{6,G}^2$, para se escrever o sistema:

$$
\begin{bmatrix}
\dfrac{12EI}{\ell^3} & 0 & -\dfrac{6EI}{\ell^2} & -\dfrac{12EI}{\ell^3} & 0 & -\dfrac{6EI}{\ell^2} \\[2mm]
\cdot & \dfrac{EA}{\ell} & 0 & 0 & -\dfrac{EA}{\ell} & 0 \\[2mm]
\cdot & \cdot & \dfrac{4EI}{\ell} & \dfrac{6EI}{\ell^2} & 0 & \dfrac{2EI}{\ell} \\[2mm]
\cdot & \cdot & \cdot & \dfrac{12EI}{\ell^3} & 0 & \dfrac{6EI}{\ell^2} \\[2mm]
\cdot & \cdot & \cdot & \cdot & \dfrac{EA}{\ell} & 0 \\[2mm]
\text{sim.} & \cdot & \cdot & \cdot & \cdot & \dfrac{4EI}{\ell}
\end{bmatrix}_G^2
\begin{Bmatrix}
u_1 \\ u_2 \\ u_3 \\ u_4 \\ u_5 \\ u_6
\end{Bmatrix}_G^2
=
\begin{Bmatrix}
a_1 \\ a_2 \\ a_3 \\ a_4 \\ a_5 \\ a_6
\end{Bmatrix}_G^2
$$

que em forma compacta se escreve com a notação $\underset{\sim}{k}^2_G \, \underset{\sim}{u}^2_G = \underset{\sim}{a}^2_G$.

Retornando à Figura 2.2b, é imediato identificar que prescrever rotação unitária no ponto nodal 1 do pórtico em questão equivale a prescrever rotação unitária à extremidade esquerda de sua barra 1 e rotação unitária à extremidade superior de sua barra 2, mantidos nulos todos os demais deslocamentos, como mostrado na Figura 2.4.

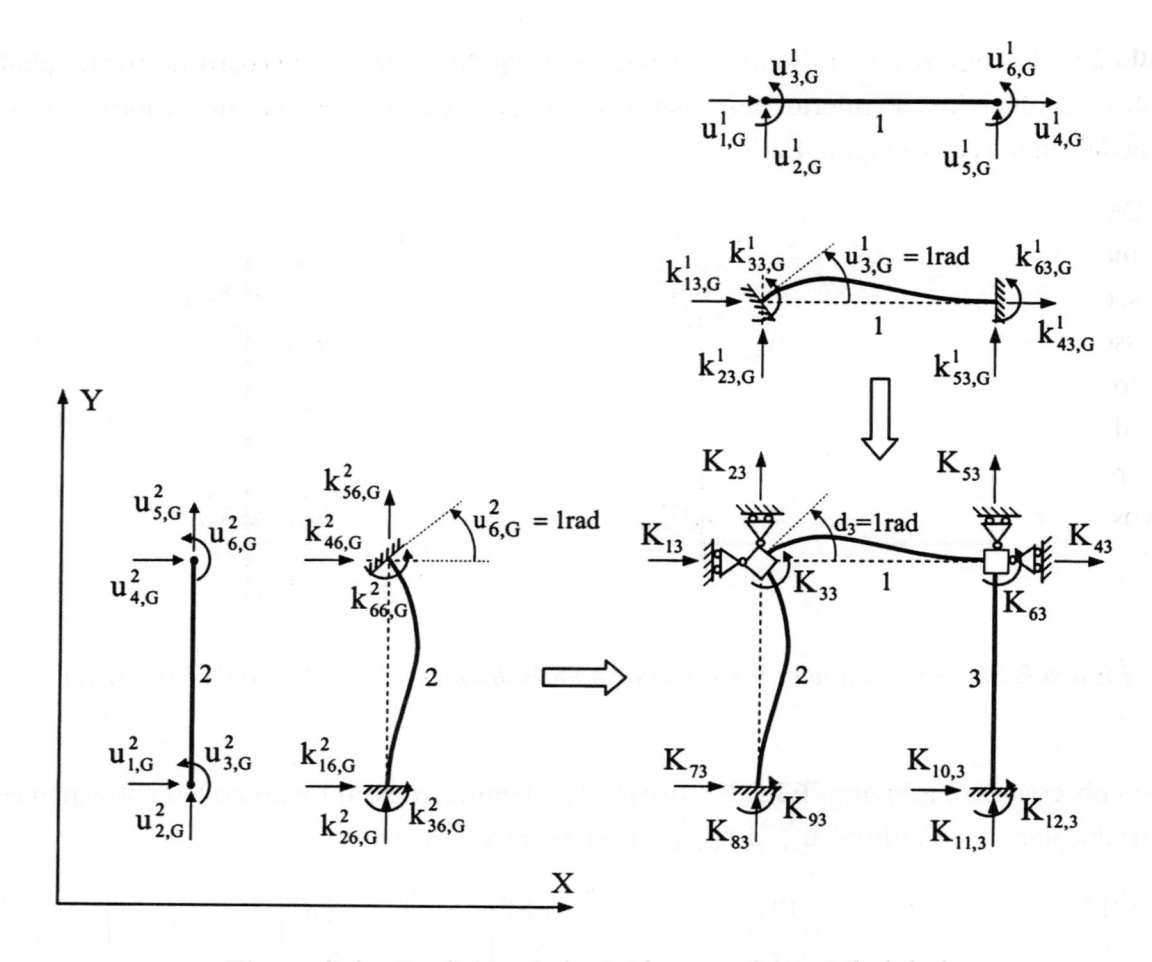

Figura 2.4 – *Coeficientes de rigidez no referencial global.*

Logo, em procedimento de superposição de efeitos, os coeficientes de rigidez indicados no pórtico da Figura 2.4 podem ser obtidos por soma dos coeficientes de rigidez de suas barras 1 e 2, sob a forma:

$$K_{13} = k_{13,G}^1 + k_{46,G}^2 \quad , \quad K_{23} = k_{23,G}^1 + k_{56,G}^2 \quad , \quad K_{33} = k_{33,G}^1 + k_{66,G}^2$$

$$K_{43} = k_{43,G}^1 = 0 \quad , \quad K_{53} = k_{53,G}^1 \quad , \quad K_{63} = k_{63,G}^1 \quad , \quad K_{73} = k_{16,G}^2$$

$$K_{83} = k_{26,G}^2 = 0 \quad , \quad K_{93} = k_{36,G}^2 \quad , \quad K_{10,3} = 0 \quad , \quad K_{11,3} = 0 \quad , \quad K_{12,3} = 0$$

Relembra-se que o índice superior se refere ao número da barra, que o primeiro índice inferior em coeficiente de rigidez se refere à direção da força restritiva, e que o segundo índice inferior em coeficiente de rigidez se refere à direção do deslocamento unitário. Esses índices inferiores são separados por vírgula quando superiores a 9. Vale identificar que as forças restritivas no ponto nodal 4 do referido pórtico são nulas, porque os pontos nodais 1 e 4 não estão conectados a uma mesma barra. Diz-se então, que os deslocamentos do ponto nodal 1 estão desacoplados dos deslocamentos do ponto nodal 4.

De maneira semelhante ao procedimento anterior, pode-se impor deslocamento unitário segundo cada uma das demais direções de deslocamento da estrutura, mantidos nulos todos os demais deslocamentos, obtendo-se, por soma dos coeficientes de rigidez das barras, os coeficientes de rigidez da estrutura. Esse procedimento é muito simples no caso de viga contínua quando se adota numeração de deslocamentos nodais da esquerda para a direita como mostrado na Figura 2.5 em que se desconsidera deformação de força normal. Para obter a matriz de rigidez não restringida, basta somar os coeficientes de rigidez relativos aos deslocamentos da extremidade direita de cada barra com os coeficientes de rigidez relativos aos deslocamentos da extremidade esquerda da barra consecutiva, obtendo-se:

$$\underset{\sim}{K} = \begin{bmatrix} k_{11}^1 & k_{12}^1 & k_{13}^1 & k_{14}^1 & 0 & 0 & 0 & 0 \\ \cdot & k_{22}^1 & k_{23}^1 & k_{24}^1 & 0 & 0 & 0 & 0 \\ \cdot & \cdot & k_{33}^1 + k_{11}^2 & k_{34}^1 + k_{12}^2 & k_{13}^2 & k_{14}^2 & 0 & 0 \\ \cdot & \cdot & \cdot & k_{44}^1 + k_{22}^2 & k_{23}^2 & k_{24}^2 & 0 & 0 \\ \cdot & \cdot & \cdot & \cdot & k_{33}^2 + k_{11}^3 & k_{34}^2 + k_{12}^3 & k_{13}^3 & k_{14}^3 \\ \cdot & \cdot & \cdot & \cdot & \cdot & k_{44}^2 + k_{22}^3 & k_{23}^3 & k_{24}^3 \\ \cdot & \cdot & \cdot & \cdot & \cdot & \cdot & k_{33}^3 + k_{11}^4 & k_{34}^3 + k_{12}^4 \\ \cdot & \cdot & \cdot & \cdot & \cdot & \cdot & \cdot & k_{44}^3 + k_{22}^4 \\ \text{sim.} & \cdot & \cdot & \cdot & \cdot & \cdot & \cdot & \ddots \end{bmatrix} \qquad (2.15a)$$

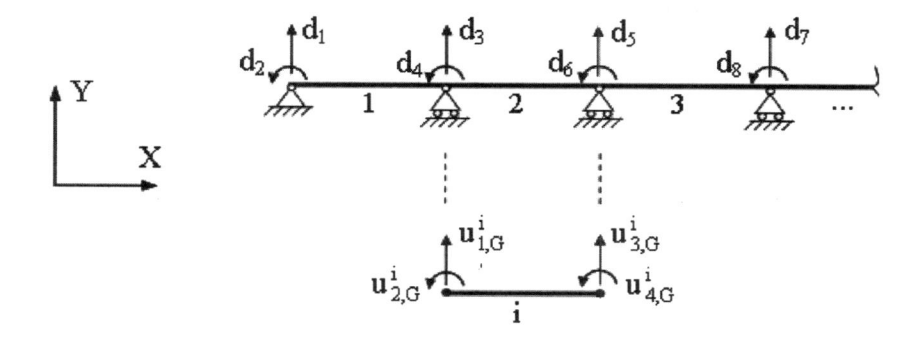

Figura 2.5 – *Numeração de deslocamentos nodais em viga contínua.*

No presente caso, os deslocamentos de rotação estão intercalados aos deslocamentos verticais que são restringidos. Logo, para obter a matriz de rigidez restringida, basta eliminar na matriz não restringida anterior as linhas e colunas ímpares, obtendo-se:

$$
\underset{\sim\,\ell\ell}{K} =
\begin{bmatrix}
k_{22}^1 & k_{24}^1 & 0 & 0 & \\
. & k_{44}^1 + k_{22}^2 & k_{24}^2 & 0 & \\
. & . & k_{44}^2 + k_{22}^3 & k_{24}^3 & \\
. & . & . & k_{44}^3 + k_{22}^4 & \ddots \\
\text{sim.} & . & . & . &
\end{bmatrix}
\tag{2.15b}
$$

Com essa matriz, pode-se compor e resolver o sistema de equações 2.6, obtendo-se as rotações nodais.

Exemplo 2.6 – Exemplifica-se em programa *Mathcad*, a obtenção das rotações nodais de viga contínua de um número qualquer de vãos, submetida a momentos nodais. Em aplicação numérica adotam-se os dados da viga representada na Figura E2.6a em que $E = 21GPa$. Nessa e nas demais programações, a notação é substituída por L, uma vez que o *Mathcad* requer que todos os coeficientes de uma mesma matriz sejam em uma mesma fonte.

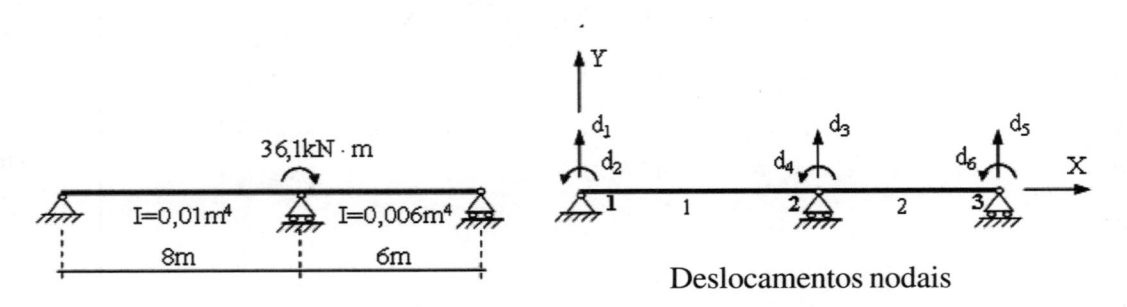

***Figura E2.6a** – Viga contínua de dois vãos.*

Dados :

Número de pontos nodais:
$$\text{nnos} := 3$$

Coordenadas dos pontos nodais:
$$\text{coord} := \begin{pmatrix} 0 \\ 8 \\ 14 \end{pmatrix}$$

Momentos de inércia das barras:
$$I := \begin{pmatrix} 0.01 \\ 0.006 \end{pmatrix}$$

Módulo de elasticidade: $E := 2.1 \cdot 10^7$

Vetor das forças nodais: $fL := \begin{pmatrix} 0 \\ -36.1 \\ 0 \end{pmatrix}$

Número de barras: $nbarras := nnos - 1$

Número de deslocamentos por ponto nodal: $g := 2$

ORIGIN 1

Função comprimento da i-ésima barra: $L(i) := coord_{i+1} - coord_i$

Função matriz de rigidez de barra de viga:

$$k(i) := \begin{pmatrix} \dfrac{12 \cdot E \cdot I_i}{L(i)^3} & \dfrac{6E \cdot I_i}{L(i)^2} & -\dfrac{12E \cdot I_i}{L(i)^3} & \dfrac{6E \cdot I_i}{L(i)^2} \\[3mm] \dfrac{6E \cdot I_i}{L(i)^2} & \dfrac{4E \cdot I_i}{L(i)} & -\dfrac{6E \cdot I_i}{L(i)^2} & \dfrac{2E \cdot I_i}{L(i)} \\[3mm] -\dfrac{12E \cdot I_i}{L(i)^3} & -\dfrac{6E \cdot I_i}{L(i)^2} & \dfrac{12 \cdot E \cdot I_i}{L(i)^3} & -\dfrac{6E \cdot I_i}{L(i)^2} \\[3mm] \dfrac{6E \cdot I_i}{L(i)^2} & \dfrac{2E \cdot I_i}{L(i)} & -\dfrac{6E \cdot I_i}{L(i)^2} & \dfrac{4E \cdot I_i}{L(i)} \end{pmatrix}$$

Formação da matriz de rigidez de viga com um número qualquer de barras:

$K :=$ | "Inicialização com valores nulos"
for $i \in 1 .. g \cdot nnos$
  for $j \in 1 .. g \cdot nnos$
    $K_{i,j} \leftarrow 0$
"Soma das contribuições das barras"
for $i \in 1 .. nbarras$
  | $ki \leftarrow k(i)$
  for $j \in 1 .. 2 \cdot g$
    for $jk \in 1 .. 2 \cdot g$
      $K_{(i-1) \cdot 2+j,\,(i-1) \cdot 2+jk} \leftarrow K_{(i-1) \cdot 2+j,\,(i-1) \cdot 2+jk} + ki_{j,jk}$
K

$$
K = \begin{pmatrix}
4.922\times 10^3 & 1.969\times 10^4 & -4.922\times 10^3 & 1.969\times 10^4 & 0 & 0 \\
1.969\times 10^4 & 1.05\times 10^5 & -1.969\times 10^4 & 5.25\times 10^4 & 0 & 0 \\
-4.922\times 10^3 & -1.969\times 10^4 & 1.192\times 10^4 & 1.313\times 10^3 & -7\times 10^3 & 2.1\times 10^4 \\
1.969\times 10^4 & 5.25\times 10^4 & 1.313\times 10^3 & 1.89\times 10^5 & -2.1\times 10^4 & 4.2\times 10^4 \\
0 & 0 & -7\times 10^3 & -2.1\times 10^4 & 7\times 10^3 & -2.1\times 10^4 \\
0 & 0 & 2.1\times 10^4 & 4.2\times 10^4 & -2.1\times 10^4 & 8.4\times 10^4
\end{pmatrix}
$$

Matriz de rigidez da viga relativa aos graus de liberdade:

$$
\text{KLL} := \left|
\begin{array}{l}
\text{for } i \in 1..\text{nnos} \\
\quad \text{for } j \in 1..\text{nnos} \\
\qquad K_{i,j} \leftarrow K_{2\cdot(i-1)+2,\, 2\cdot(j-1)+2} \\
K
\end{array}
\right.
\qquad
\text{KLL} = \begin{pmatrix}
1.05\times 10^5 & 5.25\times 10^4 & 0 \\
5.25\times 10^4 & 1.89\times 10^5 & 4.2\times 10^4 \\
0 & 4.2\times 10^4 & 8.4\times 10^4
\end{pmatrix}
$$

Rotações nodais: $\qquad \text{dL} := \text{KLL}^{-1}\cdot\text{fL}$

$$
\text{dL} = \begin{pmatrix}
1.273\times 10^{-4} \\
-2.547\times 10^{-4} \\
1.273\times 10^{-4}
\end{pmatrix}
$$

Nesse programa, dL é o vetor das rotações nodais na ordem dos pontos nodais da Figura E2.6a. Para acompanhamento de resultados intermediários, exibiu-se a matriz de rigidez não restringida K e a matriz de rigidez restringida KLL. Os deslocamentos nodais foram obtidos por inversão dessa matriz, contudo, para maior eficiência na prática, esses deslocamentos são determinados por resolução direta do sistema de equações como será apresentado no quarto capítulo.

Em procedimento manual de aplicação do método dos deslocamentos à viga da Figura E2.6a, adota-se o sistema principal representado na parte superior da Figura E2.6b onde estão indicadas as rotações das seções transversais nos apoios escolhidas como graus de liberdade. Nessa mesma figura estão representadas as configurações deformadas desse sistema quando se impõe deslocamento unitário segundo cada um desses graus de liberdade. Fazendo $d_1 = 1$, os coeficientes de rigidez K_{11} e K_{21} são devidos apenas à barra 1. Analogamente, fazendo $d_3 = 1$, os coeficientes de rigidez K_{23} e K_{33} são devidos apenas à barra 2. Devido a $d_2 = 1$, o coeficiente de rigidez K_{22} tem contribuições das barras 1 e 2.

Sistema principal:

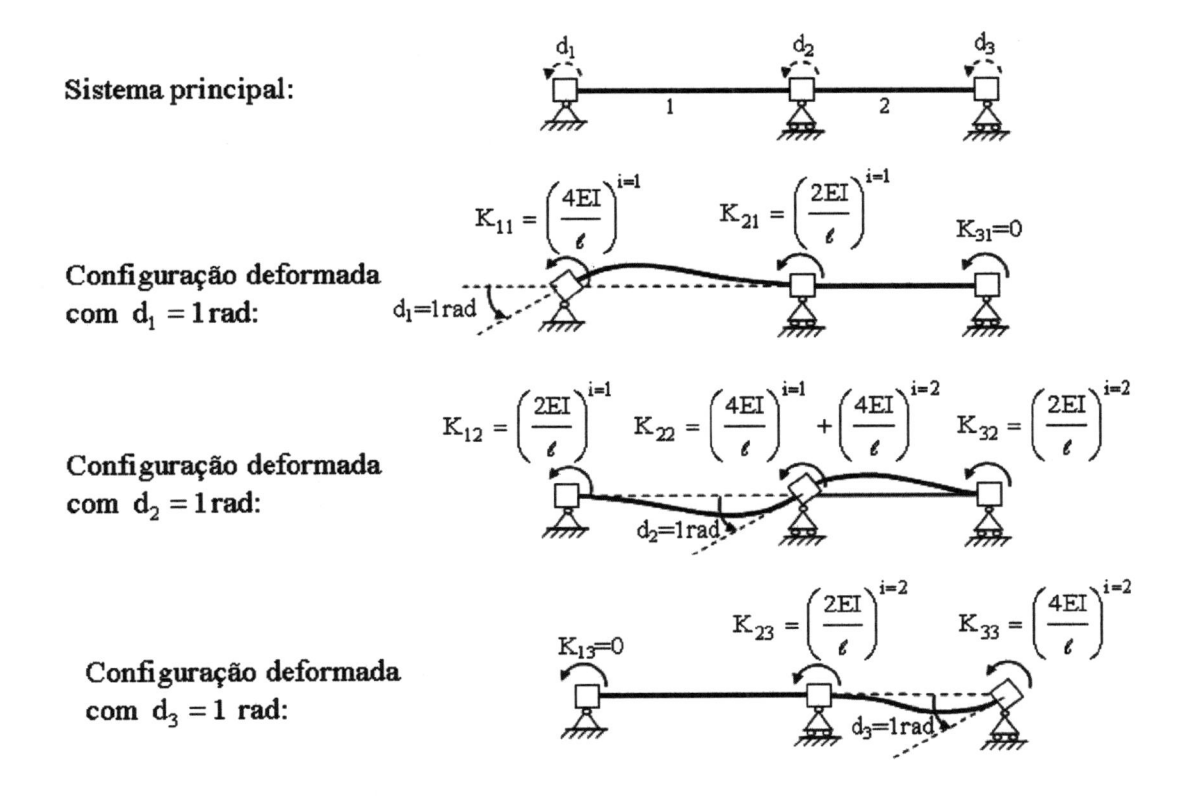

Configuração deformada com $d_1 = 1\,\text{rad}$:

Configuração deformada com $d_2 = 1\,\text{rad}$:

Configuração deformada com $d_3 = 1\,\text{rad}$:

Figura E2.6b – *Sistema principal e coeficientes de rigidez da viga da Figura E2.6a.*

Logo, obtém-se o sistema de equações de equilíbrio:

$$
\begin{cases}
\left(\dfrac{4EI}{\ell}\right)^{i=1}\cdot d_1 + \left(\dfrac{2EI}{\ell}\right)^{i=1}\cdot d_2 \quad\quad\quad + \; 0\cdot d_3 \quad = f_1 \\[3mm]
\left(\dfrac{2EI}{\ell}\right)^{i=1}\cdot d_1 + \left(\left(\dfrac{4EI}{\ell}\right)^{i=1} + \left(\dfrac{4EI}{\ell}\right)^{i=2}\right)\cdot d_2 + \left(\dfrac{2EI}{\ell}\right)^{i=2}\cdot d_3 = f_2 \\[3mm]
0\cdot d_1 \quad\quad + \left(\dfrac{2EI}{\ell}\right)^{i=2}\cdot d_2 \quad\quad\quad + \left(\dfrac{4EI}{\ell}\right)^{i=2}\cdot d_3 = f_3
\end{cases}
$$

A resolução desse sistema com os valores numéricos da viga da Figura E2.6a fornece as rotações encontradas anteriormente em programa *Mathcad*.

Em procedimento manual mais direto, pode-se adotar o sistema principal mostrado na parte superior da Figura E2.6c onde se considera como grau de liberdade apenas a rotação da seção transversal sobre o apoio central. Na parte intermediária dessa mesma figura está ilustrado o coeficiente de rigidez $3EI/\ell$ de barra engastada-rotulada, numericamente igual à força para provocar rotação na extremidade engastada da barra. Na parte inferior dessa figura está representada a configuração da viga quando se impõe deslocamento unitário segundo aquele grau de liberdade, resultando no coeficiente de rigidez K_{11}.

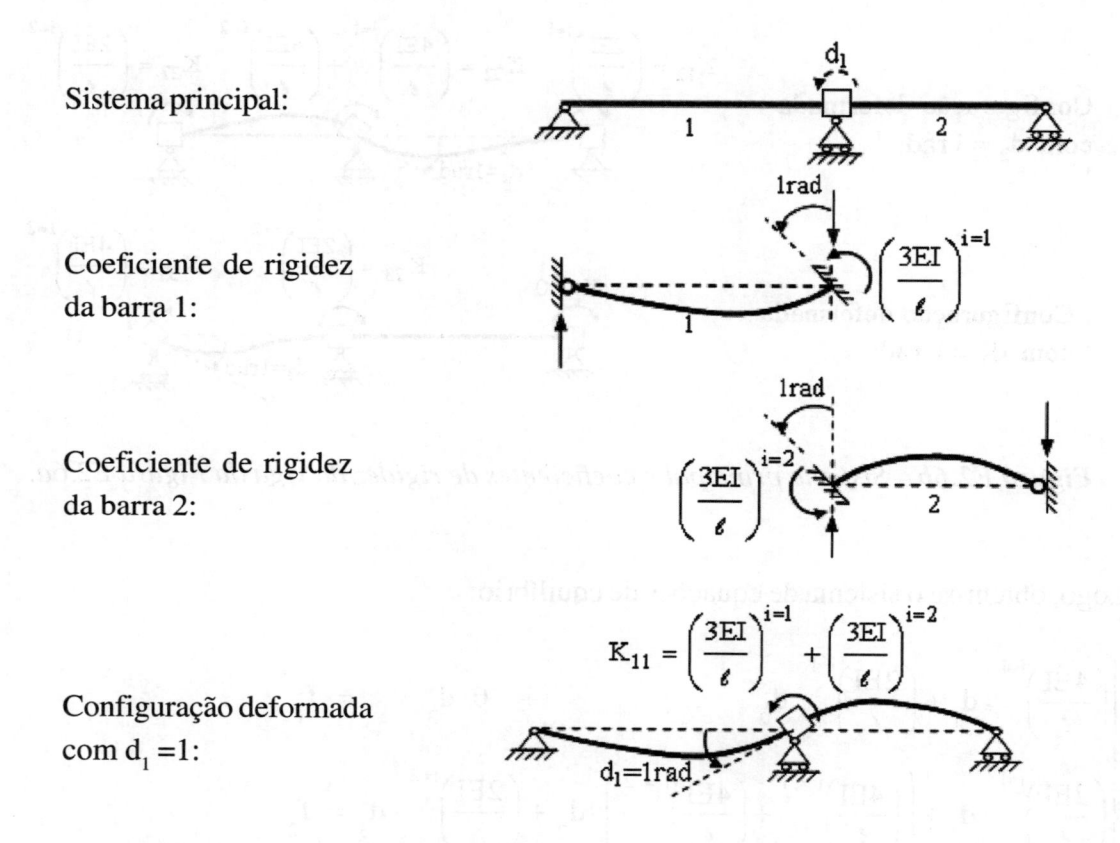

Sistema principal:

Coeficiente de rigidez
da barra 1:

Coeficiente de rigidez
da barra 2:

$$K_{11} = \left(\frac{3EI}{\ell}\right)^{i=1} + \left(\frac{3EI}{\ell}\right)^{i=2}$$

Configuração deformada
com $d_1 = 1$:

Figura E2.6c – *Sistema principal com uma única restrição nodal.*

Logo, obtém-se a equação de equilíbrio:

$$\left(\left(\frac{3EI}{\ell}\right)^{i=1} + \left(\frac{3EI}{\ell}\right)^{i=2}\right) d_1 = f_1$$

$$\left(\frac{3 \cdot 2,1 \cdot 10^7 \cdot 0,01}{8} + \frac{3 \cdot 2,1 \cdot 10^7 \cdot 0,006}{6}\right) d_1 = -36,1$$

de solução $d_1 = -2,54673 \cdot 10^{-4}\,\text{rad}$. Essa é a rotação da seção transversal sobre o apoio central. Multiplicando essa rotação pelo coeficiente de rigidez indicado na extremidade de cada uma das barras representadas na Figura E2.6c, obtém-se o momento necessário para provocar essa rotação que é igual ao momento fletor na correspondente extremidade de barra. Assim, calculam-se os momentos fletores:

$$M^{i=1} = \left(\frac{3EI}{\ell}\right)^{i=1} \cdot d_1 = \frac{3 \cdot 2,1 \cdot 10^7 \cdot 0,01}{8}\left(-2,54673 \cdot 10^{-4}\right) = -20,055\text{kN} \cdot \text{m}$$

$$M^{i=2} = \left(\frac{3EI}{\ell}\right)^{i=2} \cdot d_1 = \frac{3 \cdot 2,1 \cdot 10^7 \cdot 0,006}{6}\left(-2,54673 \cdot 10^{-4}\right) = -16,044\text{kN} \cdot \text{m}$$

Com esses resultados traça-se o diagrama de momento fletor representado na Figura E2.6d onde observa-se a descontinuidade devido ao momento aplicado na seção do apoio central. Sugere-se ao leitor obter esse mesmo diagrama a partir dos graus de liberdade indicados na Figura E2.6b.

DM $(\text{kN} \cdot \text{m})$

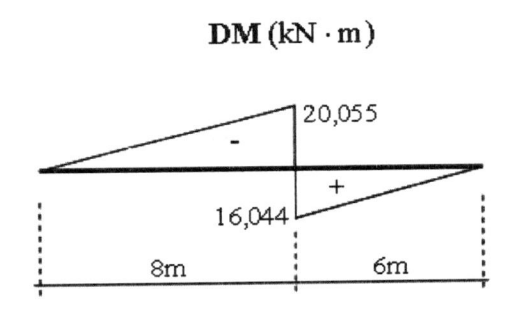

Figura E2.6d – Diagrama de momento fletor da viga da Figura E2.6a.

O exemplo anterior evidencia que com o conhecimento dos deslocamentos nodais podem ser obtidos os momentos fletores nas extremidades das barras. No item 2.6 será mostrado que todos os esforços seccionais nodais podem ser obtidos, em estrutura sob quaisquer ações.

De forma geral, a obtenção da matriz de rigidez não restringida a partir das matrizes de rigidez das barras passa pela identificação da correspondência entre a numeração local dos deslocamentos em cada barra e a numeração global de deslocamentos da estrutura. Define-se assim, a *matriz de correspondência de deslocamentos* ou *matriz de compatibilidade de deslocamentos* $\underset{\sim}{\alpha}^i$ que relaciona os deslocamentos da i-ésima barra no referencial global, $\underset{\sim G}{u}^i$, com os deslocamentos da estrutura, $\underset{\sim}{d}$, sob a forma:

$$\underset{\sim G}{u}^i = \underset{\sim}{\alpha}^i \underset{\sim}{d} \tag{2.16}$$

A m-ésima linha da matriz $\underset{\sim}{\alpha}^i$ tem apenas um coeficiente diferente de zero e igual à unidade, coeficiente esse situado em uma coluna de ordem n, expressando que o m-ésimo deslocamento da numeração local da barra coincide como o deslocamento de ordem n da numeração global de deslocamentos.

As matrizes $\underset{\sim G}{u}^i$ e $\underset{\sim}{\alpha}^i$ das barras de uma estrutura podem ser agrupadas sob a forma:

$$\underset{\sim G}{u} = \begin{Bmatrix} \underset{\sim G}{u}^1 \\ \underset{\sim G}{u}^2 \\ \underset{\sim G}{u}^3 \\ \vdots \end{Bmatrix} \quad , \quad \underset{\sim}{\alpha} = \begin{bmatrix} \underset{\sim}{\alpha}^1 \\ \underset{\sim}{\alpha}^2 \\ \underset{\sim}{\alpha}^3 \\ \vdots \end{bmatrix} \tag{2.17a,b}$$

para se escrever a equação de correspondência entre os deslocamentos nas numerações locais das barras e os deslocamentos na numeração global da estrutura:

$$\underset{\sim G}{u} = \underset{\sim}{\alpha}\,\underset{\sim}{d} \tag{2.18}$$

Exemplo 2.7 – Exemplifica-se a equação de correspondência de deslocamentos anterior com o pórtico de três barras representado na Figura E2.7 onde estão indicadas as numerações locais e global de deslocamentos.

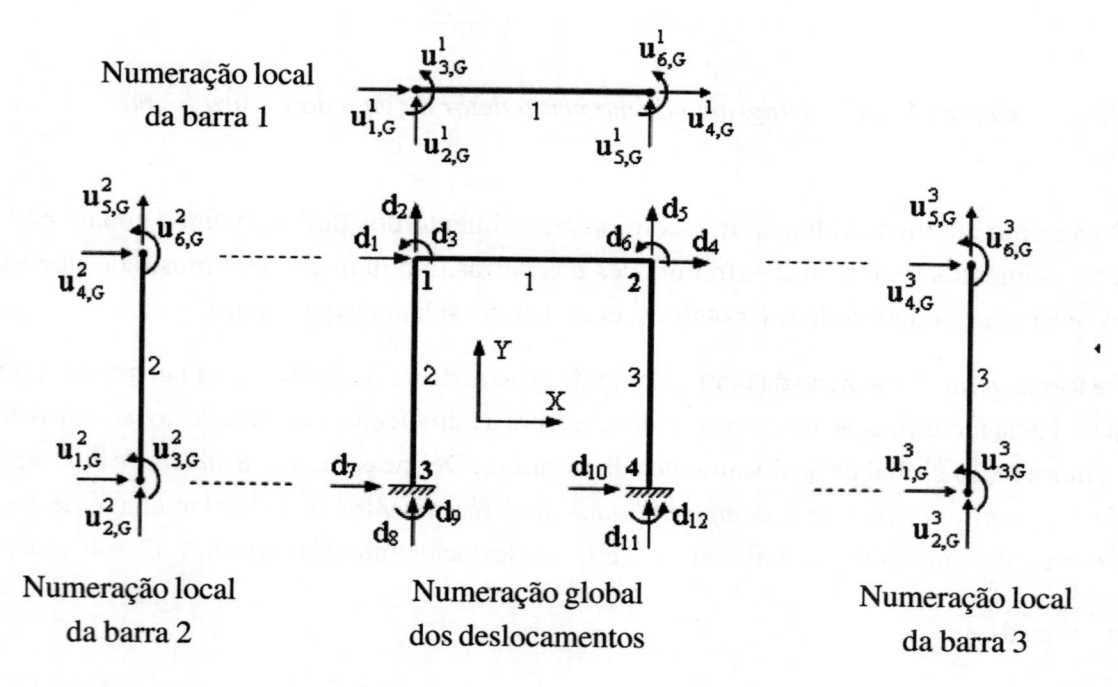

Figura E2.7 – Pórtico plano com numerações de deslocamentos locais e global.

A numeração local de deslocamentos em cada barra inicia-se em um nó denominado inicial que é estabelecido pela *matriz de conectividade* ou *de incidência das barras*, $M = \begin{bmatrix} 1 & 2 \\ 3 & 1 \\ 4 & 2 \end{bmatrix}$, em que se especifica na linha de ordem i o nó inicial e o nó final da i-ésima barra.

Por identificação da correspondência entre a numeração global e as numerações locais indicadas na referida figura, verifica-se que a equação 2.18 toma a forma expandida:

$$
\underset{\sim G}{u} = \left\{ \begin{matrix} \underset{\sim G}{u^1} \\ \underset{\sim G}{u^2} \\ \underset{\sim G}{u^3} \end{matrix} \right\} = \left\{ \begin{matrix} u_{1,G}^1 \\ u_{2,G}^1 \\ u_{3,G}^1 \\ u_{4,G}^1 \\ u_{5,G}^1 \\ u_{6,G}^1 \\ - \\ u_{1,G}^2 \\ u_{2,G}^2 \\ u_{3,G}^2 \\ u_{4,G}^2 \\ u_{5,G}^2 \\ u_{6,G}^2 \\ - \\ u_{1,G}^3 \\ u_{2,G}^3 \\ u_{3,G}^3 \\ u_{4,G}^3 \\ u_{5,G}^3 \\ u_{6,G}^3 \end{matrix} \right\} = \left[\begin{matrix} 1 & 0 & 0 & 0 & 0 & 0 & 0 & 0 & 0 & 0 & 0 & 0 \\ 0 & 1 & 0 & 0 & 0 & 0 & 0 & 0 & 0 & 0 & 0 & 0 \\ 0 & 0 & 1 & 0 & 0 & 0 & 0 & 0 & 0 & 0 & 0 & 0 \\ 0 & 0 & 0 & 1 & 0 & 0 & 0 & 0 & 0 & 0 & 0 & 0 \\ 0 & 0 & 0 & 0 & 1 & 0 & 0 & 0 & 0 & 0 & 0 & 0 \\ 0 & 0 & 0 & 0 & 0 & 1 & 0 & 0 & 0 & 0 & 0 & 0 \\ - & - & - & - & - & - & - & - & - & - & - & - \\ 0 & 0 & 0 & 0 & 0 & 0 & 1 & 0 & 0 & 0 & 0 & 0 \\ 0 & 0 & 0 & 0 & 0 & 0 & 0 & 1 & 0 & 0 & 0 & 0 \\ 0 & 0 & 0 & 0 & 0 & 0 & 0 & 0 & 1 & 0 & 0 & 0 \\ 1 & 0 & 0 & 0 & 0 & 0 & 0 & 0 & 0 & 0 & 0 & 0 \\ 0 & 1 & 0 & 0 & 0 & 0 & 0 & 0 & 0 & 0 & 0 & 0 \\ 0 & 0 & 1 & 0 & 0 & 0 & 0 & 0 & 0 & 0 & 0 & 0 \\ - & - & - & - & - & - & - & - & - & - & - & - \\ 0 & 0 & 0 & 0 & 0 & 0 & 0 & 0 & 0 & 1 & 0 & 0 \\ 0 & 0 & 0 & 0 & 0 & 0 & 0 & 0 & 0 & 0 & 1 & 0 \\ 0 & 0 & 0 & 0 & 0 & 0 & 0 & 0 & 0 & 0 & 0 & 1 \\ 0 & 0 & 0 & 1 & 0 & 0 & 0 & 0 & 0 & 0 & 0 & 0 \\ 0 & 0 & 0 & 0 & 1 & 0 & 0 & 0 & 0 & 0 & 0 & 0 \\ 0 & 0 & 0 & 0 & 0 & 1 & 0 & 0 & 0 & 0 & 0 & 0 \end{matrix} \right] \left\{ \begin{matrix} d_1 \\ d_2 \\ d_3 \\ d_4 \\ d_5 \\ d_6 \\ d_7 \\ d_8 \\ d_9 \\ d_{10} \\ d_{11} \\ d_{12} \end{matrix} \right\}
$$

De maneira semelhante às equações 2.17a e 2.17b, para o conjunto das barras da estrutura, escrevem-se as matrizes:

$$
\underset{\sim G}{a} = \left\{ \begin{matrix} \underset{\sim G}{a^1} \\ \underset{\sim G}{a^2} \\ \underset{\sim G}{a^3} \\ \vdots \end{matrix} \right\} \quad e \quad \underset{\sim G}{k} = \left[\begin{matrix} \underset{\sim G}{k^1} & \underset{\sim}{0} & \underset{\sim}{0} \\ \underset{\sim}{0} & \underset{\sim G}{k^2} & \underset{\sim}{0} \\ \underset{\sim}{0} & \underset{\sim}{0} & \underset{\sim G}{k^3} \\ & & & \ddots \end{matrix} \right] \tag{2.19a,b}
$$

que, tendo em vista a equação 2.14, fornecem:

$$\underset{\sim G}{k}\,\underset{\sim G}{u}=\underset{\sim G}{a} \tag{2.20}$$

Consideram-se agora deslocamentos nodais virtuais $\overline{d}$ na numeração global, que correspondem a deslocamentos nodais virtuais $\overline{u}_{\sim G}$ nas numerações locais das barras. Como o trabalho virtual das forças internas (esforços nas extremidades das barras nas numerações locais) é igual ao trabalho virtual das forças nodais externas da estrutura (na numeração global), escreve-se:

$$\underset{\sim G}{a^{t}}\,\overline{u}_{\sim G}=\underset{\sim}{f^{t}}\,\overline{d} \tag{2.21}$$

Substituindo a equação 2.18 nessa última equação, obtém-se:

$$\underset{\sim G}{a^{t}}\,\underset{\sim}{\alpha}\,\overline{d}=\underset{\sim}{f^{t}}\,\overline{d}$$

Como os deslocamentos virtuais são arbitrários, essa equação fornece:

$$\underset{\sim}{f^{t}}=\underset{\sim G}{a^{t}}\,\underset{\sim}{\alpha}$$

$$\underset{\sim}{f}=\underset{\sim}{\alpha^{t}}\,\underset{\sim G}{a} \tag{2.22}$$

que permite escrever:

$$\underset{\sim}{f}=\sum_{i}\underset{\sim}{\alpha^{i}}^{t}\,\underset{\sim G}{a^{i}} \tag{2.23}$$

onde o somatório é no número total de barras.

As equações 2.18 e 2.22 expressam uma das formas do *teorema da contragradiência* ou *de A. Clebsch*, que se enuncia: *se matriz* $\underset{\sim}{\alpha}$ *transforma os deslocamentos nodais na numeração global em deslocamentos nodais nas numerações locais, a matriz* α^{t} *transforma as forças nodais nas numerações locais em forças nodais na numeração global*. É simples identificar que esse teorema se generaliza, qualquer que seja a matriz de transformação entre deslocamentos.

As equações 2.20 e 2.18 fornecem:

$$\underset{\sim G}{k}\,\underset{\sim}{\alpha}\,\underset{\sim}{d}=\underset{\sim G}{a}$$

Pré-multiplicando essa equação por $\underset{\sim}{\alpha^{t}}$, tem-se:

$$(\underset{\sim}{\alpha^{t}}\,\underset{\sim G}{k}\,\underset{\sim}{\alpha})\,\underset{\sim}{d}=\underset{\sim}{\alpha^{t}}\,\underset{\sim G}{a}$$

Tendo em vista a equação 2.22, obtém-se:

$$(\underset{\sim}{\alpha^{t}}\,\underset{\sim G}{k}\,\underset{\sim}{\alpha})\,\underset{\sim}{d}=\underset{\sim}{K}\,\underset{\sim}{d}=\underset{\sim}{f} \tag{2.24}$$

Nessa equação identifica-se a matriz de rigidez não restringida:

$$\underset{\sim}{K} = \underset{\sim}{\alpha}^t \underset{\sim G}{k} \underset{\sim}{\alpha} = \sum_i \underset{\sim}{\alpha}^{i^t} \underset{\sim G}{k}^i \underset{\sim}{\alpha}^i = \sum_i \underset{\sim}{K}^i \tag{2.25}$$

onde tem-se a transformação congluente:

$$\underset{\sim}{K}^i = \underset{\sim}{\alpha}^{i^t} \underset{\sim G}{k}^i \underset{\sim}{\alpha}^i \tag{2.26}$$

A equação 2.24 representa o sistema de equações de equilíbrio não restringido, a equação 2.26 representa o "espalhamento" dos coeficientes de rigidez da i-ésima barra nas devidas posições da matriz de rigidez não restringida e a equação 2.25 representa o "espalhamento e acumulação" dos coeficientes de rigidez das barras da estrutura nas devidas posições dessa matriz. Essas equações se aplicam a qualquer estrutura, desde que se tenham as matrizes de rigidez das barras no referencial global e as correspondentes matrizes de correspondência de deslocamentos. Contudo, elas são úteis apenas em desenvolvimentos teóricos uma vez que requerem, em operações numéricas, a multiplicação de matrizes de ordens elevadas com grande número de coeficientes nulos. É muito mais prático identificar a correspondência entre as numerações locais e a numeração global de deslocamentos, e efetuar diretamente a acumulação das contribuições de rigidez das barras nas devidas posições da matriz de rigidez não restringida como mostrado a seguir. Para isso, considere-se a i-ésima barra de nós *inicial* j e *final* k em determinado pórtico plano, como ilustrado na Figura 2.6.

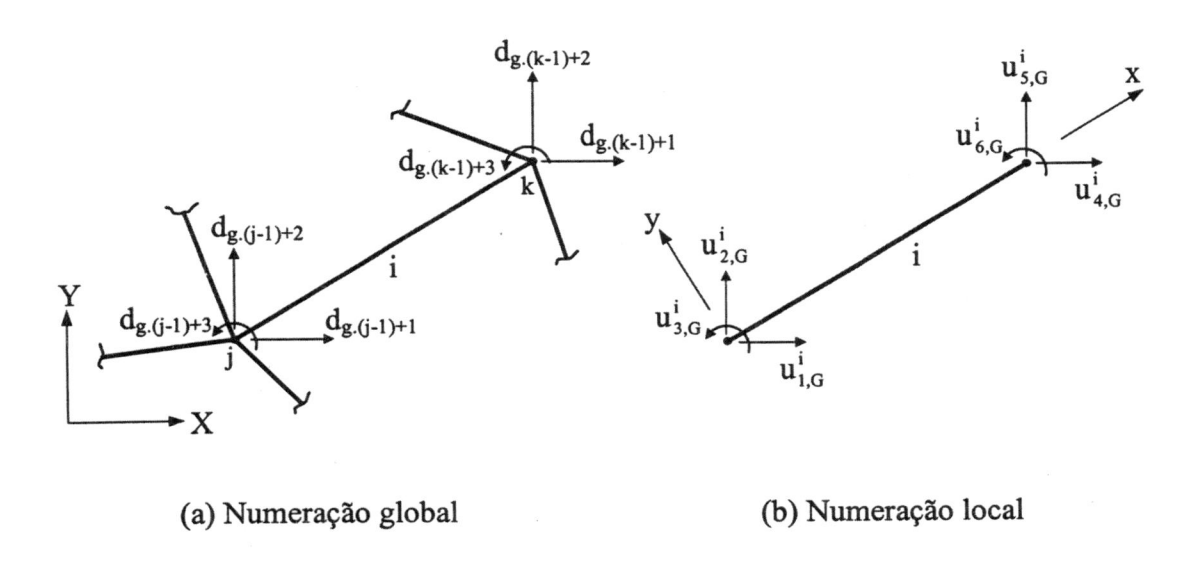

(a) Numeração global   (b) Numeração local

Figura 2.6 – Deslocamentos nodais de barra de pórtico plano no referencial global.

Em cada ponto nodal, numerarem-se inicialmente os deslocamentos de translação, seguidos dos deslocamentos de rotação. Uma vez que se tem g=3 deslocamentos por ponto nodal no presente caso de pórtico plano, e a numeração global de deslocamentos acompanha a ordem dos pontos nodais, os deslocamentos do n-ésimo nó da estrutura são: (1) deslocamento de translação em X de ordem $g \cdot (n-1)+1$, (2) deslocamento de translação em Y de ordem $g \cdot (n-1)+2$ e (3) rotação em Z de ordem $g \cdot (n-1)+3$. Logo, tem-se a ordem de deslocamentos representada na Figura 2.6a, e se estabelece o *vetor de correspondência dos deslocamentos* da i-ésima barra:

$$\underset{\sim}{q}^i = \left\{ \begin{array}{c} g \cdot (j-1)+1 \\ g \cdot (j-1)+2 \\ g \cdot (j-1)+3 \\ g \cdot (k-1)+1 \\ g \cdot (k-1)+2 \\ g \cdot (k-1)+3 \end{array} \right\}^i \qquad (2.27)$$

em que o valor do m-ésimo coeficiente desse vetor designa a ordem global do deslocamento de ordem m na numeração local de deslocamentos da referida barra. Assim, esse valor é igual à ordem da coluna de coeficiente unitário da m-ésima linha da matriz de correspondência de deslocamentos $\underset{\sim}{\alpha}^i$ utilizada na equação 2.16. Nos modelos de treliças plana e espacial, grelha e pórtico espacial, o vetor de correspondência anterior se aplica com a variável g igual a 2, 3, 3, e 6, respectivamente.

Utilizando o descrito vetor de correspondência dos deslocamentos, desenvolve-se o algoritmo de superposição direta das contribuições de rigidez das barras para obtenção da matriz de rigidez global:

Inicialização dos coeficientes da matriz $\underset{\sim}{K}$ com valores nulos.

  i =1, 2, ... até o número de barras

    Cálculo da matriz de rigidez da i-ésima barra no referencial global, $\underset{\sim}{k}^i_G$.

    Determinação do vetor de correspondência $\underset{\sim}{q}^i$ da i-ésima barra.   (2.28)

      j =1, 2, ... até o número de deslocamentos nodais da i-ésima barra

        k =1, 2, ... até o número de deslocamentos nodais da i-ésima barra

          $K_{q^i_j, q^i_k} = K_{q^i_j, q^i_k} + k^i_{G_{j,k}}$

Adota-se seta em forma de laço à esquerda de cada variável incremental para especificar a região de atuação dessa variável, com a seqüência de incrementos especificada à direita do sinal de igual. No algoritmo anterior, $K_{q^i_j, q^i_k}$ representa o coeficiente da linha q^i_j e da coluna q^i_k da matriz de rigidez não restringida, sendo q^i_j e q^i_k o j-ésimo e o k-ésimo coeficientes do vetor de correspondência dos deslocamentos da i-ésima barra, respectivamente; e $k^i_{G_{j,k}}$ representa o coeficiente da linha j e da coluna k da matriz de rigidez dessa barra no referencial global. Desde que se determine adequadamente o vetor de correspondência dos deslocamentos, e os contadores j e k variem de 1 até o número de deslocamentos nodais do elemento, esse algoritmo se aplica também ao caso de elementos finitos, quando então o número de deslocamentos por elemento pode ser qualquer.

Exemplo 2.8 – Modifica-se o programa de análise de viga contínua do Exemplo 2.6, utilizando matriz de conectividade de barras (estabelecida automaticamente) e o algoritmo 2.28. Adotam-se os dados da viga da Figura E2.6a.

Dados :

Número de pontos nodais: $\qquad$ nnos := 3

Coordenadas dos pontos nodais: $\qquad$ $coord := \begin{pmatrix} 0 \\ 8 \\ 14 \end{pmatrix}$

Momentos de inércia das barras: $\qquad$ $I := \begin{pmatrix} 0.01 \\ 0.006 \end{pmatrix}$

Módulo de elasticidade: $\qquad$ $E := 2.1 \cdot 10^7$

Vetor das forças nodais: $\qquad$ $fL := \begin{pmatrix} 0 \\ -36.1 \\ 0 \end{pmatrix}$

Número de barras: $\qquad$ nbarras := nnos $-$ 1

Número de deslocamentos por ponto nodal: $\qquad$ g := 2

ORIGIN   1

Função comprimento de barra: $\qquad$ $L(i) := coord_{i+1} - coord_i$

Função matriz de rigidez de barra de viga: $\qquad$

$$k(i) := \begin{pmatrix} \dfrac{12 \cdot E \cdot I_i}{L(i)^3} & \dfrac{6E \cdot I_i}{L(i)^2} & -\dfrac{12E \cdot I_i}{L(i)^3} & \dfrac{6E \cdot I_i}{L(i)^2} \\[2ex] \dfrac{6E \cdot I_i}{L(i)^2} & \dfrac{4E \cdot I_i}{L(i)} & -\dfrac{6E \cdot I_i}{L(i)^2} & \dfrac{2E \cdot I_i}{L(i)} \\[2ex] -\dfrac{12E \cdot I_i}{L(i)^3} & -\dfrac{6E \cdot I_i}{L(i)^2} & \dfrac{12 \cdot E \cdot I_i}{L(i)^3} & -\dfrac{6E \cdot I_i}{L(i)^2} \\[2ex] \dfrac{6E \cdot I_i}{L(i)^2} & \dfrac{2E \cdot I_i}{L(i)} & -\dfrac{6E \cdot I_i}{L(i)^2} & \dfrac{4E \cdot I_i}{L(i)} \end{pmatrix}$$

Matriz de conectividade das barras:

$$M := \begin{vmatrix} \text{for } i \in 1..\, \text{nbarras} \\ \quad \begin{vmatrix} M_{i,1} \leftarrow i \\ M_{i,2} \leftarrow i+1 \end{vmatrix} \\ M \end{vmatrix}$$

$$M = \begin{pmatrix} 1 & 2 \\ 2 & 3 \end{pmatrix}$$

Função vetor de correspondência de barra:

$$q(i) := \begin{vmatrix} z \leftarrow 0 \\ \text{for } j \in 1..\,2 \\ \quad \begin{vmatrix} \text{for } jk \in 1..\,g \\ \quad \begin{vmatrix} z \leftarrow z+1 \\ m \leftarrow g\cdot\left(M_{i,j}-1\right)+jk \\ q_z \leftarrow m \end{vmatrix} \end{vmatrix} \\ q \end{vmatrix}$$

Formação da matriz de rigidez da viga:

$$K := \begin{vmatrix} \text{"Inicialização com valores nulos"} \\ \text{for } i \in 1..\,g\cdot\text{nnos} \\ \quad \begin{vmatrix} \text{for } j \in 1..\,g\cdot\text{nnos} \\ \quad K_{i,j} \leftarrow 0 \end{vmatrix} \\ \text{"Soma das contribuições das barras"} \\ \text{for } i \in 1..\,\text{nbarras} \\ \quad \begin{vmatrix} ki \leftarrow k(i) \\ qi \leftarrow q(i) \\ \text{for } j \in 1..\,2\cdot g \\ \quad \begin{vmatrix} \text{for } jk \in 1..\,2\cdot g \\ \quad K_{\left(qi_j,\, qi_{jk}\right)} \leftarrow K_{\left(qi_j,\, qi_{jk}\right)} + ki_{j,jk} \end{vmatrix} \end{vmatrix} \\ K \end{vmatrix}$$

Matriz de rigidez da viga relativa aos graus de liberdade:

$$KLL := \begin{vmatrix} \text{for } i \in 1..\,\text{nnos} \\ \quad \begin{vmatrix} \text{for } j \in 1..\,\text{nnos} \\ \quad K_{i,j} \leftarrow K_{2\cdot(i-1)+2,\, 2\cdot(j-1)+2} \end{vmatrix} \\ K \end{vmatrix}$$

Rotações nodais:

$$dL := KLL^{-1} \cdot fL$$

$$dL = \begin{pmatrix} 1.273 \times 10^{-4} \\ -2.547 \times 10^{-4} \\ 1.273 \times 10^{-4} \end{pmatrix}$$

Esses deslocamentos são idênticos aos calculados no Exemplo 2.6.

Verifica-se que a lógica anterior de construção do vetor de correspondência dos deslocamentos se aplica a qualquer modelo de estrutura em barras.

2.3 – Condições geométricas de contorno

Em análise de estruturas há dois tipos de condições de contorno, a saber: forças de contorno conhecidas denominadas *condições mecânicas de contorno*, e deslocamentos conhecidos denominados *condições geométricas de contorno*. No presente caso de estruturas em barras, essas são as forças nodais externas que fazem parte do vetor $\underset{\sim}{f}_{\ell}$, e esses deslocamentos são os do vetor $\underset{\sim}{d}_{p}$.

2.3.1 - Partição do sistema de equações não restringido

Numerando inicialmente os deslocamentos nodais livres, seguidos dos deslocamentos nodais prescritos, tem-se o sistema de equações de equilíbrio da estrutura na forma repartida 2.12 que fornece:

$$\begin{cases} \underset{\sim}{K}_{\ell\ell} \underset{\sim}{d}_{\ell} + \underset{\sim}{K}_{\ell p} \underset{\sim}{d}_{p} = \underset{\sim}{f}_{\ell} \\ \underset{\sim}{K}_{p\ell} \underset{\sim}{d}_{\ell} + \underset{\sim}{K}_{pp} \underset{\sim}{d}_{p} = \underset{\sim}{f}_{p} \end{cases} \tag{2.29}$$

Dessa equação obtêm-se as soluções em termos dos deslocamentos nodais livres e das reações de apoio:

$$\underset{\sim}{d}_{\ell} = \underset{\sim}{K}_{\ell\ell}^{-1} \left(\underset{\sim}{f}_{\ell} - \underset{\sim}{K}_{\ell p} \underset{\sim}{d}_{p} \right) = \underset{\sim}{K}_{\ell\ell}^{-1} \underset{\sim}{f}_{\ell}^{\bullet} \tag{2.30a}$$

$$\underset{\sim}{f}_{p} = \underset{\sim}{K}_{p\ell} \underset{\sim}{d}_{\ell} + \underset{\sim}{K}_{pp} \underset{\sim}{d}_{p} \tag{2.30b}$$

O vetor $(\overset{\bullet}{\underset{\sim}{f}}_\ell = \underset{\sim}{f}_\ell - \underset{\sim}{K}_{\ell\not{p}}\,\underset{\sim}{d}_{\not{p}})$, que ocorre na equação 2.30a, expressa modificação das forças nodais externas pela ação dos deslocamentos prescritos. Depois da determinação desse vetor e da matriz de rigidez restringida, obtêm-se com essa equação os deslocamentos livres, e com a equação 2.30b, obtêm-se as reações de apoio.

A construção das equações de equilíbrio sob a forma da equação 2.29 requer a numeração dos deslocamentos nodais livres antes da numeração dos deslocamentos nodais prescritos, ou o que dá no mesmo, que se faça uma numeração qualquer dos deslocamentos, seguida de reordenação das equações de equilíbrio de maneira a se reter as equações referentes aos graus de liberdade em primeiro lugar. Ambos os procedimentos não são práticos. Em procedimento automático, é mais eficiente numerar e operar com os deslocamentos na ordem oriunda da numeração dos pontos nodais, que pode ser qualquer. Adota-se então, a *técnica de zeros e um* ou a *técnica do número grande*, descritas nos próximos itens.

2.3.2 - Técnica de zeros e um

Para prescrever um determinado deslocamento $d_{\not{p}}$ segundo a p-ésima direção coordenada, faz-se no sistema de equações de equilíbrio não restringido a modificação:

$$\begin{bmatrix} K_{1,1} & \cdots & K_{1,p-1} & 0 & K_{1,p+1} & \cdots & K_{1,n} \\ . & \ddots & \vdots & \vdots & \vdots & & \vdots \\ . & . & K_{p-1,p-1} & 0 & K_{p-1,p+1} & \cdots & K_{p-1,n} \\ . & . & . & 1 & 0 & \cdots & 0 \\ . & . & . & . & K_{p+1,p+1} & \cdots & K_{p+1,n} \\ . & . & . & . & . & \ddots & \vdots \\ \text{sim.} & . & . & . & . & & K_{n,n} \end{bmatrix} \begin{Bmatrix} d_1 \\ \vdots \\ d_{p-1} \\ d_p \\ d_{p+1} \\ \vdots \\ d_n \end{Bmatrix} = \begin{Bmatrix} f_1 - K_{1,p}d_{\not{p}} \\ \vdots \\ f_{p-1} - K_{p-1,p}d_{\not{p}} \\ d_{\not{p}} \\ f_{p+1} - K_{p,p+1}d_{\not{p}} \\ \vdots \\ f_n - K_{p,n}d_{\not{p}} \end{Bmatrix} \qquad (2.31)$$

Nesse sistema, n é o número total de equações e a modificação das forças nodais devido ao referido deslocamento está de acordo com o vetor $\overset{\bullet}{\underset{\sim}{f}}_\ell$ que ocorre na equação 2.30a. Além disso, especificou-se $d_p = d_{\not{p}}$ na p-ésima equação desse sistema. Essa modificação do sistema de equações de equilíbrio caracteriza a *técnica de zeros e um*.

Desde que sejam prescritos deslocamentos em número suficiente para impedir os deslocamentos de corpo rígido da estrutura e esta não tenha mecanismos internos, a matriz de rigidez fica não singular, permitindo a resolução do correspondente sistema de equações, com a obtenção do vetor de deslocamentos nodais $\underset{\sim}{d}$. Nesse vetor se incluem os deslocamentos livres inicialmente desconhecidos e os deslocamentos prescritos que são conhecidos a priori e que são especificados na descrita modificação de sistema.

Obtido esse vetor, a reação segundo a p-ésima direção coordenada se escreve a partir da p-ésima equação do sistema com a matriz de rigidez não modificada pela técnica de zeros e um:

$$f_p = \sum_{q=1}^{n} K_{pq} d_p \qquad (2.32)$$

Essa equação tem uma outra importante finalidade. Como o segundo membro dessa equação representa a força restitutiva elástica que equilibra a força externa segundo a p-ésima direção coordenada, essa equação pode ser utilizada para identificar eventual desequilíbrio em qualquer ponto nodal, fruto de erro de programação e/ou aproximações de representação computacional das variáveis reais e/ou aproximações de arredondamento da aritmética em ponto-flutuante de computador.

Exemplo 2.9 – Modifica-se o programa de análise de viga contínua do exemplo anterior adaptando-o à *técnica de zeros e um* na forma simplificada de deslocamentos prescritos nulos. Adotam-se os dados da viga do Exemplo 2.6.

Dados :

Número de pontos nodais: $\qquad nnos := 3$

Coordenadas dos pontos nodais: $\qquad coord := \begin{pmatrix} 0 \\ 8 \\ 14 \end{pmatrix}$

Momento de inércia das barras: $\qquad I := \begin{pmatrix} 0.01 \\ 0.006 \end{pmatrix}$

Módulo de elasticidade: $\qquad E := 2.1 \cdot 10^7$

Vetor das forças nodais: $\qquad f := \begin{pmatrix} 0 \\ 0 \\ 0 \\ -36.1 \\ 0 \\ 0 \end{pmatrix}$

Número de barras: $\qquad nbarras := nnos - 1$

Número de deslocamentos por ponto nodal: $\qquad g := 2 \qquad ORIGIN := 1$

Função comprimento de barra: $\qquad L(i) := coord_{i+1} - coord_i$

Função matriz de rigidez de barra de viga:

$$k(i) := \begin{pmatrix} \dfrac{12 \cdot E \cdot I_i}{L(i)^3} & \dfrac{6 E \cdot I_i}{L(i)^2} & -\dfrac{12 E \cdot I_i}{L(i)^3} & \dfrac{6 E \cdot I_i}{L(i)^2} \\[3mm] \dfrac{6 E \cdot I_i}{L(i)^2} & \dfrac{4 E \cdot I_i}{L(i)} & -\dfrac{6 E \cdot I_i}{L(i)^2} & \dfrac{2 E \cdot I_i}{L(i)} \\[3mm] -\dfrac{12 E \cdot I_i}{L(i)^3} & -\dfrac{6 E \cdot I_i}{L(i)^2} & \dfrac{12 \cdot E \cdot I_i}{L(i)^3} & -\dfrac{6 E \cdot I_i}{L(i)^2} \\[3mm] \dfrac{6 E \cdot I_i}{L(i)^2} & \dfrac{2 E \cdot I_i}{L(i)} & -\dfrac{6 E \cdot I_i}{L(i)^2} & \dfrac{4 E \cdot I_i}{L(i)} \end{pmatrix}$$

Matriz de conectividade das barras:

$$M := \begin{array}{|l} \text{for } i \in 1 .. \text{nbarras} \\ \quad \begin{array}{|l} M_{i,1} \leftarrow i \\ M_{i,2} \leftarrow i + 1 \end{array} \\ M \end{array}$$

Função vetor de correspondência de barra:

$$q(i) := \begin{array}{|l} z \leftarrow 0 \\ \text{for } j \in 1 .. 2 \\ \quad \begin{array}{|l} \text{for } jk \in 1 .. g \\ \quad \begin{array}{|l} z \leftarrow z + 1 \\ m \leftarrow g \cdot (M_{i,j} - 1) + jk \\ q_z \leftarrow m \end{array} \end{array} \\ q \end{array}$$

Formação da matriz de rigidez da viga:

$$K := \begin{array}{|l} \text{"Inicialização com valores nulos"} \\ \text{for } i \in 1 .. g \cdot \text{nnos} \\ \quad \begin{array}{|l} \text{for } j \in 1 .. g \cdot \text{nnos} \\ \quad K_{i,j} \leftarrow 0 \end{array} \\ \text{"Soma das contribuições das barras"} \\ \text{for } i \in 1 .. \text{nbarras} \\ \quad \begin{array}{|l} ki \leftarrow k(i) \\ qi \leftarrow q(i) \\ \text{for } j \in 1 .. 2 \cdot g \\ \quad \begin{array}{|l} \text{for } jk \in 1 .. 2 \cdot g \\ \quad K_{(qi_j, qi_{jk})} \leftarrow K_{(qi_j, qi_{jk})} + ki_{j,jk} \end{array} \end{array} \\ K \end{array}$$

Técnica de zeros e um:

$$K01 := \begin{vmatrix} \text{for } i \in 1..g\cdot nnos \\ \quad \text{for } j \in 1..g\cdot nnos \\ \quad\quad K01_{i,j} \leftarrow K_{i,j} \\ inicio \leftarrow 1 \\ \text{for } i \in 1..g\cdot nnos \\ \quad \text{for } j \in inicio, inicio+2..g\cdot nnos \\ \quad\quad K01_{i,j} \leftarrow 0 \\ \text{for } j \in 1..g\cdot nnos \\ \quad \text{for } i \in inicio, inicio+2..g\cdot nnos \\ \quad\quad \begin{vmatrix} K01_{i,j} \leftarrow 1 & \text{if } i=j \\ K01_{i,j} \leftarrow 0 & \text{otherwise} \end{vmatrix} \\ K01 \end{vmatrix}$$

$$K01 = \begin{pmatrix} 1 & 0 & 0 & 0 & 0 & 0 \\ 0 & 1.05\times10^5 & 0 & 5.25\times10^4 & 0 & 0 \\ 0 & 0 & 1 & 0 & 0 & 0 \\ 0 & 5.25\times10^4 & 0 & 1.89\times10^5 & 0 & 4.2\times10^4 \\ 0 & 0 & 0 & 0 & 1 & 0 \\ 0 & 0 & 0 & 4.2\times10^4 & 0 & 8.4\times10^4 \end{pmatrix}$$

Deslocamentos nodais:

$$d := K01^{-1}\cdot f \qquad d = \begin{pmatrix} 0 \\ 1.273\times10^{-4} \\ 0 \\ -2.547\times10^{-4} \\ 0 \\ 1.273\times10^{-4} \end{pmatrix}$$

Reações de apoio:

$$r := \begin{vmatrix} \text{for } i \in 1..g\cdot nnos \\ \quad \begin{vmatrix} r_i \leftarrow 0 \\ \text{for } j \in 1..g\cdot nnos \\ \quad r_i \leftarrow r_i + K_{i,j}\cdot d_j \end{vmatrix} \\ \text{for } i \in 1..nnos \\ \quad r_{2\cdot i} \leftarrow 0 \\ r \end{vmatrix} \qquad r = \begin{pmatrix} -2.507 \\ 0 \\ -0.167 \\ 0 \\ 2.674 \\ 0 \end{pmatrix}$$

Os deslocamentos calculados são os mesmos que os do Exemplo 2.8. A matriz K01 exibida anteriormente mostra a utilização da técnica de zeros e um, por se identificar que o primeiro, terceiro e quinto coeficientes de sua diagonal principal são iguais à unidade, com os demais coeficientes das correspondentes linhas e colunas iguais a zero. Por simplicidade optou-se por calcular as reações de apoio em um vetor r de mesma ordem que o vetor das forças nodais f. É imediato identificar que essas reações estão em equilíbrio. Na rotina de cálculo dessas reações foram impostos valores nulos nas direções dos graus de liberdade para ocultar eventual influência de aproximação computacional. Sugere-se ao leitor utilizar o programa anterior com outros dados.

2.3.3 - Técnica do número grande

Apoio pode ser indeformável ou deformável em função da força que lhe é aplicada. No primeiro tipo de apoio pode-se prescrever deslocamento nulo ou diferente de zero. No segundo, em apoio de comportamento elástico linear, o coeficiente de proporcionalidade entre seu deslocamento e a força que lhe é aplicada denomina-se *coeficiente de rigidez do apoio*. Esse último tipo de apoio pode ser o resultado de idealização do comportamento de fundação ou de idealização do efeito de uma parte da estrutura considerada como apoio à outra sua parte. No caso de deslocamento de translação, esse apoio é representado por uma mola de deslocamento linear, e, no caso de deslocamento de rotação, por uma mola espiral, razão pela qual o referido coeficiente é também denominado *coeficiente de mola*. Em mola de deslocamento linear esse coeficiente tem unidade de força por unidade de comprimento, e em mola espiral, unidade de momento por unidade de ângulo.

A mola de deslocamento linear pode ser assimilada a uma barra de treliça de coeficiente de rigidez ($k = EA/\ell$) apoiando a estrutura na direção do deslocamento em questão, sendo EA a rigidez axial da barra e ℓ o seu comprimento. Assim, para considerar um apoio elástico segundo a p-ésima direção coordenada, basta somar o coeficiente de mola k ao coeficiente diagonal K_{pp} da matriz de rigidez não restringida da estrutura. À medida que se aumenta esse coeficiente, o apoio elástico se aproxima da condição de apoio indeformável. Essa concepção é utilizada a seguir na consideração de condições geométricas de contorno.

Considere-se a prescrição do deslocamento segundo a p-ésima direção coordenada, como ilustra o pórtico plano da Figura 2.7a. Para isso, supõe-se esse pórtico com uma barra de treliça na direção desse deslocamento e de coeficiente de rigidez ($K = EA/\ell$) muito grande relativamente aos coeficientes de rigidez da estrutura, com uma extremidade coincidente com o ponto nodal do apoio indeformável em questão e a outra extremidade ligada ao meio exterior, como mostra a Figura 2.7b. Como a estrutura é muito menos rígida do que essa barra fictícia, prescrever o deslocamento $d_{\not p}$ na interface entre a estrutura e essa barra (que é a condição física desejada) equivale a aplicar nessa interface a força:

$$\mathbf{f}_p = \mathbf{K}\, d_{\not p} \tag{2.33}$$

Com isso, tem-se alteração do comprimento dessa barra em valor muito próximo de d_ℓ. Por outro lado, essa barra fictícia pode ser suposta substituída por uma mola de coeficiente **K**, com a referida força aplicada na interface dessa mola com a estrutura, como mostra a Figura 2.7c.

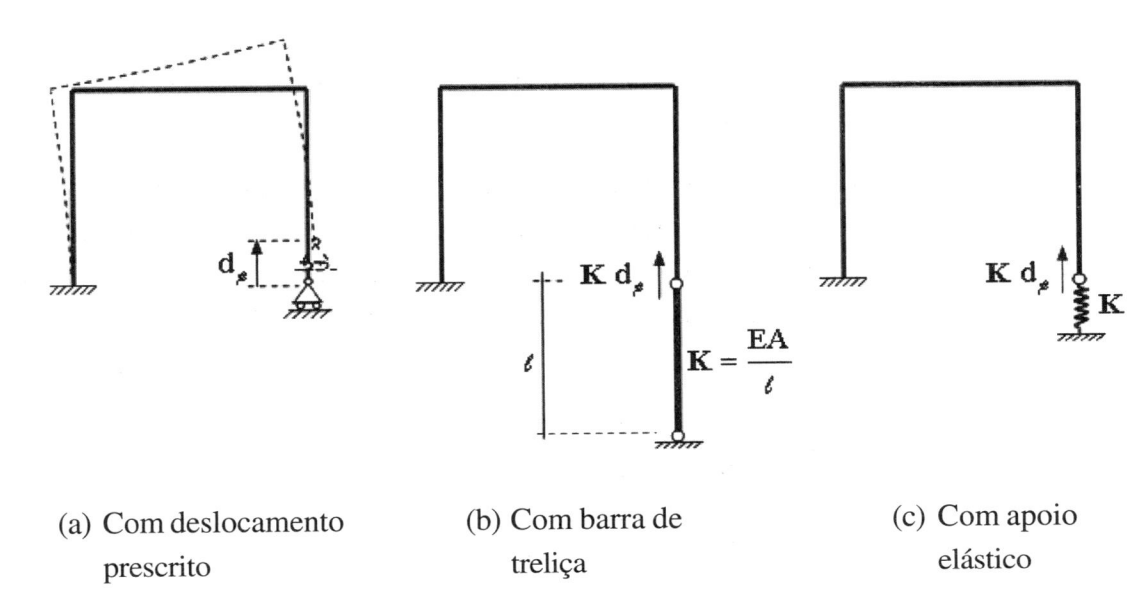

(a) Com deslocamento prescrito (b) Com barra de treliça (c) Com apoio elástico

Figura 2.7 – Pórtico plano.

Logo, para prescrever o deslocamento d_ℓ, soma-se o coeficiente de mola muito grande **K** ao coeficiente K_{pp} da matriz de rigidez não restringida da estrutura e soma-se a força (**K** d_ℓ) à força f_p do vetor das forças nodais, obtendo-se o sistema de equações de equilíbrio modificado:

$$\begin{bmatrix} K_{1,1} & \cdots & K_{1,p-1} & K_{1,p} & K_{1,p+1} & \cdots & K_{1,n} \\ \cdot & \ddots & \vdots & \vdots & \vdots & & \vdots \\ \cdot & \cdot & K_{p-1,p-1} & K_{p-1,p} & K_{p-1,p+1} & \cdots & K_{p-1,n} \\ \cdot & \cdot & \cdot & (K_{pp}+\mathbf{K}) & K_{p,p+1} & \cdots & K_{p,n} \\ \cdot & \cdot & \cdot & \cdot & K_{p+1,p+1} & \cdots & K_{p+1,n} \\ \cdot & \cdot & \cdot & \cdot & \cdot & \ddots & \vdots \\ \text{sim.} & \cdot & \cdot & \cdot & \cdot & \cdot & K_{n,n} \end{bmatrix} \begin{Bmatrix} d_1 \\ \vdots \\ d_{p-1} \\ d_p \\ d_{p+1} \\ \vdots \\ d_n \end{Bmatrix} = \begin{Bmatrix} f_1 \\ \vdots \\ f_{p-1} \\ f_p + \mathbf{K}\,d_\ell \\ f_{p+1} \\ \vdots \\ f_n \end{Bmatrix} \tag{2.34}$$

Essa equação caracteriza a *técnica do número grande*.

A partir da p-ésima equação do sistema anterior, tem-se:

$$\sum_{q=1}^{p-1} K_{pq}\,d_q + (K_{pp}+\mathbf{K})\,d_p + \sum_{q=p+1}^{n} K_{pq}\,d_q = (f_p + \mathbf{K}\,d_\ell) \tag{2.35}$$

o que confirma a referida prescrição de deslocamento. Isso porque, devido à aritmética de ponto-flutuante dos computadores digitais, os somatórios que ocorrem nessa equação praticamente se cancelam frente a $(K_{pp}+K)d_p$, K_{pp} se cancela frente a K, e f_p se cancela frente a $K d_{\not p}$, de maneira a fornecer:

$$d_p \cong d_{\not p} \tag{2.36}$$

No caso de rotação de apoio, concebe-se uma mola espiral de rigidez rotacional muito grande e aplica-se o mesmo procedimento anterior.

O valor adotado para o coeficiente de mola fictício K é um "número grande de computador". Experimentos numéricos mostram que como $K=10^{15}$ obtêm-se bons resultados na grande maioria dos casos. Contudo, como a ordem de grandeza dos coeficientes de rigidez de uma estrutura depende do sistema de unidades adotado e da própria estrutura, o mais adequado é escolher automaticamente o valor daquele coeficiente em função da grandeza média dos coeficientes diagonais da matriz de rigidez da estrutura.

Retornando à Figura 2.7b, o esforço na barra de treliça com sinal contrário é igual à reação de apoio segundo a p-ésima direção coordenada e se escreve:

$$r_p = -K(d_p - d_{\not p}) \tag{2.37}$$

Essa reação é calculada com excelente precisão no caso de $d_{\not p} = 0$. Contudo, quando $d_{\not p} \neq 0$, dependendo do valor adotado para K, as aproximações da aritmética em ponto-flutuante podem afetar significativamente a precisão de cálculo dessa reação. Assim, é mais seguro calcular reação de apoio através da equação 2.32. Alternativamente, pode-se impor o efeito do deslocamento prescrito não nulo $d_{\not p}$ através do procedimento das forças nodais equivalentes que será apresentada no item 2.6 e considerar $d_{\not p} = 0$ na equação 2.34 e na equação 2.37.

Essa é a mais simples técnica de consideração de condições geométricas de contorno, que, diferentemente da técnica de zeros e um, se aplica também em análise dinâmica de estruturas.

Exemplo 2.10 – Modifica-se o programa de viga contínua do exemplo anterior adaptando-o à *técnica do número grande*, adotando esse número com a notação Ng e igual 10^{15}. Em particular, utilizam-se os mesmos dados da viga do Exemplo 2.6. Além disso, como não se têm deslocamentos prescritos diferentes de zero, faz-se o cálculo das reações de apoio através da equação 2.37.

Dados:

Número de pontos nodais: $\qquad$ nnos := 3

Coordenadas dos pontos nodais: $\qquad$ coord := $\begin{pmatrix} 0 \\ 8 \\ 14 \end{pmatrix}$

Momentos de inércia das barras: $\qquad$ I := $\begin{pmatrix} 0.01 \\ 0.006 \end{pmatrix}$

Módulo de elasticidade: $\qquad$ E := $2.1 \cdot 10^7$

Vetor das forças nodais: $\qquad$ f := $\begin{pmatrix} 0 \\ 0 \\ 0 \\ -36.1 \\ 0 \\ 0 \end{pmatrix}$

Número de barras: $\qquad$ nbarras := nnos $- 1$

Número de deslocamentos por ponto nodal: $\qquad$ g := 2

ORIGIN   1

Função comprimento de barra: $\qquad$ L(i) := $\text{coord}_{i+1} - \text{coord}_i$

Número grande: $\qquad$ Ng 10^{15}

Função matriz de rigidez de barra de viga: $\qquad$ k(i)

$$\begin{pmatrix} \dfrac{12\,E\,I_i}{L(i)^3} & \dfrac{6E\,I_i}{L(i)^2} & \dfrac{12E\,I_i}{L(i)^3} & \dfrac{6E\,I_i}{L(i)^2} \\[2ex] \dfrac{6E\,I_i}{L(i)^2} & \dfrac{4E\,I_i}{L(i)} & \dfrac{6E\,I_i}{L(i)^2} & \dfrac{2E\,I_i}{L(i)} \\[2ex] \dfrac{12E\,I_i}{L(i)^3} & \dfrac{6E\,I_i}{L(i)^2} & \dfrac{12\,E\,I_i}{L(i)^3} & \dfrac{6E\,I_i}{L(i)^2} \\[2ex] \dfrac{6E\,I_i}{L(i)^2} & \dfrac{2E\,I_i}{L(i)} & \dfrac{6E\,I_i}{L(i)^2} & \dfrac{4E\,I_i}{L(i)} \end{pmatrix}$$

Matriz de conectividade:

$$M := \begin{vmatrix} \text{for } i \in 1 .. \text{nbarras} \\ \quad \begin{vmatrix} M_{i,1} \leftarrow i \\ M_{i,2} \leftarrow i + 1 \end{vmatrix} \\ M \end{vmatrix}$$

Função vetor de correspondência de barra:

$$q(i) := \begin{vmatrix} z \leftarrow 0 \\ \text{for } j \in 1 .. 2 \\ \quad \begin{vmatrix} \text{for } jk \in 1 .. g \\ \quad \begin{vmatrix} z \leftarrow z + 1 \\ m \leftarrow g \cdot \left(M_{i,j} - 1 \right) + jk \\ q_z \leftarrow m \end{vmatrix} \end{vmatrix} \\ q \end{vmatrix}$$

Formação da matriz de rigidez da viga:

$$K := \begin{vmatrix} \text{"Inicialização com valores nulos"} \\ \text{for } i \in 1 .. g \cdot nnos \\ \quad \begin{vmatrix} \text{for } j \in 1 .. g \cdot nnos \\ \quad K_{i,j} \leftarrow 0 \end{vmatrix} \\ \text{"Soma das contribuições das barras"} \\ \text{for } i \in 1 .. \text{nbarras} \\ \quad \begin{vmatrix} ki \leftarrow k(i) \\ qi \leftarrow q(i) \\ \text{for } j \in 1 .. 2 \cdot g \\ \quad \begin{vmatrix} \text{for } jk \in 1 .. 2 \cdot g \\ \quad K_{\left(qi_j, qi_{jk} \right)} \leftarrow K_{\left(qi_j, qi_{jk} \right)} + ki_{j, jk} \end{vmatrix} \end{vmatrix} \\ K \end{vmatrix}$$

Técnica do número grande:

$$KNg := \begin{vmatrix} \text{for } i \in 1 .. g \cdot nnos \\ \quad \begin{vmatrix} \text{for } j \in 1 .. g \cdot nnos \\ \quad KNg_{i,j} \leftarrow K_{i,j} \end{vmatrix} \\ inicio \leftarrow 1 \\ \text{for } i \in inicio, inicio + 2 .. g \cdot nnos \\ \quad KNg_{i,i} \leftarrow KNg_{i,i} + Ng \\ KNg \end{vmatrix}$$

$$KNg = \begin{pmatrix} 1 \times 10^{15} & 1.969 \times 10^{4} & -4.922 \times 10^{3} & 1.969 \times 10^{4} & 0 & 0 \\ 1.969 \times 10^{4} & 1.05 \times 10^{5} & -1.969 \times 10^{4} & 5.25 \times 10^{4} & 0 & 0 \\ -4.922 \times 10^{3} & -1.969 \times 10^{4} & 1 \times 10^{15} & 1.313 \times 10^{3} & -7 \times 10^{3} & 2.1 \times 10^{4} \\ 1.969 \times 10^{4} & 5.25 \times 10^{4} & 1.313 \times 10^{3} & 1.89 \times 10^{5} & -2.1 \times 10^{4} & 4.2 \times 10^{4} \\ 0 & 0 & -7 \times 10^{3} & -2.1 \times 10^{4} & 1 \times 10^{15} & -2.1 \times 10^{4} \\ 0 & 0 & 2.1 \times 10^{4} & 4.2 \times 10^{4} & -2.1 \times 10^{4} & 8.4 \times 10^{4} \end{pmatrix}$$

Deslocamentos nodais: $\qquad d := KNg^{-1} \cdot f$

$$d = \begin{pmatrix} 2.507 \times 10^{-15} \\ 1.273 \times 10^{-4} \\ 0 \\ -2.547 \times 10^{-4} \\ -2.674 \times 10^{-15} \\ 1.273 \times 10^{-4} \end{pmatrix}$$

Reações de apoio:

$$r := \begin{vmatrix} \text{for } i \in 1 .. g \cdot nnos \\ \quad r_i \leftarrow 0 \\ \text{for } i \in 1 .. nnos \\ \quad r_{2 \cdot i - 1} \leftarrow -\left(d_{2 \cdot i - 1} \cdot NG \right) \\ r \end{vmatrix} \qquad r = \begin{pmatrix} -2.507 \\ 0 \\ -0.167 \\ 0 \\ 2.674 \\ 0 \end{pmatrix}$$

Os deslocamentos nodais d_1 e d_5 exibidos anteriormente são da ordem de 10^{-15} enquanto os deslocamentos de rotação (que não foram restringidos) são da ordem de 10^{-4}, justificando que aqueles deslocamentos sejam considerados nulos frente a esses. As reações exibidas no vetor r são idênticas às obtidas no Exemplo 2.9 em que se utilizou a técnica de zeros e um. Aqueles deslocamentos se aproximam de zero na medida em que se aumenta o número grande. Sugere-se ao leitor experimentar outras ordens de grandeza para a variável Ng e verificar eventuais alterações de resultados.

2.4 – Matriz de rotação

É prático trabalhar com um *referencial local xyz* em cada barra, em que o eixo x tenha origem em uma das extremidades da barra, denominada *nó inicial* j, e seja dirigido dessa para a outra sua extremidade denominada *nó final* k. Em barra reta, os eixos y e z são paralelos aos eixos principais de inércia das seções transversais, com o eixo z paralelo e de mesmo sentido que o eixo global Z no caso de estrutura plana. A diferença fundamental desse referencial em relação ao adotado na definição dos esforços seccionais é que nesse último o eixo x foi considerado com origem no centróide da seção em que se definem esses esforços e tangente ao eixo geométrico da barra no ponto representativo da seção em questão, como foi ilustrado na Figura 1.2.

Adotam-se a notação d para os deslocamentos nodais na numeração de coordenadas da estrutura e no referencial global, a notação u^i para os deslocamentos nodais na numeração local da i-ésima barra, e a notação a^i para os esforços nodais dessa barra. Quando houver necessidade de esclarecimento quanto ao referencial que esses deslocamentos e esforços de barra dizem respeito, utiliza-se o índice inferior L para denotar referencial local ou o índice inferior G para denotar referencial global. Numeram-se os deslocamentos em cada ponto nodal na ordem dos eixos X, Y e Z ou x, y e z, inicialmente os translacionais, seguidos dos deslocamentos de rotação. Os esforços nodais são numerados na mesma seqüência.

A Figura 2.8 ilustra barra de treliça plana, quando então se têm dois deslocamentos translacionais por ponto nodal, perfazendo quatro deslocamentos nodais por barra. Na parte (a) dessa figura q é número de ponto nodal da estrutura. Em análise matricial, é prático considerar em cada barra, esforços nodais em número igual ao de deslocamentos nodais, como indicado na mesma figura. Dos quatro esforços nodais, apenas dois são diferentes de zero. Além disso, como barra de treliça plana pode ter três deslocamentos de corpo rígido nesse plano, existe apenas um deslocamento e um esforço nodal independentes, esforço este que é a força normal.

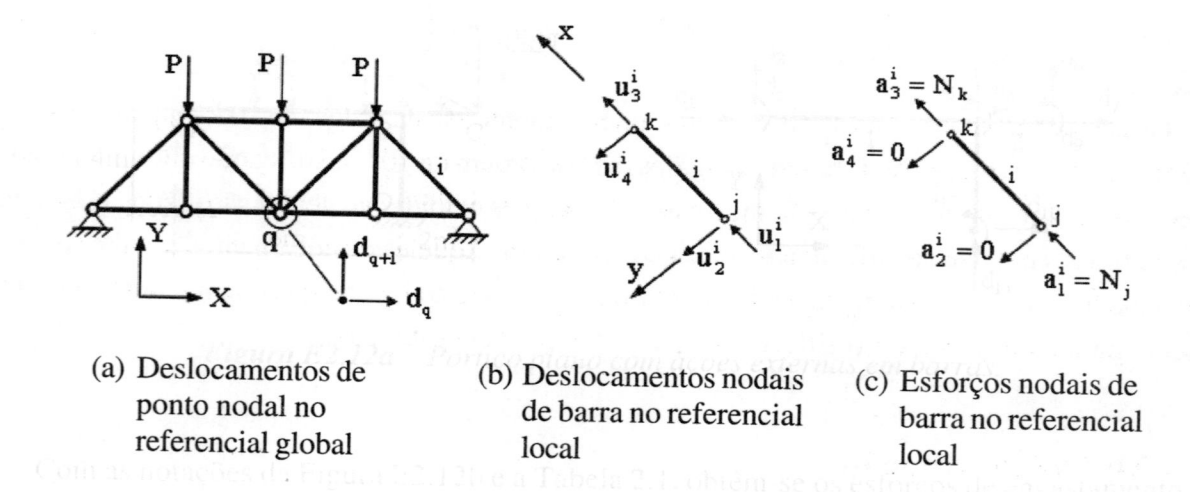

(a) Deslocamentos de ponto nodal no referencial global

(b) Deslocamentos nodais de barra no referencial local

(c) Esforços nodais de barra no referencial local

Figura 2.8 – Treliça plana.

A Figura 2.9 ilustra barra de treliça espacial, quando então, se têm três deslocamentos translacionais por ponto nodal, perfazendo seis deslocamentos nodais por barra, e conseqüentemente seis esforços nodais por barra, dos quais quatro são nulos. Contudo, como barra de treliça espacial pode ter cinco deslocamentos de corpo rígido no espaço tridimensional, existe apenas um deslocamento e um esforço independentes, esforço este que é a força normal. Vale ressaltar que a rotação dessa barra em torno de seu eixo geométrico não é contabilizada como deslocamento de corpo rígido por não estar associada a deslocamentos nodais da barra.

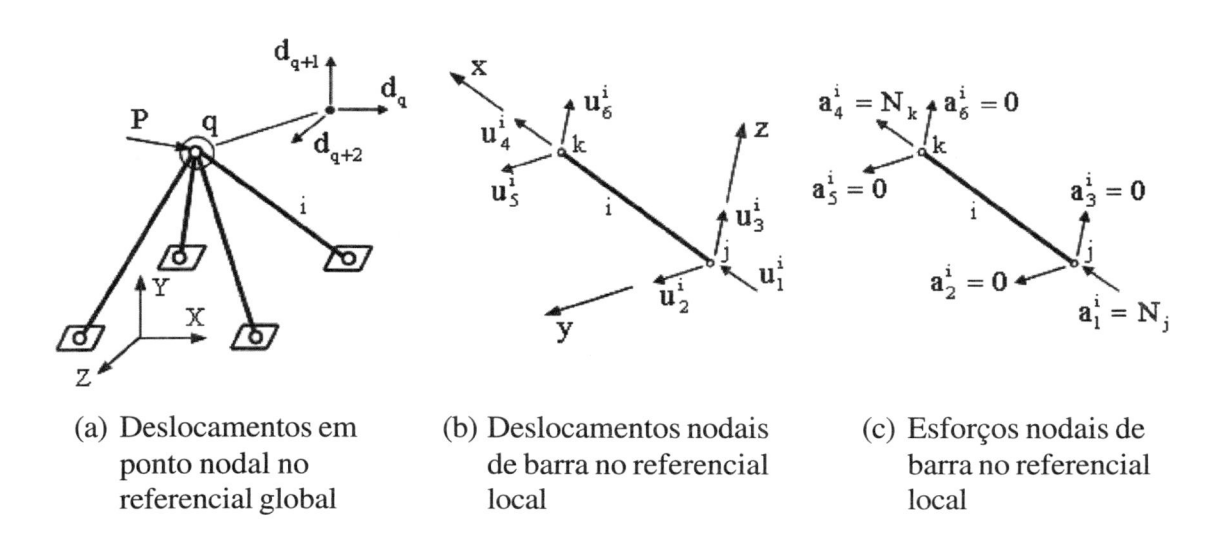

(a) Deslocamentos em ponto nodal no referencial global

(b) Deslocamentos nodais de barra no referencial local

(c) Esforços nodais de barra no referencial local

Figura 2.9 – Treliça espacial.

A Figura 2.10 esclarece o caso de barra de pórtico plano, quando então se têm três deslocamentos por ponto nodal, dos quais dois são deslocamentos translacionais no plano do pórtico e um é rotação de vetor representativo normal a esse plano. Têm-se, assim, seis deslocamentos nodais por barra, e conseqüentemente, seis esforços nodais. Contudo, como barra de pórtico plano pode ter três deslocamentos de corpo rígido nesse plano, existem apenas três deslocamentos e três esforços independentes, a saber: força normal, força cortante no plano do pórtico e momento fletor de vetor representativo normal a esse plano.

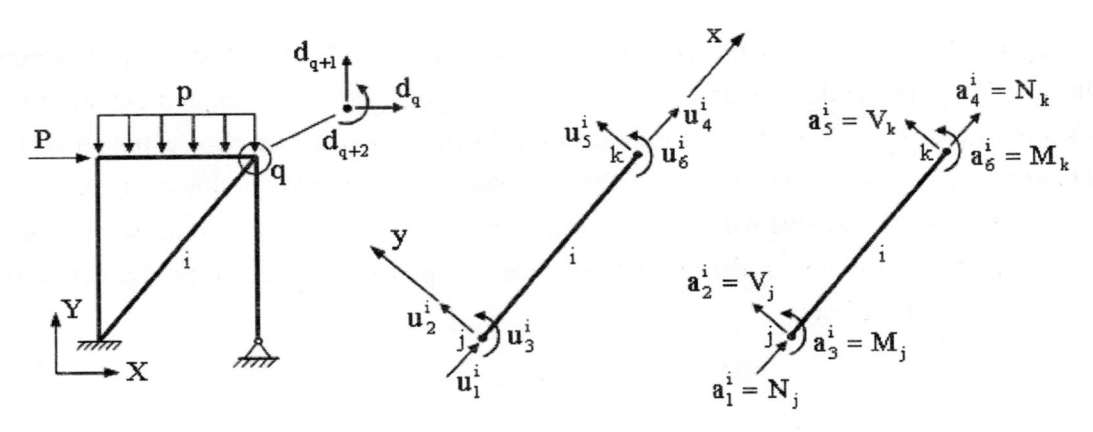

(a) Deslocamentos em ponto nodal no referencial global

(b) Deslocamentos nodais de barra no referencial local

(c) Esforços nodais de barra no referencial local

***Figura 2.10** – Pórtico plano.*

A Figura 2.11 exemplifica o caso de barra de grelha, quando então se têm, em cada ponto nodal, um deslocamento transversal ao plano da grelha e duas rotações de vetores representativos nesse plano, perfazendo seis deslocamentos nodais por barra e conseqüentemente, seis esforços nodais. Contudo, como barra de grelha pode ter três deslocamentos de corpo rígido, existem apenas três deslocamentos e três esforços independentes, a saber: força cortante transversal ao plano da grelha, e momento fletor e momento de torção de vetores representativos nesse plano.

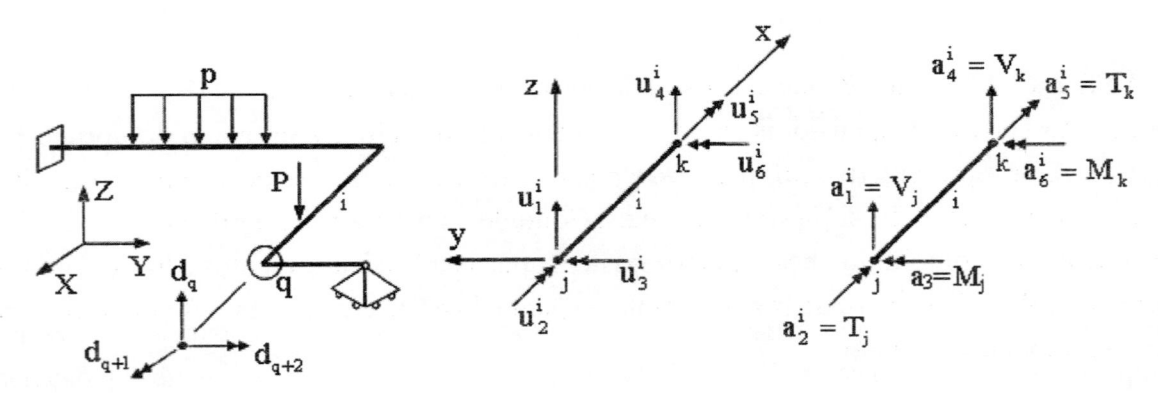

(a) Deslocamentos em ponto nodal no referencial global

(b) Deslocamentos nodais de barra no referencial local

(c) Esforços nodais de barra no referencial local

***Figura 2.11** – Grelha.*

A Figura 2.12 ilustra barra de pórtico espacial, quando então se têm, em cada ponto nodal, três deslocamentos de translação e três rotações, perfazendo doze deslocamentos nodais por barra e conseqüentemente, doze esforços nodais. Contudo, como essa barra pode ter seis deslocamentos de corpo rígido, existem apenas seis deslocamentos e seis esforços nodais independentes.

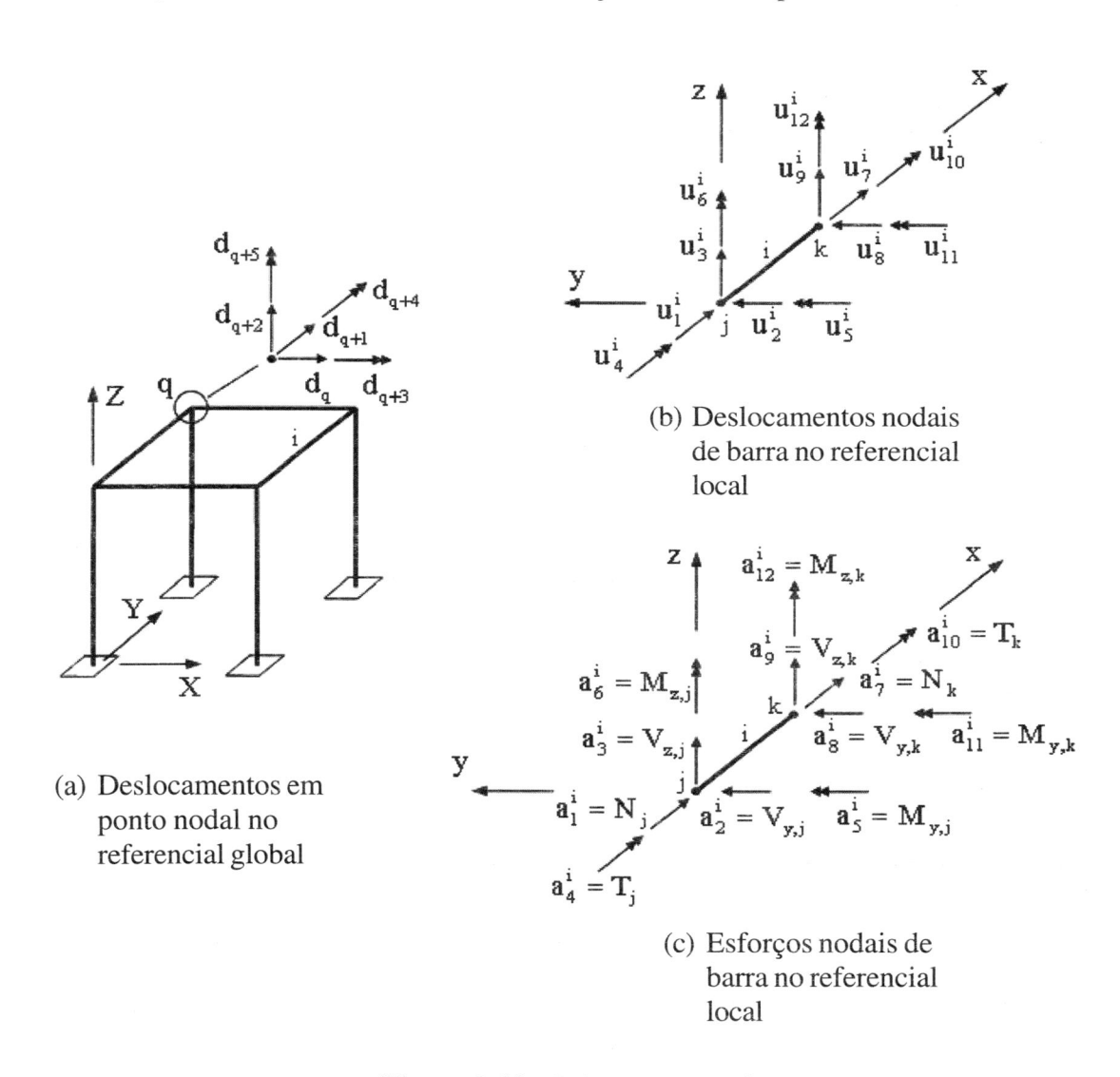

(a) Deslocamentos em ponto nodal no referencial global

(b) Deslocamentos nodais de barra no referencial local

(c) Esforços nodais de barra no referencial local

Figura 2.12 – Pórtico espacial.

No item 2.2, o sistema de equações de equilíbrio da estrutura foi obtido a partir dos sistemas de equações de equilíbrio das barras em relação ao referencial global. É prático obter esses últimos sistemas nos referenciais locais das barras e então, transformá-los para o referencial global. Com vistas a essa transformação, considere-se o vetor $\vec{v}$ decomposto nos referenciais XY e xy, como mostra a Figura 2.13, para escrever:

$$\begin{cases} v_x = v_X \cos\alpha + v_Y \sin\alpha \\ v_y = -v_X \sin\alpha + v_Y \cos\alpha \end{cases}$$

$$\begin{Bmatrix} v_x \\ v_y \end{Bmatrix} = \begin{bmatrix} \cos\alpha & \sin\alpha \\ -\sin\alpha & \cos\alpha \end{bmatrix} \begin{Bmatrix} v_X \\ v_Y \end{Bmatrix} \tag{2.38}$$

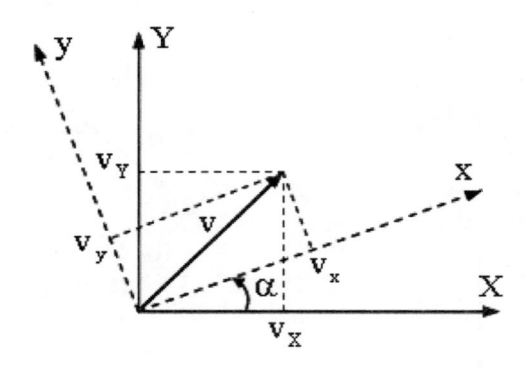

Figura 2.13 – *Rotação de eixos no plano.*

Na equação anterior identifica-se a *matriz de rotação* no plano:

$$\underset{\sim}{R} = \begin{bmatrix} \cos\alpha & \sin\alpha \\ -\sin\alpha & \cos\alpha \end{bmatrix} \tag{2.39}$$

que transforma as componentes vetoriais no sistema XY em componentes no sistema xy. A primeira linha dessa matriz é formada pelos co-senos diretores do eixo x e a segunda linha, pelos co-senos diretores do eixo y. Pode-se identificar que se trata de matriz ortogonal.

Adotando a notação (X_j, Y_j) para as coordenadas do nó inicial de barra situada no plano XY e a notação (X_k, Y_k) para as coordenadas do nó final dessa barra, os co-senos diretores do correspondente eixo local x se escrevem:

$$\cos\alpha = \frac{X_k - X_j}{\ell} \quad , \quad \sin\alpha = \frac{Y_k - Y_j}{\ell} \tag{2.40a,b}$$

em que ℓ é o comprimento da barra:

$$\ell = \sqrt{(X_k - X_j)^2 + (Y_k - Y_j)^2} \tag{2.40c}$$

Como a barra tem dois pontos nodais, escreve-se a transformação entre componentes de deslocamentos nesses pontos sob a forma:

$$\underset{\sim L}{u}^{i} = \underset{\sim}{R}^{i}\,\underset{\sim G}{u}^{i} \tag{2.41}$$

onde $\underset{\sim L}{u}^{i}$ é o vetor dos deslocamentos nodais no referencial local, $\underset{\sim G}{u}^{i}$ é o vetor dos correspondentes deslocamentos nodais no referencial global e $\underset{\sim}{R}^{i}$ é uma matriz de rotação a ser determinada para cada modelo de barra.

Considerando inicialmente barra de treliça plana com os deslocamentos nodais mostrados na Figura 2.14, a equação anterior se escreve:

$$\underset{\sim L}{u}^{i} = \left\{ \begin{array}{c} u_1 \\ u_2 \\ \overline{u_3} \\ u_4 \end{array} \right\}^{i}_{L} = \left[\begin{array}{cc} \underset{\sim}{R} & \underset{\sim}{0} \\ \overline{} & \overline{} \\ \underset{\sim}{0} & \underset{\sim}{R} \end{array} \right] \left\{ \begin{array}{c} u_1 \\ u_2 \\ \overline{u_3} \\ u_4 \end{array} \right\}^{i}_{G} = \underset{\sim}{R}^{i}\,\underset{\sim G}{u}^{i} \tag{2.42}$$

onde se identifica a correspondente matriz de rotação $\underset{\sim}{R}^{i}$. Contudo, como barra de treliça tem apenas força normal, é irrelevante incluir os co-senos diretores do eixo y nessa matriz. De forma semelhante à equação anterior, escreve-se a rotação das forças nodais de barra de treliça plana, do referencial global para o referencial local:

$$\underset{\sim L}{a}^{i} = \left\{ \begin{array}{c} a_1 \\ a_2 \\ \overline{a_3} \\ a_4 \end{array} \right\}^{i}_{L} = \left[\begin{array}{cc} \underset{\sim}{R} & \underset{\sim}{0} \\ \overline{} & \overline{} \\ \underset{\sim}{0} & \underset{\sim}{R} \end{array} \right] \left\{ \begin{array}{c} a_1 \\ a_2 \\ \overline{a_3} \\ a_4 \end{array} \right\}^{i}_{G} = \underset{\sim}{R}^{i}\,\underset{\sim G}{a}^{i} \tag{2.43}$$

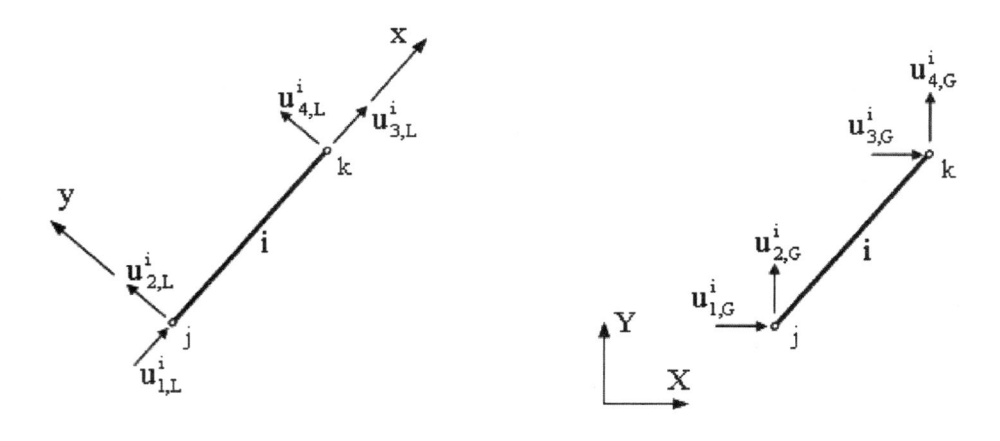

(a) No referencial local   (b) No referencial global

Figura 2.14 – Deslocamentos nodais de barra de treliça plana.

Como a matriz de rotação é ortogonal, escreve-se a partir das duas equações anteriores:

$$\underset{\sim G}{u}{}^{i} = \underset{\sim}{R}{}^{i^{t}} \underset{\sim L}{u}{}^{i} \tag{2.44}$$

$$\underset{\sim G}{a}{}^{i} = \underset{\sim}{R}{}^{i^{t}} \underset{\sim L}{a}{}^{i} \tag{2.45}$$

Pré-multiplicando o sistema de equações de equilíbrio da i-ésima barra no referencial global expresso pela equação 2.14 por $\underset{\sim}{R}{}^{i}$, e tendo-se em conta que essa matriz é ortogonal, tem-se:

$$\underset{\sim}{R}{}^{i} \underset{\sim G}{k}{}^{i} (\underset{\sim}{R}{}^{i^{t}} \underset{\sim}{R}{}^{i}) \underset{\sim G}{u}{}^{i} = \underset{\sim}{R}{}^{i} \underset{\sim G}{a}{}^{i}$$

Substituindo as equações 2.42 e 2.43 nessa última equação, obtém-se:

$$(\underset{\sim}{R}{}^{i} \underset{\sim G}{k}{}^{i} \underset{\sim}{R}{}^{i^{t}}) \underset{\sim L}{u}{}^{i} = \underset{\sim L}{a}{}^{i} \tag{2.46}$$

onde se identifica a matriz de rigidez de barra no referencial local:

$$\underset{\sim L}{k}{}^{i} = \underset{\sim}{R}{}^{i} \underset{\sim G}{k}{}^{i} \underset{\sim}{R}{}^{i^{t}} \tag{2.47}$$

Logo, escreve-se o sistema de equações de equilíbrio da i-ésima barra em seu referencial local:

$$\underset{\sim L}{k}{}^{i} \underset{\sim L}{u}{}^{i} = \underset{\sim L}{a}{}^{i} \tag{2.48}$$

Da equação 2.47 tem-se a matriz de rigidez de barra no referencial global, obtida a partir da correspondente matriz no referencial local:

$$\underset{\sim G}{k}{}^{i} = \underset{\sim}{R}{}^{i^{t}} \underset{\sim L}{k}{}^{i} \underset{\sim}{R}{}^{i} \tag{2.49}$$

É natural que essa equação de "rotação" de matriz de rigidez se aplique a todos os modelos de estruturas em barras, adotando-se a matriz de rotação $\underset{\sim}{R}{}^{i}$ própria de cada modelo de barra e que será apresentada posteriormente no presente item.

Exemplo 2.11 – Exemplifica-se, utilizando *Mathcad*, a análise de treliças planas sob forças nodais e deslocamentos prescritos. Em particular, adotam-se os dados da treliça da Figura E2.11a em que todas as barras têm $E = 205GPa$ e $A = 15,0cm^{2}$, e em que se identifica a priori que o deslocamento prescrito indicado provoca apenas rotação da treliça como um corpo rígido, por se tratar de treliça isostática. Esse deslocamento foi escolhido para facilitar a conferência manual dos resultados. Na parte direita dessa mesma figura, mostra-se a numeração global dos deslocamentos nodais dessa treliça.

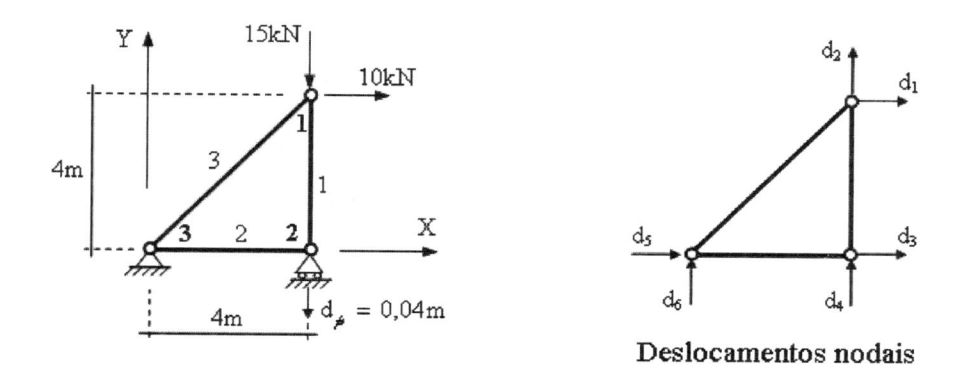

Figura E2.11a – *Treliça de três pontos nodais.*

A matriz de conectividade das barras M é um dos dados de entrada para permitir a análise de treliças com posições quaisquer de barras. Ainda como dado de entrada, adotou-se a matriz dirr para qualificar em sua i-ésima linha os deslocamentos do i-ésimo ponto nodal, com o código 0 indicando deslocamento livre, e o código 1 indicando deslocamento restringido. Semelhantemente, a matriz dprescr especifica em sua i-ésima linha os valores dos deslocamentos prescritos do i-ésimo ponto nodal. Além disso, utilizou-se a técnica do número grande de consideração de condições geométricas de contorno e a equação 2.32 no cálculo das reações de apoio.

Dados:

Número de pontos nodais:

$$nnos := 3$$

Coordenadas dos pontos nodais:

$$coord := \begin{pmatrix} 4 & 4 \\ 4 & 0 \\ 0 & 0 \end{pmatrix}$$

Número de barras:

$$nbarras := 3$$

Matriz de conectividade:

$$M := \begin{pmatrix} 2 & 1 \\ 3 & 2 \\ 3 & 1 \end{pmatrix}$$

Áreas das seções das barras:

$$A := \begin{pmatrix} 0.0015 \\ 0.0015 \\ 0.0015 \end{pmatrix}$$

Módulo de elasticidade:

$$E := 2.05 \cdot 10^{8}$$

Vetor das forças nodais:

$$f := \begin{pmatrix} 10 \\ -15 \\ 0 \\ 0 \\ 0 \\ 0 \end{pmatrix}$$

Matriz de direções restringidas:

$$dirr := \begin{pmatrix} 0 & 0 \\ 0 & 1 \\ 1 & 1 \end{pmatrix}$$

Matriz dos deslocamentos prescritos:

$$dprescr := \begin{pmatrix} 0 & 0 \\ 0 & -0.04 \\ 0 & 0 \end{pmatrix}$$

Número de deslocamento por ponto nodal: $\qquad g := 2$

ORIGIN 1

Número grande: $\qquad\qquad\qquad\qquad Ng := 10^{15}$

Função comprimento de barra:

$$L(i) := \sqrt{\left[coord\left(M_{i,2},1\right) - coord\left(M_{i,1},1\right) \right]^2 + \left[coord\left(M_{i,2},2\right) - coord\left(M_{i,1},2\right) \right]^2}$$

Função matriz de rigidez de barra de treliça:

$$k(i) := \begin{pmatrix} \dfrac{E \cdot A_i}{L(i)} & 0 & -\dfrac{E \cdot A_i}{L(i)} & 0 \\ 0 & 0 & 0 & 0 \\ -\dfrac{E \cdot A_i}{L(i)} & 0 & \dfrac{E \cdot A_i}{L(i)} & 0 \\ 0 & 0 & 0 & 0 \end{pmatrix}$$

Função matriz de rotação de barra de treliça:

$$R(i) := \begin{array}{|l} \text{for } ii \in 1..2 \cdot g \\ \quad \text{for } jj \in 1..2 \cdot g \\ \qquad R_{ii,jj} \leftarrow 0 \\ R_{1,1} \leftarrow \dfrac{\text{coord}\left(M_{i,2},1\right) - \text{coord}\left(M_{i,1},1\right)}{L(i)} \\ R_{1,2} \leftarrow \dfrac{\text{coord}\left(M_{i,2},2\right) - \text{coord}\left(M_{i,1},2\right)}{L(i)} \\ R_{3,3} \leftarrow R_{1,1} \\ R_{3,4} \leftarrow R_{1,2} \\ R \end{array}$$

Função vetor de correspondência de barra:

$$q(i) := \begin{array}{|l} z \leftarrow 0 \\ \text{for } j \in 1..2 \\ \quad \text{for } jk \in 1..g \\ \qquad \begin{array}{|l} z \leftarrow z + 1 \\ m \leftarrow g \cdot \left(M_{i,j} - 1\right) + jk \\ q_z \leftarrow m \end{array} \\ q \end{array}$$

Matriz de rigidez não restringida:

$$K := \begin{array}{|l} \text{"Inicialização com valores nulos"} \\ \text{for } i \in 1..\, g \cdot \text{nnos} \\ \quad \text{for } j \in 1..\, g \cdot \text{nnos} \\ \qquad K_{i,j} \leftarrow 0 \\ \text{"Soma das contribuições das barras"} \\ \text{for } i \in 1..\, \text{nbarras} \\ \quad \begin{array}{|l} \text{"Cálculo e transformação da matriz de rigidez de barra"} \\ ki \leftarrow R(i)^{T} \, k(i) \cdot R(i) \\ qi \leftarrow q(i) \\ \text{for } j \in 1..2 \cdot g \\ \quad \text{for } jk \in 1..2 \cdot g \\ \qquad K_{\left(qi_j, qi_{jk}\right)} \leftarrow K_{\left(qi_j, qi_{jk}\right)} + ki_{j,jk} \end{array} \\ K \end{array}$$

$$K = \begin{pmatrix} 2.718\times 10^4 & 2.718\times 10^4 & 0 & 0 & -2.718\times 10^4 & -2.718\times 10^4 \\ 2.718\times 10^4 & 1.041\times 10^5 & 0 & -7.687\times 10^4 & -2.718\times 10^4 & -2.718\times 10^4 \\ 0 & 0 & 7.687\times 10^4 & 0 & -7.687\times 10^4 & 0 \\ 0 & -7.687\times 10^4 & 0 & 7.687\times 10^4 & 0 & 0 \\ -2.718\times 10^4 & -2.718\times 10^4 & -7.687\times 10^4 & 0 & 1.041\times 10^5 & 2.718\times 10^4 \\ -2.718\times 10^4 & -2.718\times 10^4 & 0 & 0 & 2.718\times 10^4 & 2.718\times 10^4 \end{pmatrix}$$

Técnica do número grande, no que se refere à modificação da matriz de rigidez global:

$$
KNg := \left|
\begin{array}{l}
\text{for } i \in 1.. \text{ g·nnos} \\
\quad \text{for } j \in 1.. \text{ g·nnos} \\
\quad\quad KNg_{i,j} \leftarrow K_{i,j} \\
\text{for } ii \in 1.. \text{ nnos} \\
\quad \text{for } jj \in 1.. \text{ g} \\
\quad\quad KNg_{g\cdot(ii-1)+jj,\, g\cdot(ii-1)+jj} \leftarrow KNg_{g\cdot(ii-1)+jj,\, g\cdot(ii-1)+jj} + Ng \text{ if } dirr_{ii,jj} = 1 \\
KNg
\end{array}
\right.
$$

$$KNg = \begin{pmatrix} 2.718\times 10^4 & 2.718\times 10^4 & 0 & 0 & -2.718\times 10^4 & -2.718\times 10^4 \\ 2.718\times 10^4 & 1.041\times 10^5 & 0 & -7.687\times 10^4 & -2.718\times 10^4 & -2.718\times 10^4 \\ 0 & 0 & 7.687\times 10^4 & 0 & -7.687\times 10^4 & 0 \\ 0 & -7.687\times 10^4 & 0 & 1\times 10^{15} & 0 & 0 \\ -2.718\times 10^4 & -2.718\times 10^4 & -7.687\times 10^4 & 0 & 1\times 10^{15} & 2.718\times 10^4 \\ -2.718\times 10^4 & -2.718\times 10^4 & 0 & 0 & 2.718\times 10^4 & 1\times 10^{15} \end{pmatrix}$$

Técnica do número grande, no que se refere à modificação do vetor das forças nodais:

$$
fNg := \left|
\begin{array}{l}
\text{for } ii \in 1.. \text{ nnos} \\
\quad \text{for } jj \in 1.. \text{ g} \\
\quad\quad \left|
\begin{array}{l}
fNg_{g\cdot(ii-1)+jj} \leftarrow f_{g\cdot(ii-1)+jj} + Ng\cdot dprescr_{ii,jj} \quad \text{if } dirr_{ii,jj} = 1 \\
fNg_{g\cdot(ii-1)+jj} \leftarrow f_{g\cdot(ii-1)+jj} \quad \text{otherwise}
\end{array}
\right. \\
fNg
\end{array}
\right.
\qquad
fNg = \begin{pmatrix} 10 \\ -15 \\ 0 \\ -4\times 10^{13} \\ 0 \\ 0 \end{pmatrix}
$$

Deslocamentos nodais:
$$d := KNg^{-1} \cdot fNg$$

$$d = \begin{pmatrix} 0.041 \\ -0.04 \\ 1 \times 10^{-14} \\ -0.04 \\ 1 \times 10^{-14} \\ 1 \times 10^{-14} \end{pmatrix}$$

Reações de apoio:

$$r := \begin{vmatrix} \text{for } i \in 1..\, g \cdot nnos \\ \quad \begin{vmatrix} r_i \leftarrow 0 \\ \text{for } j \in 1..\, g \cdot nnos \\ \quad r_i \leftarrow r_i + K_{i,j} \cdot d_j \end{vmatrix} \\ \text{for } ii \in 1..\, nnos \\ \quad \text{for } jj \in 1..\, g \\ \quad\quad r_{g \cdot (ii-1)+jj} \leftarrow 0 \ \text{if } dirr_{ii,jj} = 0 \\ r \end{vmatrix}$$

$$r = \begin{pmatrix} 0 \\ 0 \\ 0 \\ 25 \\ -10 \\ -10 \end{pmatrix}$$

Os deslocamentos de ordem 10^{-14} exibidos anteriormente devem ser entendidos como nulos frente aos demais deslocamentos. Vale observar que se obteve $d_4 = -0,04$, que é o deslocamento prescrito no ponto nodal 2, dado do problema. Por se tratar de uma treliça isostática, as reações de apoio exibidas anteriormente podem ser obtidas através das equações de equilíbrio da estática. A função vetor de correspondência de barra, a formação da matriz de rigidez não restringida, a técnica do número grande e o cálculo das reações de apoio, como programado anteriormente, aplicam-se a todos os modelos de estruturas em barras. Contudo, é natural que em programa para a análise de estruturas com grande número de pontos nodais, as matrizes dirr e dprescr devem ser modificadas para fazer referência apenas aos pontos nodais com condições geométricas de contorno.

Em aplicação manual do método dos deslocamentos, adota-se o sistema principal representado na Figura E2.11b, obtido por restrição dos três graus de liberdade da treliça. Nessa mesma figura estão representadas as configurações desse sistema quando se impõe deslocamento unitário segundo cada um desses graus de liberdade, mantidos restringidos os demais graus de liberdade. Logo, com as notações dessa figura, os coeficientes de rigidez se escrevem:

$$K_{11} = \left(\frac{EA}{\ell}\right)^{i=3} \cdot \cos 45° \cdot \cos 45° = 2,71794 \cdot 10^{4},$$

$$K_{21} = K_{12} = K_{11}$$

$K_{31} = K_{13} = 0$,

$$K_{22} = \left(\frac{EA}{\ell}\right)^{i=1} + \left(\frac{EA}{\ell}\right)^{i=3} \cdot \cos 45° \cdot \cos 45° = 10,4054 \cdot 10^4$$

$$K_{33} = \left(\frac{EA}{\ell}\right)^{i=2} = 7,68750 \cdot 10^4,$$

$K_{23} = K_{32} = 0$

Sistema principal:

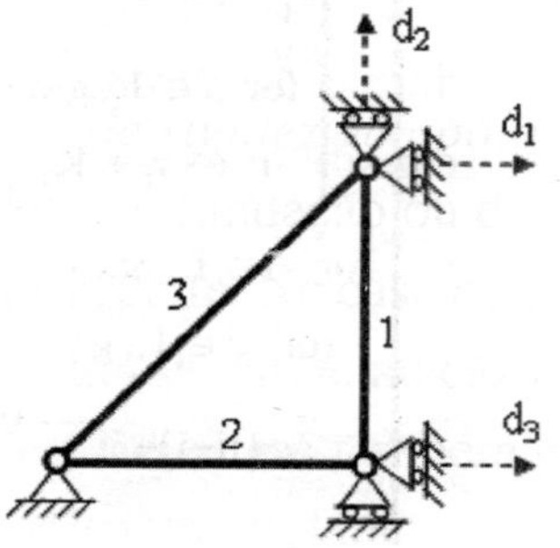

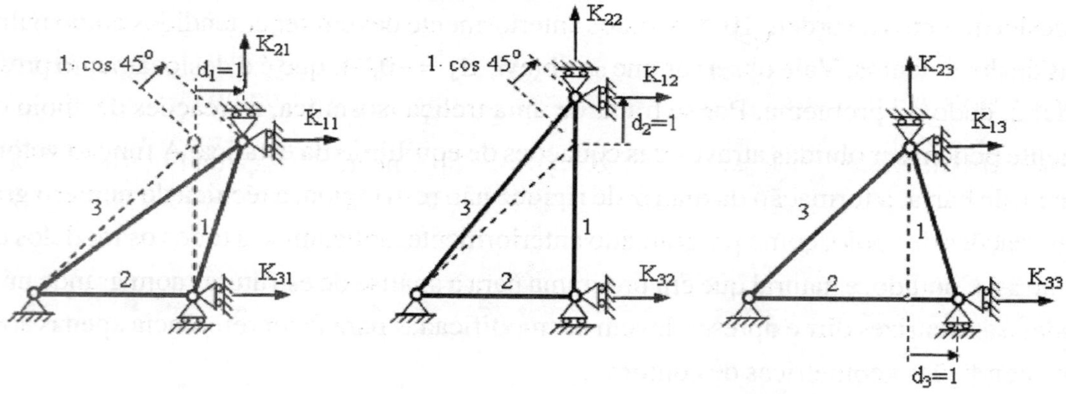

Configuração com $d_1 = 1$ Configuração com $d_2 = 1$ Configuração com $d_3 = 1$

Figura E2.11b.

Ressalta-se que os esforços desenvolvidos nas barras são considerados na configuração não deformada, embora se suponha a ocorrência dos deslocamentos unitários. Isso, por se tratar de comportamento geométrico linear.

Com os coeficientes anteriores e as forças nodais aplicadas à treliça, escreve-se o correspondente sistema de equações de equilíbrio do método dos deslocamentos:

$$\begin{cases} 2{,}71794 \cdot 10^4 d_1 + 2{,}71794 \cdot 10^4 d_2 + 0 \cdot d_3 = 10 \\ 2{,}71794 \cdot 10^4 d_1 + 10{,}4054 \cdot 10^4 d_2 + 0 \cdot d_3 = -15 \\ 0 \cdot d_1 + 0 \cdot d_2 + 7{,}68750 \cdot 10^4 d_3 = 0 \end{cases}$$

de solução $d_1 = 6{,}931307 \cdot 10^{-4}$ m , $d_2 = -3{,}252049 \cdot 10^{-4}$ m e $d_3 = 0$. Acrescentando-se a esses resultados os deslocamentos nodais devidos ao recalque de apoio indicado na Figura E2.11a, obtêm-se aos mesmos deslocamentos calculados com o programa anterior.

Com os deslocamentos anteriores, calculam-se os esforços nas barras:

$$N_1 = \left(\frac{EA}{\ell}\right)^{i=1} \cdot d_2 = -25{,}0\text{kN} \qquad , \qquad N_2 = \left(\frac{EA}{\ell}\right)^{i=2} \cdot d_3 = 0$$

$$N_3 = \left(\frac{EA}{\ell}\right)^{i=3} \cdot \left(d_1 \cos 45° + d_2 \cos 45°\right) = 14{,}142\text{kN}$$

Esses esforços podem facilmente ser conferidos por equilíbrio do ponto nodal 1.

Como barra de treliça pode ser assimilada a uma mola linear, a treliça da Figura E2.11a pode ser substituída pela associação de molas representada na Figura E2.11c em que $\ell = 4$m e $EA = 3{,}075 \cdot 10^5$ kN.

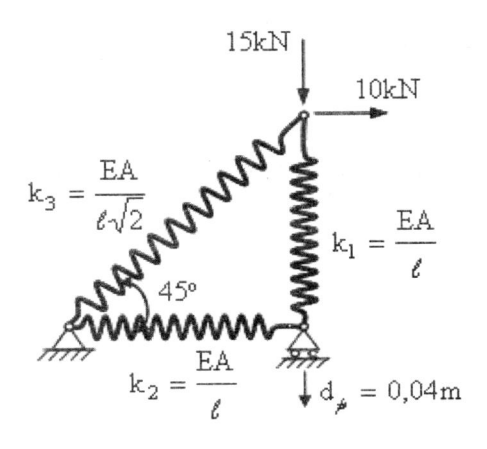

Figura E2.11c.

Em barra de pórtico plano, por ter-se estabelecido que os eixos z e Z têm direção e sentido coincidentes, as rotações nodais não carecem de ser projetadas. Logo, utilizando a matriz de rotação no plano expressa pela equação 2.39, a relação entre os deslocamentos nodais de barra nos referenciais local e global indicados na Figura 2.15 se escreve sob a forma:

$$
\underset{\sim L}{u}^{i} = \left\{\begin{array}{c} u_1 \\ u_2 \\ u_3 \\ \hline u_4 \\ u_5 \\ u_6 \end{array}\right\}^{i}_{L} = \left[\begin{array}{cccc} \underset{\sim}{R} & \underset{\sim}{0} & \underset{\sim}{0} & \underset{\sim}{0} \\ \underset{\sim}{0} & 1 & \underset{\sim}{0} & \underset{\sim}{0} \\ \underset{\sim}{0} & \underset{\sim}{0} & \underset{\sim}{R} & \underset{\sim}{0} \\ \underset{\sim}{0} & \underset{\sim}{0} & \underset{\sim}{0} & 1 \end{array}\right] \left\{\begin{array}{c} u_1 \\ u_2 \\ u_3 \\ \hline u_4 \\ u_5 \\ u_6 \end{array}\right\}^{i}_{G} = \underset{\sim}{R}^{i}\, \underset{\sim G}{u}^{i}
\tag{2.50}
$$

Nessa equação identifica-se a matriz de rotação $\underset{\sim}{R}^{i}$ de barra de pórtico plano.

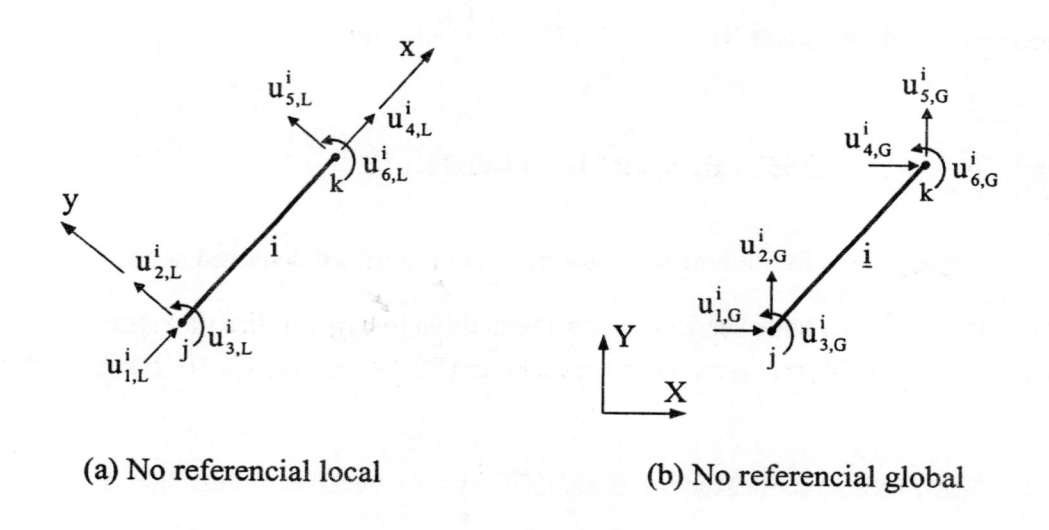

(a) No referencial local   (b) No referencial global

Figura 2.15 – Deslocamentos nodais de barra de pórtico plano.

No caso da barra de grelha situada no plano XY, por ter-se estabelecido que os eixos z e Z têm direção e sentido coincidentes, os deslocamentos nodais transversais não precisam ser projetados. Logo, utiliza-se a mesma matriz de rotação no plano e escreve-se a relação entre os deslocamentos nodais de barra nos referenciais global e local indicados na Figura 2.16, sob a forma:

$$
\underset{\sim L}{u}{}^{i} = \left\{ \begin{array}{c} u_1 \\ u_2 \\ u_3 \\ \overline{u_4} \\ u_5 \\ u_6 \end{array} \right\}_{L}^{i} = \left[\begin{array}{cccc} 1 & \underset{\sim}{0} & \underset{\sim}{0} & \underset{\sim}{0} \\ \underset{\sim}{0} & \underset{\sim}{R} & \underset{\sim}{0} & \underset{\sim}{0} \\ \underset{\sim}{0} & \underset{\sim}{0} & 1 & \underset{\sim}{0} \\ \underset{\sim}{0} & \underset{\sim}{0} & \underset{\sim}{0} & \underset{\sim}{R} \end{array} \right] \left\{ \begin{array}{c} u_1 \\ u_2 \\ u_3 \\ \overline{u_4} \\ u_5 \\ u_6 \end{array} \right\}_{G}^{i} = \underset{\sim}{R}{}^{i} \underset{\sim G}{u}{}^{i} \qquad (2.51)
$$

Nessa equação identifica-se a correspondente matriz de rotação $\underset{\sim}{R}{}^{i}$.

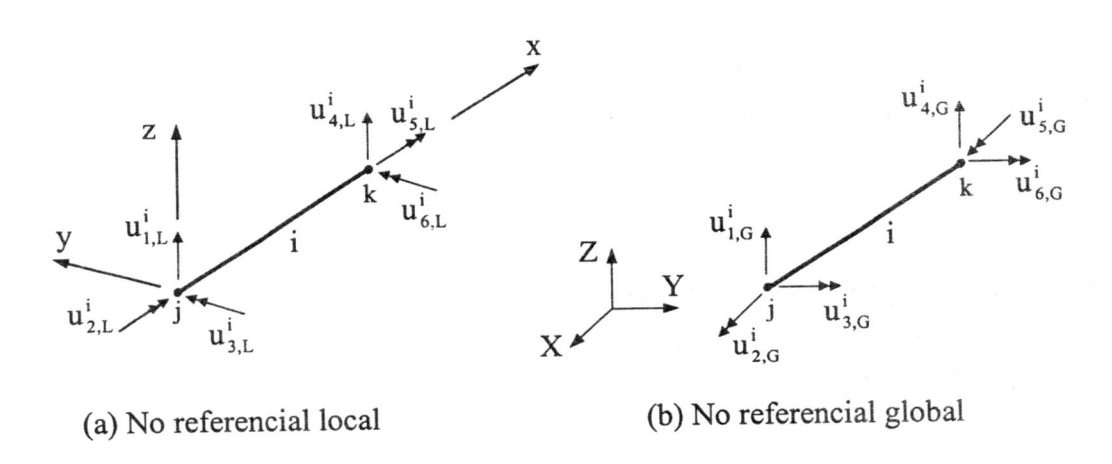

(a) No referencial local   (b) No referencial global

Figura 2.16 – Deslocamentos nodais de barra de grelha.

Semelhantemente à matriz de rotação no plano, a *matriz de rotação no espaço tridimensional* tem como primeira linha os co-senos diretores do eixo x, como segunda linha os co-senos diretores do eixo y e como terceira linha os co-senos diretores do eixo z, e se escreve com a notação:

$$
\underset{\sim}{R} = \left[\begin{array}{ccc} \lambda_{xX} & \lambda_{xY} & \lambda_{xZ} \\ \lambda_{yX} & \lambda_{yY} & \lambda_{yZ} \\ \lambda_{zX} & \lambda_{zY} & \lambda_{zZ} \end{array} \right] \qquad (2.52)
$$

Os co-senos diretores do eixo y estão ilustrados na Figura 2.17. A seguir busca-se determinar essa matriz.

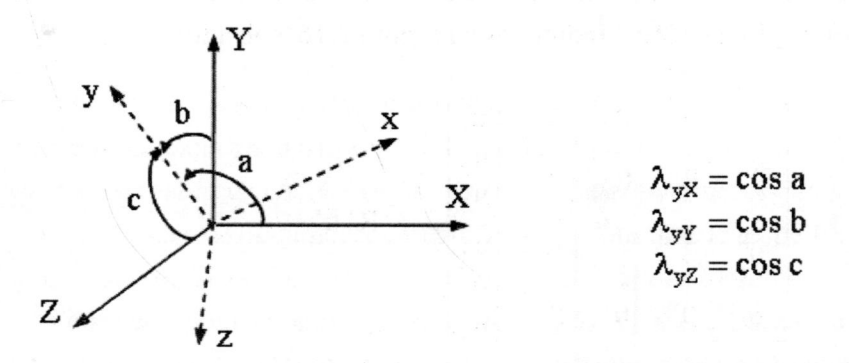

$$\lambda_{yX} = \cos a$$
$$\lambda_{yY} = \cos b$$
$$\lambda_{yZ} = \cos c$$

Figura 2.17 – *Rotação de eixos no espaço tridimensional.*

Como o eixo x passa pelos pontos nodais inicial e final da barra, respectivamente de coordenadas (X_j, Y_j, Z_j) e (X_k, Y_k, Z_k), os co-senos diretores desse eixo se escrevem:

$$\lambda_{xX} = \frac{X_k - X_j}{\ell} \quad , \quad \lambda_{xY} = \frac{Y_k - Y_j}{\ell} \quad , \quad \lambda_{xZ} = \frac{Z_k - Z_j}{\ell} \qquad (2.53a,b,c)$$

onde ℓ é o comprimento da barra expresso por:

$$\ell = \sqrt{\left(X_k - X_j\right)^2 + \left(Y_k - Y_j\right)^2 + \left(Z_k - Z_j\right)^2} \qquad (2.54)$$

No caso de treliça, como é irrelevante o posicionamento dos eixos y e z, basta calcular a primeira linha da matriz de rotação anterior. Logo, tem-se a relação entre os deslocamentos nodais de barra nos referenciais global e local indicados na Figura 2.18 sob a forma:

$$\underset{\sim L}{u}^i = \begin{Bmatrix} u_1 \\ u_2 \\ u_3 \\ \overline{u_4} \\ u_5 \\ u_6 \end{Bmatrix}_L^i = \begin{bmatrix} \underset{\sim}{R} & \underset{\sim}{0} \\ - & - \\ \underset{\sim}{0} & \underset{\sim}{R} \end{bmatrix} \begin{Bmatrix} u_1 \\ u_2 \\ u_3 \\ \overline{u_4} \\ u_5 \\ u_6 \end{Bmatrix}_G^i = \underset{\sim}{R}^i \, \underset{\sim G}{u}^i \qquad (2.55)$$

onde identifica-se a matriz de rotação de barra de treliça espacial.

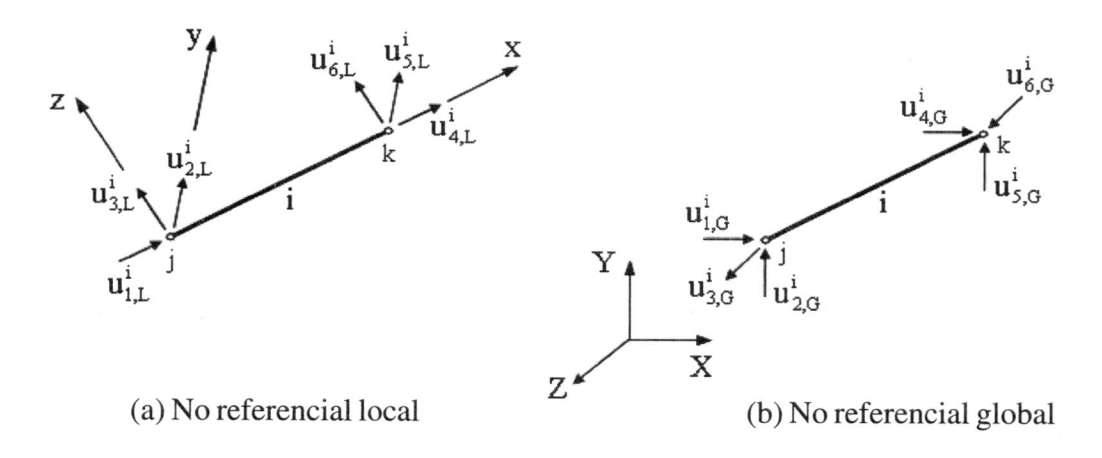

(a) No referencial local   (b) No referencial global

Figura 2.18 – *Deslocamentos nodais de barra de treliça espacial.*

Em pórtico espacial, como o eixo y é escolhido paralelo a um dos eixos principais de inércia das seções transversais da barra em questão, a partir desse eixo fica determinado o eixo z por este ser perpendicular ao plano dos eixos x e y, formando um triedro direto. Por outro lado, é prático que a direção e o sentido do eixo y sejam estabelecidos utilizando um ponto do primeiro quadrante do plano definido pelos eixos x e y como esclarece a Figura 2.19, ponto esse designado por K e de coordenadas (X_K, Y_K, Z_K). Esse ponto pode ser um ponto nodal de extremidade de uma outra barra da estrutura, quando então se diz *nó ativo*, ou um ponto com apenas a função de estabelecimento do eixo y da barra, dito *nó inativo*.

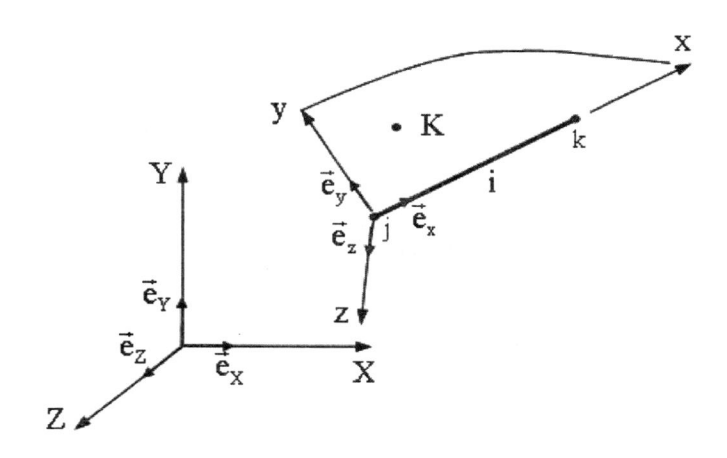

Figura 2.19 – *Referenciais local e global com os respectivos vetores unitários de base.*

Para determinar os co-senos diretores dos eixos y e z de barra de pórtico espacial, uma vez que se tenha definido o ponto K, considere-se o vetor unitário na direção jK escrito com a notação:

$$\vec{n} = \alpha\,\vec{e}_X + \beta\vec{e}_Y + \gamma\vec{e}_Z \tag{2.56}$$

onde $\vec{e}_X$, $\vec{e}_Y$ e $\vec{e}_Z$ são os vetores unitários segundo os eixos X, Y, e Z, respectivamente.

Logo, a partir das coordenadas dos pontos j e K, têm-se os co-senos diretores do vetor $\vec{n}$:

$$\alpha = \frac{X_K - X_j}{\sqrt{\left(X_K - X_j\right)^2 + \left(Y_K - Y_j\right)^2 + \left(Z_K - Y_j\right)^2}} \tag{2.57a}$$

$$\beta = \frac{Y_K - Y_j}{\sqrt{\left(X_K - X_j\right)^2 + \left(Y_K - Y_j\right)^2 + \left(Z_K - Y_j\right)^2}} \tag{2.57b}$$

$$\gamma = \frac{Z_K - Z_j}{\sqrt{\left(X_K - X_j\right)^2 + \left(Y_K - Y_j\right)^2 + \left(Z_K - Y_j\right)^2}} \tag{2.57c}$$

Um vetor perpendicular ao plano xy e de vetor unitário $\vec{e}_z$ é obtido pelo produto vetorial:

$$c\vec{e}_z = \vec{e}_x \; x \; \vec{n} = \begin{vmatrix} \vec{e}_X & \vec{e}_Y & \vec{e}_Z \\ \lambda_{xX} & \lambda_{xY} & \lambda_{xZ} \\ \alpha & \beta & \gamma \end{vmatrix}$$

$$c\vec{e}_z = \left(\lambda_{xY}\,\gamma - \lambda_{xZ}\,\beta\right)\vec{e}_X + \left(\lambda_{xZ}\,\alpha - \lambda_{xX}\,\gamma\right)\vec{e}_Y + \left(\lambda_{xX}\,\beta - \lambda_{xY}\,\alpha\right)\vec{e}_Z \tag{2.58}$$

Esse vetor tem módulo:

$$c = \sqrt{\left(\lambda_{xY}\,\gamma - \lambda_{xZ}\,\beta\right)^2 + \left(\lambda_{xZ}\,\alpha - \lambda_{xX}\,\gamma\right)^2 + \left(\lambda_{xX}\,\beta - \lambda_{xY}\,\alpha\right)^2} \tag{2.59}$$

que permite escrever o unitário segundo o eixo z:

$$\vec{e}_z = \lambda_{zX}\vec{e}_X + \lambda_{zY}\vec{e}_Y + \lambda_{zZ}\vec{e}_Z \tag{2.60}$$

de co-senos diretores:

$$\lambda_{zX} = \frac{\lambda_{xY}\,\gamma - \lambda_{xZ}\,\beta}{c} \quad , \quad \lambda_{zY} = \frac{\lambda_{xZ}\,\alpha - \lambda_{xX}\gamma}{c} \quad , \quad \lambda_{zZ} = \frac{\lambda_{xX}\,\beta - \lambda_{xY}\,\alpha}{c} \tag{2.61a,b,c}$$

Finalmente, o vetor unitário $\vec{e}_y$ segundo o eixo y é obtido pelo produto vetorial:

$$\vec{e}_y = \vec{e}_z \; \mathbf{x} \; \vec{e}_x = \begin{vmatrix} \vec{e}_X & \vec{e}_Y & \vec{e}_Z \\ \lambda_{zX} & \lambda_{zY} & \lambda_{zZ} \\ \lambda_{xX} & \lambda_{xY} & \lambda_{xZ} \end{vmatrix}$$

$$\vec{e}_y = (\lambda_{xZ}\lambda_{zY} - \lambda_{xY}\lambda_{zZ})\vec{e}_X + (\lambda_{xX}\lambda_{zZ} - \lambda_{xZ}\lambda_{zX})\vec{e}_Y + (\lambda_{xY}\lambda_{zX} - \lambda_{xX}\lambda_{zY})\vec{e}_Z \tag{2.62}$$

Logo, com as notações:

$$\lambda_{yX} = \lambda_{xZ}\lambda_{zY} - \lambda_{xY}\lambda_{zZ} \;\;,\;\; \lambda_{yY} = \lambda_{xX}\lambda_{zZ} - \lambda_{xZ}\lambda_{zX} \;\;,\;\; \lambda_{yZ} = \lambda_{xY}\lambda_{zX} - \lambda_{xX}\lambda_{zY} \tag{2.63a,b,c}$$

escreve-se o vetor unitário:

$$\vec{e}_y = \lambda_{yX}\vec{e}_X + \lambda_{yY}\vec{e}_Y + \lambda_{yZ}\vec{e}_Z \tag{2.64}$$

As equações 2.53, 2.64 e 2.61 definem, respectivamente, os co-senos diretores dos eixos locais x, y e z, coeficientes da matriz de rotação no espaço tridimensional.

No caso da barra de pórtico espacial representada com seus deslocamentos nodais na Figura 2.20, escreve-se a relação entre os seus deslocamentos nodais nos referenciais local e global:

$$\underset{\sim L}{u}^i = \begin{Bmatrix} u_1 \\ u_2 \\ u_3 \\ \overline{u_4} \\ u_5 \\ u_6 \\ \overline{u_7} \\ u_8 \\ u_9 \\ \overline{u_{10}} \\ u_{11} \\ u_{12} \end{Bmatrix}_L = \begin{bmatrix} \underset{\sim}{R} & 0 & 0 & 0 \\ 0 & \underset{\sim}{R} & 0 & 0 \\ 0 & 0 & \underset{\sim}{R} & 0 \\ 0 & 0 & 0 & \underset{\sim}{R} \end{bmatrix} \begin{Bmatrix} u_1 \\ u_2 \\ u_3 \\ \overline{u_4} \\ u_5 \\ u_6 \\ \overline{u_7} \\ u_8 \\ u_9 \\ \overline{u_{10}} \\ u_{11} \\ u_{12} \end{Bmatrix}_G = \underset{\sim}{R}^i \; \underset{\sim G}{u}^i \tag{2.65}$$

Nessa equação identifica-se a correspondente matriz de rotação $\underset{\sim}{R}^i$.

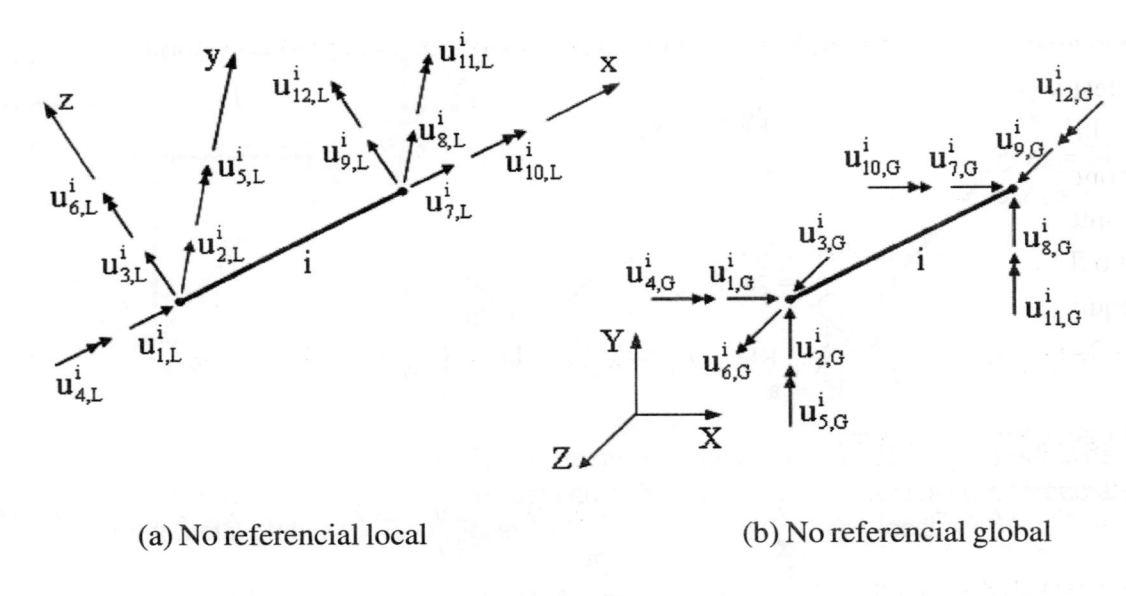

(a) No referencial local　　　　　　(b) No referencial global

***Figura 2.20** – Deslocamentos nodais de barra de pórtico espacial.*

2.5 – Matriz de rigidez de barra

No item 2.2 o sistema de equações de equilíbrio não restringido da estrutura foi obtido a partir dos sistemas de equações de equilíbrio das barras no referencial global, e no item 2.3 foi tratada a consideração das condições geométricas de contorno. No item anterior foram obtidas as matrizes de rotação de barra e desenvolvida a transformação do sistema de equações de equilíbrio de barra do correspondente referencial local para o referencial global. Ficou faltando uma apresentação ampla das matrizes de rigidez de barra reta, o que é feito no presente item, e a transferência dos efeitos de ações externas em barras para forças nodais, o que será apresentada no próximo item.

Como já identificado, o coeficiente de rigidez k_{pq} de uma barra é numericamente igual à força restritiva na direção do seu p-ésimo deslocamento nodal, quando se impõe deslocamento unitário segundo a q-ésima direção de seus deslocamentos nodais, mantidos nulos todos os seus demais deslocamentos. Com o método das forças pode-se determinar esse coeficiente quaisquer que sejam as condições de contorno da barra. Em barra biengastada curva e/ou de seção transversal variável isso será apresentado no item 3.6, quando então se particulariza para o caso de barra biengastada reta de seção transversal constante. No caso, demonstra-se que, considerando o efeito de deformação de força cortante e as notações:

$$\varphi_y = \frac{12EI_z f_y}{GA\,\ell^2} \quad , \quad \varphi_z = \frac{12EI_y f_z}{GA\,\ell^2} \tag{2.66a,b}$$

conforme se trate de esforço cortante segundo o eixo y ou z, respectivamente, obtêm-se, quando se impõe deslocamento unitário segundo cada uma das direções de deslocamentos nodais da barra, os esforços indicados na Figura 2.21. Nessas duas últimas equações, f_y e f_z são os fatores de cisalhamento correspondentes aos esforços cortantes V_y e V_z, respectivamente, apresentados na Tabela 1.1. Semelhantemente, o momento de inércia I é considerado em relação ao eixo y ou z, conforme se trate de momento fletor de vetor representativo segundo o eixo y ou z. Fazer   nos esforços indicados nessa figura equivale a desconsiderar deformação de força cortante, obtendo-se os resultados representados na Figura E2.4.

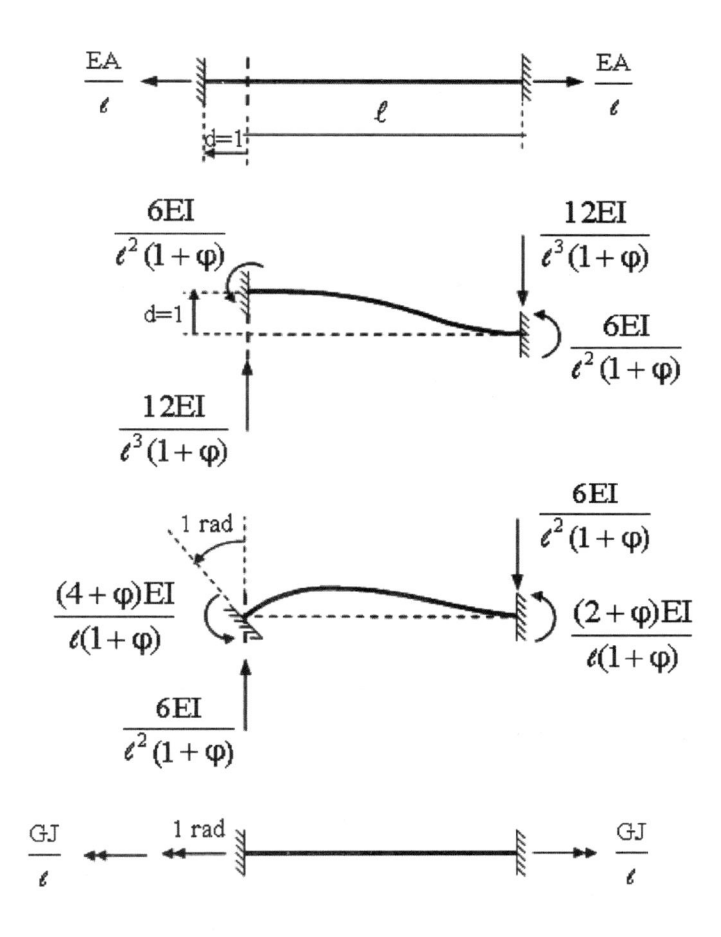

Figura 2.21 – *Esforços para se impor deslocamento unitário*
em extremidade de barra reta de seção transversal constante.

Considerando a numeração de deslocamentos nodais de barra de treliça plana mostrada na Figura 2.14a e tendo-se em conta os esforços mostrados na Figura 2.21, a matriz de rigidez dessa barra no referencial local se escreve:

$$\underset{\sim L}{k}^{i} = \frac{EA}{\ell} \begin{bmatrix} 1 & 0 & -1 & 0 \\ . & 0 & 0 & 0 \\ . & . & 1 & 0 \\ \text{sim.} & . & . & 0 \end{bmatrix} \tag{2.67}$$

Com a matriz de rotação identificada na equação 2.42 e a equação 2.49 de rotação de matriz de rigidez, obtém-se a matriz de barra de treliça plana no referencial global:

$$\underset{\sim G}{k}^{i} = \frac{EA}{\ell} \begin{bmatrix} \lambda_{xX}^2 & \lambda_{xX}\lambda_{xY} & -\lambda_{xX}^2 & -\lambda_{xX}\lambda_{xY} \\ . & \lambda_{xY}^2 & -\lambda_{xY}\lambda_{xX} & -\lambda_{xY}^2 \\ . & . & \lambda_{xX}^2 & \lambda_{xX}\lambda_{xY} \\ \text{sim.} & . & . & \lambda_{xY}^2 \end{bmatrix}^{i} \tag{2.68}$$

Semelhantemente ao caso anterior, com a numeração dos deslocamentos nodais de barra de treliça espacial mostrada na Figura 2.18a, tem-se a correspondente matriz de rigidez no referencial local:

$$\underset{\sim L}{k}^{i} = \frac{EA}{\ell} \begin{bmatrix} 1 & 0 & 0 & -1 & 0 & 0 \\ . & 0 & 0 & 0 & 0 & 0 \\ . & . & 0 & 0 & 0 & 0 \\ . & . & . & 1 & 0 & 0 \\ . & . & . & . & 0 & 0 \\ \text{sim.} & . & . & . & . & 0 \end{bmatrix} \tag{2.69}$$

Logo, com a matriz de rotação identificada na equação 2.55, obtém-se, com a equação 2.49 de rotação de matriz de rigidez, a matriz de barra de treliça espacial no referencial global:

$$\underset{\sim G}{k}^{i} = \frac{EA}{\ell} \begin{bmatrix} \lambda_{xX}^2 & \lambda_{xX}\lambda_{xY} & \lambda_{xX}\lambda_{xZ} & -\lambda_{xX}^2 & -\lambda_{xX}\lambda_{xY} & -\lambda_{xX}\lambda_{xZ} \\ . & \lambda_{xY}^2 & \lambda_{xY}\lambda_{xZ} & -\lambda_{xY}\lambda_{xX} & -\lambda_{xY}^2 & -\lambda_{xY}\lambda_{xZ} \\ . & . & \lambda_{xZ}^2 & -\lambda_{xZ}\lambda_{xX} & -\lambda_{xZ}\lambda_{xY} & -\lambda_{xZ}^2 \\ . & . & . & \lambda_{xX}^2 & \lambda_{xX}\lambda_{xY} & \lambda_{xX}\lambda_{xZ} \\ . & . & . & . & \lambda_{xY}^2 & \lambda_{xY}\lambda_{xZ} \\ \text{sim.} & . & . & . & . & \lambda_{xZ}^2 \end{bmatrix}^{i} \tag{2.70}$$

Com a numeração de deslocamentos nodais de barra de pórtico plano mostrada na Figura 2.15a e com os esforços indicados na Figura 2.21, escreve-se a correspondente matriz de rigidez no referencial local:

$$
\underset{\sim L}{k}{}^{i} = \begin{bmatrix}
\dfrac{EA}{\ell} & 0 & 0 & -\dfrac{EA}{\ell} & 0 & 0 \\[2.5ex]
\cdot & \dfrac{12EI_z}{\ell^3(1+\varphi_y)} & \dfrac{6EI_z}{\ell^2(1+\varphi_y)} & 0 & -\dfrac{12EI_z}{\ell^3(1+\varphi_y)} & \dfrac{6EI_z}{\ell^2(1+\varphi_y)} \\[2.5ex]
\cdot & \cdot & \dfrac{(4+\varphi_y)EI_z}{\ell(1+\varphi_y)} & 0 & \dfrac{-6EI_z}{\ell^2(1+\varphi_y)} & \dfrac{(2-\varphi_y)EI_z}{\ell(1+\varphi_y)} \\[2.5ex]
\cdot & \cdot & \cdot & \dfrac{EA}{\ell} & 0 & 0 \\[2.5ex]
\cdot & \cdot & \cdot & \cdot & \dfrac{12EI_z}{\ell^3(1+\varphi_y)} & \dfrac{-6EI_z}{\ell^2(1+\varphi_y)} \\[2.5ex]
\text{sim.} & \cdot & \cdot & \cdot & \cdot & \dfrac{(4+\varphi_y)EI_z}{\ell(1+\varphi_y)}
\end{bmatrix}^{i}
\qquad (2.71)
$$

com φ_y definido pela equação 2.66a. Logo, com a matriz de rotação identificada na equação 2.50, obtém-se, com a equação 2.49, a matriz de rigidez de barra de pórtico plano no referencial global:

$$
\underset{\sim G}{k}{}^{i} = \begin{bmatrix}
a\lambda_{xX}^2 + b\lambda_{xY}^2 & (a-b)\lambda_{xX}\lambda_{xY} & -d\lambda_{xY} & -\left(a\lambda_{xX}^2 + b\lambda_{xY}^2\right) & -(a-b)\lambda_{xX}\lambda_{xY} & -d\lambda_{xY} \\[2ex]
\cdot & a\lambda_{xY}^2 + b\lambda_{xX}^2 & d\lambda_{xX} & -(a-b)\lambda_{xX}\lambda_{xY} & -\left(a\lambda_{xY}^2 + b\lambda_{xX}^2\right) & d\lambda_{xX} \\[2ex]
\cdot & \cdot & c & d\lambda_{xY} & -d\lambda_{xX} & e \\[2ex]
\cdot & \cdot & \cdot & a\lambda_{xX}^2 + b\lambda_{xY}^2 & (a-b)\lambda_{xX}\lambda_{xY} & d\lambda_{xY} \\[2ex]
\cdot & \cdot & \cdot & \cdot & a\lambda_{xY}^2 + b\lambda_{xX}^2 & -d\lambda_{xX} \\[2ex]
\text{sim.} & \cdot & \cdot & \cdot & \cdot & c
\end{bmatrix}^{i}
\qquad (2.72)
$$

onde:

$$
a = \frac{EA}{\ell} \qquad , \qquad b = \frac{12EI_z}{\ell^3(1+\varphi_y)} \qquad , \qquad c = \frac{(4+\varphi_y)EI_z}{\ell(1+\varphi_y)} \qquad (2.73a,b,c)
$$

$$
d = \frac{6EI_z}{\ell^2(1+\varphi_y)} \qquad , \qquad e = \frac{(2-\varphi_y)EI_z}{\ell(1+\varphi_y)} \qquad (2.73d,e)
$$

Com a numeração de deslocamentos nodais de grelha mostrada na Figura 2.16a e com os esforços indicados na Figura 2.21, escreve-se a correspondente matriz de rigidez no referencial local:

$$
\underset{\sim L}{k}{}^{i} = \begin{bmatrix} \dfrac{12EI_y}{\ell^3(1+\varphi_z)} & 0 & -\dfrac{6EI_y}{\ell^2(1+\varphi_z)} & \dfrac{12EI_y}{\ell^3(1+\varphi_z)} & 0 & -\dfrac{6EI_y}{\ell^2(1+\varphi_z)} \\[4mm] \cdot & \dfrac{GJ}{\ell} & 0 & 0 & -\dfrac{GJ}{\ell} & 0 \\[4mm] \cdot & \cdot & \dfrac{(4+\varphi_z)EI_y}{\ell(1+\varphi_z)} & \dfrac{6EI_y}{\ell^2(1+\varphi_z)} & 0 & \dfrac{(2-\varphi_z)EI_y}{\ell(1+\varphi_z)} \\[4mm] \cdot & \cdot & \cdot & \dfrac{12EI_y}{\ell^3(1+\varphi_z)} & 0 & \dfrac{6EI_y}{\ell^2(1+\varphi_z)} \\[4mm] \cdot & \cdot & \cdot & \cdot & \dfrac{GJ}{\ell} & 0 \\[4mm] \text{sim.} & \cdot & \cdot & \cdot & \cdot & \dfrac{(4+\varphi_z)EI_y}{\ell(1+\varphi_z)} \end{bmatrix}^{i}
\tag{2.74}
$$

com φ_z definido pela equação 2.66b. Logo, com a matriz de rotação identificada na equação 2.51, obtém-se, com a equação 2.49, a matriz de rigidez de barra de grelha no referencial global:

$$
\underset{\sim G}{k}{}^{i} = \begin{bmatrix} a & d\lambda_{xY} & -d\lambda_{xX} & -a & d\lambda_{xY} & -d\lambda_{xX} \\[2mm] \cdot & b\lambda_{xX}^2 + d\lambda_{xY}^2 & (b-c)\lambda_{xX}\lambda_{xY} & -d\lambda_{xY} & -\left(b\lambda_{xX}^2 - e\lambda_{xY}^2\right) & -(b+e)\lambda_{xX}\lambda_{xY} \\[2mm] \cdot & \cdot & b\lambda_{xY}^2 + c\lambda_{xX}^2 & d\lambda_{xX} & -(b+e)\lambda_{xX}\lambda_{xY} & -\left(b\lambda_{xY}^2 - e\lambda_{xX}^2\right) \\[2mm] \cdot & \cdot & \cdot & a & -d\lambda_{xY} & d\lambda_{xX} \\[2mm] \cdot & \cdot & \cdot & \cdot & b\lambda_{xX}^2 + c\lambda_{xY}^2 & (b-c)\lambda_{xX}\lambda_{xY} \\[2mm] \text{sim.} & \cdot & \cdot & \cdot & \cdot & b\lambda_{xY}^2 + c\lambda_{xX}^2 \end{bmatrix}^{i}
\tag{2.75}
$$

onde:

$$
a = \frac{12EI_y}{\ell^3(1+\varphi_z)} \quad , \quad b = \frac{GJ}{\ell} \quad , \quad c = \frac{(4+\varphi_z)EI_y}{\ell(1+\varphi_z)}
\tag{2.76a,b,c}
$$

$$
d = \frac{6EI_y}{\ell^2(1+\varphi_z)} \quad , \quad e = \frac{(2-\varphi_z)EI_y}{\ell(1+\varphi_z)}
\tag{2.76d,e}
$$

A matriz de rigidez de barra de pórtico espacial pode ser repartida sob a forma:

$$\underset{\sim}{k}{}_{L}^{i} = \begin{bmatrix} \underset{\sim}{k}_{jj} & \underset{\sim}{k}_{jJ} & \underset{\sim}{k}_{jk} & \underset{\sim}{k}_{jK} \\ \cdot & \underset{\sim}{k}_{JJ} & \underset{\sim}{k}_{Jk} & \underset{\sim}{k}_{JK} \\ \cdot & \cdot & \underset{\sim}{k}_{kk} & \underset{\sim}{k}_{kK} \\ \text{sim.} & \cdot & \cdot & \underset{\sim}{k}_{KK} \end{bmatrix}_{L}^{i} \tag{2.77}$$

onde os índices j e J se referem, respectivamente, aos deslocamentos de translação e de rotação do nó inicial, e os índices k e K se referem, respectivamente, aos deslocamentos de translação e de rotação do nó final. Assim, com a numeração de deslocamentos nodais mostrada na Figura 2.20a e com os esforços indicados na Figura 2.21, escrevem-se as correspondentes submatrizes de rigidez no referencial local:

$$\begin{bmatrix} \underset{\sim}{k}_{jj} & \underset{\sim}{k}_{jJ} \\ \text{sim.} & \underset{\sim}{k}_{JJ} \end{bmatrix}_{L}^{i} = \begin{bmatrix} \dfrac{EA}{\ell} & 0 & 0 & 0 & 0 & 0 \\ \cdot & \dfrac{12EI_z}{\ell^3(1+\varphi_y)} & 0 & 0 & 0 & \dfrac{6EI_z}{\ell^2(1+\varphi_y)} \\ \cdot & \cdot & \dfrac{12EI_y}{\ell^3(1+\varphi_z)} & 0 & \dfrac{-6EI_y}{\ell^2(1+\varphi_z)} & 0 \\ \cdot & \cdot & \cdot & \dfrac{GJ}{\ell} & 0 & 0 \\ \cdot & \cdot & \cdot & \cdot & \dfrac{(4+\varphi_z)EI_y}{\ell(1+\varphi_z)} & 0 \\ \text{sim.} & \cdot & \cdot & \cdot & \cdot & \dfrac{(4+\varphi_y)EI_z}{\ell(1+\varphi_y)} \end{bmatrix}^{i} \tag{2.78a}$$

$$\begin{bmatrix} \underset{\sim}{k}_{jk} & \underset{\sim}{k}_{jK} \\ \underset{\sim}{k}_{Jk} & \underset{\sim}{k}_{JK} \end{bmatrix}_{L}^{i} = \begin{bmatrix} -\dfrac{EA}{\ell} & 0 & 0 & 0 & 0 & 0 \\ 0 & \dfrac{-12EI_z}{\ell^3(1+\varphi_y)} & 0 & 0 & 0 & \dfrac{6EI_z}{\ell^2(1+\varphi_y)} \\ 0 & 0 & \dfrac{-12EI_y}{\ell^3(1+\varphi_z)} & 0 & \dfrac{-6EI_y}{\ell^2(1+\varphi_z)} & 0 \\ 0 & 0 & 0 & \dfrac{-GJ}{\ell} & 0 & 0 \\ 0 & 0 & \dfrac{6EI_y}{\ell^2(1+\varphi_z)} & 0 & \dfrac{(2-\varphi_z)EI_y}{\ell(1+\varphi_z)} & 0 \\ 0 & \dfrac{-6EI_z}{\ell^2(1+\varphi_y)} & 0 & 0 & 0 & \dfrac{(2-\varphi_y)EI_z}{\ell(1+\varphi_y)} \end{bmatrix}^{i} \tag{2.78b}$$

$$
\left[\begin{array}{cc} k & k \\ \sim_{kk} & \sim_{kK} \\ \text{sim.} & k \\ & \sim_{KK} \end{array}\right]^{i}_{L} = \left[\begin{array}{cccccc} \dfrac{EA}{\ell} & 0 & 0 & 0 & 0 & 0 \\[2mm] \cdot & \dfrac{12EI_z}{\ell^3(1+\varphi_y)} & 0 & 0 & 0 & \dfrac{-6EI_z}{\ell^2(1+\varphi_y)} \\[2mm] \cdot & \cdot & \dfrac{12EI_y}{\ell^3(1+\varphi_z)} & 0 & \dfrac{6EI_y}{\ell^2(1+\varphi_z)} & 0 \\[2mm] \cdot & \cdot & \cdot & \dfrac{GJ}{\ell} & 0 & 0 \\[2mm] \cdot & \cdot & \cdot & \cdot & \dfrac{(4+\varphi_z)EI_y}{\ell(1+\varphi_z)} & 0 \\[2mm] \text{sim.} & \cdot & \cdot & \cdot & \cdot & \dfrac{(4+\varphi_y)EI_z}{\ell(1+\varphi_y)} \end{array}\right]^{i} \tag{2.78c}
$$

Logo, com a matriz de rotação identificada na equação 2.65 e com a equação 2.49, obtém-se a matriz de rigidez de barra de pórtico espacial no referencial global:

$$
k^{i}_{\sim G} = \left[\begin{array}{cccc} R^t k^i_{\sim\,\sim jj,L} R & R^t k^i_{\sim\,\sim jJ,L} R & R^t k^i_{\sim\,\sim jk,L} R & R^t k^i_{\sim\,\sim jK,L} R \\ \cdot & R^t k^i_{\sim\,\sim JJ,L} R & R^t k^i_{\sim\,\sim Jk,L} R & R^t k^i_{\sim\,\sim JK,L} R \\ \cdot & \cdot & R^t k^i_{\sim\,\sim kk,L} R & R^t k^i_{\sim\,\sim kK,L} R \\ \text{sim.} & \cdot & \cdot & R^t k^i_{\sim\,\sim KK,L} R \end{array}\right] \tag{2.79}
$$

As matrizes de rigidez de treliça no referencial global obtidas anteriormente são úteis para comprovar a irrelevância do posicionamento dos eixos y e z. As demais matrizes de rigidez são mais práticas de serem obtidas no referencial local e transformadas para o referencial global em procedimento automático. Todas essas matrizes dizem respeito a barras biengastadas. O método das forças pode ser utilizado na obtenção de matrizes de rigidez de barras com outras condições de contorno, no que se diz barra com articulações. Contudo, dado à variedade dessas articulações, é mais prático obter a matriz de rigidez de barra com articulações a partir da matriz de rigidez de barra biengastada em procedimento automático, como será mostrado no item 3.2.

Como nas barras de treliça, de pórtico plano, de grelha e de pórtico espacial tratadas anteriormente não foram consideradas restrições quanto aos seus deslocamentos de corpo rígido, a soma dos coeficientes de rigidez de qualquer coluna de suas matrizes de rigidez é igual a zero, por razão de equilíbrio.

2.6 – Forças nodais equivalentes

Quando ocorrem ações externas em barras de uma estrutura, os efeitos dessas ações precisam ser transformados em efeitos de forças nodais, pois o método dos deslocamentos se baseia em um sistema de equações de equilíbrio segundo coordenadas nodais. Apresenta-se, a seguir, esse procedimento, tomando como ilustração o pórtico plano representado na Figura 2.22a sob a ação das forças P e p, de variação de temperatura simbolizada por t e de deformação prévia simbolizada por d, em barras da estrutura. Na parte (b) dessa figura está representada isoladamente cada barra como biengastada e sob as ações externas, juntamente com a representação das respectivas reações de apoio que são denominadas *esforços de engastamento perfeito* de barra. Em barra reta biengastada de seção transversal constante, desconsiderando deformação de força cortante, esses esforços são apresentados na Tabela 2.1 para os casos mais usuais de ações. Nessa tabela, a notação t representa variação uniforme de temperatura em barra, as notações t^s e t^i representam, respectivamente, variações de temperatura nas "faces" superior e inferior de barra, e g_t é gradiente de temperatura, sendo α o coeficiente de dilatação térmica. No 3.2 será mostrado como transformar esses esforços para o caso de barras com extremidades articuladas, e no item 3.6 será desenvolvida a obtenção desses esforços no caso de barra curva e/ou de seção transversal variável.

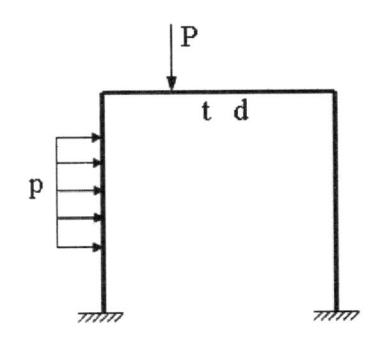

(a) Pórtico com ações em barras

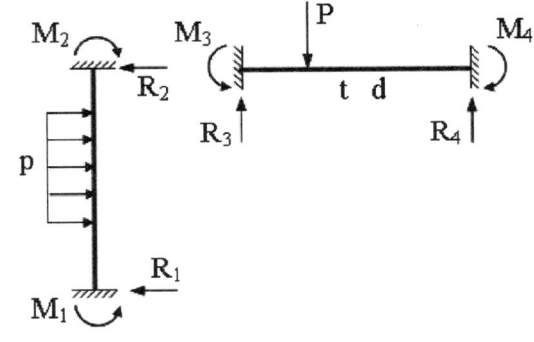

(b) Esforços de engastamento perfeito

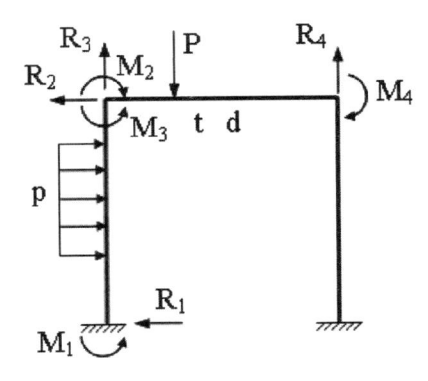

(c) Pórtico com as ações externas originais e com os esforços de engastamento perfeito

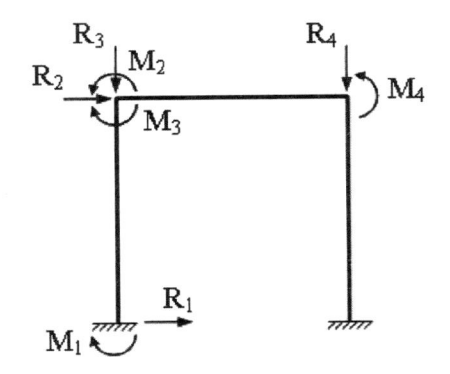

(d) Pórtico com os esforços de engastamento perfeito em sentidos contrários

Figura 2.22 – *Forças nodais equivalentes.*

Carregamento	
	$T_A \rightarrow \begin{array}{c} M_A \\ H_A \\ R_A \end{array}$ $\qquad \ell \qquad$ $\begin{array}{c} M_B \\ H_B \rightarrow T_B \\ R_B \end{array}$
(carga distribuída p sobre ℓ)	$M_A = -M_B = \dfrac{p\ell^2}{12} \quad , \quad R_A = R_B = \dfrac{p\ell}{2}$
(carga triangular crescente p)	$M_A = \dfrac{p\ell^2}{30} \quad , \quad M_B = -\dfrac{p\ell^2}{20} \quad , \quad R_A = \dfrac{3p\ell}{20} \quad , \quad R_B = \dfrac{7p\ell}{20}$
(carga triangular decrescente p)	$M_A = \dfrac{p\ell^2}{20} \quad , \quad M_B = -\dfrac{p\ell^2}{30} \quad , \quad R_A = \dfrac{7p\ell}{20} \quad , \quad R_B = \dfrac{3p\ell}{20}$
(carga parcial p, $c/2$, $c/2$, a, b)	$M_A = \dfrac{pc}{12\ell^2}\left\{12ab^2 + c^2(\ell - 3b)\right\} \quad , \quad M_B = -M_A - \dfrac{3pc^3}{12\ell^2}(b-a)$ $R_A = \dfrac{pcb}{\ell} + \dfrac{M_A + M_B}{\ell} \quad , \quad R_B = pc - R_A$
(carga P central, $\ell/2$, $\ell/2$)	$M_A = -M_B = \dfrac{P\ell}{8} \quad , \quad R_A = R_B \ \dfrac{P}{2}$
(carga P, a, b)	$M_A = \dfrac{Pab^2}{\ell^2} \quad , \quad M_B = -\dfrac{Pa^2b}{\ell^2} \quad , \quad R_A = \dfrac{Pb}{\ell} + \dfrac{M_A + M_B}{\ell}$ $R_B = P - R_A$
(força horizontal P, a, b)	$H_A = -\dfrac{Pb}{\ell} \quad , \quad H_B = -\dfrac{Pa}{\ell}$
(torque T, a, b)	$T_A = -\dfrac{Tb}{\ell} \quad , \quad T_B = -\dfrac{Ta}{\ell}$
(momento M, a, b)	$M_A = \dfrac{Mb}{\ell^2}(2a-b) \ , \ M_B = \dfrac{Ma}{\ell^2}(2b-a) \, , \, R_A = -R_B = \dfrac{6Mab}{\ell^3}$
(variação de temperatura t)	$H_A = -H_B = \alpha EAt$
(gradiente t^s, t^i)	$g_t = \dfrac{t^i - t^s}{h} \quad , \quad M_A = -M_B = EI\alpha g_t$

Tabela 2.1 – Esforços de engastamento perfeito em barra biengastada.

Na parte (c) da Figura 2.22 está representado o pórtico com as ações externas nas barras juntamente com os referidos esforços de engastamento perfeito atuando como forças nodais. Com isso, os deslocamentos nodais provocados por essas ações externas são anulados por esses esforços de engastamento. Na parte (d) da mesma figura estão representados os esforços de engastamento perfeito em sentidos contrários aos originais, quando então esses esforços são denominados *forças nodais equivalentes*. A soma das ações que atuam nas partes (c) e (d) da Figura 2.22 reconstitui as ações da parte (a) dessa figura. Logo, a soma dos deslocamentos nodais dos modelos representados nas partes (c) e (d) fornece os deslocamentos nodais do pórtico representado em (a). Mas, como em (c) os deslocamentos nodais são nulos, os deslocamentos nodais em (d) são iguais aos deslocamentos nodais em (a). Assim, em procedimento de obtenção do sistema de equações de equilíbrio da estrutura, calculam-se os esforços de engastamento perfeito de cada barra em relação ao seu referencial local, $\underset{\sim LS}{a^i}$, transformam-se esses esforços para o referencial global, utilizando a equação 2.45 sob a notação modificada:

$$\underset{\sim GS}{a^i} = \underset{\sim}{R^{i^t}} \underset{\sim LS}{a^i} \tag{2.80}$$

para aplicar os esforços resultantes e em sentidos contrários como forças nodais. Adotou-se o índice S na equação anterior para indicar que se trata da soma dos efeitos de todas as ações externas atuantes na barra em questão.

Logo, com a equação 2.23 obtêm-se as forças nodais equivalentes na numeração global da estrutura:

$$\underset{\sim}{f} = -\sum_i \underset{\sim}{\alpha^{i^t}} \underset{\sim GS}{a^i} \tag{2.81}$$

Os produtos matriciais que ocorrem nessa equação podem ser evitados utilizando-se o vetor de correspondência dos deslocamentos de cada barra sob ações externas. Além disso, no caso de ocorrerem forças externas diretamente aplicadas em pontos nodais, somam-se essas forças às forças nodais equivalentes nas correspondentes direções coordenadas, obtendo-se as *forças nodais combinadas*.

Efetuada a formação da matriz de rigidez não restringida e do vetor global das forças nodais combinadas, tem-se o sistema de equações de equilíbrio da estrutura no qual devem ser introduzidas as condições geométricas de contorno para permitir a correspondente resolução, obtendo-se o vetor dos deslocamentos nodais na ordem da numeração global. A partir desse vetor, utilizando o vetor de correspondência dos deslocamentos de cada barra, identificam-se os deslocamentos nodais da barra na correspondente numeração local e no referencial global, $\underset{\sim G}{u^i}$. Logo, obtêm-se os deslocamentos nodais de cada barra em seu referencial local com a equação 2.41 que se repete:

$$\underset{\sim L}{u^i} = \underset{\sim}{R^i} \underset{\sim G}{u^i}$$

Ainda quanto à Figura 2.22, as reações na parte (a) dessa figura são iguais à soma das reações de apoio nas partes (c) e (d). No entanto, como o modelo em (c) é auto-equilibrado, as reações de apoio em (a) são iguais às reações de apoio em (d). Vale ressaltar que nessa parte da figura, R_1 e M_1 são forças que se descarregam diretamente em apoio como parte das reações a serem calculadas. Semelhantemente, os esforços internos nas extremidades das barras do pórtico em (a) podem ser obtidos pela soma dos correspondentes esforços em (c) e (d), mas como os esforços internos nas extremidades das barras do pórtico em (c) são iguais aos esforços de engastamento perfeito das barras representadas em (b), os esforços internos nas extremidades das barras em (a) são iguais à soma desses esforços de engastamento mais os esforços que ocorrem nas extremidades das barras em (d). Logo, designando os esforços internos nas extremidades das barras em (a) por $\underset{\sim LF}{a}^i$, em que o índice F denota que se trata de esforços finais, escreve-se:

$$\underset{\sim LF}{a}^i = \underset{\sim L}{k}^i \underset{\sim L}{u}^i + \underset{\sim LS}{a}^i \tag{2.82}$$

No caso de barras retas, esses esforços internos são iguais aos esforços seccionais nas extremidades da barra, referidos ao sistema local e não na convenção clássica de sinais de esforços seccionais.

Completa-se, assim, a formulação de análise de estrutura em barras biengastadas sob ações externas quaisquer, pelo método dos deslocamentos em formulação matricial.

Exemplo 2.12 – Determinam-se as forças nodais combinadas do pórtico representado na Figura E2.12a juntamente com a numeração global dos deslocamentos nodais e a numeração das barra.

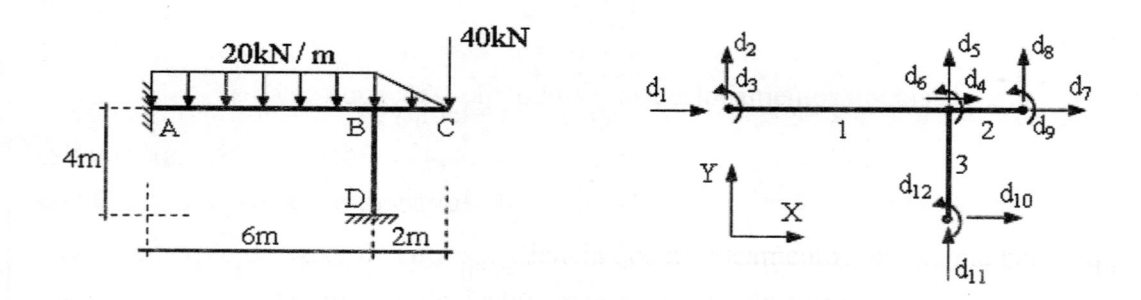

Figura E2.12a *– Pórtico plano com ações externas em barras.*

Com as notações da Figura E2.12b e a Tabela 2.1, obtêm-se os esforços de engastamento perfeito:

$$M_{A1} = -M_{B1} = \frac{20 \cdot 6^2}{12} = 60,0\text{kN} \cdot \text{m} \quad , \quad R_{A1} = R_{B1} = \frac{20 \cdot 6}{2} = 60,0\text{kN}$$

$$M_{B2} = \frac{20 \cdot 2^2}{20} = 4,0 \text{kN} \cdot \text{m} \qquad , \qquad M_{C2} = -\frac{20 \cdot 2^2}{30} = -2,6667 \text{kN}$$

$$R_{B2} = \frac{7 \cdot 20 \cdot 2}{20} = 14,0 \text{kN} \qquad , \qquad R_{C2} = \frac{3 \cdot 20 \cdot 2}{20} = 6,0 \text{kN}$$

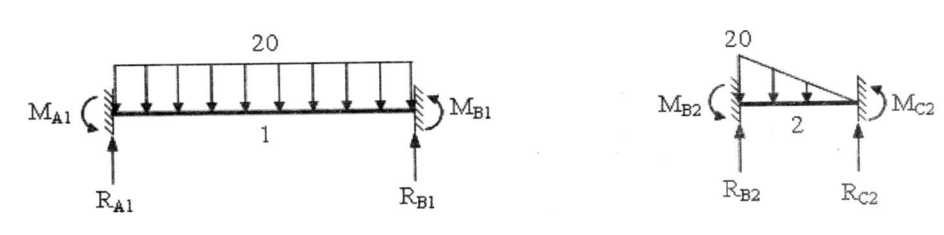

Figura E2.12b – Esforços de engatamento perfeito.

Logo, obtêm-se as forças nodais combinadas representadas na Figura E2.12c. Ao se analisar o pórtico com essas forças, obtêm-se os deslocamentos nodais e as reações de apoio do pórtico com o carregamento original

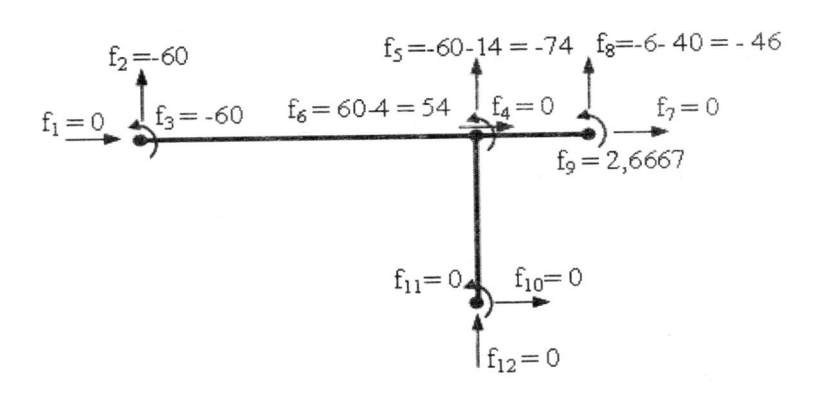

Figura E2.12c – Forças nodais combinadas.

2.7 – Panorama do método dos deslocamentos

No item 2.2 foi apresentado o algoritmo 2.28 de formação da matriz de rigidez não restringida a partir das matrizes de rigidez das barras e exemplificou-se o método dos deslocamentos quando da atuação apenas de forças nodais. Nos itens 2.3.2 e 2.3.3 mostrou-se como introduzir as condições geométricas de contorno sem alterar a ordem de numeração dos deslocamentos nodais. No item 2.4 tratou-se da transformação do sistema de equações de barra no referencial local para o referencial global, cuja matriz de rigidez de barra biengastada foi apresentada no item 2.5. Completando a seqüência de etapas do método dos deslocamentos, no item anterior mostrou-se como levar em conta ações externas aplicadas em barra e como obter os esforços nas extremidades de barra uma vez que tenham sido determinados os deslocamentos nodais. A seguir, apresenta-se essa seqüência na forma de algoritmo, para uma visão geral de implementação do método dos deslocamentos.

Inicialização da matriz $\underset{\sim}{K}$ e do vetor $\underset{\sim}{f}$ com valores nulos.

i=1, 2, ... até o número de barras

Cálculo da matriz de rotação da i-ésima barra, $\underset{\sim}{R}^i$.

Cálculo do vetor dos esforços de engastamento perfeito dessa barra, $\underset{\sim}{a}^i_{LS}$.

Transformação desses esforços para o referencial global $\underset{\sim}{a}^i_{GS} = \underset{\sim}{R}^{i^t} \underset{\sim}{a}^i_{LS}$.

Determinação do vetor de correspondência dos deslocamentos dessa barra, $\underset{\sim}{q}^i$.

j =1, 2, ... até o número de deslocamentos nodais da barra

$f_{q^i_j} = f_{q^i_j} - a^i_{GSj}$ (vetor global das forças nodais equivalentes)

Cálculo da matriz de rigidez da i-ésima barra no referencial local, $\underset{\sim}{k}^i_L$.

Transformação dessa matriz para o referencial global, $\underset{\sim}{k}^i_G = \underset{\sim}{R}^{i^t} \underset{\sim}{k}^i_L \underset{\sim}{R}^i$.

j =1, 2, ... até o número de deslocamentos nodais da barra

k =1, 2, ... até o número de deslocamentos nodais da barra

$K_{q^i_j,q^i_k} = K_{q^i_j,q^i_k} + k^i_{G_{j,k}}$ (Matriz de rigidez não restringida)   (2.83)

Montagem do vetor de forças nodais combinadas, $\underset{\sim}{f}$.

Introdução das condições geométricas de contorno em $\underset{\sim}{K}$ e $\underset{\sim}{f}$.

Resolução do sistema de equações, obtendo-se os deslocamentos nodais $\underset{\sim}{d}$.

Cálculo das reações de apoio.

i=1, 2, ... até o número de barras

Determinação do vetor de correspondência dos deslocamentos da i-ésima barra, $\underset{\sim}{q}^i$.

j =1, 2, ... até o número de deslocamentos nodais da barra

$u^i_{G_j} = d_{q^i_j}$ (deslocamentos nodais da i-ésima barra)

Cálculo da matriz de rotação da i-ésima barra barra, $\underset{\sim}{R}^i$.

Transformação do vetor $\underset{\sim}{u}^i_G$ para o referencial local, $\underset{\sim}{u}^i_L = \underset{\sim}{R}^i \underset{\sim}{u}^i_G$.

Cálculo dos esforços de engastamento perfeito da i-ésima barra, $\underset{\sim}{a}^i_{LS}$.

Cálculo da matriz de rigidez da i-ésima barra barra no referencial local, $\underset{\sim}{k}^i_L$.

Obtenção dos esforços nodais finais da i-ésima barra barra, $\underset{\sim}{a}^i_{LF} = \underset{\sim}{k}^i_L \underset{\sim}{u}^i_L + \underset{\sim}{a}^i_{LS}$.

Exemplo 2.13 – Utiliza-se o algoritmo anterior em análise de pórticos planos solicitados por forças nodais, por forças uniformemente distribuídas ao longo do comprimento de barra e por deslocamentos prescritos. Adotam-se os dados do pórtico representado na Figura E2.13a onde também estão indicadas as numerações dos nós, das barras e dos deslocamentos nodais.

Por simplicidade, as forças nodais e as reações de apoio são armazenadas nas matrizes retangulares fnodais e r, respectivamente, com a i-ésima linha dizendo respeito ao ponto nodal de ordem i, e as colunas com valores na mesma ordem que os graus de liberdade em ponto nodal. Semelhantemente, os esforços seccionais nas extremidades das barras são calculados na matriz retangular aF em que a i-ésima linha diz respeito à i-ésima barra, e as colunas com valores na mesma ordem que os deslocamentos nodais da barra. Além disso, por simplicidade, desconsiderou-se o efeito da deformação de força cortante, adotou-se a técnica do número grande na consideração das condições geométricas de contorno e utilizou-se a equação 2.32 no cálculo das reações de apoio armazenadas na matriz r.

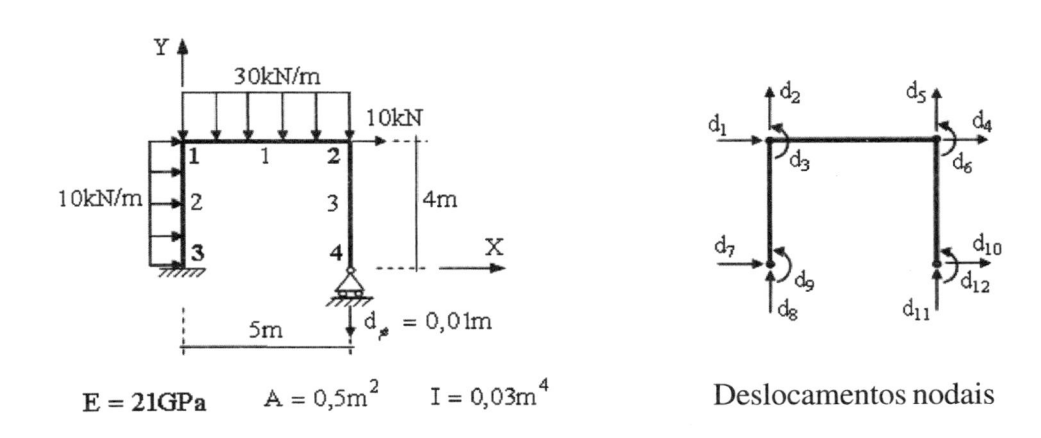

Figura E2.13a - Pórtico plano.

Dados:

Número de pontos nodais:

$$nnos := 4$$

Coordenadas dos pontos nodais:

$$coord := \begin{pmatrix} 0 & 4 \\ 5 & 4 \\ 0 & 0 \\ 5 & 0 \end{pmatrix}$$

Número de barras:

$$nbarras := 3$$

Matriz de conectividade:

$$M := \begin{pmatrix} 1 & 2 \\ 3 & 1 \\ 4 & 2 \end{pmatrix}$$

Áreas das seções das barras:

$$A := \begin{pmatrix} 0.5 \\ 0.5 \\ 0.5 \end{pmatrix}$$

Momentos de inércia das seções das barras:

$$I := \begin{pmatrix} 0.03 \\ 0.03 \\ 0.03 \end{pmatrix}$$

Módulo de elasticidade:

$$E := 2.1 \cdot 10^7$$

Vetor das forças nodais:

$$fnodais := \begin{pmatrix} 0 & 0 & 0 \\ 10 & 0 & 0 \\ 0 & 0 & 0 \\ 0 & 0 & 0 \end{pmatrix}$$

Forças distribuídas nas barras:

$$p := \begin{pmatrix} -30. \\ -10 \\ 0 \end{pmatrix}$$

Matriz de direções restringidas:

$$dirr := \begin{pmatrix} 0 & 0 & 0 \\ 0 & 0 & 0 \\ 1 & 1 & 1 \\ 0 & 1 & 0 \end{pmatrix}$$

Matriz dos deslocamentos prescritos:

$$dprescr := \begin{pmatrix} 0 & 0 & 0 \\ 0 & 0 & 0 \\ 0 & 0 & 0 \\ 0 & -0.01 & 0 \end{pmatrix}$$

Número de deslocamento por ponto nodal:

$$g := 3$$

ORIGIN 1

Número grande:

$$Ng := 10^{15}$$

Função comprimento de barra:

$$L(i) := \sqrt{\left[{}^{coord}(M_{i,2},1) - {}^{coord}(M_{i,1},1) \right]^2 + \left[{}^{coord}(M_{i,2},2) - {}^{coord}(M_{i,1},2) \right]^2}$$

Função esforços de engastamento perfeito de barra:

$$aL(i) := \begin{vmatrix} aL_1 \leftarrow 0 \\ \\ aL_4 \leftarrow 0 \\ \\ aL_2 \leftarrow -\dfrac{p_i \cdot L(i)}{2} \\ \\ aL_5 \leftarrow aL_2 \\ \\ aL_3 \leftarrow -\dfrac{p_i \cdot L(i)^2}{12} \\ \\ aL_6 \leftarrow -aL_3 \\ \\ aL \end{vmatrix}$$

Função matriz de rigidez de barra de pórtico:

$$k(i) := \begin{pmatrix} \dfrac{E \cdot A_i}{L(i)} & 0 & 0 & -\dfrac{E \cdot A_i}{L(i)} & 0 & 0 \\ \\ 0 & \dfrac{12 \cdot E \cdot I_i}{L(i)^3} & \dfrac{6 \cdot E \cdot I_i}{L(i)^2} & 0 & \dfrac{12 \cdot E \cdot I_i}{L(i)^3} & \dfrac{6 \cdot E \cdot I_i}{L(i)^2} \\ \\ 0 & \dfrac{6 \cdot E \cdot I_i}{L(i)^2} & \dfrac{4 \cdot E \cdot I_i}{L(i)} & 0 & -\dfrac{6 \cdot E \cdot I_i}{L(i)^2} & \dfrac{2 \cdot E \cdot I_i}{L(i)} \\ \\ -\dfrac{E \cdot A_i}{L(i)} & 0 & 0 & \dfrac{E \cdot A_i}{L(i)} & 0 & 0 \\ \\ 0 & -\dfrac{12 \cdot E \cdot I_i}{L(i)^3} & -\dfrac{6 \cdot E \cdot I_i}{L(i)^2} & 0 & \dfrac{12 \cdot E \cdot I_i}{L(i)^3} & -\dfrac{6 \cdot E \cdot I_i}{L(i)^2} \\ \\ 0 & \dfrac{6 \cdot E \cdot I_i}{L(i)^2} & \dfrac{2 \cdot E \cdot I_i}{L(i)} & 0 & -\dfrac{6 \cdot E \cdot I_i}{L(i)^2} & \dfrac{4 \cdot E \cdot I_i}{L(i)} \end{pmatrix}$$

Função matriz de rotação de barra de pórtico:

$$
R(i) := \begin{array}{|l}
\text{for } ii \in 1..2 \cdot g \\
\quad \text{for } jj \in 1..2 \cdot g \\
\qquad R_{ii,jj} \leftarrow 0 \\[4pt]
R_{1,1} \leftarrow \dfrac{\text{coord}\left(M_{i,2},1\right) - \text{coord}\left(M_{i,1},1\right)}{L(i)} \\[8pt]
R_{1,2} \leftarrow \dfrac{\text{coord}\left(M_{i,2},2\right) - \text{coord}\left(M_{i,1},2\right)}{L(i)} \\[8pt]
R_{2,1} \leftarrow -R_{1,2} \\[4pt]
R_{2,2} \leftarrow R_{1,1} \\[4pt]
R_{3,3} \leftarrow 1 \\[4pt]
\text{for } ii \in 1..g \\
\quad \text{for } jj \in 1..g \\
\qquad R_{3+ii,3+jj} \leftarrow R_{ii,jj} \\[4pt]
R
\end{array}
$$

Função vetor de correspondência de barra:

$$
q(i) := \begin{array}{|l}
z \leftarrow 0 \\
\text{for } j \in 1..2 \\
\quad \text{for } jk \in 1..g \\
\qquad \begin{array}{|l} z \leftarrow z + 1 \\ m \leftarrow g \cdot \left(M_{i,j} - 1\right) + jk \\ q_z \leftarrow m \end{array} \\[4pt]
q
\end{array}
$$

Vetor de forças nodais equivalentes:

$$
fne := \begin{array}{|l}
\text{for } i \in 1..g \cdot nnos \\
\quad fne_i \leftarrow 0. \\
\text{for } i \in 1..nbarras \\
\quad \begin{array}{|l}
aG \leftarrow R(i)^{T} \cdot aL(i) \\
qi \leftarrow q(i) \\
\text{for } j \in 1..2 \cdot g \\
\quad fne_{\left(qi_j\right)} \leftarrow fne_{\left(qi_j\right)} - aG_j
\end{array} \\[4pt]
fne
\end{array}
$$

Vetor de forças nodais combinadas:

$$f := \begin{array}{|l} \text{for } i \in 1..\,g\cdot nnos \\ \quad f_i \leftarrow fne_i \\ \text{for } i \in 1..\,nnos \\ \quad \text{for } j \in 1..\,g \\ \quad\quad f_{(i-1)\cdot g+j} \leftarrow f_{(i-1)\cdot g+j} + fnodais_{i,\,j} \\ f \end{array}$$

Matriz de rigidez não restringida:

$$K := \begin{array}{|l} \text{for } i \in 1..\,g\cdot nnos \\ \quad \text{for } j \in 1..\,g\cdot nnos \\ \quad\quad K_{i,\,j} \leftarrow 0 \\ \text{for } i \in 1..\,nbarras \\ \quad\begin{array}{|l} ki \leftarrow R(i)^T k(i)\cdot R(i) \\ qi \leftarrow q(i) \\ \text{for } j \in 1..\,2\cdot g \\ \quad \text{for } jk \in 1..\,2\cdot g \\ \quad\quad K_{(qi_j,\,qi_{jk})} \leftarrow K_{(qi_j,\,qi_{jk})} + ki_{j,\,jk} \end{array} \\ K \end{array}$$

Técnica do número grande, no que se refere à modificação da matriz de rigidez:

$$KNg := \begin{array}{|l} \text{for } i \in 1..\,g\cdot nnos \\ \quad \text{for } j \in 1..\,g\cdot nnos \\ \quad\quad KNg_{i,\,j} \leftarrow K_{i,\,j} \\ \text{for } ii \in 1..\,nnos \\ \quad \text{for } jj \in 1..\,g \\ \quad\quad KNg_{g\cdot(ii-1)+jj,\,g\cdot(ii-1)+jj} \leftarrow KNg_{g\cdot(ii-1)+jj,\,g\cdot(ii-1)+jj} + Ng \ \text{ if } dirr_{ii,\,jj} = 1 \\ KNg \end{array}$$

Técnica do número grande, no que se refere à modificação do vetor das forças nodais:

$$fNg := \begin{array}{|l} \text{for } ii \in 1..\,nnos \\ \quad \text{for } jj \in 1..\,g \\ \quad\quad\begin{array}{|l} fNg_{g\cdot(ii-1)+jj} \leftarrow f_{g\cdot(ii-1)+jj} + Ng\cdot dprescr_{ii,\,jj} \ \text{ if } dirr_{ii,\,jj} = 1 \\ fNg_{g\cdot(ii-1)+jj} \leftarrow f_{g\cdot(ii-1)+jj} \ \text{ otherwise} \end{array} \\ fNg \end{array}$$

Deslocamentos nodais:
$$d := KNg^{-1} \cdot fNg$$

Reações de apoio:

$$r := \begin{vmatrix} \text{for } i \in 1.. \, g \cdot nnos \\[4pt] \quad rr_i \leftarrow 0 \\[4pt] \quad \text{for } j \in 1.. \, g \cdot nnos \\[4pt] \qquad rr_i \leftarrow rr_i + K_{i,j} \cdot d_j \\[4pt] \text{for } i \in 1.. \, nnos \\[4pt] \quad \text{for } j \in 1.. \, g \\[4pt] \qquad \text{if } dirr_{i,j} = 1 \\[4pt] \qquad \quad r_{i,j} \leftarrow rr_{g \cdot (i-1)+j} - fne_{g \cdot (i-1)+j} \\[4pt] \qquad \quad r_{i,j} \leftarrow r_{i,j} - fnodais_{i,j} \\[4pt] \qquad r_{i,j} \leftarrow 0 \text{ otherwise} \\[4pt] r \end{vmatrix}$$

$$r = \begin{pmatrix} 0 & 0 & 0 \\ 0 & 0 & 0 \\ -50 & 118.251 & 336.253 \\ 0 & 31.749 & 0 \end{pmatrix}$$

Esforços de extremidade das barras:

$$aF := \begin{vmatrix} \text{for } i \in 1.. \, nbarras \\[4pt] \quad qi \leftarrow q(i) \\[4pt] \quad \text{for } j \in 1.. \, 2 \cdot g \\[4pt] \qquad uG_j \leftarrow d_{(qi_j)} \\[4pt] \quad uL \leftarrow R(i) \cdot uG \\[4pt] \quad aLF \leftarrow k(i) \cdot uL + aL(i) \\[4pt] \quad \text{for } j \in 1.. \, 2 \cdot g \\[4pt] \qquad aF_{i,j} \leftarrow aLF_j \\[4pt] aF \end{vmatrix}$$

$$aF = \begin{pmatrix} -10 & 118.251 & 216.253 & 10 & 31.749 & 4.334 \times 10^{-13} \\ 118.251 & 50 & 336.253 & -118.251 & -10 & -216.253 \\ 31.749 & 0 & 0 & -31.749 & 0 & 0 \end{pmatrix}$$

Vale observar que as forças nodais equivalentes e as forças nodais externas, que se descarregam diretamente nos apoios, foram contabilizadas no cálculo das reações. Os esforços seccionais nas extremidades das barras, calculados anteriormente e exibidos na matriz aF conferem as reações de apoio calculadas e estão representados na parte superior da Figura E2.13b, tendo-se em conta o referencial local de cada barra. A partir desses resultados e das forças distribuídas nas barras, obtêm-se os diagramas de esforços seccionais representados na parte inferior dessa figura com a convenção clássica de sinais.

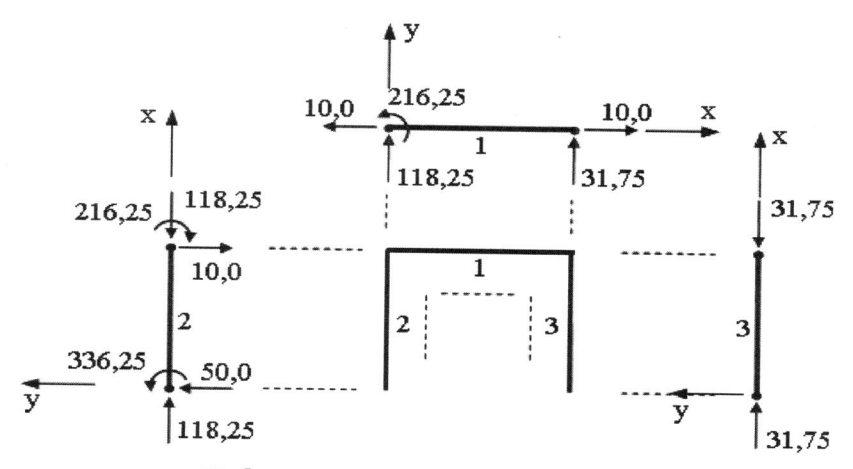

Esforços nas extremidades das barras

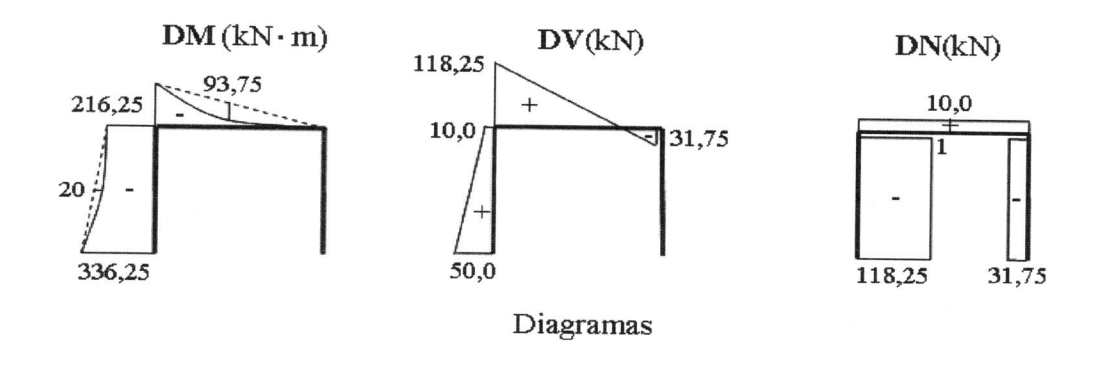

Diagramas

***Figura E2.13b** – Esforços seccionais do pórtico da Figura E2.13a.*

No item 2.3.3 informou-se que deslocamento prescrito não nulo pode ser levado em consideração através do procedimento das forças nodais equivalentes. Para isso, impõe-se deformação nas barras conectadas ao apoio em questão e utiliza-se a técnica do número grande de condições geométricas de contorno como se o deslocamento prescrito fosse nulo. Para aplicar esse procedimento ao caso do pórtico da Figura E2.13a em que se tem o deslocamento prescrito vertical de 0,01m na extremidade inferior da barra 3, calcula-se o esforço de engastamento perfeito para provocar um alongamento nessa barra igual a esse deslocamento:

$$F = d_\ell \cdot \left(\frac{EA}{\ell}\right)^{i=3} = 0,01 \cdot \frac{2,1\cdot 10^7 \cdot 0,5}{4} = 2,625\cdot 10^4\, kN$$

A seguir, aplica-se esse esforço em sentido contrário nas extremidades dessa barra, como mostra-do na Figura E2.13c. Utilizando o carregamento indicado nessa figura e o programa anterior, obtêm-se os mesmos resultados, a menos da diferença de $2,625 \cdot 10^4$ kN na força normal da barra 3. Para se obter automaticamente a força normal correta nessa barra, basta modificar o vetor de deslocamentos calcula-do, fazendo $d_{11} = -0,01$ antes do cálculo dos esforços nas extremidades das barras.

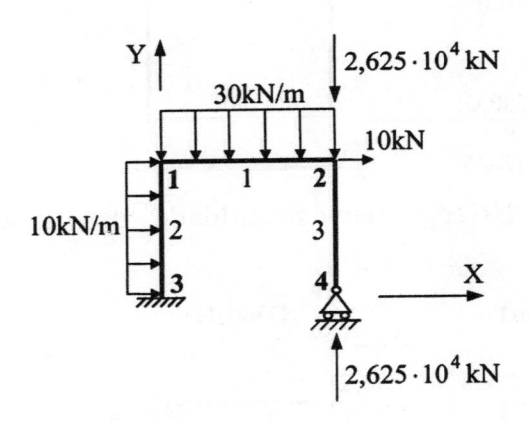

***Figura E2.13c** – Pórtico com forças nodais equivalentes ao recalque de apoio.*

2.8 - Exercícios propostos

2.8.1   Para a associação de molas em série representada na Figura 2.23, obtenha o sistema de equações de equilíbrio do método dos deslocamentos. Em seqüência, arbitrando valores para as forças f_1 e f_2, e para o coeficiente de mola k, e considerando os deslocamentos d_3 e d_4 nulos, determine os esforços desenvolvidos nas molas. Idem, arbitrando valores para os deslocamentos d_3 e d_4.

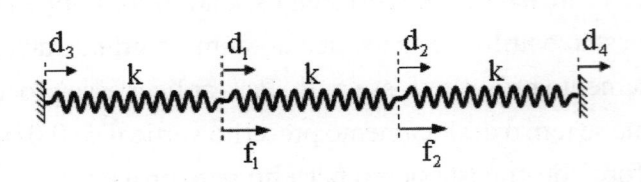

***Figura 2.23** – Associação de molas.*

2.8.2 Para a associação de molas representada na Figura 2.24, arbitrando valores para as forças f_1 e f_2, e para o coeficiente de mola k, determine os esforços desenvolvidos nas molas.

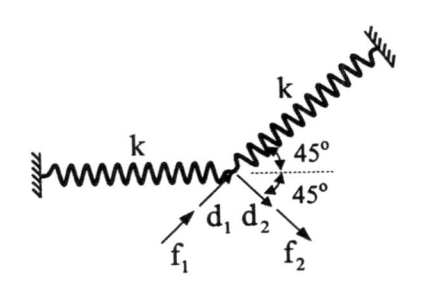

Figura 2.24 – Associação de molas.

2.8.3 Considere-se, como representado na Figura 2.25, a fundação em dois blocos rígidos sobre base elástica de Winkler de coeficiente de mola k (em unidade de força por unidade de comprimento ao cubo) ligados por viga de base b, altura h e módulo de elasticidade E. Para os deslocamentos indicados, desconsiderando deformação de força cortante, determine a matriz de rigidez do sistema.

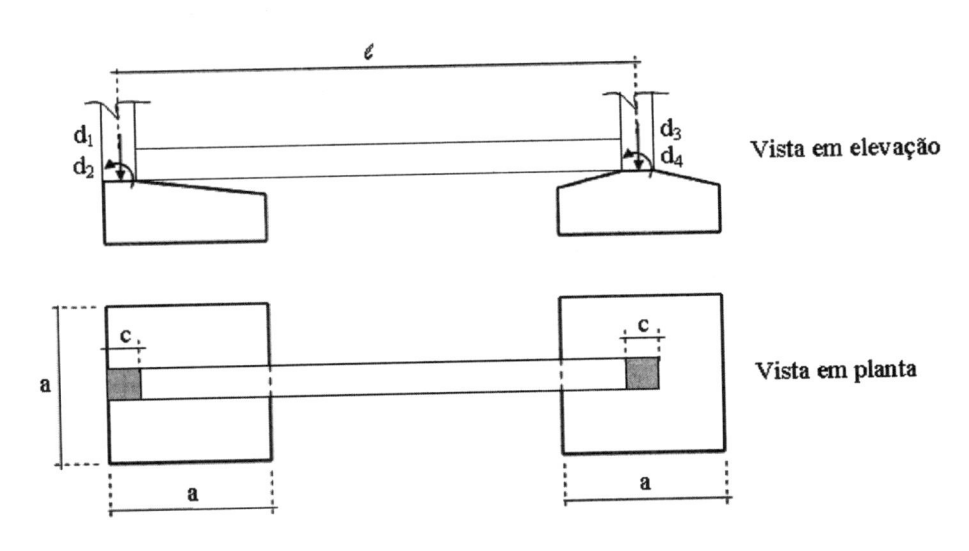

Figura 2.25 – Fundação sobre base elástica.

2.8.4   Em procedimento de superposição direta das contribuições de rigidez das barras, obtenha a matriz de rigidez da viga representada na Figura 2.26a, em que as barras têm idênticas propriedades elásticas e geométricas. Arbitrando valores numéricos para ℓ, para essas propriedades, para os momentos nodais e um valor muito grande para o coeficiente de mola k, confira os resultados em termos de deslocamentos nodais utilizando o programa do Exemplo 2.6. Idem, para a viga representada na Figura 2.26b.

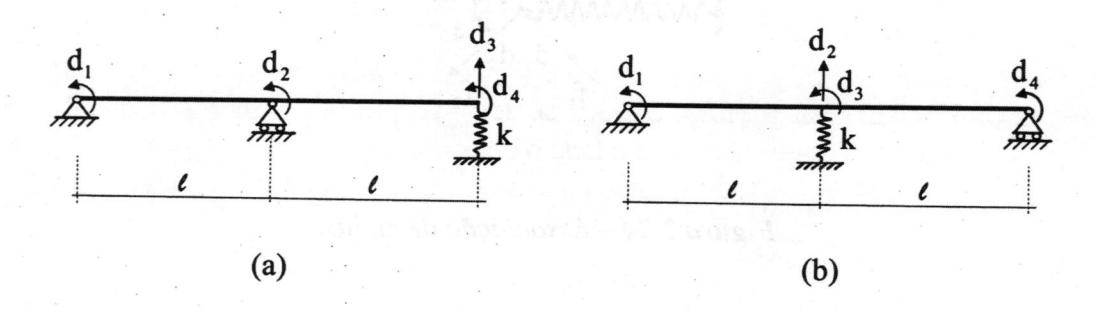

Figura 2.26 – Vigas.

2.8.5   Utilizando o procedimento de superposição direta das contribuições de rigidez das barras, obtenha a matriz de rigidez restringida da treliça representada na Figura 2.27a em que as barras têm comprimentos idênticos, e as mesmas propriedades elásticas e geométricas. Em seqüência, obtenha esse mesmo sistema utilizando a matriz de correspondência de deslocamentos $\underset{\sim}{\alpha}^{i}$. Arbitre valores numéricos para aqueles comprimentos e propriedades, e confira essa matriz com o programa do Exemplo 2.11. Arbitre forças nodais externas e determine os correspondentes esforços nas barras. Confira esses resultados com o citado programa. Idem, para a treliça da Figura 2.27b.

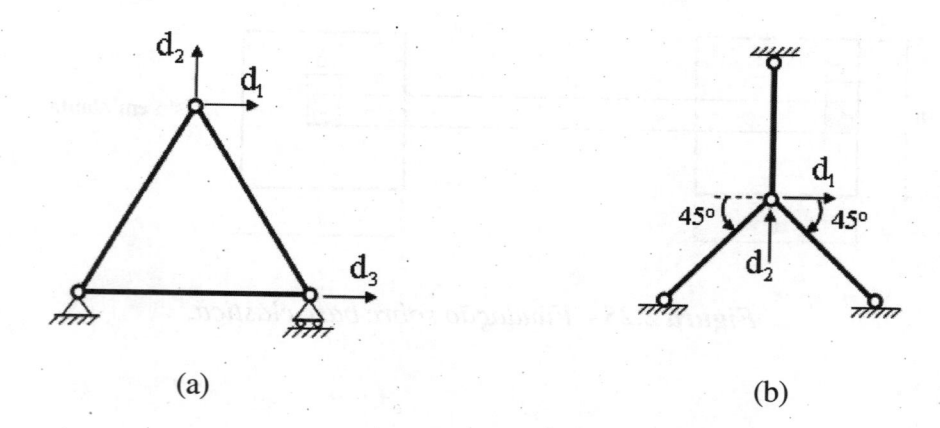

Figura 2.27 – Treliças.

2.8.6 Utilizando o procedimento de superposição direta das contribuições de rigidez das barras, analise a treliça representada na Figura 2.28a em que as barras têm: $A = 15,0\text{cm}^2$ e $E = 205\text{GPa}$. Confira os resultados utilizando o programa do Exemplo 2.11. Idem, para a treliça representada na Figura 2.28b. Obtenha a energia de deformação dessas treliças e verifique que $K_{pq} = \dfrac{\partial^2 U}{\partial d_p\, \partial d_q}$, para p e q igual a 1 e 2.

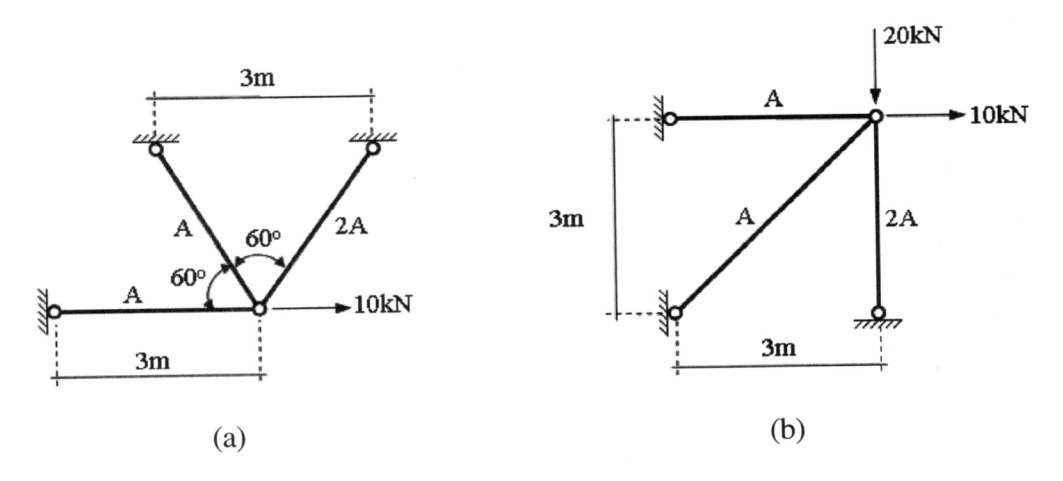

(a)   (b)

Figura 2.28 – *Treliças.*

2.8.7 Nas treliças da Figura 2.29 em que todas as barras têm $A = 25\text{cm}^2$ e $E = 205\text{GPa}$, as barras AB foram montadas a partir do comprimento inicial de 5,005m. Determine com o programa do Exemplo 2.11, os esforços introduzidos nas treliças.

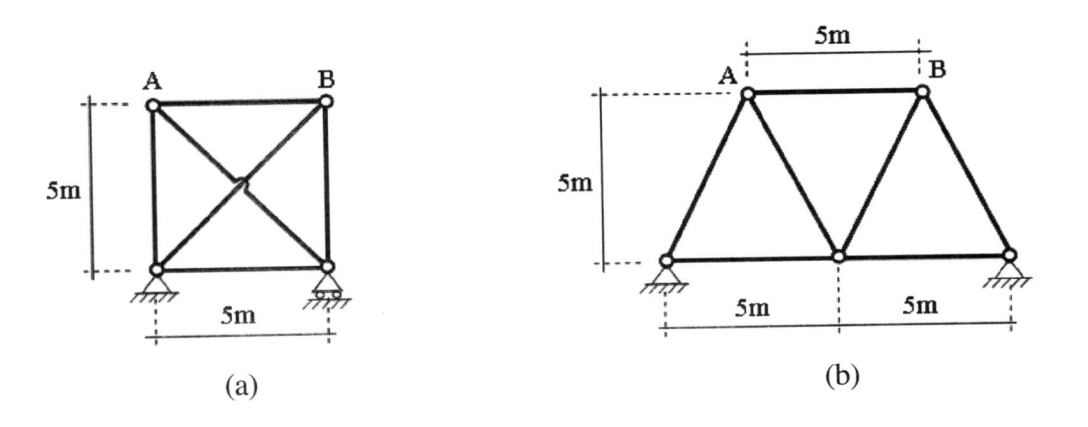

(a)   (b)

Figura 2.29 – *Treliças.*

2.8.8 Em procedimento de superposição direta das contribuições de rigidez das barras e desconsiderando o efeito de deformação de força cortante, obtenha o sistema de equações de equilíbrio restringido do pórtico representado na Figura 2.30a em que as barras têm $I = 0,03m^4$, $A = 0,5m^2$ e $E = 20GPa$. Resolva esse sistema, obtendo-se os deslocamentos nodais livres e, a partir desses, determine os momentos fletores nas extremidades das barras. Confira esses resultados utilizando o programa do Exemplo 2.13 e trace os correspondentes diagramas de esforços seccionais. Idem, para o pórtico da Figura 2.30b.

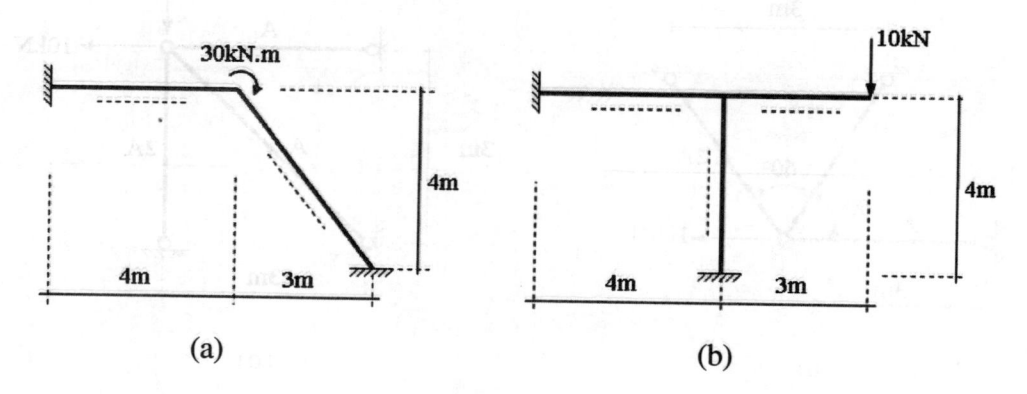

Figura 2.30. – *Pórticos planos.*

2.8.9 Em procedimento de superposição direta das contribuições de rigidez das barras e desconsiderando deformação de força cortante, obtenha a matriz de rigidez restringida do pórtico representado na Figura 2.31a em que as barras têm idênticos comprimento e propriedades elásticas e geométricas. Arbitre valores numéricos para essas grandezas e confira essa matriz com o programa do Exemplo 2.13. Arbitre valores numéricos para as forças nodais e determine os correspondentes esforços nas barras. Confira esses resultados com o citado programa. Idem, para o pórtico representado na Figura 2.31b.

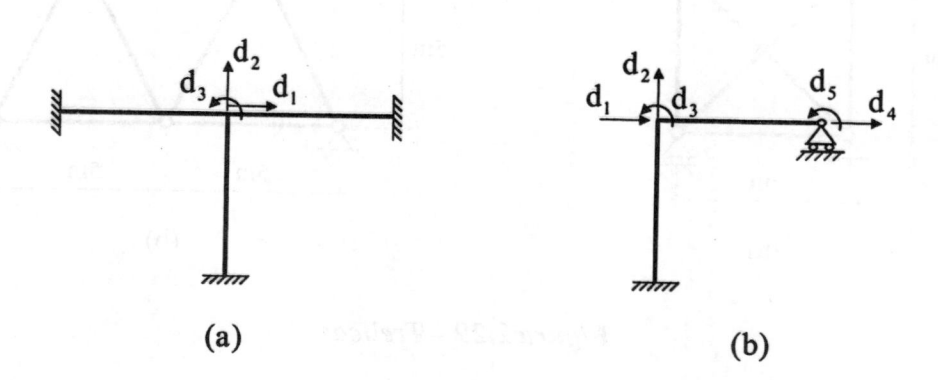

Figura 2.31 – *Pórticos planos.*

2.8.10 Em procedimento de superposição direta das contribuições de rigidez das barras, obtenha o sistema de equações de equilíbrio restringido da viga representada na Figura 2.32a em que as barras têm idênticas propriedades elásticas e geométricas. Arbitrando valores numéricos para ℓ, para a força distribuída p e para essas propriedades, determine os esforços seccionais nas barras. Confira esses resultados utilizando o programa do Exemplo 2.13 e trace os correspondentes diagramas de esforços seccionais. Idem, para a viga da Figura 2.32b.

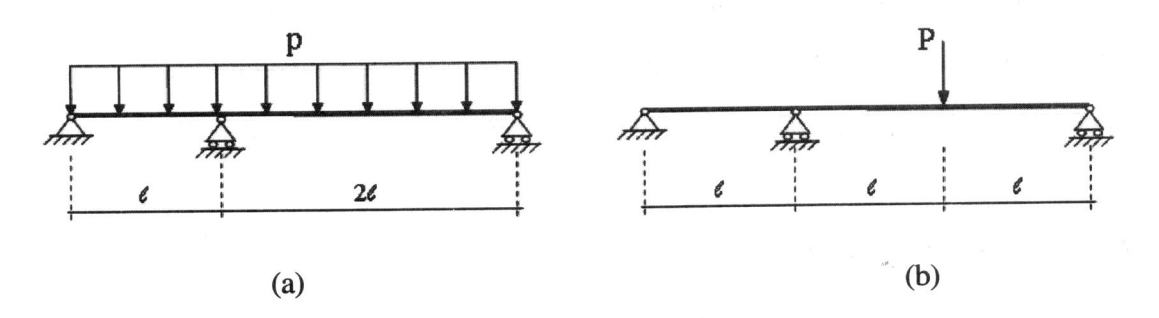

(a)   (b)

***Figura 2.32** – Vigas contínuas.*

2.8.11 Considerando um acréscimo de temperatura de 15°C nas barras horizontais das treliças da Figura 2.28 e o coeficiente de dilação térmica $\alpha = 1{,}2 \cdot 10^{-5} / \,°C$, determine os esforços desenvolvidos nessas treliças.

2.8.12 Utilizando o procedimento das forças nodais equivalentes e o programa do Exemplo 2.13, analise o pórtico da Figura 2.30a considerando gradiente de temperatura de $-18{,}75°\,C/m$ na barra horizontal e gradiente de temperatura de $-12{,}5°\,C/m$ na barra inclinada, para o caso do coeficiente de dilatação térmica $\alpha = 10^{-5} / \,°C$. Os sinais negativos nesses gradientes expressam que as faces superiores das barras têm acréscimos de temperatura e as faces inferiores, decréscimos, com as faces inferiores indicadas pelo tracejado ao lado das barras conforme representado na figura. Trace o correspondente diagrama de momento fletor. Idem para variação uniforme de temperatura de $15°\,C$.

2.8.13 Analise a viga do Exemplo 2.6 com o programa de pórtico plano do Exemplo 2.13 arbitrando área para as seções transversais das barras. Confira os resultados obtidos.

2.8.14 Analise a treliça do Exemplo 2.11 com o programa de pórtico plano do Exemplo 2.13, arbitrando momento de inércia nulo para as barras e restringindo as rotações nodais com apoios fictícios. Interprete o porquê de se obterem resultados corretos.

2.8.15 Modifique o programa do Exemplo 2.11 preparando-o para a consideração de variação uniforme de temperatura em barras de treliça plana.

2.8.16 Modifique o programa do Exemplo 2.11 adaptando-o à análise de treliça espacial.

2.8.17 Modifique o programa do Exemplo 2.13 para incluir o efeito de deformação de força cortante na matriz de rigidez. Analise pórticos com barras de pequena e de grande altura de seção transversal, verificando a influência da deformação dessa força. Tire conclusões.

2.8.18 Modifique o programa do Exemplo 2.13 adaptando-o à análise de grelha.

2.8.19 Faça um resumo comparativo entre o método das forças e o método dos deslocamentos.

2.9 – Questões para reflexão

2.9.1 Por que nem toda matriz de rigidez é a inversa de uma matriz de flexibilidade? Em que condição uma é a inversa da outra? Exemplifique.

2.9.2 Por que os programas comerciais de análise de estrutura não dão preferência ao método das forças? Por que esse método é essencial ao desenvolvimento do método dos deslocamentos? Por que o método dos deslocamentos em formulação matricial é particularmente adequado à implementação automática?

2.9.3 Identifique a dimensão física dos coeficientes de rigidez de barra de pórtico plano a partir de considerações físicas. Por que o coeficiente k_{pq} tem dimensão física distinta do coeficiente k_{qp} muito embora sejam numericamente iguais? O fato da matriz de rigidez ser simétrica oferece alguma vantagem? Por quê?

2.9.4 Por que é mais preciso dizer que o coeficiente de rigidez K_{pq} *é numericamente igual* à força restritiva na direção p quando se impõe deslocamento unitário na direção q, mantidos nulos todos os demais deslocamentos, do que dizer que o referido coeficiente *é igual* à referida força restritiva?

2.9.5 Admitindo-se que não ocorra fenômeno de instabilidade elástica, qual é o número mínimo de deslocamentos nodais a serem prescritos em cada modelo de estruturas em barras para se obter matriz de rigidez não singular? A escolha desses deslocamentos é qualquer? Por que? Exemplifique.

2.9.6 Sendo n o número de pontos nodais e r o número de deslocamentos prescritos (supostos suficientes para impedir os deslocamentos de corpo rígido da estrutura e de suas partes), qual é o número de graus de liberdade em cada um dos modelos de estruturas em barras?

2.9.7 Quais são as condições mecânicas de contorno em cada modelo de estrutura em barras? Como são consideradas essas condições no método dos deslocamentos? Idem, para as condições geométricas de contorno.

2.9.8 A técnica do número grande de consideração de condições geométricas de contorno funciona também em aritmética exata? Por quê? Quais as vantagens dessa técnica em relação à técnica de zeros e um?

2.9.9 Por que no método dos deslocamentos em formulação matricial não se tem distinção entre estruturas deslocáveis e indeslocáveis, como na formulação clássica desse método? Qual a vantagem de não se ter essa distinção?

2.9.10 Por que se utiliza um sistema de referência local em cada barra da estrutura quando se utiliza o método dos deslocamentos em formulação matricial? Por que se transforma o sistema de equações de equilíbrio desse sistema para o referencial global? Esse último referencial precisa ser único? Por quê?

2.9.11 Por que no método dos deslocamentos em formulação matricial se utiliza uma numeração de deslocamentos nodais particular a cada barra da estrutura e uma numeração de deslocamentos nodais para a estrutura como um todo? Por que se faz correspondência entre essas numerações? Exemplifique essa correspondência. Por que essas numerações são seqüenciais?

2.9.12 Como analisar uma estrutura auto-equilibrada com o método dos deslocamentos, uma vez que não se têm condições geométricas de contorno a prescrever? Qual é a conseqüência em termos de representação da deformabilidade da estrutura?

2.9.13 Como analisar pórtico sem considerar a influência da deformação de força normal utilizando implementação do método dos deslocamentos que leva em conta essa deformação?

2.9.14 É possível analisar grelha com o método dos deslocamentos desconsiderando a rigidez de torção das barras? Por quê?

2.9.15 Quais são as condições geométricas de contorno a serem consideradas em eixo de simetrias elástica, geométrica e de carregamento, de pórtico plano, para tornar possível a análise de apenas metade da estrutura? Considere os casos de pórtico plano com e sem barra no eixo de simetria. Idem, para grelha e para treliça plana. Idem, para esses modelos com carregamento anti-simétrico.

CAPÍTULO 3

Método dos deslocamentos – parte II

3.1 – Introdução

No capítulo anterior, fez-se apresentação do método dos deslocamentos em formulação matricial, descrevendo o correspondente sistema de equações de equilíbrio, interpretando o significado físico de seus coeficientes e desenvolvendo aplicações simples do método. O objetivo foi chegar a um panorama desse método e de sua implementação computacional, sem se preocupar com detalhes. Particularidades de tratamento das matrizes de rigidez e dos esforços de engastamento perfeito de barra são apresentadas neste capítulo para propiciar implementações mais amplas. Particularidades da montagem e da resolução do sistema de equações desse método no caso de elevado número de deslocamentos nodais serão apresentadas no próximo capítulo.

Assim, no item 3.2 é descrita a consideração de articulações em extremidade de barra, através de modificação da matriz de rigidez e dos esforços de engastamento perfeito de barra biengastada. Em seqüência, no item 3.3, apresenta-se a abordagem de ligações excêntricas de barra por modificação de barra não excêntrica. Nesse modelo, a extremidade do trecho flexível da barra não coincide com o ponto nodal cujos deslocamentos serão incluídos no sistema global de equações. Já no item 3.4, descreve-se a idealização das lajes de edifício de andares múltiplos como diafragmas. Isso requer a modificação das matrizes de rigidez dos pilares para compatibilizar os seus deslocamentos com os de corpo rígido das lajes. Em continuidade, mostra-se no item 3.5 como considerar apoio inclinado. Para isso, modificam-se as matrizes de rigidez e os esforços de engastamento perfeito das barras ligadas ao apoio, adotando um referencial com a mesma inclinação desse. Completando o estudo das barras, abordam-se no item 3.6 as barras curvas e/ou de seção transversal variável. Nessa abordagem, empregam-se integrações analítica e numérica na obtenção dos correspondentes vetores dos esforços de engastamento perfeito e das matrizes de rigidez. Os sistemas de equações de equilíbrio das barras obtidos em todos esses desenvolvimentos podem, então, ser utilizados na formação do sistema de equações não restringido da estrutura. Nesse último, introduzem-se as condições geométricas de contorno a fim de permitir a sua resolução, com obtenção dos deslocamentos nodais livres. Completando esse capítulo, em sua parte final são propostos exercícios e questões para reflexão.

3.2 – Articulação em extremidade de barra

As barras podem ser ligadas entre si ou com o meio exterior de maneira a permitir deslocamentos relativos entre extremidades de barras ou entre essas extremidades e esse meio, com a suposição de que se anulem os esforços seccionais correspondentes a esses deslocamentos. Essas ligações são ditas *articulações*. Um caso particular é a *rótula* ou *articulação a momento fletor*, que libera rotação de seção transversal de maneira que seja nulo o momento fletor, como ilustra a Foto 3.1 em que se mostra também o detalhamento da ligação. No caso, trata-se de *articulação interna* à estrutura. Têm-se também articulações *externas*, isso é, entre barra(s) e o meio exterior, como o apoio do segundo gênero mostrado na Foto 3.2 e o apoio do primeiro gênero exibido na Foto 3.3, ambos entre uma estrutura de aço e o meio exterior em concreto. Essas últimas articulações podem ser consideradas em análise da estrutura da mesma maneira que as articulações internas, contudo é mais simples considerá-las através de uma das técnicas de condições geométricas de contorno tratadas no item 2.3.

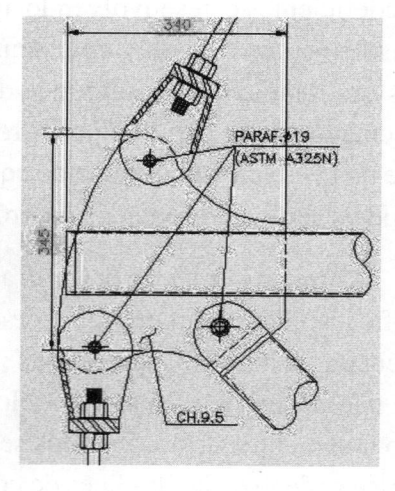

Foto 3.1 – Ligação articulada, cortesia do Engº Calixto Melo, www.rcmproj.com.br.

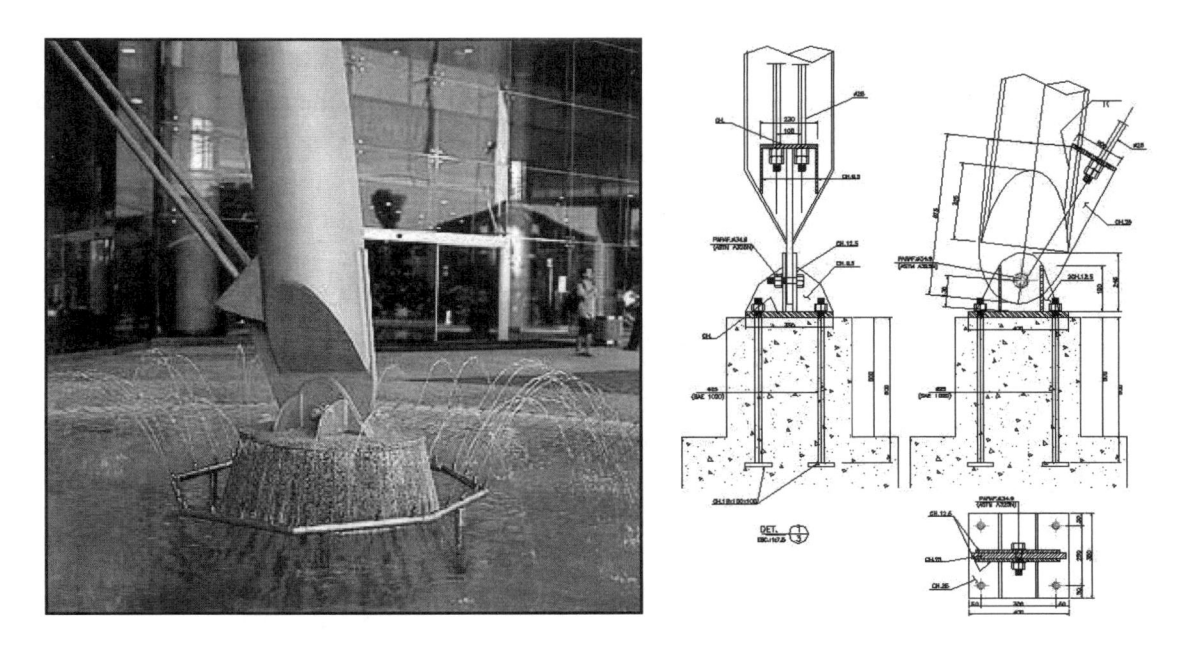

Foto 3.2 – *Apoio articulado simples, cortesia do*
Eng° Calixto Melo, www.rcmproj.com.br.

 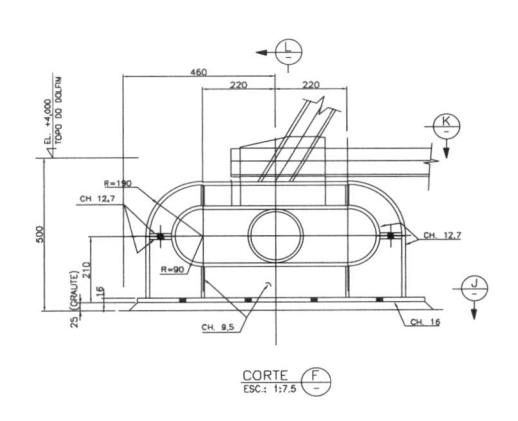

Foto 3.3 – *Apoio do primeiro gênero, cortesia Tecton*
Engenharia Ltda, www.tectonengenharia.com.br.

No sistema físico real, a articulação não costuma ser tão evidente e "perfeita" como nas fotos anteriores, apresentando apenas reduzida capacidade de transmissão de certos esforços seccionais que são supostos nulos para efeito de análise. Esse é o caso da ligação mostrada na Foto 3.4 em que as vigas se apóiam em consolos curtos com "liberdade" de terem pequenos deslocamentos horizontais e pequenas rotações. Articulação pode também ocorrer em seção interna à barra, quando então, para efeito de análise, considera-se a barra dividida em duas novas barras de maneira que a articulação passe a ser na interface dessas novas barras.

Foto 3.4 – *Apoios em consoles curtos, cortesia S.F Engenharia Ltda, www.sfengenharia.com.br.*

A articulação é qualificada como *generalizada* quando anula um esforço que não seja momento fletor e é chamada de *articulação simples* quando anula apenas um esforço seccional. Representações de articulações simples são mostradas na Figura 3.1. Quando a articulação anula mais de um esforço seccional, diz-se *articulação múltipla*.

A limitação de ordem física para consideração de articulações em estrutura estável, é que a estrutura e/ou suas partes não fiquem hipostáticas. No caso de barra de pórtico plano com a numeração de deslocamentos nodais mostrada na Figura 2.15a, por exemplo, a liberação dos deslocamentos $u_{1,L}^i$ e $u_{4,L}^i$; ou $u_{2,L}^i$ e $u_{5,L}^i$; ou $u_{2,L}^i$, $u_{3,L}^i$ e $u_{6,L}^i$; ou $u_{3,L}^i$, $u_{5,L}^i$ e $u_{6,L}^i$ conduz a uma barra hipostática. Em barra de grelha, com a numeração de deslocamentos nodais mostrada na Figura 2.16a, a liberação dos deslocamentos $u_{1,L}^i$ e $u_{4,L}^i$; ou $u_{2,L}^i$ e $u_{5,L}^i$; ou $u_{3,L}^i$, $u_{4,L}^i$ e $u_{6,L}^i$; ou $u_{1,L}^i$, $u_{3,L}^i$ e $u_{6,L}^i$ conduz a uma barra hipostática. Em treliça, por todos os pontos nodais serem rotulados, não tem sentido considerar articulações internas adicionais.

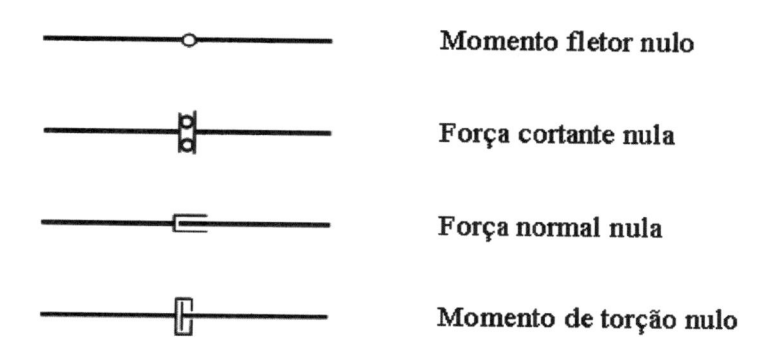

— Momento fletor nulo

— Força cortante nula

— Força normal nula

— Momento de torção nulo

Figura 3.1 – Representações de articulação simples.

Esforço seccional nulo por efeito de articulação em extremidade de barra pode ser levado em consideração diretamente quando da obtenção dos coeficientes de rigidez e dos esforços de engastamento perfeito da barra, utilizando o método das forças. Contudo, em procedimento automático, dado à diversidade de tipos e de combinações de liberações de deslocamentos que podem ocorrer em uma mesma seção transversal, é mais prático modificar a matriz de rigidez e o vetor dos esforços de engastamento perfeito de barra biengastada em seu referencial local. Isso é desenvolvido a seguir, a partir da equação 2.82 que se reescreve:

$$\underset{\sim LF}{a^i} = \underset{\sim L}{k^i}\,\underset{\sim L}{u^i} + \underset{\sim LS}{a^i}$$

A j-ésima equação desse sistema tem a forma:

$$\mathbf{a}_j^i = \sum_{k=1}^{2g} k_{jk}^i u_k^i + a_j^i \tag{3.1}$$

em que $\mathbf{a}_j^i$, a_j^i e u_k^i são, respectivamente, os coeficientes genéricos dos vetores $\underset{\sim LF}{a^i}$, $\underset{\sim LS}{a^i}$, e de $\underset{\sim L}{u^i}$; k_{jk}^i é o coeficiente genérico da matriz $\underset{\sim L}{k^i}$ e 2g é o numero de deslocamentos nodais da barra.

Considerando ℓ a ordem de um deslocamento na numeração local de barra que se deseja liberar, a equação anterior pode ser escrita sob a forma:

$$0 = \sum_{k=1}^{\ell-1} k_{\ell k}^i u_k^i + k_{\ell\ell}^i u_\ell^i + \sum_{k=\ell+1}^{2g} k_{\ell k}^i u_k^i + a_\ell^i$$

onde $\mathbf{a}_\ell^i$ foi feito nulo por ser esforço em direção a ser liberada. Isolando nessa equação o deslocamento u_ℓ^i, obtém-se:

$$u_\ell^i = -\frac{1}{k_{\ell\ell}^i}\left(\sum_{k=1}^{\ell-1} k_{\ell k}^i u_k^i + \sum_{k=\ell+1}^{2g} k_{\ell k}^i u_k^i + a_\ell^i \right) \tag{3.2}$$

Substituindo esse deslocamento na equação 3.1, chega-se, para $j \neq \ell$, à equação:

$$\mathbf{a}_j^i = \sum_{k=1}^{\ell-1} k_{jk}^{i'} u_k^i + \sum_{k=\ell+1}^{2g} k_{jk}^{i'} u_k^i + a_j^{i'} \qquad (3.3)$$

onde adotam-se as notações:

$$\begin{cases} k_{jk}^{i'} = k_{jk}^i - \dfrac{k_{j\ell}^i}{k_{\ell\ell}^i} k_{\ell k}^i \\[4mm] a_j^{i'} = a_j^i - \dfrac{k_{j\ell}^i}{k_{\ell\ell}^i} a_\ell^i \end{cases} \qquad (3.4)$$

Logo, tem-se o algoritmo:

$$\begin{array}{l} j = 1, 2, \ldots \text{ até o número de deslocamentos por barra} \\ \quad \text{Se } j \neq \ell \\ \qquad m = \dfrac{k_{j\ell}^i}{k_{\ell\ell}^i} \\ \qquad k = 1, 2, \ldots \text{ até o número de deslocamentos por barra} \\ \qquad\quad k_{jk}^{i'} = k_{jk}^i - m\, k_{\ell k}^i \\ \qquad a_j^{i'} = a_j^i - m\, a_\ell^i \\ k = 1, 2, \ldots \text{ até o número de deslocamentos por barra} \\ \quad k_{\ell k}^{i'} = 0 \\ \quad a_\ell^{i'} = 0 \end{array} \qquad (3.5)$$

Fez-se, assim, uma simples substituição do deslocamento liberado u_ℓ^i nas demais equações de equilíbrio da barra, como em resolução de sistema de equações algébricas pelo método de eliminação de Gauss, impondo a condição de ser nulo o esforço na direção desse deslocamento. Com isso, a partir do modelo de barra biengastada, obtêm-se $k_{jk}^{i'}$ e $a_j^{i'}$ que são, respectivamente, os coeficientes genéricos da matriz de rigidez $\underset{\sim L}{k^{i'}}$ e do vetor dos esforços de engastamento perfeito $\underset{\sim LS}{a^{i'}}$, da barra com a referida liberação. As ℓ-ésimas linha e coluna dessa matriz e o ℓ-ésimo termo desse vetor ficam anulados, e o sistema de equações de equilíbrio da barra se escreve com a notação modificada:

$$\underset{\sim LF}{a^{i'}} = \underset{\sim L}{k^{i'}}\, \underset{\sim L}{u^i} + \underset{\sim LS}{a^{i'}} \qquad (3.6)$$

Essa matriz e esse vetor podem então, ser utilizados na montagem do sistema de equações não restringido da estrutura, como no procedimento apresentado para barra biengastada. Após a introdução das condições geométricas de contorno nesse sistema, obtêm-se os deslocamentos nodais a menos do deslocamento que foi liberado. Esse deslocamento pode ser obtido através da equação 3.2, contudo, como ele não é necessário para o cálculo dos esforços seccionais nas extremidades da barra em questão, não costuma ser disponibilizado pelos sistemas computacionais de análise.

Para a liberação de mais de um deslocamento nodal em uma mesma barra, basta repetir o algoritmo anterior com os novos valores de ℓ designadores das ordens desses deslocamentos, evitando a modificação das linhas de ordens coincidentes com as ordens de deslocamentos liberados em ciclos anteriores. A ocorrência de um coeficiente $k_{jj}^{i'}$ nulo, sem que o deslocamento de ordem j tenha sido liberado em um ciclo anterior, é indicativo de que o conjunto de liberações conduz a uma barra hipostática. Em implementação computacional, os coeficientes k_{jk}^{i} e $k_{jk}^{i'}$, assim como a_j^i e $a_j^{i'}$, podem ter as mesmas designações, de maneira a ocuparem as mesmas posições de memória. A identificação de hipostaticidade de parte da estrutura ou da estrutura como um todo, por introdução de articulações em excesso, pode ser feita quando da resolução do sistema de equações da estrutura, como será mostrado no próximo capítulo.

Exemplo 3.1 – Utilizando o algoritmo 3.5, faz-se a liberação das rotações nodais da barra biengastada representada na Figura E3.1, de propriedades $E = 2,1 \cdot 10^7 \, kN/m^2$, $A = 0,5 m^2$ e $I = 0,03 m^4$, transformando-a em barra biarticulada.

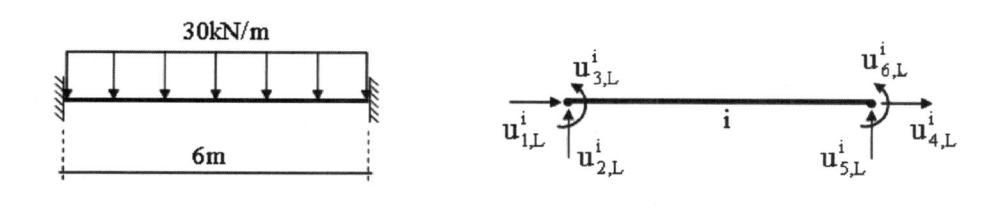

Deslocamentos nodais

Figura E3.1 – Barra biengastada sob força uniformemente distribuída.

A partir da equação 2.71 e desconsiderando, por simplicidade, deformação de força cortante, obtém-se a matriz de rigidez da barra biengastada:

$$
\underset{\sim L}{k^i} =
\begin{bmatrix}
1,75 \cdot 10^6 & 0 & 0 & -1,75 \cdot 10^6 & 0 & 0 \\
0 & 3,5 \cdot 10^4 & 1,5 \cdot 10^5 & 0 & -3,5 \cdot 10^4 & 1,5 \cdot 10^5 \\
0 & 1,5 \cdot 10^5 & 4,2 \cdot 10^5 & 0 & -1,5 \cdot 10^5 & 2,1 \cdot 10^5 \\
-1,75 \cdot 10^6 & 0 & 0 & 1,75 \cdot 10^6 & 0 & 0 \\
0 & -3,5 \cdot 10^4 & -1,5 \cdot 10^5 & 0 & 3,5 \cdot 10^4 & -1,5 \cdot 10^5 \\
0 & 1,5 \cdot 10^5 & 2,1 \cdot 10^5 & 0 & -1,5 \cdot 10^5 & 4,2 \cdot 10^5
\end{bmatrix}
$$

Utilizando a Tabela 2.1, obtém-se o vetor dos esforços de engastamento perfeito:

$$\underset{\sim LS}{a^i} = \begin{Bmatrix} 0 \\ 90,0 \\ 90,0 \\ 0 \\ 90,0 \\ -90,0 \end{Bmatrix}$$

Aplicando o algoritmo 3.5 com ℓ igual a 3, obtêm-se:

$$\underset{\sim L}{k^{i'}} = \begin{bmatrix} 1,75\cdot10^6 & 0 & 0 & -1,75\cdot10^6 & 0 & 0 \\ 0 & 8,75\cdot10^3 & 0 & 0 & -8,75\cdot10^3 & 5,25\cdot10^4 \\ 0 & 0 & 0 & 0 & 0 & 0 \\ -1,75\cdot10^6 & 0 & 0 & 1,75\cdot10^6 & 0 & 0 \\ 0 & -8,75\cdot10^3 & 0 & 0 & 8,75\cdot10^3 & -5,25\cdot10^4 \\ 0 & 5,25\cdot10^4 & 0 & 0 & -5,25\cdot10^4 & 3,15\cdot10^5 \end{bmatrix} \quad e \quad \underset{\sim LS}{a^{i'}} = \begin{Bmatrix} 0 \\ 67,5 \\ 0 \\ 0 \\ 112,5 \\ -135,0 \end{Bmatrix}$$

Aplicando novamente o algoritmo 3.5, agora com ℓ igual a 6, obtêm-se:

$$\underset{\sim L}{k^{i'}} = \begin{bmatrix} 1,75\cdot10^6 & 0 & 0 & -1,75\cdot10^6 & 0 & 0 \\ 0 & 0 & 0 & 0 & 0 & 0 \\ 0 & 0 & 0 & 0 & 0 & 0 \\ -1,75\cdot10^6 & 0 & 0 & 1,75\cdot10^6 & 0 & 0 \\ 0 & 0 & 0 & 0 & 0 & 0 \\ 0 & 0 & 0 & 0 & 0 & 0 \end{bmatrix} \quad e \quad \underset{\sim LS}{a^{i'}} = \begin{Bmatrix} 0 \\ 90 \\ 0 \\ 90 \\ 0 \\ 0 \end{Bmatrix}$$

que são resultados de barra de treliça.

Exemplo 3.2 – Modifica-se o programa do Exemplo 2.13 adaptando-o à análise de pórticos planos com articuladas generalizadas. Em particular, adotam-se os dados do pórtico da Figura E3.2 em que se tem rótula no ponto nodal 1 e em que se sabe a priori que o deslocamento prescrito indicado não provoca esforços internos à estrutura.

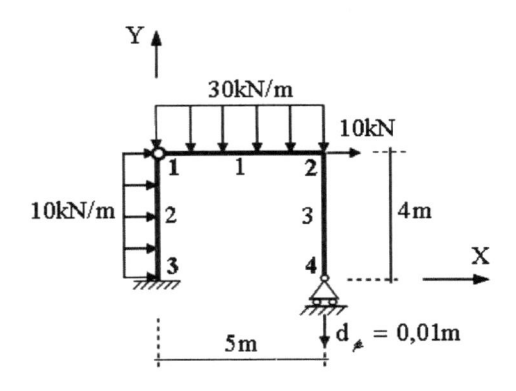

Figura E3.2 – *Pórtico com articulação.*

Adota-se a matriz Libera que especifica em sua i-ésima linha os deslocamentos da barra de ordem i, com o código "1" indicando deslocamento não liberado e o código "0" indicando deslocamento liberado, na ordem de numeração dos deslocamentos nodais da barra. Utilizando essa matriz, o algoritmo 3.5 foi implementado em duas funções separadas, a saber: a função klinha que transforma a matriz de rigidez por consideração de liberações, e a função aLlinha que transforma o vetor dos esforços de engastamento perfeito por consideração de liberações. Além disso, fez-se a modificação da função aF de determinação dos esforços finais nas extremidades das barras, em atendimento à equação 3.6 que também leva em consideração essas liberações.

Dados :

Número de pontos nodais: $\text{nnos} := 4$

Coordenadas dos pontos nodais: $\text{coord} := \begin{pmatrix} 0 & 4 \\ 5 & 4 \\ 0 & 0 \\ 5 & 0 \end{pmatrix}$

Número de barras: $\text{nbarras} := 3$

Matriz de conectividade: $M := \begin{pmatrix} 1 & 2 \\ 3 & 1 \\ 4 & 2 \end{pmatrix}$

Áreas das seções das barras: $A := \begin{pmatrix} 0.5 \\ 0.5 \\ 0.5 \end{pmatrix}$

- 147 -

Momentos de inércia das seções das barras: $\quad I := \begin{pmatrix} 0.03 \\ 0.03 \\ 0.03 \end{pmatrix}$

Liberações nas extremidades das barras: $\quad Libera := \begin{pmatrix} 1 & 1 & 0 & 1 & 1 & 1 \\ 1 & 1 & 1 & 1 & 1 & 1 \\ 1 & 1 & 1 & 1 & 1 & 1 \end{pmatrix}$

Módulo de elasticidade: $\quad E := 2.1 \cdot 10^7$

Vetor das forças nodais: $\quad fnodais := \begin{pmatrix} 0 & 0 & 0 \\ 10 & 0 & 0 \\ 0 & 0 & 0 \\ 0 & 0 & 0 \end{pmatrix}$

Forças distribuídas nas barras: $\quad p := \begin{pmatrix} -30 \\ -10 \\ 0 \end{pmatrix}$

Matriz de direções restringidas: $\quad dirr := \begin{pmatrix} 0 & 0 & 0 \\ 0 & 0 & 0 \\ 1 & 1 & 1 \\ 0 & 1 & 0 \end{pmatrix}$

Matriz de deslocamentos prescritos: $\quad dprescr := \begin{pmatrix} 0 & 0 & 0 \\ 0 & 0 & 0 \\ 0 & 0 & 0 \\ 0 & -0.01 & 0 \end{pmatrix}$

Número de deslocamento por ponto nodal: $\quad g := 3$

ORIGIN:= 1

Número grande: $\quad Ng := 10^{15}$

Função comprimento de barra:

$$L(i) := \sqrt{\left[\text{coord}\left(M_{i,2}, 1\right) - \text{coord}\left(M_{i,1}, 1\right) \right]^2 + \left[\text{coord}\left(M_{i,2}, 2\right) - \text{coord}\left(M_{i,1}, 2\right) \right]^2}$$

Função esforços de engastamento perfeito de barra:

$$aL(i) := \begin{vmatrix} aL_1 \leftarrow 0 \\[6pt] aL_4 \leftarrow 0 \\[6pt] aL_2 \leftarrow -\dfrac{p_i \cdot L(i)}{2} \\[6pt] aL_5 \leftarrow aL_2 \\[6pt] aL_3 \leftarrow -\dfrac{p_i \cdot L(i)^2}{12} \\[6pt] aL_6 \leftarrow -aL_3 \\[6pt] aL \end{vmatrix}$$

Função matriz de rigidez de barra de pórtico:

$$k(i) := \begin{pmatrix} \dfrac{E \cdot A_i}{L(i)} & 0 & 0 & -\dfrac{E \cdot A_i}{L(i)} & 0 & 0 \\[10pt] 0 & \dfrac{12 \cdot E \cdot I_i}{L(i)^3} & \dfrac{6 \cdot E \cdot I_i}{L(i)^2} & 0 & -\dfrac{12 \cdot E \cdot I_i}{L(i)^3} & \dfrac{6 \cdot E \cdot I_i}{L(i)^2} \\[10pt] 0 & \dfrac{6 \cdot E \cdot I_i}{L(i)^2} & \dfrac{4 \cdot E \cdot I_i}{L(i)} & 0 & -\dfrac{6 \cdot E \cdot I_i}{L(i)^2} & \dfrac{2 \cdot E \cdot I_i}{L(i)} \\[10pt] -\dfrac{E \cdot A_i}{L(i)} & 0 & 0 & \dfrac{E \cdot A_i}{L(i)} & 0 & 0 \\[10pt] 0 & -\dfrac{12 \cdot E \cdot I_i}{L(i)^3} & -\dfrac{6 \cdot E \cdot I_i}{L(i)^2} & 0 & \dfrac{12 \cdot E \cdot I_i}{L(i)^3} & -\dfrac{6 \cdot E \cdot I_i}{L(i)^2} \\[10pt] 0 & \dfrac{6 \cdot E \cdot I_i}{L(i)^2} & \dfrac{2 \cdot E \cdot I_i}{L(i)} & 0 & -\dfrac{6 \cdot E \cdot I_i}{L(i)^2} & \dfrac{4 \cdot E \cdot I_i}{L(i)} \end{pmatrix}$$

Função liberação do deslocamento de ordem *ele* na matriz de rigidez:

$$
\text{klinha(i)} := \begin{vmatrix}
\text{klinha} \leftarrow \text{k(i)} \\
\text{for } ele \in 1..2 \cdot g \\
\quad \text{if } \text{Libera}_{i, ele} = 0 \\
\qquad \begin{vmatrix}
\text{for } j \in 1..2 \cdot g \\
\quad \text{if } j \neq ele \\
\qquad \begin{vmatrix}
m \leftarrow \dfrac{\text{klinha}_{j, ele}}{\text{klinha}_{ele, ele}} \\
\text{for } k \in 1..2 \cdot g \\
\quad \text{klinha}_{j, k} \leftarrow \text{klinha}_{j, k} - m \cdot \text{klinha}_{ele, k}
\end{vmatrix} \\
\text{for } k \in 1..2 \cdot g \\
\quad \text{klinha}_{ele, k} \leftarrow 0
\end{vmatrix} \\
\text{klinha}
\end{vmatrix}
$$

Função liberação do deslocamento de ordem *ele* nos esforços de engastamento:

$$
\text{aLlinha(i)} := \begin{vmatrix}
\text{klinha} \leftarrow \text{k(i)} \\
\text{aLlinha} \leftarrow \text{aL(i)} \\
\text{for } j \in 1..2 \cdot g \\
\quad v_j \leftarrow 1 \\
\text{for } ele \in 1..2 \cdot g \\
\quad \text{if } \text{Libera}_{i, ele} = 0 \\
\qquad \begin{vmatrix}
\text{for } j \in 1..2 \cdot g \\
\quad \text{if } (j \neq ele) \wedge \left(v_j = 1 \right) \\
\qquad \begin{vmatrix}
m \leftarrow \dfrac{\text{klinha}_{j, ele}}{\text{klinha}_{ele, ele}} \\
\text{for } k \in 1..2 \cdot g \\
\quad \text{klinha}_{j, k} \leftarrow \text{klinha}_{j, k} - m \cdot \text{klinha}_{ele, k} \\
\text{aLlinha}_j \leftarrow \text{aLlinha}_j - m \cdot \text{aLlinha}_{ele}
\end{vmatrix} \\
\text{aLlinha}_{ele} \leftarrow 0 \\
v_{ele} \leftarrow 0
\end{vmatrix} \\
\text{aLlinha}
\end{vmatrix}
$$

Função matriz de rotação de barra de pórtico:

$$R(i) := \begin{array}{|l} \text{for } ii \in 1..2 \cdot g \\ \quad \text{for } jj \in 1..2 \cdot g \\ \qquad R_{ii,jj} \leftarrow 0 \\ \\ R_{1,1} \leftarrow \dfrac{\text{coord}(M_{i,2},1) - \text{coord}(M_{i,1},1)}{L(i)} \\ \\ R_{1,2} \leftarrow \dfrac{\text{coord}(M_{i,2},2) - \text{coord}(M_{i,1},2)}{L(i)} \\ \\ R_{2,1} \leftarrow -R_{1,2} \\ R_{2,2} \leftarrow R_{1,1} \\ R_{3,3} \leftarrow 1 \\ \text{for } ii \in 1..g \\ \quad \text{for } jj \in 1..g \\ \qquad R_{3+ii,\,3+jj} \leftarrow R_{ii,jj} \\ R \end{array}$$

Função vetor de correspondência de barra:

$$q(i) := \begin{array}{|l} z \leftarrow 0 \\ \text{for } j \in 1..2 \\ \quad \text{for } jk \in 1..g \\ \qquad \begin{array}{|l} z \leftarrow z + 1 \\ m \leftarrow g \cdot (M_{i,j} - 1) + jk \\ q_z \leftarrow m \end{array} \\ q \end{array}$$

Vetor de forças nodais equivalentes:

$$fne := \begin{array}{|l} \text{for } i \in 1..\,g \cdot nnos \\ \quad fne_i \leftarrow 0. \\ \text{for } i \in 1..nbarras \\ \quad \begin{array}{|l} aG \leftarrow R(i)^T \cdot aLlinha(i) \\ qi \leftarrow q(i) \\ \text{for } j \in 1..2 \cdot g \\ \quad fne_{(qi_j)} \leftarrow fne_{(qi_j)} - aG_j \end{array} \\ fne \end{array}$$

Vetor de forças nodais combinadas:

$$
f := \begin{array}{|l}
\text{for } i \in 1..\,g \cdot nnos \\
\quad f_i \leftarrow fne_i \\
\text{for } i \in 1..\,nnos \\
\quad \text{for } j \in 1..\,g \\
\qquad f_{(i-1) \cdot g + j} \leftarrow f_{(i-1) \cdot g + j} + fnodais_{i,\,j} \\
f
\end{array}
$$

Matriz de rigidez não restringida:

$$
K := \begin{array}{|l}
\text{for } i \in 1..\,g \cdot nnos \\
\quad \text{for } j \in 1..\,g \cdot nnos \\
\qquad K_{i,\,j} \leftarrow 0 \\
\text{for } i \in 1..\,nbarras \\
\quad \begin{array}{|l}
ki \leftarrow R(i)^T \, klinha(i) \cdot R(i) \\
qi \leftarrow q(i) \\
\text{for } j \in 1..\,2 \cdot g \\
\quad \text{for } jk \in 1..\,2 \cdot g \\
\qquad K_{\left(qi_j,\,qi_{jk}\right)} \leftarrow K_{\left(qi_j,\,qi_{jk}\right)} + ki_{j,\,jk}
\end{array} \\
K
\end{array}
$$

Técnica do número grande no que se refere à modificação da matriz de rigidez global:

$$
KNg := \begin{array}{|l}
\text{for } i \in 1..\,g \cdot nnos \\
\quad \text{for } j \in 1..\,g \cdot nnos \\
\qquad KNg_{i,\,j} \leftarrow K_{i,\,j} \\
\text{for } ii \in 1..\,nnos \\
\quad \text{for } jj \in 1..\,g \\
\qquad KNg_{g \cdot (ii-1)+jj,\,g \cdot (ii-1)+jj} \leftarrow KNg_{g \cdot (ii-1)+jj,\,g \cdot (ii-1)+jj} + Ng \quad \text{if } dirr_{ii,\,jj} = 1 \\
KNg
\end{array}
$$

Técnica do número grande no que se refere à modificação do vetor das forças nodais:

$$
fNg := \begin{array}{|l}
\text{for } ii \in 1..\,nnos \\
\quad \text{for } jj \in 1..\,g \\
\qquad \begin{array}{|l}
fNg_{g \cdot (ii-1)+jj} \leftarrow f_{g \cdot (ii-1)+jj} + Ng \cdot dprescr_{ii,\,jj} \quad \text{if } dirr_{ii,\,jj} = 1 \\
fNg_{g \cdot (ii-1)+jj} \leftarrow f_{g \cdot (ii-1)+jj} \quad \text{otherwise}
\end{array} \\
fNg
\end{array}
$$

Deslocamentos nodais:

$$
d := KNg^{-1} \cdot fNg
$$

Reações de apoio:

$$
r := \begin{array}{|l} \text{for } i \in 1..\,g\cdot\text{nnos} \\ \quad rr_i \leftarrow 0 \\ \quad \text{for } j \in 1..\,g\cdot\text{nnos} \\ \qquad rr_i \leftarrow rr_i + K_{i,j}\cdot d_j \\ \text{for } i \in 1..\,\text{nnos} \\ \quad \text{for } j \in 1..\,g \\ \qquad \text{if } dirr_{i,j} = 1 \\ \qquad\quad r_{i,j} \leftarrow rr_{g\cdot(i-1)+j} - fne_{g\cdot(i-1)+j} \\ \qquad\quad r_{i,j} \leftarrow r_{i,j} - fnodais_{i,j} \\ \qquad r_{i,j} \leftarrow 0 \text{ otherwise} \\ r \end{array}
\qquad
r = \begin{pmatrix} 0 & 0 & 0 \\ 0 & 0 & 0 \\ -50 & 75 & 120 \\ 0 & 75 & 0 \end{pmatrix}
$$

Esforços de extremidade das barras:

$$
aF := \begin{array}{|l} \text{for } i \in 1..\,\text{nbarras} \\ \quad qi \leftarrow q(i) \\ \quad \text{for } j \in 1..\,2\cdot g \\ \qquad uG_j \leftarrow d_{(qi_j)} \\ \quad uL \leftarrow R(i)\cdot uG \\ \quad aLF \leftarrow klinha(i)\cdot uL + aLlinha(i) \\ \quad \text{for } j \in 1..\,2\cdot g \\ \qquad aF_{i,j} \leftarrow aLF_j \\ aF \end{array}
$$

$$
aF = \begin{pmatrix} -10 & 75 & 0 & 10 & 75 & 1.847\times10^{-13} \\ 75 & 50 & 120 & -75 & -10 & -2.665\times10^{-14} \\ 75 & 6.403\times10^{-14} & 1.622\times10^{-13} & -75 & -6.403\times10^{-14} & 9.392\times10^{-14} \end{pmatrix}
$$

Os valores (esforços em extremidades de barra) com as potências -13 e -14 exibidos nessa última matriz devem ser considerados nulos frente aos demais valores não nulos dessa matriz. Sugere-se ao leitor traçar os diagramas de esforços seccionais, a partir desses resultados.

No programa anterior, considerou-se, como usual, o mesmo número de deslocamentos por ponto nodal. Logo, como em articulações não se têm restrições elásticas nas direções dos deslocamentos liberados, no pórtico do exemplo anterior liberou-se rotação nodal apenas na extremidade esquerda da barra

1, com a suposição de que a rótula fosse contígua ao ponto nodal 1. Dessa maneira, o deslocamento d_3 calculado é a rotação da seção da extremidade superior da barra 2. Alternativamente, poder-se-ia liberar essa rotação de seção da barra 2 em vez de na barra 1, quando então o deslocamento d_3 seria a rotação da extremidade esquerda dessa última barra. Caso se liberassem rotações em ambas as extremidades de barra, as terceiras linha e coluna da matriz de rigidez não restringida do pórtico seriam nulas, expressando ausência de restrição elástica de rotação no ponto nodal 1, com conseqüente singularidade da matriz de rigidez após a consideração das condições geométricas de contorno. Essa singularidade pode ser evitada restringindo-se essa rotação com apoio rotacional fictício, para se obter resultados corretos com o programa anterior (a menos do valor dessa rotação eventualmente calculado como próximo de zero, o que não é relevante). Por outro lado, a condição de apoio de primeiro gênero no ponto nodal 4 do pórtico da Figura E3.2 pode ser simulada através da liberação do segundo e do terceiro deslocamentos na numeração local da barra 3 (por o ponto nodal 4 ter sido considerado como nó inicial da barra 3), simultaneamente com a consideração de engaste nesse ponto através da técnica do número grande. Uma desvantagem dessa alternativa é não se obter com o programa anterior esses deslocamentos.

A Figura 3.2 ilustra quatro casos de articulações em barras de pórtico plano. Na parte (a) dessa figura, tem-se rótula nas extremidades das três barras esquematizadas, sendo prático ao se utilizar o programa anterior especificar essa rótula apenas nas extremidades de duas dessas barras. Em (b), tem-se rótula apenas na extremidade da barra 2, com transmissão de momento fletor entre as duas outras barras representadas. Trata-se em (c) de modificação do caso anterior com a restrição do deslocamento horizontal da extremidade comum das três barras, restrição essa que deve ser considerada através de uma das técnicas de condições geométricas de contorno descritas no item 2.3, juntamente com a especificação da rótula na extremidade da barra 2. Em (d), representa-se uma articulação externa de apoio do segundo gênero, com possibilidade de transmissão de momento fletor entre as duas barras representadas. No caso, esse apoio deve ser considerado através de uma das técnicas de condições geométricas de contorno, sendo obtida a rotação da seção de interface entre essas barras. Trata-se em (e) de modificação do caso anterior devido à introdução de rótula entre as duas barras, o que requer a especificação de liberação de rotação da extremidade de uma das duas barras representadas e a consideração do apoio do segundo gênero através de uma das técnicas de condições geométricas de contorno. Alternativamente, pode-se especificar a rótula nas extremidades dessas duas barras e considerar o apoio como engaste. Em (f), tem-se rótula na extremidade inferior da barra 2 indicada e apoio de engastamento na correspondente extremidade da barra 1. Isso requer, necessariamente, a introdução dessa rótula na barra 2 e a consideração do correspondente ponto nodal como engastado. No caso de barra com rótula em ambas as extremidades, em vez de se liberar as respectivas rotações de extremidade, pode-se simplesmente atribuir momento de inércia à barra. Assim, com o artifício de se restringir rotação nodal quando todas as barras que incidem em um mesmo ponto nodal são rotuladas, o programa anterior pode ser utilizado em análise de treliça plana. Sugere-se ao leitor, experimentar essas diversas opções com esse programa.

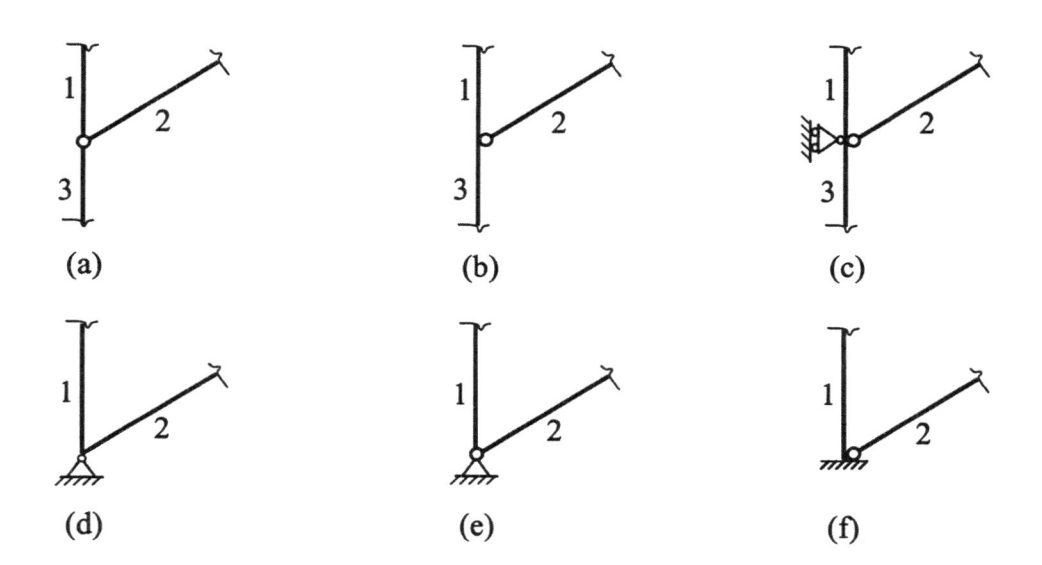

(a)   (b)   (c)

(d)   (e)   (f)

Figura 3.2 – *Exemplos de articulações a momento fletor.*

Exemplo 3.3 – A viga armada da Figura E3.3 tem um dispositivo para regulagem do esforço no tirante EF. Com o programa do exemplo anterior, determina-se o esforço que deve ser imposto nesse tirante para que o máximo momento fletor negativo na barra AB seja numericamente igual ao máximo momento fletor positivo nessa mesma barra. As barras têm módulo de elasticidade de 205 GPa, a barra AB e as barras CE e DF têm momento de inércia de $0,0012m^4$ e área de seção transversal de $0,0224m^2$; e os tirantes AE, EF e FB têm área de seção transversal de $0,0004m^2$.

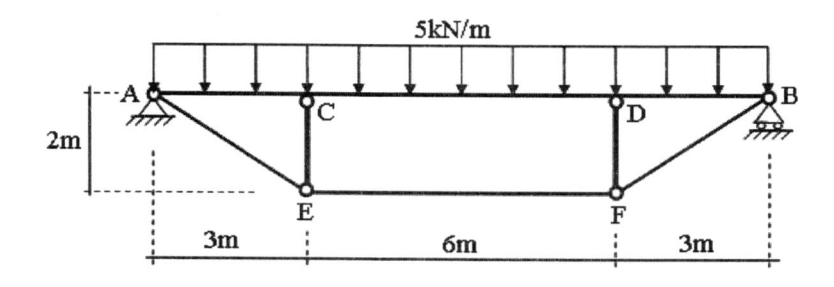

Figura E3.3.

Utilizando o programa do exemplo anterior, as articulações podem ser simuladas através do fornecimento de momento de inércia nulo para as barras biarticuladas, ao mesmo tempo em que se restringem as rotações nos pontos nodais E e F.

O máximo momento fletor negativo na barra AB deverá ocorrer em suas seções C e D, momento este que, na condição que se pretende atingir, deve ser igual a $(-\frac{1}{2}\cdot\frac{p\ell^2}{8} = -\frac{5\cdot6^2}{16} = -11,25\text{kN}\cdot\text{m})$. Isso porque o diagrama de momento fletor no trecho CD pode ser obtido a partir da linha de fechamento desse esforço, considerando esse trecho como uma viga simplesmente apoiada de vão igual a 6m, sob carregamento uniformemente distribuído.

Analisando com o programa anterior a viga armada sob o carregamento indicado mas sem pré-esforço no tirante EF, obtém-se nas referidas seções o momento fletor de 36,21425kN·m e o esforço de tração de 15,64287kN no tirante EF. Assim, deve ser aplicado um pré-esforço que agindo isoladamente provoque nessas seções o momento fletor igual a $(-36,21425-11,25 = -47,46425\text{kN}\cdot\text{m})$. Analisando a viga armada com pré-esforço de tração unitário no tirante EF (através da aplicação de forças unitárias horizontais e de sentidos contrários nos pontos nodais E e F, com o tirante desativado), obtém-se naquelas seções o momento de –2,0kN·m. Logo, o esforço que deve ser imposto é de (47,46425/2+15,64287=39,375kN).

É simples verificar a correção desse resultado por equilíbrio de momento em relação à seção C da barra AB.

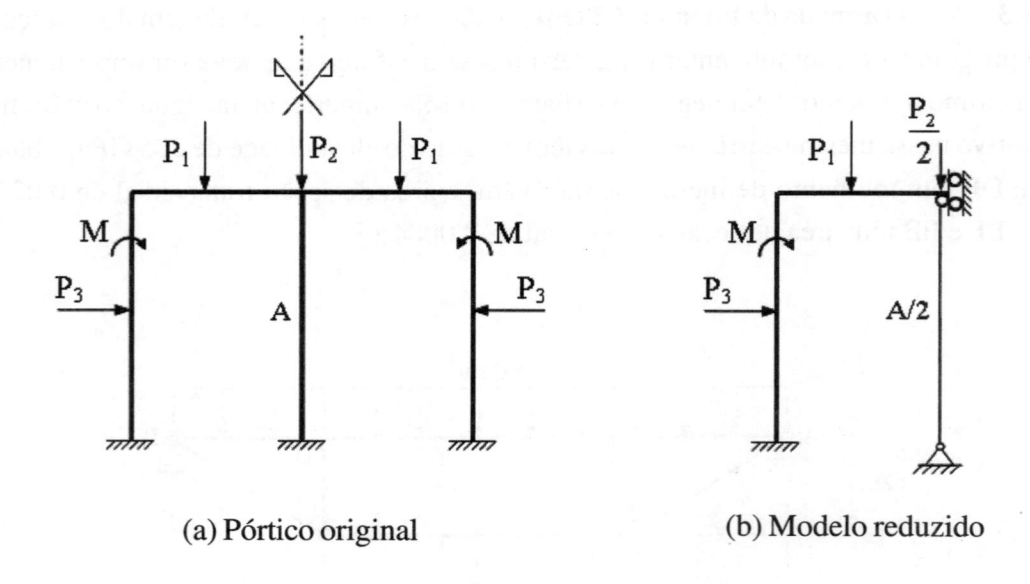

(a) Pórtico original (b) Modelo reduzido

Figura 3.3 *– Pórtico plano simétrico com carregamento simétrico.*

A Figura 3.3 ilustra o uso de articulação na construção de modelo reduzido tirando partido de simetria em um pórtico plano, em que, por o carregamento ser simétrico, a barra do eixo de simetria do pórtico tem apenas força normal. No caso, pode-se analisar o modelo reduzido representado na parte (b) dessa figura em que essa barra é considerada com metade da área da seção transversal original e rotulada em ambas as extremidades. Os esforços seccionais nesse modelo são iguais ao do pórtico original, com exceção da força normal da barra com essa metade de área que é a metade da força normal da correspondente barra do pórtico original.

3.3 – Ligação excêntrica de barra

Em estrutura em barras, é usual ocorrer excentricidade de ligação em extremidades de barras, como ilustra a Figura 3.4. No caso, as extremidades dos eixos geométricos das barras são fisicamente ligadas entre si, mas sem a caracterização de uma barra entre essas extremidades, no que se denomina *ligação excêntrica* ou *ligação em offset*.

Na parte (a) da Figura 3.4, tem-se desalinhamento dos eixos geométricos de pilares em um comprimento *a*, em nível de determinada laje. O traço mais espesso representa excentricidade entre as extremidades desses eixos. Na parte (b) da mesma figura, tem-se a ligação de uma viga a um pilar de grande largura (pilar-parede) em que a extremidade da viga dista do eixo do pilar de um comprimento *a*. Caso a extremidade dessa viga fosse posicionada no eixo do pilar, o vão flexível da viga seria aumentado desse comprimento, que não condiz com a realidade. Na parte (c) da mesma figura, tem-se a ligação de uma viga a uma caixa de elevador em que a extremidade da viga é excêntrica em relação ao centróide da seção transversal dessa caixa. Ainda na mesma figura, tem-se na parte (d) uma viga suportada por consoles laterais engastados em pilares, cujas extremidades de viga podem ser idealizadas como excêntricas aos centróides das seções transversais dos pilares.

Assim, no presente contexto, excentricidade é caracterizada por dois pontos nodais próximos e ligados entre si, sem a caracterização de uma barra entre esses pontos. Um desses pontos é escolhido para ter seus deslocamentos incluídos no sistema global de equações de equilíbrio. No desenvolvimento que se segue, supõe-se que esses pontos estejam ligados por um trecho rígido fictício. Isso equivale a impor relações lineares entre os deslocamentos desses pontos, ou o que dá no mesmo, considerar a hipótese da seção plana em uma das extremidades das barras, de maneira a compatibilizar, a partir dos deslocamentos do centróide dessa seção, os deslocamentos da extremidade da outra barra. Por exemplo, no caso de viga ligada a pilar de grande largura em que se supõe a hipótese da seção plana, tem-se, com a flexão do pilar, a imposição de deslocamentos na extremidade da viga como ilustra a Figura 3.5. O ponto nodal que impõe os deslocamentos, no caso o centróide da seção transversal do pilar, é denominado *nó mestre* ou *nó master*, e os deslocamentos desse ponto, *deslocamentos mestres*. O ponto nodal que tem seus deslocamentos impostos, no caso a extremidade da viga que se liga à face do pilar, é dito *nó dependente* ou *nó slave*, e os deslocamentos desse ponto, *deslocamentos dependentes*.

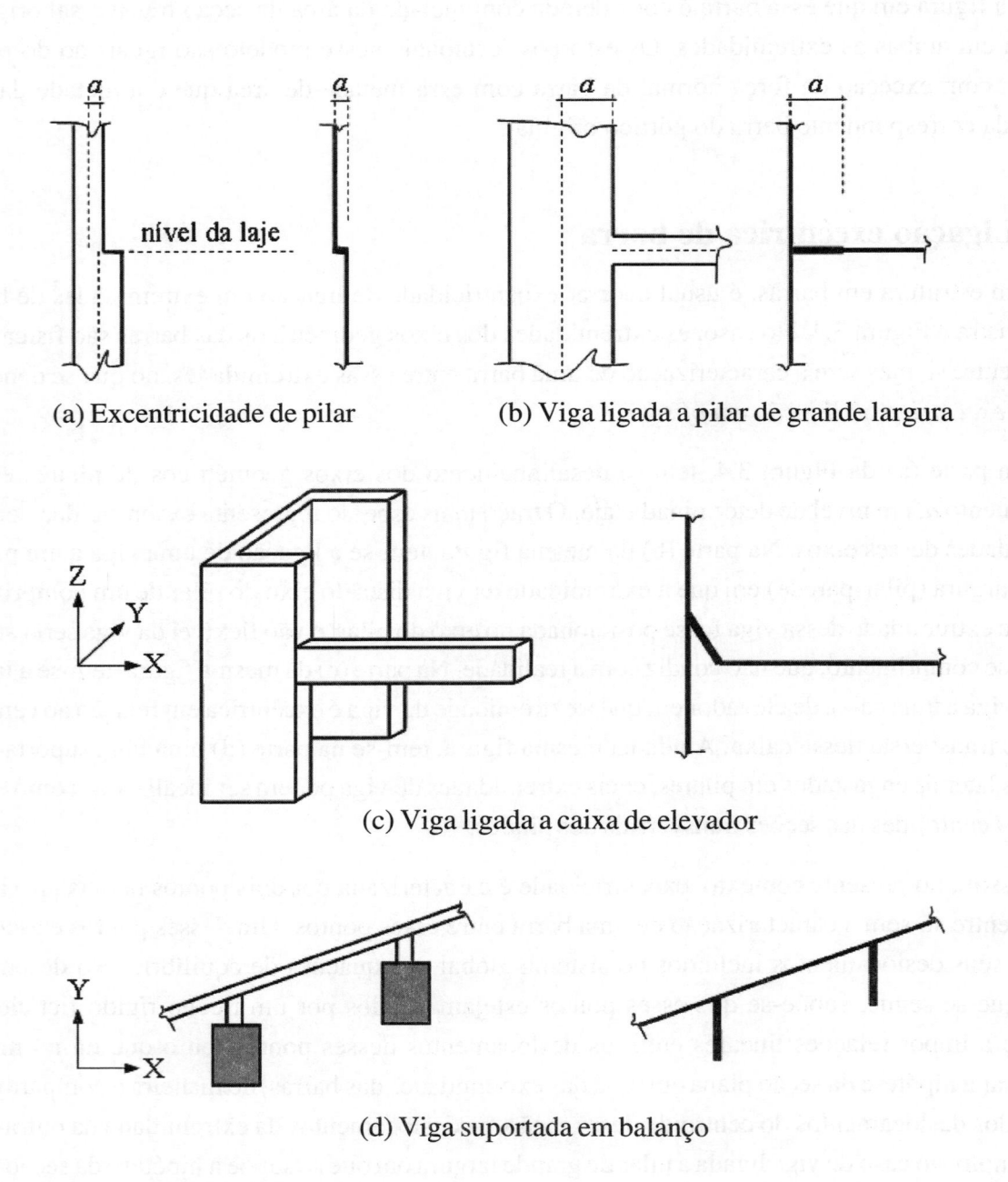

Figura 3.4 – Exemplos de ligações excêntricas.

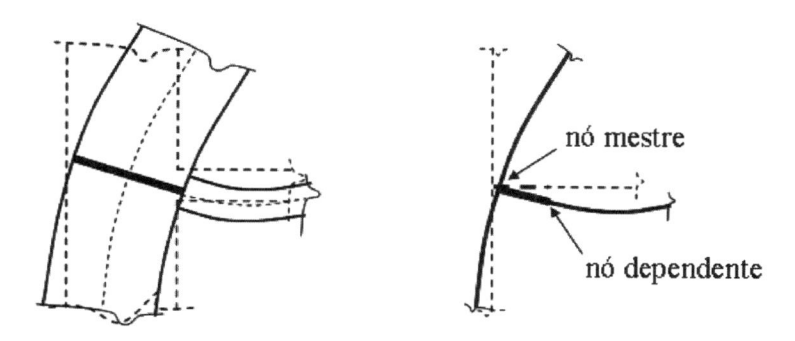

Figura 3.5 *– Ligação excêntrica de viga em pilar de grande largura.*

Tendo-se o sistema de equações de equilíbrio de uma barra com ligações excêntricas, transforma-se esse sistema para considerar os deslocamentos dos correspondentes nós mestres e para efetuar posterior formação do sistema de equações não restringido da estrutura. Após a introdução das condições geométricas de contorno nesse sistema e respectiva resolução de sistema, faz-se o caminho inverso. Determinam-se a partir do conhecimento dos deslocamentos dos nós mestres da barra em questão, os deslocamentos nodais dos respectivos nós dependentes (deslocamentos nodais da barra), e a partir desses, os esforços nas extremidades da barra.

A Foto 3.5 mostra ligação excêntrica em pórtico espacial em aço.

Foto 3.5 *– Ligação excêntrica em pórtico espacial de aço,*
cortesia do Eng° Calixto Melo, www.rcmproj.com.br.

No desenvolvimento do presente tema, considera-se inicialmente barra de grelha com ligações excêntricas, como representado na Figura 3.6.

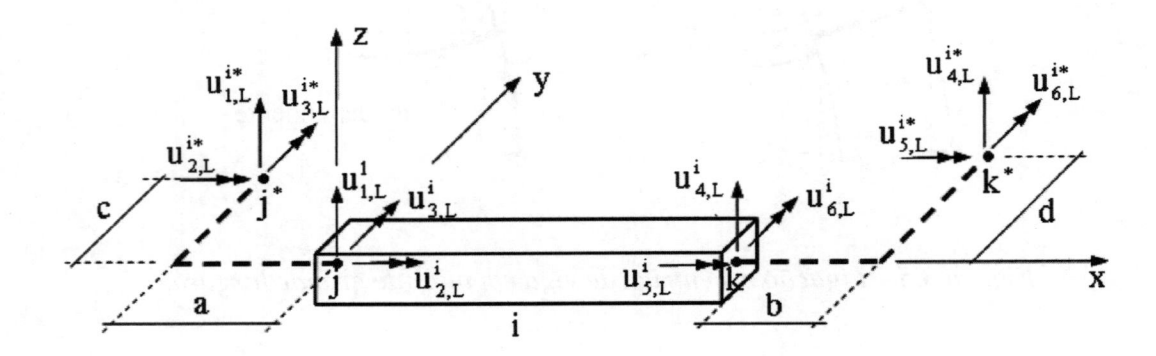

***Figura 3.6**– Barra de grelha com ligações excêntricas.*

Nessa figura, j e k são os pontos nodais da i-ésima barra, dependentes, respectivamente, dos nós mestres j^* e k^*, com os *segmentos de excentricidade* a, b, c e d. Logo, considerando indeformáveis esses segmentos e tangente de ângulo pequeno igual ao próprio ângulo em radianos, escreve-se a relação entre os deslocamentos mestres e os deslocamentos dependentes:

$$\begin{cases} u^i_{1,L} = u^{i*}_{1,L} - c\, u^{i*}_{2,L} - a\, u^{i*}_{3,L} \\ u^i_{2,L} = u^{i*}_{2,L} \\ u^i_{3,L} = u^{i*}_{3,L} \\ u^i_{4,L} = u^{i*}_{4,L} - d\, u^{i*}_{5,L} + b\, u^{i*}_{6,L} \\ u^i_{5,L} = u^{i*}_{5,L} \\ u^i_{6,L} = u^{i*}_{6,L} \end{cases} \tag{3.7}$$

onde adotou-se o asterisco para denotar deslocamentos mestres.

Em forma matricial as relações anteriores se escrevem:

$$\underset{\sim}{u}^i_L = \begin{Bmatrix} u_1 \\ u_2 \\ u_3 \\ u_4 \\ u_5 \\ u_6 \end{Bmatrix}^i_L = \begin{bmatrix} 1 & -c & -a & 0 & 0 & 0 \\ 0 & 1 & 0 & 0 & 0 & 0 \\ 0 & 0 & 1 & 0 & 0 & 0 \\ 0 & 0 & 0 & 1 & -d & b \\ 0 & 0 & 0 & 0 & 1 & 0 \\ 0 & 0 & 0 & 0 & 0 & 1 \end{bmatrix}^i \begin{Bmatrix} u_1 \\ u_2 \\ u_3 \\ u_4 \\ u_5 \\ u_6 \end{Bmatrix}^{i*}_L = \underset{\sim}{T}^i\, \underset{\sim}{u}^{i*}_L \tag{3.8}$$

Nessa equação identifica-se a matriz de transformação $\underset{\sim}{T}^i$.

Supondo deslocamentos mestres virtuais $\overline{u}_{\sim L}^{i*}$ correspondentes aos deslocamentos dependentes virtuais $\overline{u}_{\sim L}^{i}$, escreve-se a igualdade de trabalho virtual:

$$a_{\sim L}^{i*\,t}\,\overline{u}_{\sim L}^{i*} = a_{\sim L}^{i\,t}\,\overline{u}_{\sim L}^{i} \tag{3.9}$$

em que $a_{\sim L}^{i*}$ e $a_{\sim L}^{i}$ são os vetores dos esforços nodais associados aos deslocamentos mestres e aos deslocamentos dependentes, respectivamente. Escrevendo a equação 3.8 com a notação de deslocamentos virtuais e substituindo o resultado nessa última equação, obtém-se:

$$a_{\sim L}^{i*\,t}\,\overline{u}_{\sim L}^{i*} = a_{\sim L}^{i\,t}\,T_{\sim}^{i}\,\overline{u}_{\sim L}^{i*}$$

Por outro lado, como os deslocamentos virtuais são arbitrários (desde que pequenos), a equação anterior fornece:

$$a_{\sim L}^{i*} = T_{\sim}^{i\,t}\,a_{\sim L}^{i} \tag{3.10}$$

As equações 3.8 e 3.10 expressam o teorema da contragrandiência de A. Clebsch que se enuncia: *se uma matriz transforma um conjunto de deslocamentos em um outro conjunto de deslocamentos, a transposta dessa matriz transforma as forças segundo esses deslocamentos em forças nodais segundo aqueles deslocamentos.*

Pré-multiplicando por $T_{\sim}^{i\,t}$ o sistema de equações de equilíbrio de barra expresso pela equação 2.48 e tendo-se em conta a equação 3.8, obtém-se:

$$T_{\sim}^{i\,t}\,k_{\sim L}^{i}\,T_{\sim}^{i}\,u_{\sim L}^{i*} = T_{\sim}^{i\,t}\,a_{\sim L}^{i}$$

que, considerando a equação 3.10, fornece:

$$(T_{\sim}^{i\,t}\,k_{\sim L}^{i}\,T_{\sim}^{i})\,u_{\sim L}^{i*} = a_{\sim L}^{i*}$$

Essa equação se escreve com a notação:

$$k_{\sim L}^{i*}\,u_{\sim L}^{i*} = a_{\sim L}^{i*} \tag{3.11}$$

onde identifica-se a matriz de rigidez de barra em termos dos deslocamentos dos nós mestres:

$$k_{\sim L}^{i*} = T_{\sim}^{i\,t}\,k_{\sim L}^{i}\,T_{\sim}^{i} \tag{3.12}$$

Com esse resultado, a equação 2.82 de esforços nas extremidades de barra transforma-se em:

$$a_{\sim LF}^{i*} = k_{\sim L}^{i*}\,u_{\sim L}^{i*} + a_{\sim LS}^{i*} \tag{3.13}$$

onde o vetor dos esforços de engastamento perfeito diz respeito aos nós mestres:

$$\underset{\sim LS}{a}{}^{i*} = \underset{\sim}{T}{}^{i^{t}}\,\underset{\sim LS}{a}{}^{i} \tag{3.14}$$

É natural que esses resultados sejam válidos também para barras de pórtico plano e de pórtico espacial, utilizando a devida matriz de transformação de deslocamentos.

Considera-se, agora, barra de pórtico plano com ligações excêntricas como mostrado na Figura 3.7. Por observação dessa figura escreve-se a relação entre os deslocamentos mestres e os deslocamentos dependentes:

$$\underset{\sim L}{u}{}^{i} = \begin{Bmatrix} u_1 \\ u_2 \\ u_3 \\ u_4 \\ u_5 \\ u_6 \end{Bmatrix}^{i}_{L} = \begin{bmatrix} 1 & 0 & c & 0 & 0 & 0 \\ 0 & 1 & a & 0 & 0 & 0 \\ 0 & 0 & 1 & 0 & 0 & 0 \\ 0 & 0 & 0 & 1 & 0 & d \\ 0 & 0 & 0 & 0 & 1 & -b \\ 0 & 0 & 0 & 0 & 0 & 1 \end{bmatrix}^{i} \begin{Bmatrix} u_1 \\ u_2 \\ u_3 \\ u_4 \\ u_5 \\ u_6 \end{Bmatrix}^{i*}_{L} = \underset{\sim}{T}{}^{i}\,\underset{\sim L}{u}{}^{i*} \tag{3.15}$$

onde se identifica a matriz de transformação $\underset{\sim}{T}{}^{i}$.

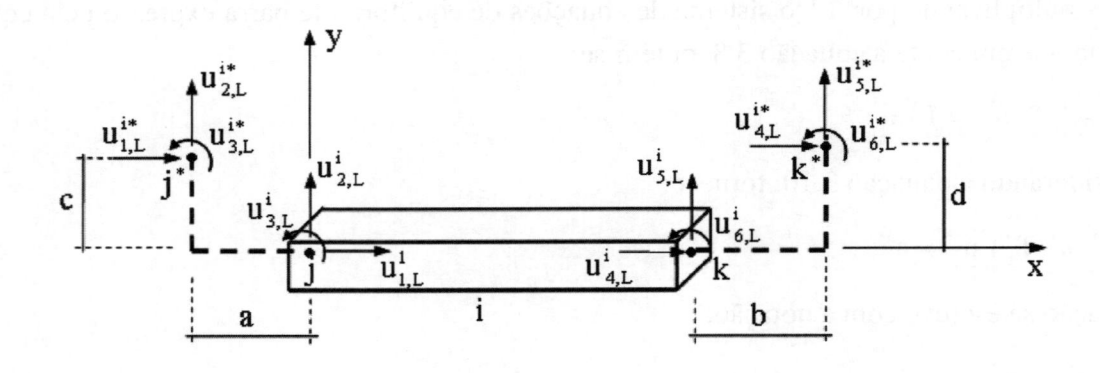

***Figura 3.7**– Barra de pórtico plano com ligações excêntricas.*

Semelhantemente, para barra de pórtico espacial com ligações excêntricas como representado na Figura 3.8, tem-se a relação entre os deslocamentos mestres e os deslocamentos dependentes:

$$
\underset{\sim L}{u^i} = \left\{\begin{matrix} u_1 \\ u_2 \\ u_3 \\ u_4 \\ u_5 \\ u_6 \\ u_7 \\ u_8 \\ u_9 \\ u_{10} \\ u_{11} \\ u_{12} \end{matrix}\right\}^i_L = \begin{bmatrix} 1 & 0 & 0 & 0 & -e & c & 0 & 0 & 0 & 0 & 0 & 0 \\ 0 & 1 & 0 & e & 0 & a & 0 & 0 & 0 & 0 & 0 & 0 \\ 0 & 0 & 1 & -c & -a & 0 & 0 & 0 & 0 & 0 & 0 & 0 \\ 0 & 0 & 0 & 1 & 0 & 0 & 0 & 0 & 0 & 0 & 0 & 0 \\ 0 & 0 & 0 & 0 & 1 & 0 & 0 & 0 & 0 & 0 & 0 & 0 \\ 0 & 0 & 0 & 0 & 0 & 1 & 0 & 0 & 0 & 0 & 0 & 0 \\ 0 & 0 & 0 & 0 & 0 & 0 & 1 & 0 & 0 & 0 & -f & d \\ 0 & 0 & 0 & 0 & 0 & 0 & 0 & 1 & 0 & f & 0 & -b \\ 0 & 0 & 0 & 0 & 0 & 0 & 0 & 0 & 1 & -d & b & 0 \\ 0 & 0 & 0 & 0 & 0 & 0 & 0 & 0 & 0 & 1 & 0 & 0 \\ 0 & 0 & 0 & 0 & 0 & 0 & 0 & 0 & 0 & 0 & 1 & 0 \\ 0 & 0 & 0 & 0 & 0 & 0 & 0 & 0 & 0 & 0 & 0 & 1 \end{bmatrix}^i \left\{\begin{matrix} u_1 \\ u_2 \\ u_3 \\ u_4 \\ u_5 \\ u_6 \\ u_7 \\ u_8 \\ u_9 \\ u_{10} \\ u_{11} \\ u_{12} \end{matrix}\right\}^{i*}_L = \underset{\sim}{T^i}\, \underset{\sim L}{u^{i*}} \qquad (3.16)
$$

onde se identifica a correspondente matriz de transformação $\underset{\sim}{T^i}$.

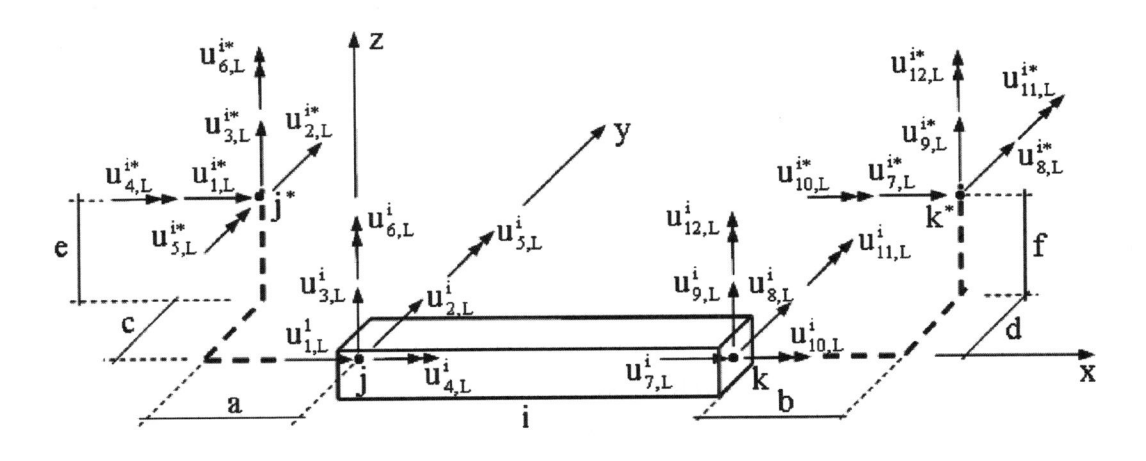

Figura 3.8 – Barra de pórtico espacial com ligações excêntricas.

No caso de barra com articulações em suas extremidades, as matrizes $\underset{\sim L}{k^i}$ e $\underset{\sim LS}{a^i}$ que ocorrem nas equações 3.12 e 3.14 devem ser substituídas, respectivamente, pelas matrizes $\underset{\sim L}{k^{i'}}$ e $\underset{\sim LS}{a^{i'}}$ obtidas com o algoritmo 3.5. Assim, escrevem-se a matriz de rigidez e o vetor dos esforços de engastamento perfeito transformados:

$$
\underset{\sim L}{k^{i*'}} = \underset{\sim}{T^{i^t}}\, \underset{\sim L}{k^{i'}}\, \underset{\sim}{T^i} \tag{3.17a}
$$

$$a_{\sim LS}^{i*\,'} = T_{\sim}^{i\,t}\, a_{\sim LS}^{i\,'} \tag{3.17b}$$

Com esses resultados, a equação 3.13 modifica-se para a forma:

$$a_{\sim LF}^{i*\,'} = k_{\sim L}^{i*\,'}\, u_{\sim L}^{i*\,'} + a_{\sim LS}^{i*\,'} \tag{3.18}$$

Têm-se, assim, as seguintes etapas no presente procedimento:

(1)   cálculo da matriz de rigidez e do vetor dos esforços de engastamento perfeito de cada barra como biengastada,

(2)   modificação dessa matriz e desse vetor para a introdução de eventuais articulações em extremidades da barra,

(3)   modificação da matriz e do vetor resultantes para a consideração de eventuais ligações excêntricas e

(4)   transformação desses resultados intermediários para o referencial global. Para essa transformação, a equação de rotação de deslocamentos nodais 2.44 toma a notação modificada:

$$u_{\sim G}^{i*\,'} = R_{\sim}^{i\,t}\, u_{\sim L}^{i*\,'} \tag{3.19a}$$

que permite escrever:

$$k_{\sim G}^{i} = R_{\sim}^{i\,t}\, k_{\sim L}^{i*\,'}\, R_{\sim}^{i} \tag{3.19b}$$

$$a_{\sim GS}^{i} = R_{\sim}^{i\,t}\, a_{\sim LS}^{i*\,'} \tag{3.19c}$$

Com essa matriz e esse vetor, procede-se à formação do sistema de equações não restringido da estrutura, para posterior introdução das condições geométricas de contorno e resolução do sistema de equações resultante. Obtidos os deslocamentos nodais não restringidos, calculam-se as reações de apoio e percorre-se o caminho inverso para o cálculo dos esforços internos nas extremidades das barras com a equação:

$$a_{\sim LF}^{i\,'} = k_{\sim L}^{i\,'}\, T_{\sim}^{i}\, R_{\sim}^{i}\, u_{\sim G}^{i*\,'} + a_{\sim LS}^{i\,'} \tag{3.20}$$

Os deslocamentos $u_{\sim G}^{i*\,'}$ que ocorrem nessa equação são identificados entre os deslocamentos nodais $\underset{\sim}{d}$ utilizando o vetor de correspondência dos deslocamentos da i-ésima barra.

Para considerar articulações e excentricidades em extremidades de barra, modifica-se o algoritmo 2.83 para a forma:

Inicialização da matriz $\underline{K}$ e do vetor $\underline{f}$ com valores nulos.

→i=1, 2, ... até o número de barras

Cálculo da matriz de rotação da i-ésima barra.

Cálculo dos esforços de engastamento perfeito dessa barra como biengastada.

Cálculo da matriz de rigidez dessa barra como biengastada.

Modificação desses esforços e matriz no caso de eventuais articulações.

Idem, no caso de eventuais ligações excêntricas.

Transformação do vetor e da matriz resultantes para o referencial global.

Acumulação de contribuições para a formação do vetor global de forças nodais equivalentes e da matriz de rigidez não restringida.

$$(3.21)$$

Montagem do vetor de forças nodais combinadas.

Introdução das condições geométricas de contorno no sistema de equações.

Resolução desse sistema, obtendo-se os deslocamentos nodais.

Cálculo das reações de apoio.

→i=1, 2, ... até o número de barras

Identificação do vetor dos deslocamentos dos nós mestres da i-ésima barra.

Transformação desse vetor para o referencial local dessa barra e em seus nós dependentes.

Cálculo dos esforços de engastamento perfeito dessa barra como biengastada.

Cálculo da matriz de rigidez dessa barra como biengastada.

Modificação desses esforços e dessa matriz no caso de eventuais articulações.

Obtenção dos esforços nodais finais da i-ésima barra

Retornando à construção da matriz de transformação $\underline{T}^i$, é mais prático ter como dados para a programação automática as coordenadas dos pontos nodais mestres e dependentes, do que os segmentos de excentricidade. Para isso, designando (X^*, Y^*, Z^*) e (X,Y,Z), respectivamente, as coordenadas dos nós j^* e j da i-ésima barra de um pórtico espacial, têm-se as diferenças de coordenadas:

$$\begin{cases} d_X = X^* - X \\ d_Y = Y^* - Y \\ d_Z = Z^* - Z \end{cases}$$

$$(3.22)$$

Logo, com a matriz de rotação no espaço tridimensional, obtêm-se os segmentos de excentricidade da extremidade inicial da i-ésima barra:

$$\begin{Bmatrix} -a \\ c \\ e \end{Bmatrix}^i = \underset{\sim}{R} \begin{Bmatrix} d_X \\ d_Y \\ d_Z \end{Bmatrix}^i_j \tag{3.23}$$

O sinal negativo que ocorre nessa equação decorre do fato dos segmentos serem considerados positivos quando medidos nos sentidos positivos do referencial local.

Semelhantemente à equação anterior, para a extremidade final da i-ésima barra, tem-se:

$$\begin{Bmatrix} b \\ d \\ f \end{Bmatrix}^i = \underset{\sim}{R} \begin{Bmatrix} d_X \\ d_Y \\ d_Z \end{Bmatrix}^i_k \tag{3.24}$$

É prático operar com o agrupamento das equações 3.23 e 3.24, escrevendo:

$$\begin{Bmatrix} -a \\ c \\ e \\ b \\ d \\ f \end{Bmatrix}^i = \begin{bmatrix} \underset{\sim}{R} & \underset{\sim}{0} \\ \underset{\sim}{0} & \underset{\sim}{R} \end{bmatrix} \begin{Bmatrix} d_{Xj} \\ d_{Yj} \\ d_{Zj} \\ d_{Xk} \\ d_{Yk} \\ d_{Zk} \end{Bmatrix}^i \tag{3.25}$$

No caso de barra de grelha, as equações 3.23 e 3.24 podem ser agrupadas sob a forma:

$$\begin{Bmatrix} 0 \\ -a \\ c \\ 0 \\ b \\ d \end{Bmatrix}^i = \underset{\sim}{R}^i \begin{Bmatrix} 0 \\ d_{Xj} \\ d_{Yj} \\ 0 \\ d_{Xk} \\ d_{Yk} \end{Bmatrix}^i \tag{3.26}$$

com a matriz $\underset{\sim}{R}^i$ identificada na equação 2.51.

Em barra de pórtico plano, as equações 3.23 e 3.24 podem ser agrupadas sob a forma:

$$\begin{Bmatrix} -a \\ c \\ 0 \\ b \\ d \\ 0 \end{Bmatrix}^i = \underset{\sim}{R}^i \begin{Bmatrix} d_{Xj} \\ d_{Yj} \\ 0 \\ d_{Xk} \\ d_{Yk} \\ 0 \end{Bmatrix}^i \tag{3.27}$$

com a matriz $\underset{\sim}{R}^i$ identificada na equação 2.50.

A matriz de transformação de barra de pórtico espacial com excentricidades tem elevado número de coeficientes nulos. Para evitar a operação com parte desses coeficientes, repartem-se as matrizes:

$$\underset{\sim}{T}^i = \begin{bmatrix} \underset{\sim}{T}_j & 0 \\ 0 & \underset{\sim}{T}_k \end{bmatrix}^i \quad , \quad \underset{\sim}{k}_L^i = \begin{bmatrix} \underset{\sim}{k}_{L,jj} & \underset{\sim}{k}_{L,jk} \\ \underset{\sim}{k}_{L,kj} & \underset{\sim}{k}_{L,kk} \end{bmatrix}^i \quad , \quad \underset{\sim}{a}_{LS}^i = \begin{Bmatrix} \underset{\sim}{a}_{LS,j} \\ \underset{\sim}{a}_{LS,k} \end{Bmatrix}^i \qquad (3.28a,b,c)$$

Substituindo as matrizes $\underset{\sim}{T}^i$ e $\underset{\sim}{k}_L^i$ anteriores na equação 3.12, obtém-se a matriz de rigidez transformada:

$$\underset{\sim}{k}_L^{i*} = \begin{bmatrix} \underset{\sim}{T}_j^t \underset{\sim}{k}_{L,jj} \underset{\sim}{T}_j & \underset{\sim}{T}_j^t \underset{\sim}{k}_{L,jk} \underset{\sim}{T}_k \\ \underset{\sim}{T}_k^t \underset{\sim}{k}_{L,kj} \underset{\sim}{T}_j & \underset{\sim}{T}_k^t \underset{\sim}{k}_{L,kk} \underset{\sim}{T}_k \end{bmatrix}^i \qquad (3.29a)$$

Substituindo as matrizes $\underset{\sim}{T}^i$ e $\underset{\sim}{a}_{LS}^i$ anteriores na equação 3.14, obtém-se o vetor dos esforços de engastamento perfeito transformado:

$$\underset{\sim}{a}_{LS}^{i*} = \begin{Bmatrix} \underset{\sim}{T}_j^t \underset{\sim}{a}_{LS,j} \\ \underset{\sim}{T}_k^t \underset{\sim}{a}_{LS,k} \end{Bmatrix}^i \qquad (3.29b)$$

Exemplo 3.4 – Modifica-se o programa do Exemplo 3.2 adaptando-o à análise de pórticos planos com barras de ligação excêntrica. Em particular adotam-se os dados do pórtico da Figura E3.4a, considerando excentricidade da extremidade inicial da barra 1 em relação ao ponto nodal 1.

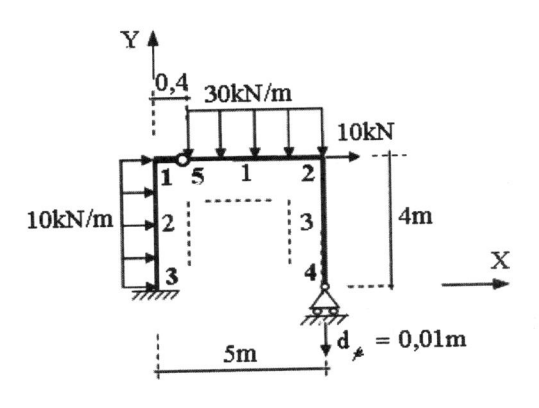

Figura E3.4a *– Pórtico com barra de ligação excêntrica.*

Amplia-se a matriz de conectividade das barras M especificando, em sua i-ésima linha e após a definição dos pontos nodais da barra de ordem i, os correspondentes nós mestres. Um valor nulo de nó mestre significa que a correspondente extremidade de barra não é um nó dependente. Além disso, no programa mantém-se a numeração dos deslocamentos nodais atrelada à numeração dos pontos nodais e que foi ilustrada na Figura 2.6a. Para isso, como os deslocamentos mestres são as incógnitas do sistema de equações, modifica-se o vetor de correspondência dos deslocamentos de barra para levar em conta esses deslocamentos e são deixados valores nulos nesse sistema nas posições correspondentes aos deslocamentos dependentes. Isso é, nesse sistema as linhas e colunas de mesma numeração que esses deslocamentos são deixadas nulas. Conseqüentemente, para evitar singularidade da matriz dos coeficientes, esses deslocamentos são feitos restringidos através da técnica do número grande.

Dados :

Número de pontos nodais:

$$nnos := 5$$

Coordenadas dos pontos nodais:

$$coord := \begin{pmatrix} 0 & 4 \\ 5 & 4 \\ 0 & 0 \\ 5 & 0 \\ 0.4 & 4 \end{pmatrix}$$

Número de barras:

$$nbarras := 3$$

Matriz de conectividade:

$$M := \begin{pmatrix} 5 & 2 & 1 & 0 \\ 3 & 1 & 0 & 0 \\ 4 & 2 & 0 & 0 \end{pmatrix}$$

Áreas das seções das barras:

$$A := \begin{pmatrix} 0.5 \\ 0.5 \\ 0.5 \end{pmatrix}$$

Momentos de inércia das seções das barras:

$$I := \begin{pmatrix} 0.03 \\ 0.03 \\ 0.03 \end{pmatrix}$$

Liberações nas extremidades das barras:

$$Libera := \begin{pmatrix} 1 & 1 & 0 & 1 & 1 & 1 \\ 1 & 1 & 1 & 1 & 1 & 1 \\ 1 & 1 & 1 & 1 & 1 & 1 \end{pmatrix}$$

Módulo de elasticidade:

$$E := 2.1 \cdot 10^7$$

Vetor das forças nodais:

$$fnodais := \begin{pmatrix} 0 & 0 & 0 \\ 10 & 0 & 0 \\ 0 & 0 & 0 \\ 0 & 0 & 0 \\ 0 & 0 & 0 \end{pmatrix}$$

Forças distribuídas nas barras:

$$p := \begin{pmatrix} -30 \\ -10 \\ 0 \end{pmatrix}$$

Matriz de direções restringidas:

$$dirr := \begin{pmatrix} 0 & 0 & 0 \\ 0 & 0 & 0 \\ 1 & 1 & 1 \\ 0 & 1 & 0 \\ 0 & 0 & 0 \end{pmatrix}$$

Matriz de deslocamentos prescritos:

$$dprescr := \begin{pmatrix} 0 & 0 & 0 \\ 0 & 0 & 0 \\ 0 & 0 & 0 \\ 0 & -0.01 & 0 \\ 0 & 0 & 0 \end{pmatrix}$$

Número de deslocamento por ponto nodal: $\quad g := 3$

ORIGIN 1

Número grande: $\qquad\qquad\qquad Ng := 10^{15}$

Função comprimento de barra:

$$L(i) := \sqrt{\left[coord\left(M_{i,2},1\right) - coord\left(M_{i,1},1\right)\right]^2 + \left[coord\left(M_{i,2},2\right) - coord\left(M_{i,1},2\right)\right]^2}$$

Função esforços de engastamento perfeito de barra:

$$aL(i) := \begin{vmatrix} aL_1 \leftarrow 0 \\ aL_4 \leftarrow 0 \\ aL_2 \leftarrow -\dfrac{p_i \cdot L(i)}{2} \\ aL_5 \leftarrow aL_2 \\ aL_3 \leftarrow -\dfrac{p_i \cdot L(i)^2}{12} \\ aL_6 \leftarrow -aL_3 \\ aL \end{vmatrix}$$

- 169 -

Função matriz de rigidez de barra de pórtico:

$$
k(i) := \begin{pmatrix}
\dfrac{E \cdot A_i}{L(i)} & 0 & 0 & -\dfrac{E \cdot A_i}{L(i)} & 0 & 0 \\[3mm]
0 & \dfrac{12 \cdot E \cdot I_i}{L(i)^3} & \dfrac{6 \cdot E \cdot I_i}{L(i)^2} & 0 & -\dfrac{12 \cdot E \cdot I_i}{L(i)^3} & \dfrac{6 \cdot E \cdot I_i}{L(i)^2} \\[3mm]
0 & \dfrac{6 \cdot E \cdot I_i}{L(i)^2} & \dfrac{4 \cdot E \cdot I_i}{L(i)} & 0 & -\dfrac{6 \cdot E \cdot I_i}{L(i)^2} & \dfrac{2 \cdot E \cdot I_i}{L(i)} \\[3mm]
-\dfrac{E \cdot A_i}{L(i)} & 0 & 0 & \dfrac{E \cdot A_i}{L(i)} & 0 & 0 \\[3mm]
0 & -\dfrac{12 \cdot E \cdot I_i}{L(i)^3} & -\dfrac{6 \cdot E \cdot I_i}{L(i)^2} & 0 & \dfrac{12 \cdot E \cdot I_i}{L(i)^3} & -\dfrac{6 \cdot E \cdot I_i}{L(i)^2} \\[3mm]
0 & \dfrac{6 \cdot E \cdot I_i}{L(i)^2} & \dfrac{2 \cdot E \cdot I_i}{L(i)} & 0 & -\dfrac{6 \cdot E \cdot I_i}{L(i)^2} & \dfrac{4 \cdot E \cdot I_i}{L(i)}
\end{pmatrix}
$$

Função liberação do deslocamento de ordem *ele* na matriz de rigidez:

$$
\text{klinha}(i) := \begin{vmatrix}
\text{klinha} \leftarrow k(i) \\
\text{for } ele \in 1..2 \cdot g \\
\quad \text{if Libera}_{i,\,ele} = 0 \\
\qquad \begin{vmatrix}
\text{for } j \in 1..2 \cdot g \\
\quad \text{if } j \neq ele \\
\qquad \begin{vmatrix}
m \leftarrow \dfrac{\text{klinha}_{j,\,ele}}{\text{klinha}_{ele,\,ele}} \\
\text{for } k \in 1..2 \cdot g \\
\quad \text{klinha}_{j,\,k} \leftarrow \text{klinha}_{j,\,k} - m \cdot \text{klinha}_{ele,\,k}
\end{vmatrix} \\
\text{for } k \in 1..2 \cdot g \\
\quad \text{klinha}_{ele,\,k} \leftarrow 0
\end{vmatrix} \\
\text{klinha}
\end{vmatrix}
$$

Função liberação do deslocamento de ordem *ele* nos esforços de engastamento:

$$aLlinha(i) := \begin{vmatrix} klinha \leftarrow k(i) \\ aLlinha \leftarrow aL(i) \\ \text{for } j \in 1..2 \cdot g \\ \quad v_j \leftarrow 1 \\ \text{for } ele \in 1..2 \cdot g \\ \quad \text{if } Libera_{i,\,ele} = 0 \\ \qquad \begin{vmatrix} \text{for } j \in 1..2 \cdot g \\ \quad \text{if } (j \neq ele) \wedge \left(v_j = 1\right) \\ \qquad \begin{vmatrix} m \leftarrow \dfrac{klinha_{j,\,ele}}{klinha_{ele,\,ele}} \\ \text{for } k \in 1..2 \cdot g \\ \quad klinha_{j,\,k} \leftarrow klinha_{j,\,k} - m \cdot klinha_{ele,\,k} \\ \quad aLlinha_j \leftarrow aLlinha_j - m \cdot aLlinha_{ele} \end{vmatrix} \\ aLlinha_{ele} \leftarrow 0 \\ v_{ele} \leftarrow 0 \end{vmatrix} \\ aLlinha \end{vmatrix}$$

Função matriz de rotação de barra de pórtico:

$$R(i) := \begin{vmatrix} \text{for } ii \in 1..2 \cdot g \\ \quad \text{for } jj \in 1..2 \cdot g \\ \qquad R_{ii,\,jj} \leftarrow 0 \\ R_{1,\,1} \leftarrow \dfrac{coord\left(M_{i,2},1\right) - coord\left(M_{i,1},1\right)}{L(i)} \\ R_{1,\,2} \leftarrow \dfrac{coord\left(M_{i,2},2\right) - coord\left(M_{i,1},2\right)}{L(i)} \\ R_{2,\,1} \leftarrow -R_{1,\,2} \\ R_{2,\,2} \leftarrow R_{1,\,1} \\ R_{3,\,3} \leftarrow 1 \\ \text{for } ii \in 1..g \\ \quad \text{for } jj \in 1..g \\ \qquad R_{3+ii,\,3+jj} \leftarrow R_{ii,\,jj} \\ R \end{vmatrix}$$

Função excentricidades de barra:

$$\text{exc}(i) := \begin{vmatrix} \text{for } ii \in 1..2 \cdot g \\ \quad \text{dif}_{ii} \leftarrow 0 \\ \text{if } M_{i,3} \neq 0 \\ \quad \begin{vmatrix} \text{dif}_1 \leftarrow \text{coord}_{(M_{i,3},1)} - \text{coord}_{(M_{i,1},1)} \\ \text{dif}_2 \leftarrow \text{coord}_{(M_{i,3},2)} - \text{coord}_{(M_{i,1},2)} \end{vmatrix} \\ \text{if } M_{i,4} \neq 0 \\ \quad \begin{vmatrix} \text{dif}_4 \leftarrow \text{coord}_{(M_{i,4},1)} - \text{coord}_{(M_{i,2},1)} \\ \text{dif}_5 \leftarrow \text{coord}_{(M_{i,4},2)} - \text{coord}_{(M_{i,2},2)} \end{vmatrix} \\ \text{exc} \leftarrow R(i) \cdot \text{dif} \\ \text{exc}_1 \leftarrow -\text{exc}_1 \\ \text{exc} \end{vmatrix}$$

Função de transformação de barra excêntrica:

$$T(i) := \begin{vmatrix} \text{for } ii \in 1..2 \cdot g \\ \quad \begin{vmatrix} T_{ii,ii} \leftarrow 1 \\ \text{for } jj \in 1..2 \cdot g \\ \quad T_{ii,jj} \leftarrow 0 \quad \text{if } ii \neq jj \end{vmatrix} \\ \text{ex} \leftarrow \text{exc}(i) \\ T_{1,3} \leftarrow \text{ex}_2 \\ T_{2,3} \leftarrow \text{ex}_1 \\ T_{4,6} \leftarrow \text{ex}_5 \\ T_{5,6} \leftarrow -\text{ex}_4 \\ T \end{vmatrix}$$

Função vetor de correspondência dos deslocamentos de barra:

$$q(i) := \begin{vmatrix} z \leftarrow 0 \\ \text{for } j \in 1..2 \\ \quad \begin{vmatrix} Mij \leftarrow M_{i,j} \\ Mij \leftarrow M_{i,3} \quad \text{if } j = 1 \wedge M_{i,3} \neq 0 \\ Mij \leftarrow M_{i,4} \quad \text{if } j = 2 \wedge M_{i,4} \neq 0 \\ \text{for } jk \in 1..g \\ \quad \begin{vmatrix} z \leftarrow z + 1 \\ m \leftarrow g \cdot (Mij - 1) + jk \\ q_z \leftarrow m \end{vmatrix} \end{vmatrix} \\ q \end{vmatrix}$$

Vetor das forças nodais equivalentes:

$$
\text{fne} := \quad
\begin{aligned}
&\text{for } i \in 1..\, g \cdot \text{nnos} \\
&\qquad \text{fne}_i \leftarrow 0. \\
&\text{for } i \in 1..\, \text{nbarras} \\
&\qquad aG \leftarrow R(i)^T \cdot T(i)^T \cdot \text{aLlinha}(i) \\
&\qquad qi \leftarrow q(i) \\
&\qquad \text{for } j \in 1..\, 2 \cdot g \\
&\qquad\qquad \text{fne}_{(qi_j)} \leftarrow \text{fne}_{(qi_j)} - aG_j \\
&\text{fne}
\end{aligned}
$$

Vetor das forças nodais combinadas:

$$
f := \quad
\begin{aligned}
&\text{for } i \in 1..\, g \cdot \text{nnos} \\
&\qquad f_i \leftarrow \text{fne}_i \\
&\text{for } i \in 1..\, \text{nnos} \\
&\qquad \text{for } j \in 1..\, g \\
&\qquad\qquad f_{(i-1) \cdot g + j} \leftarrow f_{(i-1) \cdot g + j} + \text{fnodais}_{i,\,j} \\
&f
\end{aligned}
$$

Matriz de rigidez não restringida:

$$
K := \quad
\begin{aligned}
&\text{for } i \in 1..\, g \cdot \text{nnos} \\
&\qquad \text{for } j \in 1..\, g \cdot \text{nnos} \\
&\qquad\qquad K_{i,\,j} \leftarrow 0 \\
&\text{for } i \in 1..\, \text{nbarras} \\
&\qquad ki \leftarrow R(i)^T \cdot T(i)^T \, \text{klinha}(i) \cdot T(i) \, R(i) \\
&\qquad qi \leftarrow q(i) \\
&\qquad \text{for } j \in 1..\, 2 \cdot g \\
&\qquad\qquad \text{for } jk \in 1..\, 2 \cdot g \\
&\qquad\qquad\qquad K_{(qi_j,\, qi_{jk})} \leftarrow K_{(qi_j,\, qi_{jk})} + ki_{j,\, jk} \\
&K
\end{aligned}
$$

Técnica do número grande no que se refere à modificação da matriz de rigidez global:

$$
\begin{aligned}
\text{KNg} := \quad &\text{for } i \in 1 .. g \cdot nnos \\
&\quad \text{for } j \in 1 .. g \cdot nnos \\
&\qquad \text{KNg}_{i,j} \leftarrow K_{i,j} \\
&\quad \text{for } ii \in 1 .. nnos \\
&\qquad \text{for } jj \in 1 .. g \\
&\qquad\quad \text{KNg}_{g \cdot (ii-1)+jj,\, g \cdot (ii-1)+jj} \leftarrow \text{KNg}_{g \cdot (ii-1)+jj,\, g \cdot (ii-1)+jj} + \text{Ng} \quad \text{if } \text{dirr}_{ii,jj} = 1 \\
&\quad \text{"Restrição dos nós dependentes"} \\
&\quad \text{for } i \in 1 .. nbarras \\
&\qquad \text{if } M_{i,3} \neq 0 \\
&\qquad\quad no \leftarrow M_{i,1} \\
&\qquad\quad \text{for } j \in 1 .. g \\
&\qquad\qquad \text{KNg}_{g \cdot (no-1)+j,\, g \cdot (no-1)+j} \leftarrow \text{Ng} \\
&\qquad \text{if } M_{i,4} \neq 0 \\
&\qquad\quad no \leftarrow M_{i,2} \\
&\qquad\quad \text{for } j \in 1 .. g \\
&\qquad\qquad \text{KNg}_{g \cdot (no-1)+j,\, g \cdot (no-1)+j} \leftarrow \text{Ng} \\
&\text{KNg}
\end{aligned}
$$

Técnica do número grande no que se refere à modificação do vetor das forças nodais:

$$
\begin{aligned}
\text{fNg} := \quad &\text{for } ii \in 1 .. nnos \\
&\quad \text{for } jj \in 1 .. g \\
&\qquad \text{fNg}_{g \cdot (ii-1)+jj} \leftarrow f_{g \cdot (ii-1)+jj} + \text{Ng} \cdot \text{dprescr}_{ii,jj} \quad \text{if } \text{dirr}_{ii,jj} = 1 \\
&\qquad \text{fNg}_{g \cdot (ii-1)+jj} \leftarrow f_{g \cdot (ii-1)+jj} \quad \text{otherwise} \\
&\text{fNg}
\end{aligned}
$$

Deslocamentos nodais:

$$
d := \text{KNg}^{-1} \cdot \text{fNg}
$$

Reações de apoio:

$$r := \begin{array}{|l}
\text{for } i \in 1..\, g \cdot nnos \\
\quad \left| \begin{array}{l} R_i \leftarrow 0 \\ \text{for } j \in 1..\, g \cdot nnos \\ \quad \left| R_i \leftarrow R_i + K_{i,j} \cdot d_j \right. \end{array} \right. \\
\text{for } i \in 1..\, nnos \\
\quad \text{for } j \in 1..\, g \\
\quad \quad \left| \begin{array}{l} \text{if } dirr_{i,j} = 1 \\ \quad \left| \begin{array}{l} r_{i,j} \leftarrow R_{g \cdot (i-1)+j} - fne_{g \cdot (i-1)+j} \\ r_{i,j} \leftarrow r_{i,j} - fnodais_{i,j} \end{array} \right. \\ r_{i,j} \leftarrow 0 \quad \text{otherwise} \end{array} \right. \\
r
\end{array}$$

$$r = \begin{pmatrix} 0 & 0 & 0 \\ 0 & 0 & 0 \\ -50 & 69 & 147.6 \\ 0 & 69 & 0 \\ 0 & 0 & 0 \end{pmatrix}$$

Esforços de extremidade das barras:

$$aF := \begin{array}{|l}
\text{for } i \in 1..\, nbarras \\
\quad \left| \begin{array}{l} qi \leftarrow q(i) \\ \text{for } j \in 1..\, 2 \cdot g \\ \quad \left| uG_j \leftarrow d_{(qi_j)} \right. \\ uL \leftarrow T(i) \cdot R(i) \cdot uG \\ aLF \leftarrow klinha(i) \cdot uL + aLlinha(i) \\ \text{for } j \in 1..\, 2 \cdot g \\ \quad \left| aF_{i,j} \leftarrow aLF_j \right. \end{array} \right. \\
aF
\end{array}$$

$$aF = \begin{pmatrix} -10 & 69 & 0 & 10 & 69 & 3.126 \times 10^{-13} \\ 69 & 50 & 147.6 & -69 & -10 & -27.6 \\ 69 & 0 & -6.828 \times 10^{-14} & -69 & 0 & 6.828 \times 10^{-14} \end{pmatrix}$$

Com os esforços seccionais exibidos na matriz aF, traçam-se os diagramas mostrados na Figura E3.4b em que ao longo do trecho de excentricidade não se tem representação, uma vez que esses esforços foram calculados nos pontos nodais dependentes.

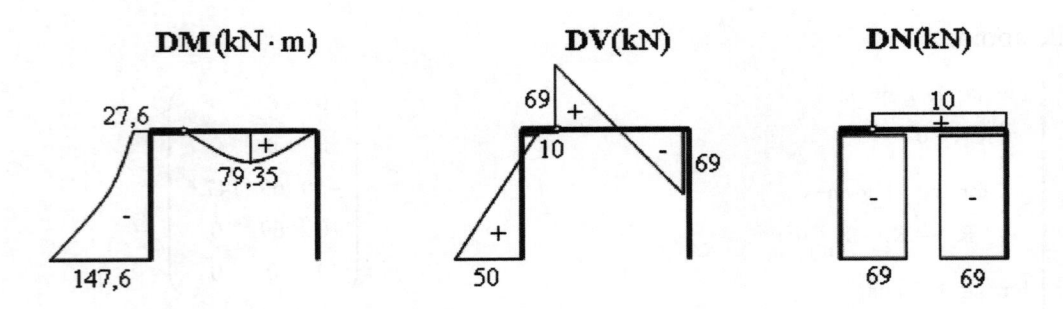

Figura E3.4b – *Diagramas dos esforços seccionais do pórtico da Figura E3.4a.*

3.4 – Hipótese do diafragma

A dependência entre deslocamentos de pontos nodais pode ser total, como no item anterior, ou parcial, quando então, apenas um ou alguns dos deslocamentos em um ponto nodal são dependentes dos deslocamentos em outro ponto nodal. Um caso de dependência parcial ocorre em análise tridimensional de edifício de andares múltiplos quando as lajes são idealizadas com rigidez infinita em seus planos e sem rigidez transversal, no que se denomina *hipótese do diafragma*. Com isso, concebe-se que a laje de ordem n do edifício tenha três deslocamentos de corpo rígido em seu plano, d_X^n, d_Y^n e r_Z^n, considerados em um ponto n qualquer desse plano como ilustrado na Figura 3.9a. Escolhido esse ponto, qualquer outro ponto k dessa laje tem seus deslocamentos de translação no plano da laje e de rotação de vetor representativo normal a esse plano compatibilizados pelos referidos deslocamentos de corpo rígido, como ilustra a Figura 3.9b. Esses deslocamentos são denotados por d_{Xk}, d_{Yk} e r_{Zk} e denominados *deslocamentos dependentes*.

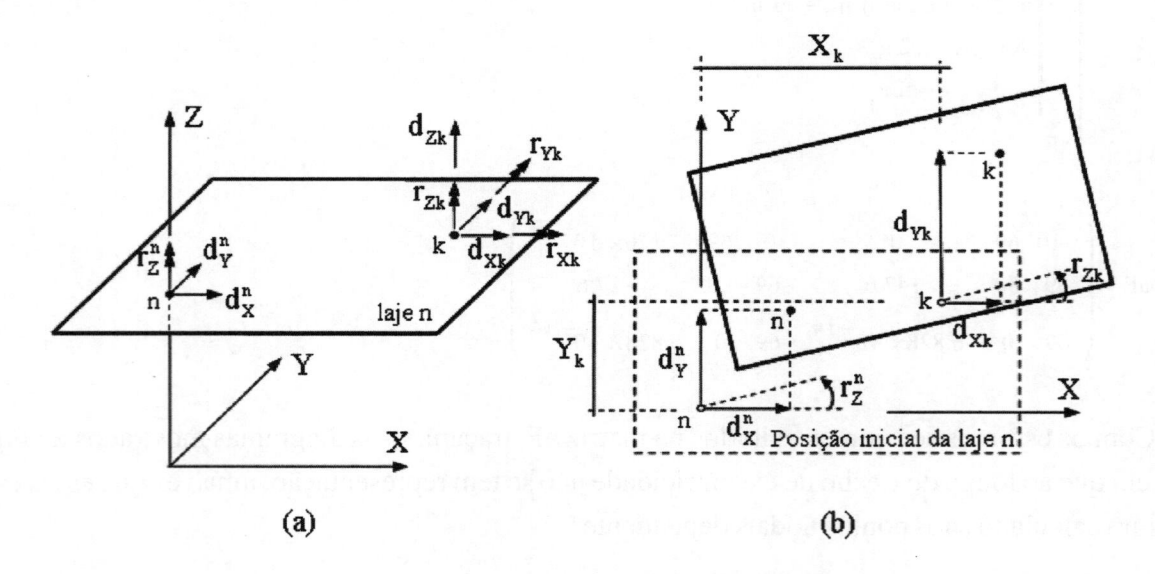

Figura 3.9 – *Hipótese do diafragma.*

A Foto 3.6 mostra vista de Manhattan com as Torres Gêmeas do World Trade Center e diversos outros edifícios de andares múltiplos, que podem ser analisados com a hipótese do diafragma.

Foto 3.6 *– Vista de Manhattan com as Torres Gêmeas.*

Com as notações da Figura 3.9 e considerando rotação muito pequena, têm-se as relações entre os deslocamentos de corpo rígido da n-ésima laje e os deslocamentos dependentes no ponto k dessa laje:

$$\begin{cases} d_{Xk} = d_X^n - Y_k r_Z^n \\ d_{Yk} = d_Y^n + X_k r_Z^n \\ r_{Zk} = r_Z^n \end{cases} \tag{3.30}$$

Essas relações se escrevem em forma matricial:

$$\begin{Bmatrix} d_{Xk} \\ d_{Yk} \\ r_{Zk} \end{Bmatrix} = \begin{bmatrix} 1 & 0 & -Y_k \\ 0 & 1 & X_k \\ 0 & 0 & 1 \end{bmatrix} \begin{Bmatrix} d_X^n \\ d_Y^n \\ r_Z^n \end{Bmatrix} = \underset{\sim k}{T} \begin{Bmatrix} d_X^n \\ d_Y^n \\ r_Z^n \end{Bmatrix} \tag{3.31}$$

onde se identifica a matriz de transformação $\underset{\sim k}{T}$.

Os demais deslocamentos do ponto k, que são as rotações de vetores representativos no plano da laje e o deslocamento de translação normal a esse plano, r_{Xk}, r_{Yk} e d_{Zk}, são denominados *deslocamentos independentes*. Os deslocamentos de corpo rígido das lajes e os deslocamentos independentes das extremidades dos pilares e das vigas são os graus de liberdade do presente modelo tridimensional. Esses graus são ilustrados na Figura 3.10 em representação de uma laje. Assim, em edifício de N lajes com p pontos nodais por laje, têm-se $(3p+3)\,N$ graus de liberdade.

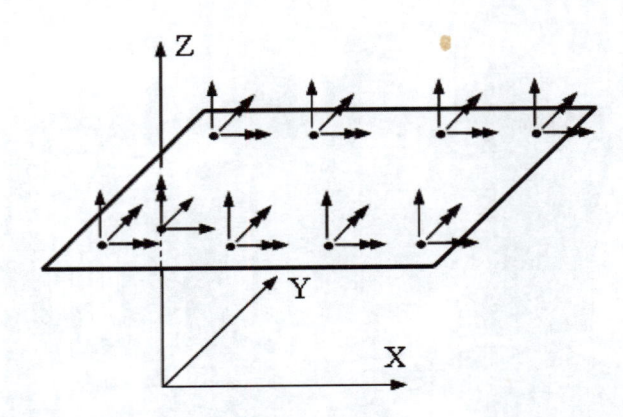

Figura 3.10 – *Deslocamentos em laje.*
$$d_{Xk}^{i}$$

Qualquer viga, por ser solidária a uma laje idealizada como diafragma, comporta-se como barra de grelha, pois os deslocamentos de corpo rígido da laje em questão não lhe provocam deformação e os deslocamentos nodais de grelha são do tipo deslocamentos independentes, como ilustra a Figura 3.11a. Conseqüentemente, os coeficientes de rigidez das viga e os correspondentes esforços de engastamento perfeito não carecem de transformação para consideração dos deslocamentos de corpo rígido das lajes. O mesmo já não acontece com os pilares.

Um pilar de ordem i, idealizado como barra de pórtico espacial, tem os deslocamentos , d_{Yk}^{i} e r_{Zk}^{i} da sua extremidade superior dependentes dos deslocamentos de corpo rígido da correspondente laje de ordem n, d_X^n, d_Y^n e r_Z^n, e tem os deslocamentos d_{Xj}^{i}, d_{Yj}^{i} e r_{Zj}^{i} da sua extremidade inferior dependentes dos deslocamentos de corpo rígido da laje de ordem n-1, d_X^{n-1}, d_Y^{n-1} e r_Z^{n-1}, como mostra a Figura 3.11b. Com isso, após o cálculo da matriz de rigidez de cada pilar no referencial global, transforma-se essa matriz para levar em conta os deslocamentos de corpo rígido de laje, utilizando a transformação entre deslocamentos:

$$
\underset{\sim G}{u}{}^{i} = \left\{ \begin{array}{c} d_{Xj} \\ d_{Yj} \\ r_{Zj} \\ r_{Xj} \\ r_{Yj} \\ d_{Zj} \\ - \\ d_{Xk} \\ d_{Yk} \\ r_{Zk} \\ r_{Xk} \\ r_{Yk} \\ d_{Zk} \end{array} \right\}_{G}^{i}
= \left[\begin{array}{cccc} \underset{\sim}{T}_{j} & \underset{\sim}{0} & \underset{\sim}{0} & \underset{\sim}{0} \\ \underset{\sim}{0} & \underset{\sim}{I} & \underset{\sim}{0} & \underset{\sim}{0} \\ -- & -- & -- & -- \\ \underset{\sim}{0} & \underset{\sim}{0} & \underset{\sim}{T}_{k} & \underset{\sim}{0} \\ \underset{\sim}{0} & \underset{\sim}{0} & \underset{\sim}{0} & \underset{\sim}{I} \end{array} \right]^{i}
\left\{ \begin{array}{c} d_{X}^{n-1} \\ d_{Y}^{n-1} \\ r_{Z}^{n-1} \\ r_{Xj}^{i} \\ r_{Yj}^{i} \\ d_{Zj}^{i} \\ - \\ d_{X}^{n} \\ d_{Y}^{n} \\ r_{Z}^{n} \\ r_{Xk}^{i} \\ r_{Yk}^{i} \\ d_{ZK}^{i} \end{array} \right\}_{G}
= \underset{\sim}{T}{}^{i}\, \underset{\sim G}{u}{}^{i*} \tag{3.32}
$$

onde identifica-se a matriz $\underset{\sim}{T}{}^{i}$. Com essa matriz de transformação e adotando a matriz $\underset{\sim G}{k}{}^{i}$ na ordem dos deslocamentos exibida na equação anterior, escreve-se a matriz de rigidez transformada:

$$
\underset{\sim G}{k}{}^{i*} = \underset{\sim}{T}{}^{i^{t}}\, \underset{\sim G}{k}{}^{i}\, \underset{\sim}{T}{}^{i} \tag{3.33}
$$

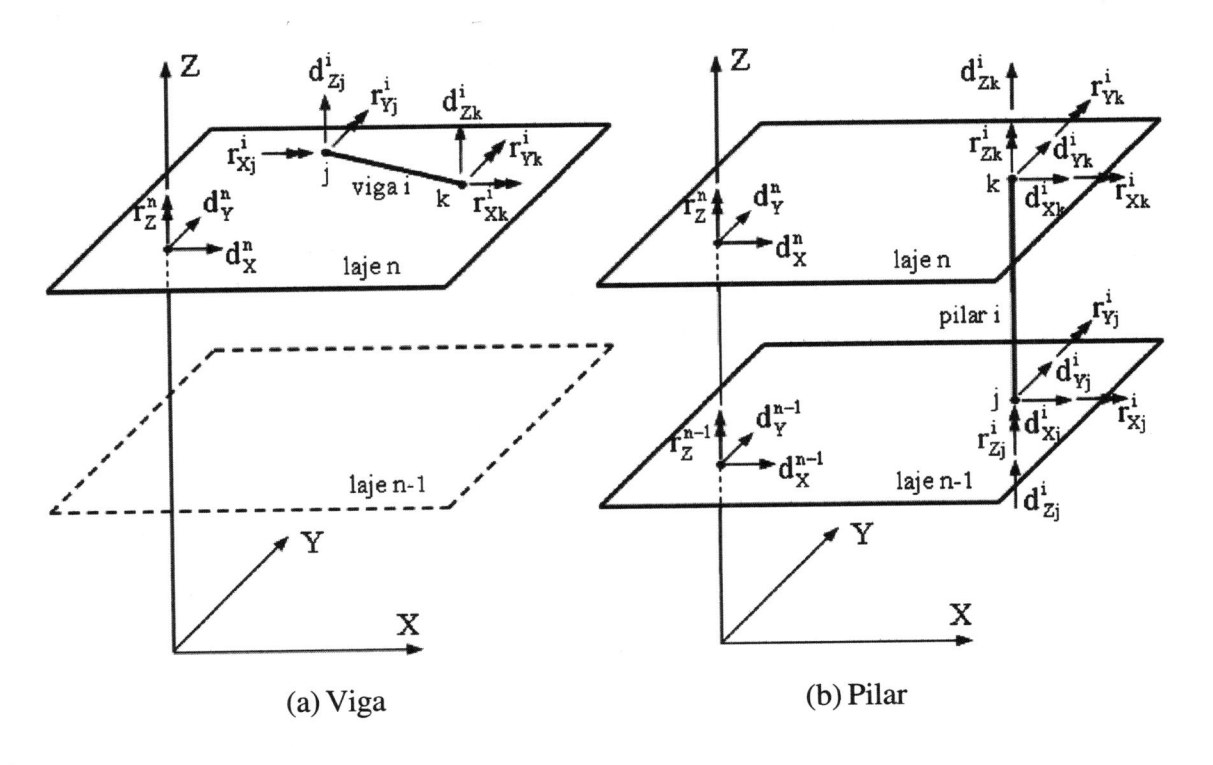

(a) Viga   (b) Pilar

Figura 3.11 *– Deslocamentos em análise*
tridimensional de edifícios de andares múltiplos.

Em resumo, têm-se as seguintes etapas na formação do sistema de equações de equilíbrio de edifício de andares múltiplos:

◆ Cálculo da matriz de rigidez e do vetor dos esforços de engastamento perfeito de cada viga como barra de grelha biengastada e em seu referencial local, modificação dessa matriz e desse vetor para a consideração de eventuais articulações e excentricidades, e transformação da matriz e do vetor resultantes para o referencial global.

◆ Cálculo da matriz de rigidez de cada pilar como barra de pórtico espacial biengastada, modificação dessa matriz para a consideração de eventuais articulações e excentricidades, e transformação da matriz resultante para o referencial global, e, posteriormente, para a consideração dos deslocamentos de corpo rígido das lajes que lhe são associadas.

◆ Com essas matrizes e vetores monta-se o sistema de equações não restringido do edifício, utilizando adequados vetores de correspondência de deslocamentos das vigas e dos pilares.

As demais etapas do método dos deslocamentos não se alteram. Forças laterais ao edifício, como de efeito de vento, são tratadas como concentradas segundo os deslocamentos de corpo rígido de cada laje.

3.5 – Apoio inclinado

É usual adotar, por praticidade, um único referencial na construção do sistema de equações não restringido. Contudo, a condição realmente necessária é considerar um único referencial em cada ponto nodal, para que se possa proceder à soma de componentes de grandezas vetoriais no nó em questão. Faz-se uso dessa condição quando se tem apoio inclinado, como ilustra o pórtico plano representado na Figura 3.12a. Adota-se então, um referencial particular ao apoio, com o eixo $X°$ coincidente com a direção do deslocamento de translação não restringido nesse apoio e o eixo $Y°$ pertencente ao plano do referencial global XY.

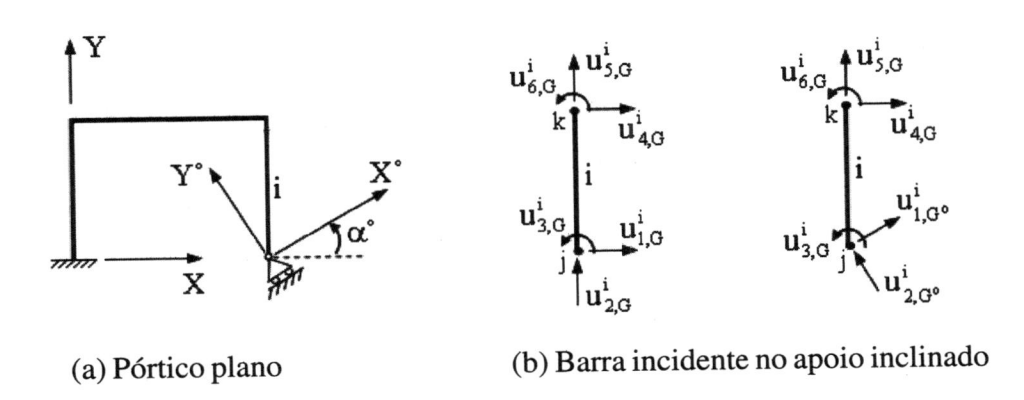

(a) Pórtico plano　　　　(b) Barra incidente no apoio inclinado

Figura 3.12 *– Apoio inclinado.*

Considerando que já tenha sido determinado, no referencial global, o sistema de equações de equilíbrio da i-ésima barra com nó inicial no ponto do apoio em questão, transforma-se esse sistema para considerar nesse nó o referencial $X°Y°$, mantendo os deslocamentos do seu outro ponto nodal no referencial global. Para isso, com a matriz de rotação no plano:

$$\underset{\sim}{R}{}^{°} = \begin{bmatrix} \cos\alpha° & \sin\alpha° & 0 \\ -\sin\alpha° & \cos\alpha° & 0 \\ 0 & 0 & 1 \end{bmatrix} \tag{3.34}$$

em que $\alpha°$ é o ângulo do apoio inclinado como mostrado na Figura 3.12a, têm-se a matriz de rigidez transformada:

$$\underset{\sim}{k}{}^{i}_{G°} = \begin{bmatrix} \underset{\sim}{R}{}^{°} & \underset{\sim}{0} \\ \underset{\sim}{0} & \underset{\sim}{I} \end{bmatrix} \underset{\sim}{k}{}^{i}_{G} \begin{bmatrix} \underset{\sim}{R}{}^{°} & \underset{\sim}{0} \\ \underset{\sim}{0} & \underset{\sim}{I} \end{bmatrix}^{t} \tag{3.35}$$

e o vetor dos esforços de engastamento perfeito transformados:

$$\underset{\sim}{a}{}^{i}_{G°} = \begin{bmatrix} \underset{\sim}{R}{}^{°} & \underset{\sim}{0} \\ \underset{\sim}{0} & \underset{\sim}{I} \end{bmatrix} \underset{\sim}{a}{}^{i}_{G} \tag{3.36}$$

Com esses resultados, monta-se da forma usual o sistema de equações não restringido da estrutura.

3.6 – Barra curva de seção transversal variável

Em análise de estrutura com barra curva e/ou de seção transversal variável, um procedimento simples é substituir a barra por pequenos trechos retos de seção transversal constante. Contudo, esse procedimento pode não ser indicado devido às aproximações introduzidas na geometria da barra. Alternativamente, como desenvolvido a seguir no caso de barra de pequena curvatura, opera-se com a geometria real da barra determinando-se, com auxílio do método das forças e das leis da estática, a matriz de rigidez e o vetor dos esforços de engastamento de barra biengastada. A partir desses resultados, eventuais articulações e ligações excêntricas podem ser tratadas como desenvolvido nos itens 3.2 e 3.3, respectivamente, para então proceder às demais etapas do método dos deslocamentos.

A Foto 3.7 mostra o Viaduto de Charix cuja parte norte tem 542,14m de comprimento, 42,24m de vão máximo e 60m de altura máxima. Esse viaduto é em viga caixão curva e foi concluído em 1988, na França.

Foto 3.7 – Viaduto de Charix, França.

As Fotos 3.8 mostram duas modernas escadas de eixos curvos. Essas estruturas exigem análise estrutural mais refinada do que as convencionais.

Fotos 3.8 – Escadas curvas, cortesia do Engº
Calixto Melo, www.rcmproj.com.br.

O item 3.6.1 trata de barra de grelha, o item 3.6.2, de barra de pórtico plano e o item 3.6.3, de barra de pórtico espacial. Como nem sempre são possíveis ou práticas as integrações analíticas desses desenvolvimentos, o item 3.6.4 apresenta as integrações numéricas de Gauss-Legendre e de Lobatto.

3.6.1 – Grelha

Considere-se barra de grelha de eixo curvo e de seção transversal variável situada no plano XY e no primeiro quadrante do referencial local xy, como representado na Figura 3.13. Representa-se também o referencial $x^s y^s z^s$ de origem na seção genérica s, de eixo x^s tangente ao eixo geométrico da barra no sentido de encaminhamento do nó inicial j para o nó final k, e de eixo z^s de direção e sentido coincidentes com os eixos Z e z. Além disso, considera-se que o eixo da barra não tenha nenhum ponto em que o eixo x^s seja paralelo ao eixo y local.

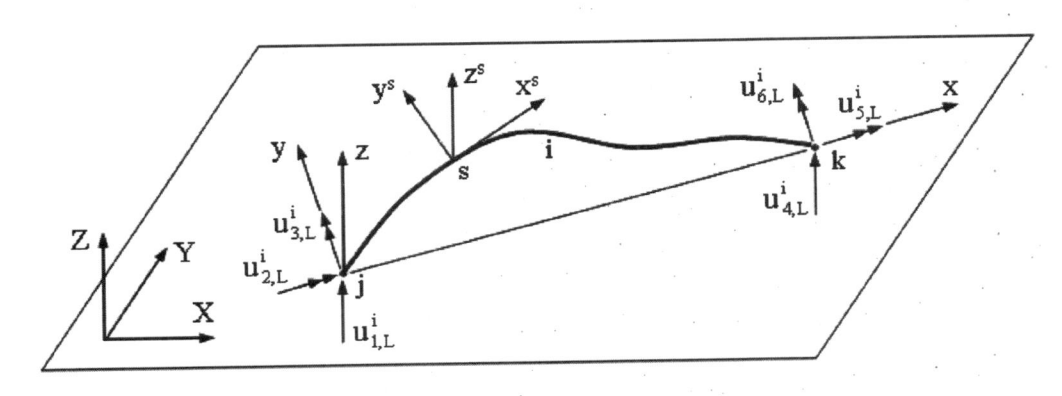

Figura 3.13 – Barra curva de grelha.

Considerando barra biengastada, adota-se o sistema principal de extremidade inicial restringida e extremidade final livre, como mostrado na Figura 3.14. Nessa figura estão também mostradas em tracejado as redundantes estáticas e indicados em traço-contínuo os esforços seccionais M, V e T em uma seção genérica. Aplicando força unitária segundo a direção e o sentido de cada uma dessas redundantes, tem-se a expressão de coeficiente de flexibilidade:

$$\delta_{pq}^{i} = \int_{s} \left(\frac{M_p M_q}{EI} + \frac{V_p V_q}{GA_v} + \frac{T_p T_q}{GJ} \right) ds \qquad (3.37)$$

onde p e q variam de 4 a 6; M_p, V_p e T_p são os esforços seccionais devidos a uma força unitária segundo a p-ésima direção coordenada; e M_q, V_q e T_q são os esforços seccionais devidos a uma força unitária segundo a q-ésima direção de coordenada.

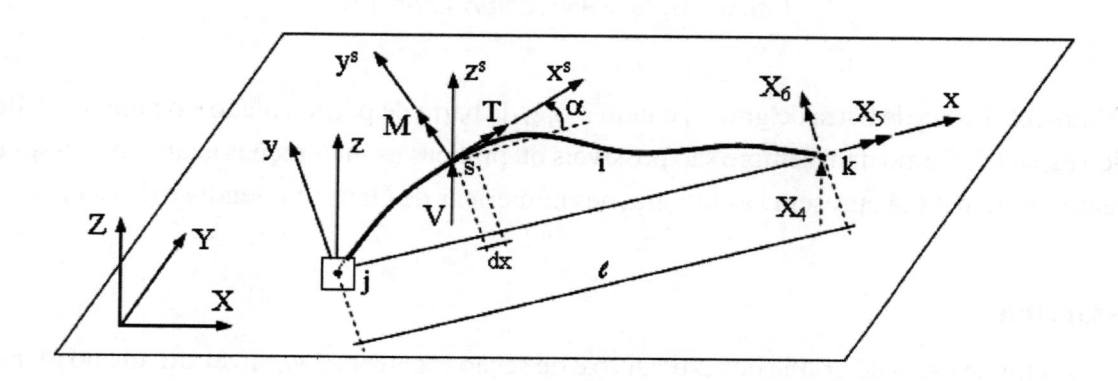

Figura 3.14 *– Sistema principal em barra curva de grelha.*

Com o ângulo α medido do eixo x à tangente ao eixo geométrico da barra como mostrado na Figura 3.14, tem-se $dx = ds \cos\alpha$, e a equação anterior se escreve:

$$\delta_{pq}^{i} = \int_{0}^{\ell} \left(\frac{M_p M_q}{EI\cos\alpha} + \frac{V_p V_q}{GA_v \cos\alpha} + \frac{T_p T_q}{GJ\cos\alpha} \right) dx \qquad (3.38)$$

onde ℓ é o comprimento projetado do eixo da barra na direção x. Nessa equação, fazendo p e q variarem de 4 a 6, obtém-se a matriz de flexibilidade relativa à extremidade k da barra:

$$\underset{\sim kk}{\Delta^{i}} = \begin{bmatrix} \delta_{44} & \delta_{45} & \delta_{46} \\ \delta_{54} & \delta_{55} & \delta_{56} \\ \delta_{64} & \delta_{65} & \delta_{66} \end{bmatrix}^{i} \qquad (3.39)$$

Por razão de simetria, apenas seis dos coeficientes dessa matriz são independentes entre si.

Para determinar os esforços na seção genérica s, adotam-se as notações da Figura 3.15 em que se visualiza a barra em sentido contrário ao eixo z. Com essas notações escrevem-se as relações geométricas:

$$\begin{cases} a = \dfrac{b \cos\alpha - y}{\sin\alpha} \\ b = \ell \sin\alpha + (y - x \, tg\,\alpha) \cos\alpha \end{cases} \qquad (3.40)$$

Logo, têm-se os esforços seccionais na seção genérica devido à ação das redundantes X_4, X_5 e X_6:

$$\begin{cases} M = X_6 \cos\alpha - X_5 \sin\alpha - X_4 \, a \\ V = X_4 \\ T = X_5 \cos\alpha + X_6 \sin\alpha - X_4 \, b \end{cases} \qquad (3.41)$$

Fazendo na equação anterior $X_4=1$, $X_5=0$ e $X_6=0$, obtêm-se os esforços seccionais:

$$M_4 = -a \qquad , \qquad V_4 = 1 \qquad , \qquad T_4 = -b \qquad (3.42a)$$

Fazendo $X_4=0$, $X_5=1$ e $X_6=0$, obtêm-se:

$$M_5 = -\sin\alpha \qquad , \qquad V_5 = 0 \qquad , \qquad T_5 = \cos\alpha \qquad (3.42b)$$

Fazendo $X_4=0$, $X_5=0$ e $X_6=1$, obtêm-se:

$$M_6 = \cos\alpha \qquad , \qquad V_6 = 0 \qquad , \qquad T_6 = \sin\alpha \qquad (3.42c)$$

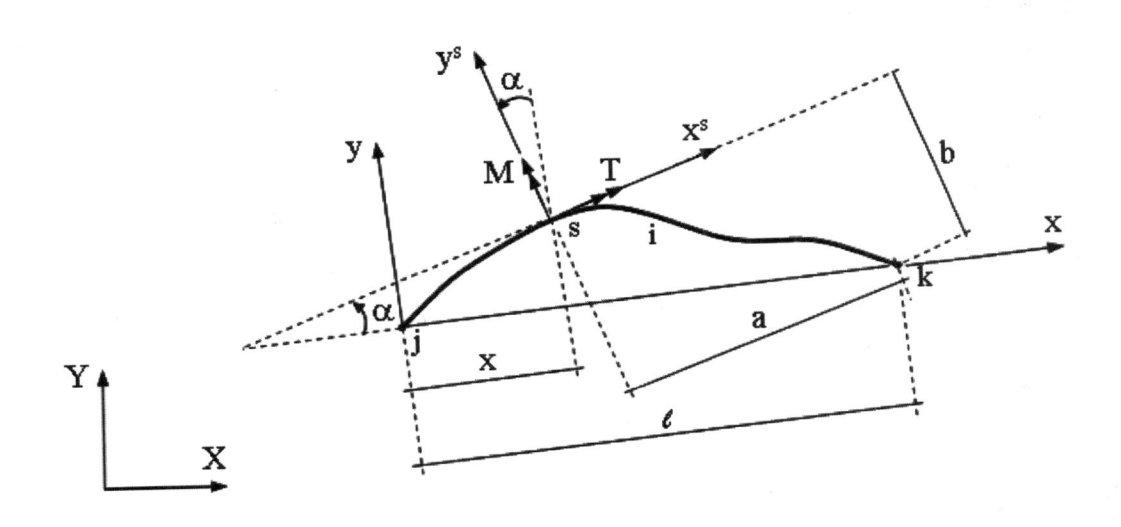

Figura 3.15 – Dimensões na barra curva de grelha.

Substituindo os esforços anteriores na equação 3.38, têm-se as expressões de coeficientes de flexibilidade:

$$\delta_{44}^i = \int_0^\ell \left(\frac{a^2}{EI\cos\alpha} + \frac{1}{GA_V\cos\alpha} + \frac{b^2}{GJ\cos\alpha} \right) dx \qquad (3.43a)$$

$$\delta_{55}^i = \int_0^\ell \left(\frac{\sin^2\alpha}{EI\cos\alpha} + \frac{\cos\alpha}{GJ} \right) dx \qquad (3.43b)$$

$$\delta_{66}^i = \int_0^\ell \left(\frac{\cos\alpha}{EI} + \frac{\sin^2\alpha}{GJ\cos\alpha} \right) dx \qquad (3.43c)$$

$$\delta_{45}^i = \int_0^\ell \left(\frac{a\,\text{tg}\,\alpha}{EI} - \frac{b}{GJ} \right) dx \qquad (3.43d)$$

$$\delta_{46}^i = \int_0^\ell \left(\frac{-a}{EI} - \frac{b\,\text{tg}\,\alpha}{GJ} \right) dx \qquad (3.43e)$$

$$\delta_{56}^i = \int_0^\ell \left(\frac{-\sin\alpha}{EI} + \frac{\sin\alpha}{GJ} \right) dx \qquad (3.43f)$$

As integrais dessas expressões podem ser levadas a efeito analiticamente em casos simples, como ilustrado no próximo exemplo, ou numericamente, como desenvolvido no item 3.6.4.

Obtida a matriz de flexibilidade relativa à extremidade k da barra, tem-se, por inversão, a submatriz de rigidez relativa às coordenadas nessa extremidade:

$$\underset{\sim kk}{k^i} = \begin{bmatrix} k_{44} & k_{45} & k_{46} \\ k_{54} & k_{55} & k_{56} \\ k_{64} & k_{65} & k_{66} \end{bmatrix}^i = \underset{\sim kk}{\Delta^{i^{-1}}} \qquad (3.44)$$

Como o coeficiente de rigidez k_{pq} é numericamente igual à força restritiva segundo a p-ésima direção coordenada quando se impõe deslocamento unitário segundo a q-ésima direção coordenada, mantidos nulos todos os demais deslocamentos nodais, por observação da Figura 3.16, escrevem-se as equações de equilíbrio da estática:

$$\begin{cases} \sum F_z = 0 \\ \sum M_x = 0 \\ \sum M_y^j = 0 \end{cases} \rightarrow \begin{cases} k_{1q}^i + k_{4q}^i = 0 \\ k_{2q}^i + k_{5q}^i = 0 \\ k_{3q}^i + k_{6q}^i - k_{4q}^i\,\ell = 0 \end{cases}$$

em que q pode variar de 4 a 6. Essas equações fornecem os coeficientes de rigidez:

$$\begin{cases} k_{1q}^i = -k_{4q}^i \\ k_{2q}^i = -k_{5q}^i \\ k_{3q}^i = k_{4q}^i \ell - k_{6q}^i \end{cases}$$

Assim, em notação matricial, esses coeficientes se escrevem:

$$\begin{Bmatrix} k_{1q}^i \\ k_{2q}^i \\ k_{3q}^i \end{Bmatrix} = \begin{bmatrix} -1 & 0 & 0 \\ 0 & -1 & 0 \\ \ell & 0 & -1 \end{bmatrix} \begin{Bmatrix} k_{4q}^i \\ k_{5q}^i \\ k_{6q}^i \end{Bmatrix} = \underset{\sim}{T} \begin{Bmatrix} k_{4q}^i \\ k_{5q}^i \\ k_{6q}^i \end{Bmatrix} \qquad (3.45)$$

onde se identifica a matriz de transformação $\underset{\sim}{T}$ que independe da curvatura da barra. Fazendo q variar de 4 a 6, obtém-se a submatriz de rigidez:

$$\underset{\sim jk}{k^i} = \underset{\sim}{T}\, \underset{\sim kk}{k^i} \qquad (3.46a)$$

que fornece a sua transposta:

$$\underset{\sim kj}{k^i} = \underset{\sim jk}{k^{i}}{}^{t} \qquad (3.46b)$$

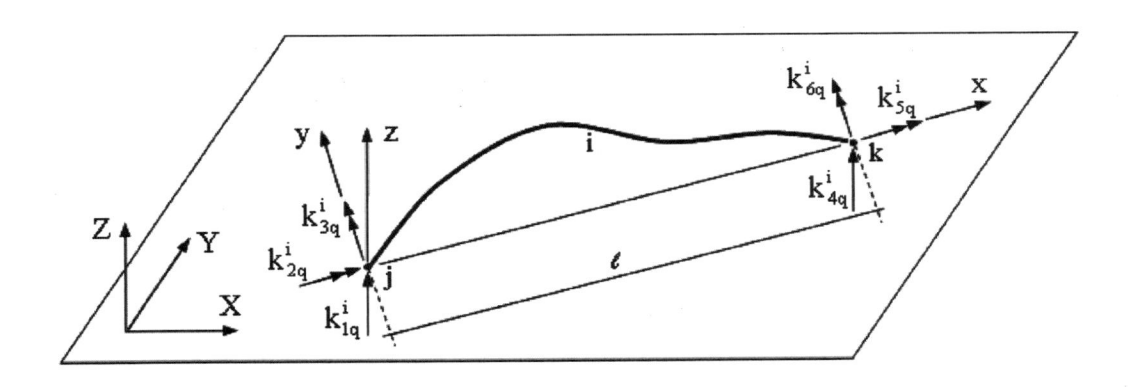

Figura 3.16 – *Coeficientes de rigidez em barra curva de grelha.*

De maneira semelhante à equação 3.45, obtém-se a submatriz de rigidez:

$$\underset{\sim jj}{k^i} = \underset{\sim}{T}\, \underset{\sim kj}{k^i} \qquad (3.46c)$$

completando a determinação da matriz de rigidez da barra curva de grelha.

Obtêm-se a seguir os esforços de engastamento perfeito provocados por ações externas à barra, utilizando novamente o método das forças. Para isso, adota-se o sistema principal representado na Figura 3.17 em que estão indicados os deslocamentos da extremidade livre causados pelas referidas ações que são simbolizadas por uma força distribuída p. Pelo método da força unitária, esses deslocamentos se escrevem:

$$u_{q,L}^i = \int_0^\ell \left(\frac{M M_q}{EI \cos\alpha} + \frac{V V_q}{GA_V \cos\alpha} + \frac{T T_q}{GJ \cos\alpha} \right) dx \qquad (3.47)$$

onde M, V e T são os esforços seccionais devidos às ações externas, e M_q, V_q e T_q são os esforços seccionais devidos à força unitária aplica segundo a q-ésima direção coordenada, com q variando de 4 a 6. Substituindo as equações 3.42 nessa última, obtêm-se os referidos deslocamentos:

$$u_{4,L}^i = \int_0^\ell \left(\frac{-M a}{EI \cos\alpha} + \frac{V}{GA_V \cos\alpha} - \frac{T b}{GJ \cos\alpha} \right) dx \qquad (3.48a)$$

$$u_{5,L}^i = \int_0^\ell \left(\frac{-M \operatorname{tg}\alpha}{EI} + \frac{T}{GJ} \right) dx \qquad (3.48b)$$

$$u_{6,L}^i = \int_0^\ell \left(\frac{M}{EI} + \frac{T \operatorname{tg}\alpha}{GJ} \right) dx \qquad (3.48c)$$

As integrais dessas equações podem ser levadas a efeito analiticamente em casos simples como mostrado no próximo exemplo, ou por procedimento numérico como desenvolvido no item 3.6.4.

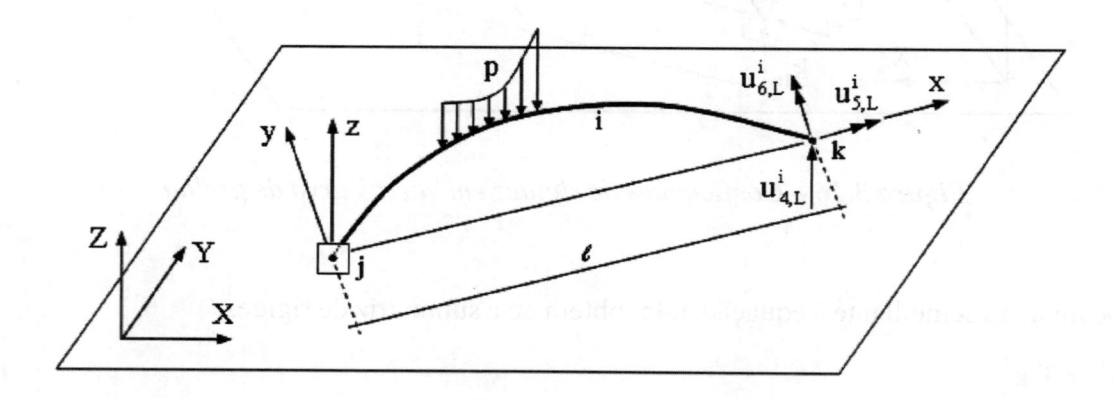

Figura 3.17 – *Sistema principal de barra curva de grelha com força externa.*

Particularizando a equação 1.17 para a presente barra curva, obtêm-se os esforços de engastamento perfeito:

$$
\left\{\begin{matrix} a_4 \\ a_5 \\ a_6 \end{matrix}\right\}_L^i = -\begin{bmatrix} \delta_{44} & \delta_{45} & \delta_{46} \\ \delta_{54} & \delta_{55} & \delta_{56} \\ \delta_{64} & \delta_{65} & \delta_{66} \end{bmatrix}^{-1} \left\{\begin{matrix} u_4 \\ u_5 \\ u_6 \end{matrix}\right\}_L^i \tag{3.49}
$$

Logo, utilizando a equação 3.44, tem-se:

$$
\left\{\begin{matrix} a_4 \\ a_5 \\ a_6 \end{matrix}\right\}_L^i = -\begin{bmatrix} k_{44} & k_{45} & k_{46} \\ k_{54} & k_{55} & k_{56} \\ k_{64} & k_{65} & k_{66} \end{bmatrix}^i \left\{\begin{matrix} u_4 \\ u_5 \\ u_6 \end{matrix}\right\}_L^i = -\underset{\sim}{k}_{kk}^i \left\{\begin{matrix} u_4 \\ u_5 \\ u_6 \end{matrix}\right\}_L^i \tag{3.50}
$$

A partir desses resultados, os esforços de engastamento perfeito na extremidade inicial da barra podem ser obtidos por condições de equilíbrio de maneira semelhante ao desenvolvido na obtenção dos coeficientes de rigidez. No caso de existirem simetrias elástica, geométrica e de carregamento, têm-se $a_{1,L}^i = a_{4,L}^i$, $a_{2,L}^i = -a_{5,L}^i$ e $a_{3,L}^i = -a_{6,L}^i$. Além disso, vale ressaltar que esses esforços não são os esforços seccionais nas extremidades da barra, porque o eixo x não coincide com o eixo geométrico da barra no presente caso de barra curva.

Exemplo 3.5 – Para a barra circular biengastada de grelha, de seção transversal constante, de ângulo central ϕ e de raio R, representada na Figura E3.5a, determinam-se: (a) a matriz de rigidez, (b) os esforços de engastamento perfeito no caso de força vertical concentrada e (c) os esforços de engastamento perfeito no caso de força vertical uniformemente distribuída ao longo da barra.

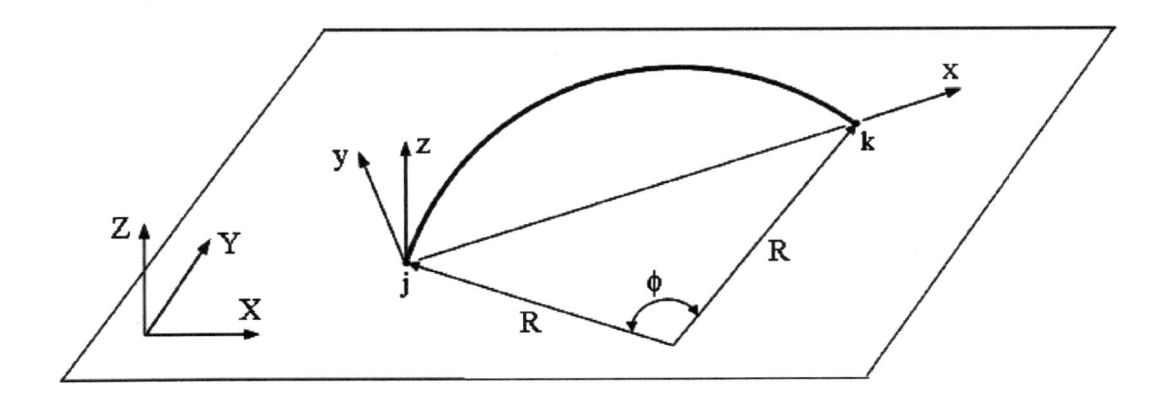

***Figura E3.5a** – Barra circular de grelha.*

a) Matriz de rigidez:

Com notações da Figura E3.5b, têm-se as relações geométricas:

$$a = R \sin\left(\frac{\phi}{2}+\alpha\right) \quad , \quad b = R\left(1-\cos\left(\frac{\phi}{2}+\alpha\right)\right) \quad , \quad dx = -R\cos\alpha\, d\alpha$$

onde α define a posição da seção transversal genérica s.

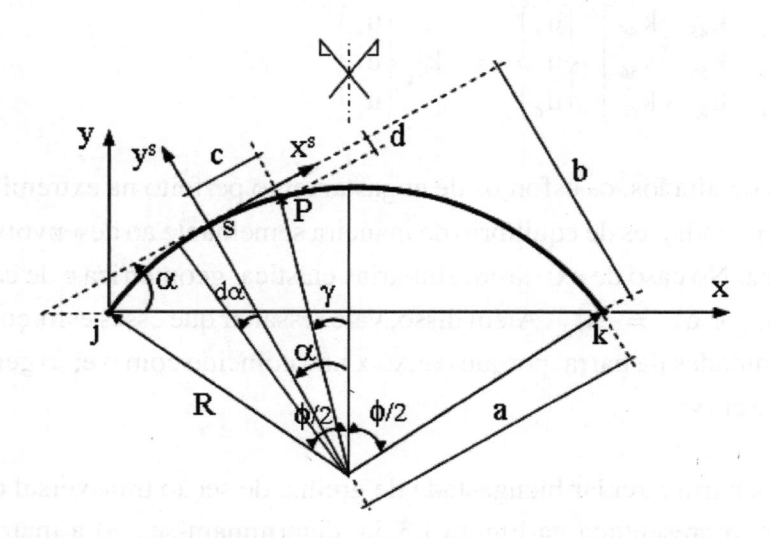

***Figura E3.5b** – Barra circular de grelha – vista no plano xy.*

Substituindo as relações anteriores nas equações 3.43, obtêm-se as expressões de coeficientes de flexibilidade:

$$\delta_{44}^i = -\frac{R^3}{EI}\int_{\frac{\phi}{2}}^{-\frac{\phi}{2}}\sin^2\left(\frac{\phi}{2}+\alpha\right)d\alpha - \frac{R}{GA_V}\int_{\frac{\phi}{2}}^{-\frac{\phi}{2}}d\alpha - \frac{R^3}{GJ}\int_{\frac{\phi}{2}}^{-\frac{\phi}{2}}\left(1-\cos\left(\frac{\phi}{2}+\alpha\right)\right)^2 d\alpha$$

$$\delta_{44}^i = \frac{R^3}{EI}\left(\frac{\phi}{2}-\frac{1}{4}\sin 2\phi\right) + \frac{R\phi}{GA_V} + \frac{R^3}{GJ}\left(\frac{3\phi}{2}-2\sin\phi+\frac{1}{4}\sin 2\phi\right)$$

$$\delta_{55}^i = -\frac{R}{EI}\int_{\frac{\phi}{2}}^{-\frac{\phi}{2}}\sin^2\alpha\, d\alpha - \frac{R}{GJ}\int_{\frac{\phi}{2}}^{-\frac{\phi}{2}}\cos^2\alpha\, d\alpha = \frac{R}{2EI}(\phi-\sin\phi)+\frac{R}{2GJ}(\phi+\sin\phi)$$

$$\delta_{66}^i = -\frac{R}{EI}\int_{\frac{\phi}{2}}^{-\frac{\phi}{2}}\cos^2\alpha\, d\alpha - \frac{R}{GJ}\int_{\frac{\phi}{2}}^{-\frac{\phi}{2}}\sin^2\alpha\, d\alpha = \frac{R}{2EI}(\phi+\sin\phi)+\frac{R}{2GJ}(\phi-\sin\phi)$$

$$\delta_{45}^i = -\frac{R^2}{EI}\int_{\frac{\phi}{2}}^{-\frac{\phi}{2}} \sin\alpha \,\sin\!\left(\frac{\phi}{2}+\alpha\right) d\alpha + \frac{R^2}{GJ}\int_{\frac{\phi}{2}}^{-\frac{\phi}{2}} \cos\alpha \left(1-\cos\!\left(\frac{\phi}{2}+\alpha\right)\right) d\alpha$$

$$\delta_{45}^i = \frac{R^2}{EI}\left(\frac{\phi}{2}\cos\frac{\phi}{2} - \frac{1}{4}\sin\frac{\phi}{2} - \frac{1}{4}\sin\frac{3\phi}{2}\right) + \frac{R^2}{GJ}\left(\frac{\phi}{2}\cos\frac{\phi}{2} + \frac{1}{4}\sin\frac{3\phi}{2} - \frac{7}{4}\sin\frac{\phi}{2}\right)$$

$$\delta_{46}^i = \frac{R^2}{EI}\int_{\frac{\phi}{2}}^{-\frac{\phi}{2}} \cos\alpha \,\sin\!\left(\frac{\phi}{2}+\alpha\right) d\alpha + \frac{R^2}{GJ}\int_{\frac{\phi}{2}}^{-\frac{\phi}{2}} \sin\alpha \left(1-\cos\!\left(\frac{\phi}{2}+\alpha\right)\right) d\alpha$$

$$\delta_{46}^i = \frac{R^2}{EI}\left(\frac{1}{4}\cos\frac{3\phi}{2} - \frac{1}{4}\cos\frac{\phi}{2} - \frac{\phi}{2}\sin\frac{\phi}{2}\right) + \frac{R^2}{GJ}\left(\frac{1}{4}\cos\frac{\phi}{2} - \frac{\phi}{2}\sin\frac{\phi}{2} - \frac{1}{4}\cos\frac{3\phi}{2}\right)$$

$$\delta_{56}^i = \frac{R}{2EI}\int_{\frac{\phi}{2}}^{-\frac{\phi}{2}} \sin 2\alpha \,d\alpha - \frac{R}{2GJ}\int_{\frac{\phi}{2}}^{-\frac{\phi}{2}} \sin 2\alpha \,d\alpha = 0$$

Com esses coeficientes e as equações 3.44, 3.45 e 3.46, completa-se a obtenção da matriz de rigidez da barra circular em questão.

b)   Esforços de engastamento perfeito para força concentrada:

Considerando a barra engastada na extremidade j e livre na extremidade k, sob ação da força concentrada P na seção de ângulo γ, positiva no sentido contrário ao eixo y e como representado na Figura E3.5b, escrevem-se os esforços seccionais na seção genérica s de $\gamma \le \alpha \le \phi/2$:

$$M = Pc \quad , \quad V = -P \quad , \quad T = Pd$$

Ainda com as notações dessa figura, têm-se as relações geométricas:

$$c = R\sin(\alpha - \gamma)$$

$$d = R\left(1 - \cos(\alpha - \gamma)\right)$$

Logo, com as equações 3.48 obtêm-se os deslocamentos na extremidade k:

$$u_{4,L}^i = \frac{PR^3}{EI}\int_{\frac{\phi}{2}}^{\gamma} \sin\!\left(\frac{\phi}{2}+\alpha\right)\sin(\alpha-\gamma)\,d\alpha + \frac{PR}{GA_V}\int_{\frac{\phi}{2}}^{\gamma} d\alpha$$

$$+ \frac{PR^3}{GJ}\int_{\frac{\phi}{2}}^{\gamma}\left(1-\cos\!\left(\frac{\phi}{2}+\alpha\right)\right)(1-\cos(\alpha-\gamma))\,d\alpha$$

$$u_{4,L}^i = \frac{PR^3}{EI}\left(\frac{\gamma}{2}\cos\frac{\phi}{2}\cos\gamma - \frac{\gamma}{2}\sin\frac{\phi}{2}\sin\gamma - \frac{1}{4}\sin\frac{\phi}{2}\cos\gamma - \frac{1}{4}\cos\frac{\phi}{2}\sin\gamma + \frac{1}{4}\sin\frac{3\phi}{2}\cos\gamma \right.$$

$$\left. - \frac{1}{4}\cos\frac{3\phi}{2}\sin\gamma - \frac{\phi}{4}\cos\frac{\phi}{2}\cos\gamma + \frac{\phi}{4}\sin\frac{\phi}{2}\sin\gamma\right) + \frac{PR}{GA_v}\left(\gamma - \frac{\phi}{2}\right)$$

$$+ \frac{PR^3}{GJ}\left(\gamma - \frac{\phi}{2} + \frac{1}{4}\sin\frac{\phi}{2}\cos\gamma - \frac{7}{4}\cos\frac{\phi}{2}\sin\gamma + \frac{\gamma}{2}\cos\frac{\phi}{2}\cos\gamma - \frac{\gamma}{2}\sin\frac{\phi}{2}\sin\gamma + \sin\phi \right.$$

$$\left. - \frac{1}{4}\sin\frac{3\phi}{2}\cos\gamma + \frac{1}{4}\cos\frac{3\phi}{2}\sin\gamma - \frac{\phi}{4}\cos\frac{\phi}{2}\cos\gamma + \frac{\phi}{4}\sin\frac{\phi}{2}\sin\gamma\right)$$

$$u_{5,L}^i = \frac{PR^2}{EI}\int_{\frac{\phi}{2}}^{\gamma}\sin(\alpha - \gamma)\sin\alpha\,d\alpha - \frac{PR^2}{GJ}\int_{\frac{\phi}{2}}^{\gamma}(1 - \cos(\alpha - \gamma))\cos\alpha\,d\alpha$$

$$u_{5,L}^i = \frac{PR^2}{EI}\left(\frac{\gamma}{2}\cos\gamma - \frac{1}{4}\sin\gamma + \frac{1}{4}\sin\phi\cos\gamma - \frac{1}{4}\cos\phi\,\sin\gamma - \frac{\phi}{4}\cos\gamma\right)$$

$$+ \frac{PR^2}{GJ}\left(\frac{\gamma}{2}\cos\gamma + \sin\frac{\phi}{2} - \frac{3}{4}\sin\gamma - \frac{1}{4}\sin\phi\cos\gamma + \frac{1}{4}\cos\phi\sin\gamma - \frac{\phi}{4}\cos\gamma\right)$$

$$u_{6,L}^i = -\frac{PR^2}{EI}\int_{\frac{\phi}{2}}^{\gamma}\sin(\alpha - \gamma)\cos\alpha\,d\alpha - \frac{PR^2}{GJ}\int_{\frac{\phi}{2}}^{\gamma}(1 - \cos(\alpha - \gamma))\sin\alpha\,d\alpha$$

$$u_{6,L}^i = \frac{PR^2}{EI}\left(\frac{\gamma}{2}\sin\gamma - \frac{\phi}{4}\sin\gamma + \frac{1}{4}\cos\gamma - \frac{1}{4}\cos\phi\cos\gamma - \frac{1}{4}\sin\phi\sin\gamma\right)$$

$$+ \frac{PR^2}{GJ}\left(\frac{3}{4}\cos\gamma - \cos\frac{\phi}{2} + \frac{\gamma}{2}\sin\gamma - \frac{\phi}{4}\sin\gamma + \frac{1}{4}\cos\phi\cos\gamma + \frac{1}{4}\sin\phi\sin\gamma\right)$$

Levando esses deslocamentos nas equações 3.50, têm-se os esforços de engastamento perfeito $a_{4,L}^i$, $a_{5,L}^i$ e $a_{6,L}^i$ que ocorrem na extremidade k da barra.

Com as notações da Figura E3.5c têm-se as relações geométricas:

$$x_P = R\left(\sin\frac{\phi}{2} - \sin\gamma\right) \quad , \quad y_P = R\left(\cos\gamma - \cos\frac{\phi}{2}\right) \quad , \quad \ell = 2R\sin\frac{\phi}{2}$$

Logo, escrevem-se as equações de equilíbrio da estática:

$$\begin{cases}\sum F_z = 0 \\ \sum M_x = 0 \\ \sum M_y^j = 0\end{cases} \quad \rightarrow \quad \begin{cases}a_{1,L}^i + a_{4,L}^i - P = 0 \\ a_{2,L}^i + a_{5,L}^i - P\,y_P = 0 \\ a_{3,L}^i + a_{6,L}^i - a_{4,L}^i\ell + P\,x_P = 0\end{cases}$$

Com essas equações obtêm-se os esforços na extremidade j:

$$a^i_{1,L} = P - a^i_{4,L} \quad , \quad a^i_{2,L} = P\, y_P - a^i_{5,L}$$

$$a^i_{3,L} = -P\, x_P + 2\, R\, a^i_{4,L}\, \sin\frac{\phi}{2} - a^i_{6,L}$$

completando a determinação dos esforços de engastamento perfeito da barra circular em questão.

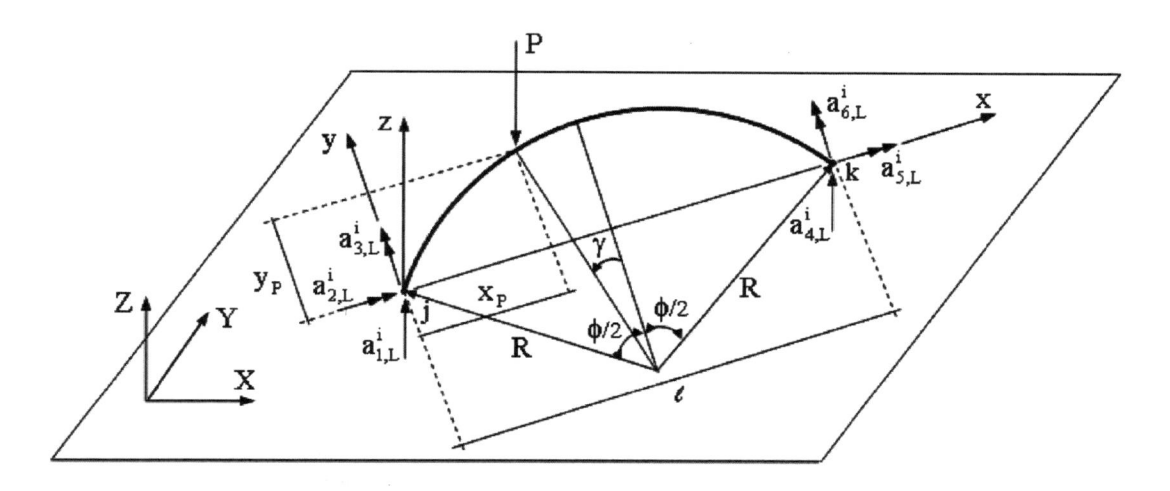

Figura E3.5c *– Esforços nodais em barra circular de grelha.*

c)   Esforços de engastamento perfeito para força uniformemente distribuída:

Com as notações da Figura E3.5d tem-se o comprimento infinitesimal de arco $ds^P = -R\, d\gamma$. Logo, para a força distribuída p ao longo da barra engastada na extremidade j e livre na extremidade k, positiva no sentido contrário ao eixo z, escrevem-se os esforços na seção genérica s:

$$M_x = \int_\alpha^{-\frac{\phi}{2}} p\,(y_p - y)R\, d\gamma \quad , \quad M_y = -\int_\alpha^{-\frac{\phi}{2}} p\,(x_p - x)R\, d\gamma \quad , \quad V = -pR\left(\alpha + \frac{\phi}{2}\right)$$

Ainda com as notações dessa figura têm-se as relações geométricas:

$$x_p = R\left(\sin\frac{\phi}{2} - \sin\gamma\right) \quad , \quad y_p = R\left(\cos\gamma - \cos\frac{\phi}{2}\right)$$

$$x = R\left(\sin\frac{\phi}{2} - \sin\alpha\right) \quad , \quad y = R\left(\cos\alpha - \cos\frac{\phi}{2}\right)$$

Logo, os momentos anteriores se escrevem:

$$M_x = pR^2 \int_\alpha^{-\frac{\phi}{2}} \left(\cos\gamma - \cos\alpha\right) d\gamma = pR^2 \left(\alpha\cos\alpha - \sin\alpha + \frac{\phi}{2}\cos\alpha - \sin\frac{\phi}{2}\right)$$

$$M_y = pR^2 \int_\alpha^{-\frac{\phi}{2}} \left(\sin\gamma - \sin\alpha\right) d\gamma = pR^2 \left(\alpha\sin\alpha + \cos\alpha + \frac{\phi}{2}\sin\alpha - \cos\frac{\phi}{2}\right)$$

Com esses momentos, obtêm-se os seguintes momento fletor e momento de torção:

$$M = -M_x \sin\alpha + M_y \cos\alpha = pR^2 \left(1 + \sin\frac{\phi}{2}\sin\alpha - \cos\frac{\phi}{2}\cos\alpha\right)$$

$$T = M_x \cos\alpha + M_y \sin\alpha = pR^2 \left(\alpha + \frac{\phi}{2} - \sin\frac{\phi}{2}\cos\alpha - \cos\frac{\phi}{2}\sin\alpha\right)$$

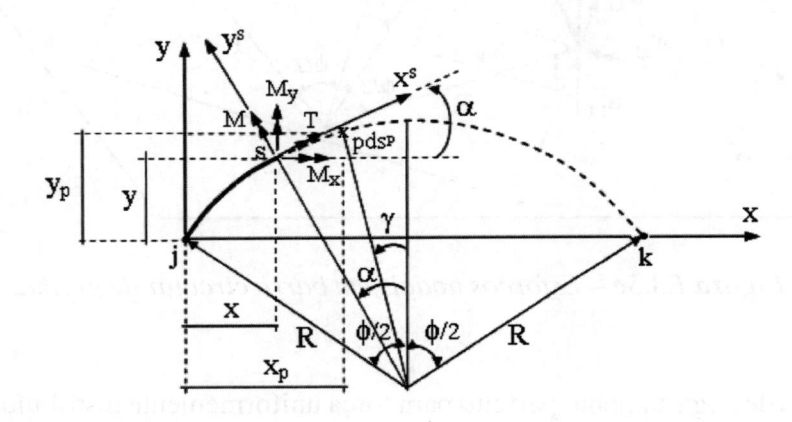

***Figura E3.5d** – Esforços em seção genérica de barra circular de grelha.*

Utilizando os esforços seccionais anteriores e as equações 3.48, têm-se os deslocamentos na extremidade considerada livre:

$$u_{4,L}^i = \frac{pR^4}{EI} \int_{\frac{\phi}{2}}^{-\frac{\phi}{2}} \left(1 + \sin\frac{\phi}{2}\sin\alpha - \cos\frac{\phi}{2}\cos\alpha\right)\sin\left(\frac{\phi}{2} + \alpha\right) d\alpha + \frac{pR^2}{GA_V} \int_{\frac{\phi}{2}}^{-\frac{\phi}{2}} \left(\alpha + \frac{\phi}{2}\right) d\alpha$$

$$+ \frac{pR^4}{GJ} \int_{\frac{\phi}{2}}^{-\frac{\phi}{2}} \left(\alpha + \frac{\phi}{2} - \sin\frac{\phi}{2}\cos\alpha - \cos\frac{\phi}{2}\sin\alpha\right)\left(1 - \cos\left(\frac{\phi}{2} + \alpha\right)\right) d\alpha$$

$$u_{4,L}^i = \frac{pR^4}{EI} \left(\frac{\phi}{2}\sin\phi - 2\sin^2\frac{\phi}{2} - \phi\sin\frac{\phi}{2} + 2\sin^2\frac{\phi}{2}\cos\frac{\phi}{2}\right) - \frac{pR^2\phi^2}{2GA_V}$$

$$+ \frac{pR^4}{GJ}\left(\phi\sin\phi + \frac{1}{2}\cos^2\phi - \frac{\phi^2}{2} - \frac{1}{2}\right)$$

$$u_{5,L}^i = \frac{pR^3}{EI}\int_{\frac{\phi}{2}}^{-\frac{\phi}{2}}\left(1 + \sin\frac{\phi}{2}\sin\alpha - \cos\frac{\phi}{2}\cos\alpha\right)\sin\alpha\,d\alpha$$

$$+ \frac{pR^3}{GJ}\int_{\frac{\phi}{2}}^{-\frac{\phi}{2}}\left(\sin\frac{\phi}{2}\cos\alpha + \cos\frac{\phi}{2}\sin\alpha - \frac{\phi}{2} - \alpha\right)\cos\alpha\,d\alpha$$

$$u_{5,L}^i = \frac{pR^3}{EI}\left(\cos\frac{\phi}{2}\ \sin^2\frac{\phi}{2} - \frac{\phi}{2}\sin\frac{\phi}{2}\right) - \frac{pR^3}{GJ}\left(\cos\frac{\phi}{2}\ \sin^2\frac{\phi}{2} - \frac{\phi}{2}\sin\frac{\phi}{2}\right)$$

$$u_{6,L}^i = \frac{pR^3}{EI}\int_{\frac{\phi}{2}}^{-\frac{\phi}{2}}\left(\cos\frac{\phi}{2}\cos\alpha - \sin\frac{\phi}{2}\sin\alpha - 1\right)\cos\alpha\,d\alpha$$

$$+ \frac{pR^3}{GJ}\int_{\frac{\phi}{2}}^{-\frac{\phi}{2}}\left(\sin\frac{\phi}{2}\cos\alpha + \cos\frac{\phi}{2}\sin\alpha - \frac{\phi}{2} - \alpha\right)\sin\alpha\,d\alpha$$

$$u_{6,L}^i = \frac{pR^3}{EI}\left(2\sin\frac{\phi}{2} - \frac{\phi}{2}\cos\frac{\phi}{2} - \sin\frac{\phi}{2}\ \cos^2\frac{\phi}{2}\right) + \frac{pR^3}{GJ}\left(2\sin\frac{\phi}{2} - \frac{3\phi}{2}\cos\frac{\phi}{2} + \sin\frac{\phi}{2}\ \cos^2\frac{\phi}{2}\right)$$

Levando esses deslocamentos na equação 3.50, têm-se os esforços de engastamento perfeito que da extremidade final da barra. Para o cálculo dos esforços de engastamento da extremidade inicial, utiliza-se a equivalência entre o carregamento uniformemente distribuído e sua resultante $pR\phi$ aplicada em seu centro de distribuição de forças. Pode-se verificar que esse centro tem as coordenadas:

$$x_C = R\sin\frac{\phi}{2} \qquad , \qquad y_C = R\left(\frac{2}{\phi}\sin\frac{\phi}{2} - \cos\frac{\phi}{2}\right)$$

Logo, escrevem-se as equações de equilíbrio:

$$\begin{cases}\sum F_z = 0 \\ \sum M_x = 0 \\ \sum M_y^j = 0\end{cases} \qquad \rightarrow \qquad \begin{cases}a_{1,L}^i + a_{4,L}^i - pR\phi = 0 \\ a_{2,L}^i + a_{5,L}^i - pR\phi\,y_C = 0 \\ a_{3,L}^i + a_{6,L}^i - a_{4,L}^i\ell + pR\phi\,x_C = 0\end{cases}$$

Com essas equações, obtêm-se os esforços na extremidade j:

$$a_{1,L}^i = pR\phi - a_{4,L}^i \quad , \quad a_{2,L}^i = pR^2\left(2\sin\frac{\phi}{2} - \phi\cos\frac{\phi}{2}\right) - a_{5,L}^i$$

$$a_{3,L}^i = -pR^2\phi\sin\frac{\phi}{2} + 2R\,a_{4,L}^i\ \sin\frac{\phi}{2} - a_{6,L}^i$$

Esses resultados completam a determinação dos esforços de engastamento perfeito.

Considere-se agora o caso de barra reta de grelha com seção transversal variável. Comparando as notações da Figura 3.15 com as da Figura 3.18, têm-se:

$$a = \ell - x \quad , \quad b = 0 \quad e \quad \alpha = 0 \tag{3.51}$$

Substituindo essas grandezas nas equações 3.43, os coeficientes de flexibilidade particularizam-se para as formas:

$$\delta_{44}^{i} = \int_{0}^{\ell} \left(\frac{(\ell-x)^2}{EI} + \frac{1}{GA_v} \right) dx \quad , \quad \delta_{55}^{i} = \int_{0}^{\ell} \frac{1}{GJ} \, dx \tag{3.52a,b}$$

$$\delta_{66}^{i} = \int_{0}^{\ell} \frac{1}{EI} \, dx \quad , \quad \delta_{45}^{i} = 0 \tag{3.52c,d}$$

$$\delta_{46}^{i} = \int_{0}^{\ell} \frac{x-\ell}{EI} \, dx \quad , \quad \delta_{56}^{i} = 0 \tag{3.52e,f}$$

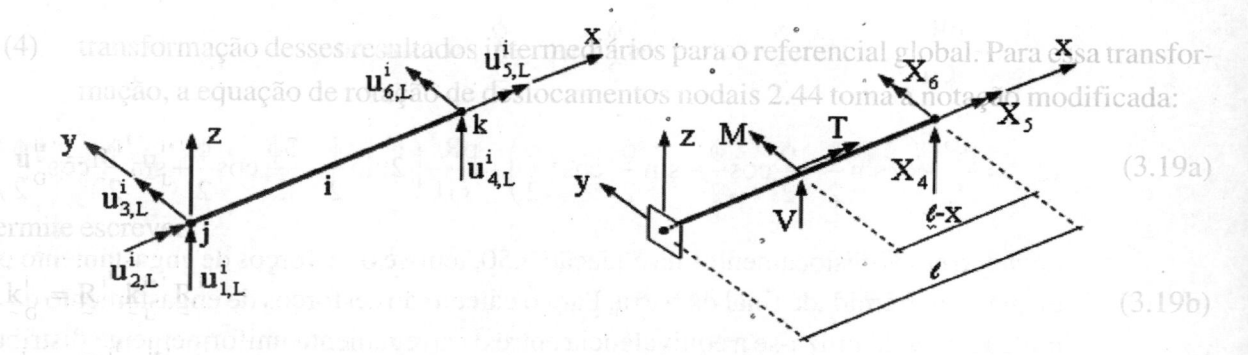

Figura 3.18 – *Barra reta de grelha.*

Substituindo esses coeficientes na equação 3.44, obtém-se a submatriz de rigidez relativa às coordenadas da extremidade k:

$$\underset{\sim kk}{k^{i}} = \begin{bmatrix} \delta_{44} & 0 & \delta_{46} \\ 0 & \delta_{55} & 0 \\ \delta_{46} & 0 & \delta_{66} \end{bmatrix}^{i-1} = \begin{bmatrix} \dfrac{\delta_{66}}{e} & 0 & -\dfrac{\delta_{46}}{e} \\ 0 & \dfrac{1}{\delta_{55}} & 0 \\ -\dfrac{\delta_{46}}{e} & 0 & \dfrac{\delta_{44}}{e} \end{bmatrix}^{i} \tag{3.53}$$

onde:

$$e^{i} = \delta_{44}^{i}\delta_{66}^{i} - \delta_{46}^{i^{2}} \tag{3.54}$$

Utilizando essa submatriz e as equações 3.46, pode-se obter a parte restante da matriz de rigidez em questão.

Para determinar os deslocamentos da extremidade k (considerada livre) provocados pelas ações externas, substituem-se as equações 3.51 nas equações 3.48, obtendo-se:

$$u_{4,L}^{i} = \int_0^{\ell} \left(\frac{M(x-\ell)}{EI} + \frac{V}{GA_V} \right) dx \quad , \quad u_{5,L}^{i} = \int_0^{\ell} \frac{T}{GJ} dx \quad , \quad u_{6,L}^{i} = \int_0^{\ell} \frac{M}{EI} dx \qquad (3.55a,b,c)$$

Logo, tendo-se em conta a equação 3.53 e substituindo esses deslocamentos na equação 3.50, obtêm-se os esforços de engastamento perfeito na extremidade k:

$$\left\{ \begin{array}{c} a_4 \\ a_5 \\ a_6 \end{array} \right\}_L^{i} = - \left[\begin{array}{ccc} \dfrac{\delta_{66}}{e} & 0 & -\dfrac{\delta_{46}}{e} \\ 0 & \dfrac{1}{\delta_{55}} & 0 \\ -\dfrac{\delta_{46}}{e} & 0 & \dfrac{\delta_{44}}{e} \end{array} \right]^{i} \left\{ \begin{array}{c} u_4 \\ u_5 \\ u_6 \end{array} \right\}_L^{i} \qquad (3.56)$$

Com esses resultados e condições de equilíbrio da estática, podem ser obtidos os esforços de engastamento perfeito da extremidade inicial da barra.

Particularizando agora para o caso de barra reta de grelha de seção transversal constante, as equações de coeficientes de flexibilidade 3.52 tomam a forma:

$$\delta_{44}^{i} = \frac{1}{EI} \int_0^{\ell} \left(\ell^2 + x^2 - 2\ell x \right) dx + \frac{1}{GA_V} \int_0^{\ell} dx = \frac{\ell^3}{3EI} + \frac{\ell}{GA_V} \qquad (3.57a)$$

$$\delta_{55}^{i} = \frac{1}{GJ} \int_0^{\ell} dx = \frac{\ell}{GJ} \qquad (3.57b)$$

$$\delta_{66}^{i} = \frac{1}{EI} \int_0^{\ell} dx = \frac{\ell}{EI} \qquad (3.57c)$$

$$\delta_{46}^{i} = \frac{1}{EI} \int_0^{\ell} \left(x - \ell \right) dx = -\frac{\ell^2}{2EI} \qquad (3.57d)$$

Substituindo esses coeficientes na equação 3.53, obtêm-se os coeficientes de rigidez:

$$k_{44}^{i} = \frac{12EI}{\ell^3 \left(1 + \dfrac{12EI}{GA_V \ell^2} \right)} \quad , \quad k_{55}^{i} = \frac{GJ}{\ell} \qquad (3.58a,b)$$

$$k_{46}^i = \frac{6EI}{\ell^2 \left(1 + \dfrac{12EI}{GA_V \ell^2}\right)} \qquad , \qquad k_{66}^i = \frac{\left(4 + \dfrac{12EI}{GA_V \ell^2}\right)EI}{\ell\left(1 + \dfrac{12EI}{GA_V \ell^2}\right)} \qquad (3.58c,d)$$

Com os coeficientes anteriores e as equações 3.45b e 3.46 pode-se completar a obtenção da matriz de rigidez de barra reta de grelha de seção transversal constante. Esses resultados confirmam, com a notação φ_z da equação 2.66b, os coeficientes da matriz de rigidez de barra de grelha expressos pela equação 2.74.

3.6.2 – Pórtico plano

Considere-se a barra de pórtico plano de eixo curvo e de seção transversal variável representada na Figura 3.19, onde, além do referencial local xy e dos deslocamentos nodais nesse referencial, está mostrado o referencial $x^s y^s$ na seção genérica s. Esse referencial tem o eixo x^s tangente ao eixo geométrico no ponto representativo dessa seção, no sentido de encaminhamento do ponto nodal j para o nó k, e tem o eixo z^s de direção e sentido coincidentes com o eixo z. Além disso, considera-se que o eixo da barra não tenha nenhum ponto em que o eixo x^s seja paralelo ao eixo y local.

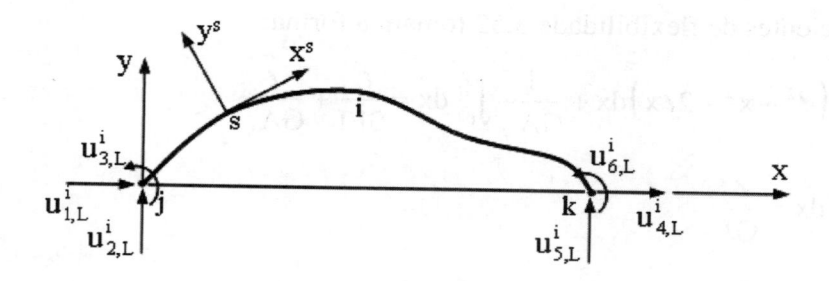

***Figura 3.19** – Barra curva de pórtico plano.*

Considerando barra biengastada, adota-se o sistema principal representado na Figura 3.20 em que se restringe a extremidade inicial da barra e se libera a sua outra extremidade. Nessa figura também estão indicadas em tracejado as redundantes estáticas consideradas, e em traço-contínuo os esforços seccionais na seção genérica s.

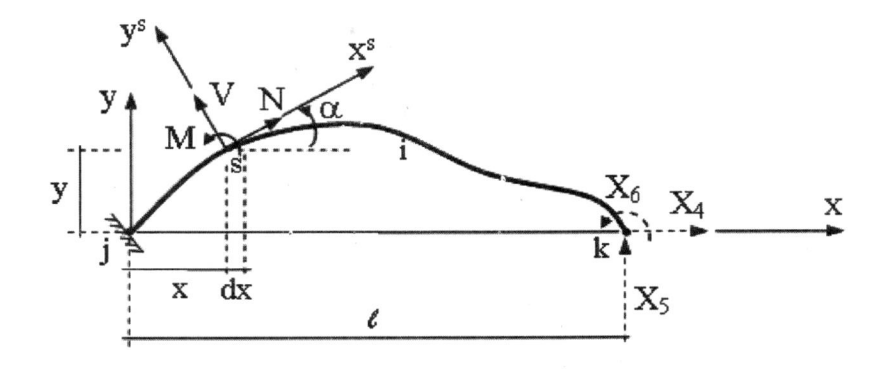

Figura 3.20 – *Sistema principal em barra curva de pórtico plano.*

Aplicando força unitária segundo a direção e o sentido de cada uma das redundantes indicadas na Figura 3.20, obtém-se a expressão de coeficiente de flexibilidade:

$$\delta_{pq}^i = \int_s \left(\frac{M_p M_q}{EI} + \frac{N_p N_q}{EA} + \frac{V_p V_q}{GA_V} \right) ds \tag{3.59}$$

onde p e q variam de 4 a 6; M_p, N_p e V_p são os esforços seccionais devidos à força unitária segundo a p-ésima direção coordenada; M_q, V_q e T_q são os esforços seccionais devidos à força unitária segundo a q-ésima direção coordenada. Tendo-se $dx = ds \cos\alpha$, a equação anterior se escreve:

$$\delta_{pq}^i = \int_0^\ell \left(\frac{M_p M_q}{EI \cos\alpha} + \frac{N_p N_q}{EA \cos\alpha} + \frac{V_p V_q}{GA_V \cos\alpha} \right) dx \tag{3.60}$$

Com essa expressão continua válida a equação 3.39 de matriz de flexibilidade relativa à extremidade k.

Os esforços seccionais na seção genérica s devidos à ação das redundantes estáticas X_4, X_5 e X_6 se escrevem:

$$\begin{cases} M = X_5 (\ell - x) + X_4 y + X_6 \\ N = X_4 \cos\alpha + X_5 \sin\alpha \\ V = -X_4 \sin\alpha + X_5 \cos\alpha \end{cases} \tag{3.61}$$

Fazendo $X_4 = 1$, $X_5 = 1$ e $X_6 = 1$ nessa equação, um de cada vez enquanto os demais são mantidos nulos, obtêm-se os esforços seccionais:

$$M_4 = y \qquad , \qquad N_4 = \cos\alpha \qquad , \qquad V_4 = -\sin\alpha \tag{3.62a}$$

$$M_5 = \ell - x \quad , \quad N_5 = \sin\alpha \quad , \quad V_5 = \cos\alpha \tag{3.62b}$$

$$M_6 = 1 \quad , \quad N_6 = 0 \quad , \quad V_6 = 0 \tag{3.62c}$$

Substituindo esses esforços na equação 3.60, obtêm-se os coeficientes de flexibilidade:

$$\delta_{44}^i = \int_0^\ell \left(\frac{y^2}{EI\cos\alpha} + \frac{\cos\alpha}{EA} + \frac{\sin^2\alpha}{GA_v \cos\alpha} \right) dx \tag{3.63a}$$

$$\delta_{55}^i = \int_0^\ell \left(\frac{\ell^2 + x^2 - 2\ell x}{EI\cos\alpha} + \frac{\sin^2\alpha}{EA\cos\alpha} + \frac{\cos\alpha}{GA_v} \right) dx \tag{3.63b}$$

$$\delta_{66}^i = \int_0^\ell \frac{1}{EI\cos\alpha}\, dx \tag{3.63c}$$

$$\delta_{45}^i = \int_0^\ell \left(\frac{y\ell - y\,x}{EI\cos\alpha} + \frac{\sin\alpha}{EA} - \frac{\sin\alpha}{GA_v} \right) dx \tag{3.63d}$$

$$\delta_{46}^i = \int_0^\ell \frac{y}{EI\cos\alpha}\, dx \tag{3.63e}$$

$$\delta_{56}^i = \int_0^\ell \frac{\ell - x}{EI\cos\alpha}\, dx \tag{3.63f}$$

Com os coeficientes de flexibilidade anteriores vale a equação 3.44 de obtenção da submatriz de rigidez $\underset{\sim}{k}_{kk}^i$. Logo, de acordo com a Figura 3.21, escrevem-se as equações de equilíbrio da estática:

$$\begin{cases} \sum F_x = 0 \\ \sum F_y = 0 \\ \sum M_z^j = 0 \end{cases} \rightarrow \begin{cases} k_{1q}^i + k_{4q}^i = 0 \\ k_{2q}^i + k_{5q}^i = 0 \\ k_{3q}^i + k_{5q}^i \ell + k_{6q}^i = 0 \end{cases}$$

com q podendo variar de 4 a 6. Essas equações fornecem os coeficientes de rigidez:

$$\begin{cases} k_{1q}^i = -k_{4q}^i \\ k_{2q}^i = -k_{5q}^i \\ k_{3q}^i = -k_{5q}^i \ell - k_{6q}^i \end{cases}$$

Logo, em notação matricial, esses coeficientes se escrevem:

$$\begin{Bmatrix} k_{1q}^i \\ k_{2q}^i \\ k_{3q}^i \end{Bmatrix} = \begin{bmatrix} -1 & 0 & 0 \\ 0 & -1 & 0 \\ 0 & -\ell & -1 \end{bmatrix} \begin{Bmatrix} k_{4q}^i \\ k_{5q}^i \\ k_{6q}^i \end{Bmatrix} = \underset{\sim}{T} \begin{Bmatrix} k_{4q}^i \\ k_{5q}^i \\ k_{6q}^i \end{Bmatrix}, \tag{3.64a}$$

onde se identifica a matriz de transformação $\underset{\sim}{T}$ que independe da curvatura da barra. Fazendo q variar de 4 a 6, tem-se a submatriz de rigidez:

$$\underset{\sim}{k}{}^{i}_{jk} = \underset{\sim}{T} \underset{\sim}{k}{}^{i}_{kk} \tag{3.64b}$$

Continuam válidas as equações 3.46b e 3.46c, o que completa a determinação da matriz de rigidez da barra curva em questão.

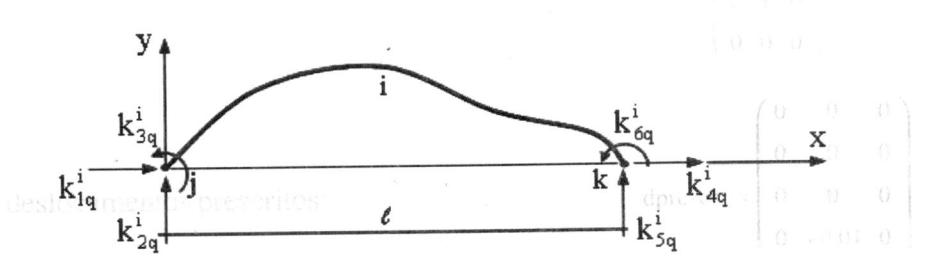

Figura 3.21 – *Coeficientes de rigidez em barra curva de pórtico plano.*

Para determinar os esforços de engastamento perfeito provocados pelas ações externas à barra, adota-se o sistema principal do método das forças mostrado na Figura 3.22 onde estão indicados os deslocamentos nodais da extremidade livre devidos a essas ações. Esses deslocamentos se escrevem:

$$u^{i}_{q,L} = \int_{0}^{\ell} \left(\frac{M\,M_{q}}{EI\cos\alpha} + \frac{N\,N_{q}}{EA\cos\alpha} + \frac{V\,V_{q}}{GA_{V}\cos\alpha} \right) dx \tag{3.65}$$

onde M, N e V são os esforços seccionais devidos às ações externas, e M_q, N_q e V_q são os esforços seccionais devidos à força unitária aplica segundo a q-ésima direção coordenada, com q variando de 4 a 6.

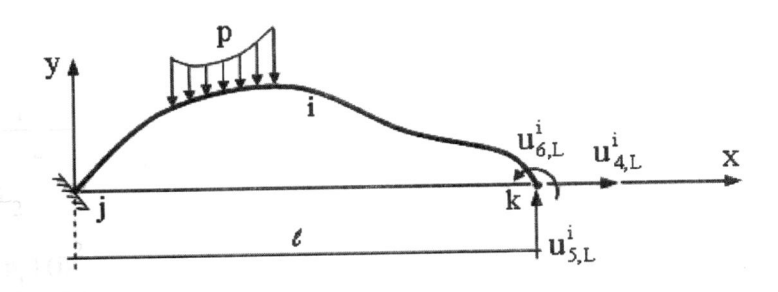

Figura 3.22 – *Sistema principal de barra curva de pórtico sob ação externa.*

Substituindo as equações 3.62 na equação anterior, obtêm-se os deslocamentos da extremidade considerada livre:

$$u_{4,L}^i = \int_0^\ell \left(\frac{M\,y}{EI\cos\alpha} + \frac{N}{EA} - \frac{V\,tg\alpha}{GA_V} \right) dx \tag{3.66a}$$

$$u_{5,L}^i = \int_0^\ell \left(\frac{M(\ell-x)}{EI\cos\alpha} + \frac{N\,tg\alpha}{EA} + \frac{V}{GA_V} \right) dx \tag{3.66b}$$

$$u_{6,L}^i = \int_0^\ell \frac{M}{EI\cos\alpha}\,dx \tag{3.66c}$$

Com esses deslocamentos vale a equação 3.50 de obtenção dos esforços de engastamento perfeito na extremidade k, a partir dos quais, por condições de equilíbrio, podem ser obtidos os esforços de engastamento perfeito na extremidade j. Quando ocorrem simetrias elástica, geométrica e de carregamento, têm-se $a_{1,L}^i = -a_{4,L}^i$, $a_{2,L}^i = a_{5,L}^i$ e $a_{3,L}^i = -a_{6,L}^i$.

Exemplo 3.6 – Para a barra circular biengastada de pórtico plano, de seção transversal constante, ângulo central φ e raio R, representada na Figura E3.6a, determinam-se: (a) a matriz de rigidez, (b) os esforços de engastamento perfeito no caso de força vertical concentrada e (c) os esforços de engastamento perfeito no caso de força vertical uniformemente distribuída ao longo da projeção horizontal da barra.

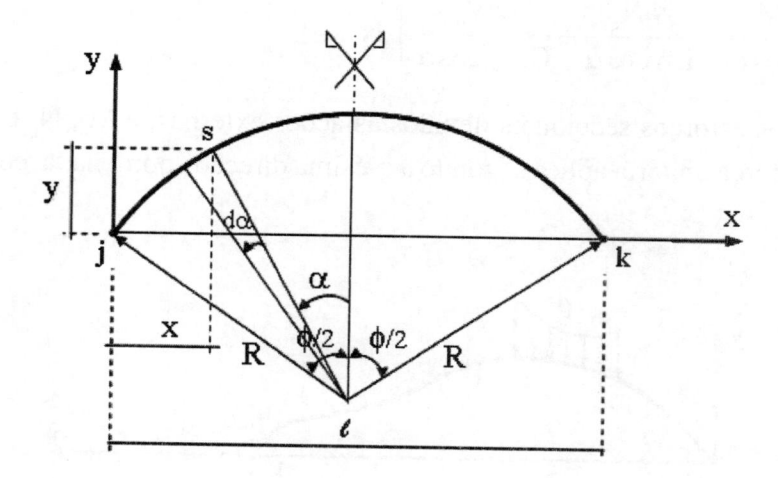

***Figura E3.6a** – Barra circular de pórtico plano.*

a) Matriz de rigidez:

Com as notações da Figura E3.6a têm-se as relações geométricas:

$$x = R\left(\sin\frac{\phi}{2} - \sin\alpha\right) \qquad , \qquad y = R\left(\cos\alpha - \cos\frac{\phi}{2}\right)$$

$$\ell = 2R\sin\frac{\phi}{2} \qquad , \qquad dx = -R\cos\alpha \, d\alpha$$

Substituindo essas relações nas equações 3.63, obtêm-se os coeficientes de flexibilidade:

$$\delta_{44} = -\frac{R^3}{EI}\int_{\frac{\phi}{2}}^{-\frac{\phi}{2}}\left(\cos\alpha - \cos\frac{\phi}{2}\right)^2 d\alpha - \frac{R}{EA}\int_{\frac{\phi}{2}}^{-\frac{\phi}{2}}\cos^2\alpha \, d\alpha - \frac{R}{GA_V}\int_{\frac{\phi}{2}}^{-\frac{\phi}{2}}\sin^2\alpha \, d\alpha$$

$$\delta_{44} = \frac{R^3}{EI}\left(\frac{\phi}{2} + \phi\cos^2\frac{\phi}{2} - \frac{3}{2}\sin\phi\right) + \frac{R}{EA}\left(\frac{\phi}{2} + \frac{1}{2}\sin\phi\right) + \frac{R}{GA_V}\left(\frac{\phi}{2} - \frac{1}{2}\sin\phi\right)$$

$$\delta_{55} = -\frac{R^3}{EI}\int_{\frac{\phi}{2}}^{-\frac{\phi}{2}}\left(\sin^2\frac{\phi}{2} + \sin^2\alpha + 2\sin\frac{\phi}{2}\sin\alpha\right)d\alpha - \frac{R}{EA}\int_{\frac{\phi}{2}}^{-\frac{\phi}{2}}\sin^2\alpha \, d\alpha - \frac{R}{GA_V}\int_{\frac{\phi}{2}}^{-\frac{\phi}{2}}\cos^2\alpha \, d\alpha$$

$$\delta_{55} = \frac{R^3}{EI}\left(\frac{\phi}{2} + \phi\sin^2\frac{\phi}{2} - \frac{1}{2}\sin\phi\right) + \frac{R}{EA}\left(\frac{\phi}{2} - \frac{1}{2}\sin\phi\right) + \frac{R}{GA_V}\left(\frac{\phi}{2} + \frac{1}{2}\sin\phi\right)$$

$$\delta_{66} = -\frac{R}{EI}\int_{\frac{\phi}{2}}^{-\frac{\phi}{2}}d\alpha = \frac{R\phi}{EI}$$

$$\delta_{45} = -\frac{R^3}{EI}\int_{\frac{\phi}{2}}^{-\frac{\phi}{2}}\left(\cos\alpha - \cos\frac{\phi}{2}\right)\left(\sin\alpha + \sin\frac{\phi}{2}\right)d\alpha - \frac{R}{2EA}\int_{\frac{\phi}{2}}^{-\frac{\phi}{2}}\sin 2\alpha \, d\alpha + \frac{R}{2GA_V}\int_{\frac{\phi}{2}}^{-\frac{\phi}{2}}\sin 2\alpha \, d\alpha$$

$$\delta_{45} = \frac{R^3}{EI}\left(\frac{\phi}{2}\sin\phi - 2\sin^2\frac{\phi}{2}\right)$$

$$\delta_{46} = -\frac{R^2}{EI}\int_{\frac{\phi}{2}}^{-\frac{\phi}{2}}\left(\cos\alpha - \cos\frac{\phi}{2}\right)d\alpha = \frac{R^2}{EI}\left(2\sin\frac{\phi}{2} - \phi\cos\frac{\phi}{2}\right)$$

$$\delta_{56} = -\frac{R^2}{EI}\int_{\frac{\phi}{2}}^{-\frac{\phi}{2}}\left(\sin\alpha + \sin\frac{\phi}{2}\right)d\alpha = \frac{R^2}{EI}\phi\sin\frac{\phi}{2}$$

Utilizando esses coeficientes e as equações 3.44, 3.64b e 3.46, pode-se obter a matriz de rigidez da barra circular em questão.

b) Esforços de engastamento perfeito para força concentrada:

Considerando a barra engastada na extremidade j e livre na outra sua extremidade, e a força concentrada P na seção de ângulo γ, positiva no sentido contrário ao do eixo y e como mostrado na Figura E3.6b, escrevem-se os esforços seccionais na seção genérica s de $\gamma \le \alpha \le \phi/2$:

$$M = -PR\,(\sin\alpha - \sin\gamma) \quad , \qquad N = -P\sin\alpha \quad , \qquad V = -P\cos\alpha$$

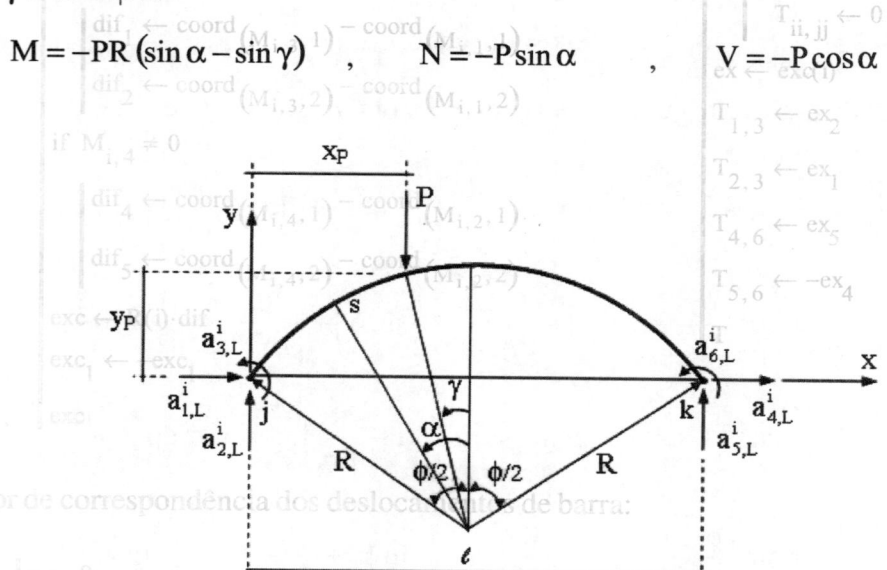

Figura E3.6b – *Esforços nodais em barra circular de pórtico plano.*

Substituindo os esforços anteriores nas equações 3.66, obtêm-se os deslocamentos na extremidade k:

$$u_{4,L}^i = \frac{PR^3}{EI}\int_{\frac{\phi}{2}}^{\gamma}(\sin\alpha - \sin\gamma)\left(\cos\alpha - \cos\frac{\phi}{2}\right)d\alpha + \frac{PR}{2EA}\int_{\frac{\phi}{2}}^{\gamma}\sin 2\alpha\,d\alpha - \frac{PR}{2GA_v}\int_{\frac{\phi}{2}}^{\gamma}\sin 2\alpha\,d\alpha$$

$$u_{4,L}^i = \frac{PR^3}{EI}\left(\gamma\cos\frac{\phi}{2}\sin\gamma - \sin^2\gamma - \frac{1}{2}\cos^2\gamma + \cos\frac{\phi}{2}\cos\gamma + \sin\frac{\phi}{2}\sin\gamma - \frac{\phi}{2}\cos\frac{\phi}{2}\sin\gamma - \frac{1}{2}\cos^2\frac{\phi}{2}\right)$$
$$+ \frac{PR}{2EA}\left(\sin^2\gamma - \sin^2\frac{\phi}{2}\right) - \frac{PR}{2GA_v}\left(\sin^2\gamma - \sin^2\frac{\phi}{2}\right)$$

$$u_{5,L}^i = \frac{PR^3}{EI}\int_{\frac{\phi}{2}}^{\gamma}(\sin\alpha - \sin\gamma)\left(\sin\frac{\phi}{2} + \sin\alpha\right)d\alpha + \frac{PR}{EA}\int_{\frac{\phi}{2}}^{\gamma}\sin^2\alpha\,d\alpha + \frac{PR}{GA_v}\int_{\frac{\phi}{2}}^{\gamma}\cos^2\alpha\,d\alpha$$

$$u_{5,L}^i = \frac{PR^3}{EI}\left(\frac{\gamma}{2} - \frac{\phi}{4} + \frac{1}{4}\sin 2\gamma - \cos\gamma\,\sin\frac{\phi}{2} - \gamma\sin\gamma\,\sin\frac{\phi}{2} + \frac{3}{4}\sin\phi + \frac{\phi}{2}\sin\gamma\,\sin\frac{\phi}{2} - \sin\gamma\,\cos\frac{\phi}{2}\right)$$

$$+ \frac{PR}{EA}\left(\frac{\gamma}{2} - \frac{\phi}{4} - \frac{1}{4}\sin 2\gamma + \frac{1}{4}\sin\phi\right) + \frac{PR}{GA_V}\left(\frac{\gamma}{2} - \frac{\phi}{4} + \frac{1}{4}\sin 2\gamma - \frac{1}{4}\sin\phi\right)$$

$$u_{6,L}^i = \frac{PR^2}{EI}\int_{\frac{\phi}{2}}^{\gamma}(\sin\alpha - \sin\gamma)\,d\alpha = \frac{PR^2}{EI}\left(\frac{\phi}{2}\sin\gamma + \cos\frac{\phi}{2} - \gamma\sin\gamma - \cos\gamma\right)$$

Substituindo esses deslocamentos nas equações 3.50, podem ser obtidos os esforços de engastamento perfeito que ocorrem na extremidade k.

Com as notações da Figura E3.6b têm-se as relações geométricas:

$$x_P = R\left(\sin\frac{\phi}{2} - \sin\gamma\right) \qquad , \qquad \ell = 2R\sin\frac{\phi}{2}$$

Logo, escrevem-se as equações de equilíbrio da estática:

$$\begin{cases}\sum F_x = 0 \\ \sum F_y = 0 \\ \sum M_z^j = 0\end{cases} \rightarrow \begin{cases}a_{1,L}^i + a_{4,L}^i = 0 \\ a_{2,L}^i + a_{5,L}^i - P = 0 \\ a_{3,L}^i + a_{6,L}^i + a_{5,L}^i\ell - P\,x_P = 0\end{cases}$$

que fornecem os esforços na extremidade j:

$$a_{1,L}^i = -a_{4,L}^i \qquad , \qquad a_{2,L}^i = P - a_{5,L}^i$$

$$a_{3,L}^i = P\,R\left(\sin\frac{\phi}{2} - \sin\gamma\right) - a_{6,L}^i - 2\,R\,a_{5,L}^i\,\sin\frac{\phi}{2}$$

c) Esforços de engastamento perfeito para força uniformemente distribuída:

Considerando a barra engastada na extremidade inicial e livre na outra sua extremidade, com a força uniformemente distribuída p positiva no sentido contrário ao eixo y e como mostra a Figura E3.6c, escrevem-se os esforços seccionais na seção genérica:

$$\begin{cases}M = -\dfrac{pR^2}{2}\left(\sin\dfrac{\phi}{2} + \sin\alpha\right)^2 \\[2mm] N = -pR\left(\sin\dfrac{\phi}{2} + \sin\alpha\right)\sin\alpha \\[2mm] V = -pR\left(\sin\dfrac{\phi}{2} + \sin\alpha\right)\cos\alpha\end{cases}$$

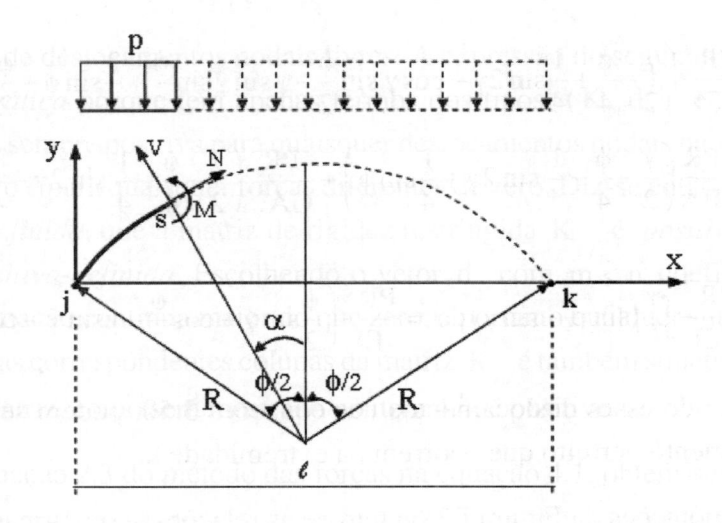

Figura E3.6c – *Esforços em seção genérica de barra circular de pórtico plano.*

Substituindo os esforços anteriores nas equações 3.66, obtêm-se os deslocamentos na extremidade k:

$$u_{4,L}^{i} = \frac{pR^4}{2EI}\int_{\frac{\phi}{2}}^{-\frac{\phi}{2}}\left(\sin\frac{\phi}{2}+\sin\alpha\right)^2\left(\cos\alpha-\cos\frac{\phi}{2}\right)d\alpha + \frac{pR^2}{2EA}\int_{\frac{\phi}{2}}^{-\frac{\phi}{2}}\left(\sin\frac{\phi}{2}+\sin\alpha\right)\sin 2\alpha\, d\alpha$$

$$-\frac{pR^2}{2GA_V}\int_{\frac{\phi}{2}}^{-\frac{\phi}{2}}\left(\sin\frac{\phi}{2}+\sin\alpha\right)\sin 2\alpha\, d\alpha$$

$$u_{4,L}^{i} = \frac{pR^4}{2EI}\left(\frac{\phi}{2}\cos\frac{\phi}{2}+\phi\sin^2\frac{\phi}{2}\cos\frac{\phi}{2}-\sin\frac{\phi}{2}\cos^2\frac{\phi}{2}-\frac{8}{3}\sin^3\frac{\phi}{2}\right)-\frac{2pR^2}{3EA}\sin^3\frac{\phi}{2}+\frac{2pR^2}{3GA_V}\sin^3\frac{\phi}{2}$$

$$u_{5,L}^{i} = \frac{pR^4}{EI}\int_{\frac{\phi}{2}}^{-\frac{\phi}{2}}\left(\sin\frac{\phi}{2}+\sin\alpha\right)^2\left(\sin\frac{\phi}{2}+\sin\alpha\right)d\alpha$$

$$+\frac{pR^2}{EA}\int_{\frac{\phi}{2}}^{-\frac{\phi}{2}}\left(\sin\frac{\phi}{2}+\sin\alpha\right)\sin^2\alpha\, d\alpha+\frac{pR^2}{GA_V}\int_{\frac{\phi}{2}}^{-\frac{\phi}{2}}\left(\sin\frac{\phi}{2}+\sin\alpha\right)\cos^2\alpha\, d\alpha$$

$$u_{5,L}^{i} = \frac{pR^4}{EI}\left(3\sin^2\frac{\phi}{2}\cos\frac{\phi}{2}-\phi\sin^3\frac{\phi}{2}-\frac{3}{2}\phi\sin\frac{\phi}{2}\right)$$

$$+\frac{pR^2}{EA}\left(\sin^2\frac{\phi}{2}\cos\frac{\phi}{2}-\frac{\phi}{2}\sin\frac{\phi}{2}\right)-\frac{pR^2}{GA_V}\left(\sin^2\frac{\phi}{2}\cos\frac{\phi}{2}+\frac{\phi}{2}\sin\frac{\phi}{2}\right)$$

$$u_{6,L}^i = \frac{pR^3}{2EI} \int_{\frac{\phi}{2}}^{-\frac{\phi}{2}} \left(\sin\frac{\phi}{2} + \sin\alpha \right)^2 d\alpha = \frac{pR^3}{2EI} \left(\frac{1}{2}\sin\phi - \phi\sin^2\frac{\phi}{2} - \frac{\phi}{2} \right)$$

Substituindo esses deslocamentos nas equações 3.50, têm-se os esforços de engastamento perfeito da extremidade k.

Com esses esforços escrevem-se as equações de equilíbrio da estática:

$$\begin{cases} \sum F_x = 0 \\ \sum F_y = 0 \\ \sum M_z^j = 0 \end{cases} \rightarrow \begin{cases} a_{1,L}^i + a_{4,L}^i = 0 \\ a_{2,L}^i + a_{5,L}^i - p\ell = 0 \\ a_{3,L}^i + a_{6,L}^i + a_{5,L}^i\ell - \frac{p\ell^2}{2} = 0 \end{cases}$$

que fornecem os esforços de engastamento perfeito da extremidade j:

$$a_{1,L}^i = -a_{4,L}^i \quad , \quad a_{2,L}^i = 2pR\sin\frac{\phi}{2} - a_{5,L}^i$$

$$a_{3,L}^i = 2pR^2\sin^2\frac{\phi}{2} - a_{6,L}^i - 2Ra_{5,L}^i\sin\frac{\phi}{2}$$

Particularizam-se agora os coeficientes de flexibilidade da equação 3.63 ao caso de barra reta de pórtico plano de seção transversal variável adotando as notações da Figura 3.23, quando então y=0 e α=0. Logo, esses coeficientes se escrevem:

$$\delta_{44}^i = \int_0^\ell \frac{1}{EA}dx \quad , \quad \delta_{55}^i = \int_0^\ell \left(\frac{\ell^2 + x^2 - 2\ell x}{EI} + \frac{1}{GA_V} \right)dx \tag{3.67a,b}$$

$$\delta_{66}^i = \int_0^\ell \frac{1}{EI}dx \quad , \quad \delta_{45}^i = 0 \tag{3.67c,d}$$

$$\delta_{46}^i = 0 \quad , \quad \delta_{56}^i = \int_0^\ell \frac{\ell - x}{EI}dx \tag{3.67e,f}$$

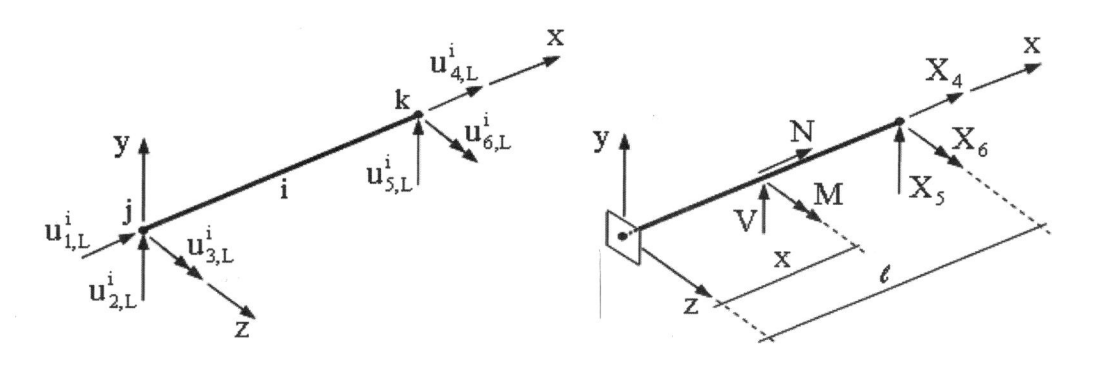

***Figura 3.23** – Barra reta de pórtico plano.*

Substituindo esses coeficientes na equação 3.44, obtém-se a submatriz de rigidez relativa aos deslocamentos da extremidade k:

$$\underset{\sim}{k}_{kk}^{i} = \begin{bmatrix} \delta_{44} & 0 & 0 \\ 0 & \delta_{55} & \delta_{56} \\ 0 & \delta_{56} & \delta_{66} \end{bmatrix}^{i^{-1}} = \begin{bmatrix} \dfrac{1}{\delta_{44}} & 0 & 0 \\ 0 & \dfrac{\delta_{66}}{e} & -\dfrac{\delta_{56}}{e} \\ 0 & -\dfrac{\delta_{56}}{e} & \dfrac{\delta_{55}}{e} \end{bmatrix}^{i} \tag{3.68}$$

onde:

$$e^{i} = \delta_{55}^{i}\delta_{66}^{i} - \delta_{56}^{i^{2}} \tag{3.69}$$

Com essa submatriz e as equações 3.64b e 3.46 podem ser obtidos os demais coeficientes de rigidez da barra reta em questão.

Fazendo y=0 e a=0 nas equações 3.66, obtêm-se, na viga sob ações externas, os deslocamentos da extremidade k considerada livre:

$$u_{4,L}^{i} = \int_{0}^{\ell} \frac{N}{EA} \, dx \tag{3.70a}$$

$$u_{5,L}^{i} = \int_{0}^{\ell} \left(\frac{M(\ell-x)}{EI} + \frac{V}{GA_{v}} \right) dx \tag{3.70b}$$

$$u_{6,L}^{i} = \int_{0}^{\ell} \frac{M}{EI} \, dx \tag{3.70c}$$

Substituindo esses deslocamentos na equação 3.50 e tendo-se em conta a equação 3.68, obtêm-se os esforços de engastamento perfeito da extremidade k:

$$\begin{Bmatrix} a_{4} \\ a_{5} \\ a_{6} \end{Bmatrix}_{L}^{i} = - \begin{bmatrix} \dfrac{1}{\delta_{44}} & 0 & 0 \\ 0 & \dfrac{\delta_{66}}{e} & -\dfrac{\delta_{56}}{e} \\ 0 & -\dfrac{\delta_{56}}{e} & \dfrac{\delta_{55}}{e} \end{bmatrix}^{i} \begin{Bmatrix} u_{4} \\ u_{5} \\ u_{6} \end{Bmatrix}_{L}^{i} \tag{3.71}$$

Com esses resultados e condições de equilíbrio, podem ser obtidos os esforços de engastamento perfeito da extremidade inicial da barra.

Particularizando agora os coeficientes de flexibilidade expressos pela equação 3.67 ao caso de barra reta de pórtico plano de seção transversal constante, obtêm-se:

$$\delta_{44}^i = \frac{1}{EA} \int_0^\ell dx = \frac{\ell}{EA} \tag{3.72a}$$

$$\delta_{55}^i = \frac{1}{EI} \int_0^\ell \left(\ell^2 + x^2 - 2\ell x \right) dx + \frac{1}{GA_V} \int_0^\ell dx = \frac{\ell^3}{3EI} + \frac{\ell}{GA_V} \tag{3.72b}$$

$$\delta_{66}^i = \frac{1}{EI} \int_0^\ell dx = \frac{\ell}{EI} \tag{3.72c}$$

$$\delta_{56}^i = \frac{1}{EI} \int_0^\ell \left(\ell - x \right) dx = \frac{\ell^2}{EI} \tag{3.72d}$$

Substituindo esses coeficientes na equação 3.68, obtêm-se os coeficientes de rigidez:

$$k_{44}^i = \frac{EA}{\ell} \quad , \quad k_{55}^i = \frac{12EI}{\ell^3 \left(1 + \dfrac{12EI}{GA_V \ell^2} \right)} \tag{3.73a,b}$$

$$k_{46}^i = -\frac{6EI}{\ell^2 \left(1 + \dfrac{12EI}{GA_V \ell^2} \right)} \quad , \quad k_{66}^i = \frac{\left(4 + \dfrac{12EI}{GA_V \ell^2} \right) EI}{\ell \left(1 + \dfrac{12EI}{GA_V \ell^2} \right)} \tag{3.73c,d}$$

Com esses coeficientes e as equações 3.64b e 3.46, pode-se completar a obtenção da matriz de rigidez da barra reta de seção transversal constante de pórtico plano. Esses resultados confirmam, com a notação φ_y utilizada na equação 2.66a, os coeficientes da matriz de rigidez de barra de pórtico plano expressos pela equação 2.72.

3.6.3 – Pórtico espacial

Nos dois itens anteriores, foram obtidas as matrizes de flexibilidade de barras de grelha e de pórtico plano utilizando o método das forças, como encaminhamento para a obtenção das correspondentes matrizes de rigidez. No presente item, em abordagem mais compacta utilizando o teorema das forças virtuais, obtém-se a matriz de flexibilidade de barra curva com seção transversal variável no espaço tridimensional. Para isso, considera-se a barra engastada na extremidade k como representado na Figura 3.24 onde estão indicados os esforços na extremidade j e os esforços internos em uma seção transversal genérica s, todos no referencial local.

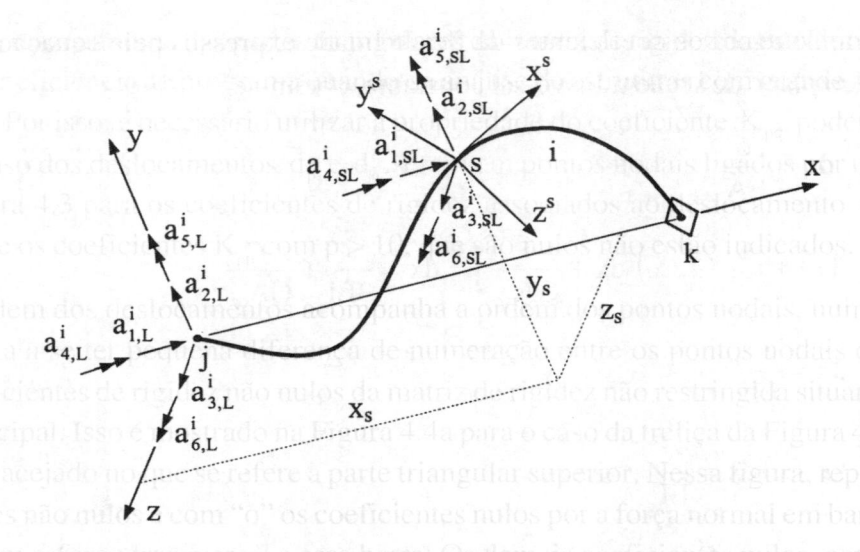

Figura 3.24 – *Barra curva no espaço tridimensional.*

Considerando a barra descarregada, os esforços internos na seção genérica se escrevem em função dos esforços na extremidade j sob a forma:

$$\left\{\begin{array}{c} a_1 \\ a_2 \\ a_3 \\ - \\ a_4 \\ a_5 \\ a_6 \end{array}\right\}_{SL}^{i} = \left[\begin{array}{ccc|ccc} 1 & 0 & 0 & 0 & 0 & 0 \\ 0 & 1 & 0 & 0 & 0 & 0 \\ 0 & 0 & 1 & 0 & 0 & 0 \\ - & - & - & - & - & - \\ 0 & z_s & -y_s & 1 & 0 & 0 \\ -z_s & 0 & x_s & 0 & 1 & 0 \\ y_s & -x_s & 0 & 0 & 0 & 1 \end{array}\right] \left\{\begin{array}{c} a_1 \\ a_2 \\ a_3 \\ - \\ a_4 \\ a_5 \\ a_6 \end{array}\right\}_{L}^{i} \tag{3.74a}$$

$$\left\{\begin{array}{c} a_1 \\ \vdots \\ a_6 \end{array}\right\}_{SL}^{i} = \left[\begin{array}{cc} \underset{\sim}{I} & \underset{\sim}{0} \\ \underset{\sim}{X}_s & \underset{\sim}{I} \end{array}\right] \left\{\begin{array}{c} a_1 \\ \vdots \\ a_6 \end{array}\right\}_{L}^{i} \tag{3.74b}$$

Nessa equação identifica-se a matriz formada pelas coordenadas da seção genérica:

$$\underset{\sim}{X}_s = \left[\begin{array}{ccc} 0 & z_s & -y_s \\ -z_s & 0 & x_s \\ y_s & -x_s & 0 \end{array}\right] \tag{3.75}$$

Considerando na seção genérica o referencial (x^s, y^s, z^s) em que x^s é tangente ao eixo da barra e y^s e z^s são segundo os correspondentes eixos principais de inércia, os esforços seccionais nessa seção se escrevem:

$$\begin{Bmatrix} N \\ V_y \\ V_z \\ M_y \\ M_z \\ T \end{Bmatrix} = \begin{Bmatrix} N \\ \vdots \\ T \end{Bmatrix} = \begin{bmatrix} \lambda_{\sim s} & 0 \\ 0 & \lambda_{\sim s} \end{bmatrix} \begin{Bmatrix} a_1 \\ \vdots \\ a_6 \end{Bmatrix}^i_{SL} \tag{3.76}$$

em que a matriz $\lambda_{\sim s}$ é a matriz de rotação no espaço tridimensional, formada pelos co-senos diretores dos eixos (x^s, y^s, z^s) em relação aos eixos (x, y, z). Substituindo a equação 3.74b nessa última equação, obtém-se:

$$\begin{Bmatrix} N \\ \vdots \\ T \end{Bmatrix} = \begin{bmatrix} \lambda_{\sim s} & 0 \\ 0 & \lambda_{\sim s} \end{bmatrix} \begin{bmatrix} I_{\sim} & 0 \\ X_{\sim s} & I_{\sim} \end{bmatrix} \begin{Bmatrix} a_1 \\ \vdots \\ a_6 \end{Bmatrix}^i_L = \begin{bmatrix} \lambda_{\sim s} & 0 \\ \lambda_{\sim s} X_{\sim s} & \lambda_{\sim s} \end{bmatrix} \begin{Bmatrix} a_1 \\ \vdots \\ a_6 \end{Bmatrix}^i_L \tag{3.77}$$

Supõe-se agora que a barra esteja livre na extremidade j e engastada na extremidade k, sob esforços virtuais nodais no referencial local. Nessas condições, tem-se o trabalho virtual externo:

$$TVE = \lfloor u_1 \quad \cdots \quad u_6 \rfloor^i_L \begin{Bmatrix} \overline{a}_1 \\ \vdots \\ \overline{a}_6 \end{Bmatrix}^i_L \tag{3.78}$$

e o trabalho virtual interno:

$$TVI = \int_s \left(\frac{\overline{N}N}{EA} + \frac{\overline{V}_y V_y}{GA_{V_y}} + \frac{\overline{V}_z V_z}{GA_{V_z}} + \frac{\overline{M}_y M_y}{EI_y} + \frac{\overline{M}_z M_z}{EI_z} + \frac{\overline{T}T}{GJ} \right) ds$$

$$TVI = \int_s \lfloor N \quad V_y \quad V_z \quad M_y \quad M_z \quad T \rfloor \begin{bmatrix} \dfrac{1}{EA} & 0 & 0 & 0 & 0 & 0 \\ 0 & \dfrac{1}{GA_{V_y}} & 0 & 0 & 0 & 0 \\ 0 & 0 & \dfrac{1}{GA_{V_z}} & 0 & 0 & 0 \\ 0 & 0 & 0 & \dfrac{1}{EI_y} & 0 & 0 \\ 0 & 0 & 0 & 0 & \dfrac{1}{EI_z} & 0 \\ 0 & 0 & 0 & 0 & 0 & \dfrac{1}{GJ} \end{bmatrix} \begin{Bmatrix} \overline{N} \\ \overline{V}_y \\ \overline{V}_z \\ \overline{M}_y \\ \overline{M}_z \\ \overline{T} \end{Bmatrix} ds$$

$$TVI = \int_s \lfloor N \quad \cdots \quad T \rfloor \, \underset{\sim}{E}_s \left\{ \begin{array}{c} \overline{N} \\ \vdots \\ \overline{T} \end{array} \right\} ds \tag{3.79}$$

Nessa última equação identifica-se a matriz de propriedades elásticas e geométricas da seção genérica s:

$$\underset{\sim}{E}_s = \begin{bmatrix} \dfrac{1}{EA} & 0 & 0 & 0 & 0 & 0 \\ 0 & \dfrac{1}{GA_{V_y}} & 0 & 0 & 0 & 0 \\ 0 & 0 & \dfrac{1}{GA_{V_z}} & 0 & 0 & 0 \\ 0 & 0 & 0 & \dfrac{1}{EI_y} & 0 & 0 \\ 0 & 0 & 0 & 0 & \dfrac{1}{EI_z} & 0 \\ 0 & 0 & 0 & 0 & 0 & \dfrac{1}{GJ} \end{bmatrix} \tag{3.80}$$

Substituindo a equação 3.77 na expressão do trabalho virtual interno 3.79, tem-se o trabalho virtual interno sob a forma:

$$TVI = \lfloor a_1 \quad \cdots \quad a_6 \rfloor_L^i \int_s \begin{bmatrix} \underset{\sim}{\lambda}_s & \underset{\sim}{0} \\ \underset{\sim}{\lambda}_s \underset{\sim}{X}_s & \underset{\sim}{\lambda}_s \end{bmatrix}^t \underset{\sim}{E}_s \begin{bmatrix} \underset{\sim}{\lambda}_s & \underset{\sim}{0} \\ \underset{\sim}{\lambda}_s \underset{\sim}{X}_s & \underset{\sim}{\lambda}_s \end{bmatrix} ds \left\{ \begin{array}{c} \overline{a}_1 \\ \vdots \\ \overline{a}_6 \end{array} \right\}_L^i \tag{3.81}$$

Igualando o trabalho virtual externo ao trabalho virtual interno, obtém-se:

$$\left(\lfloor u_1 \quad \cdots \quad u_6 \rfloor_L^i - \lfloor a_1 \quad \cdots \quad a_6 \rfloor_L^i \int_s \begin{bmatrix} \underset{\sim}{\lambda}_s & \underset{\sim}{0} \\ \underset{\sim}{\lambda}_s \underset{\sim}{X}_s & \underset{\sim}{\lambda}_s \end{bmatrix}^t \underset{\sim}{E}_s \begin{bmatrix} \underset{\sim}{\lambda}_s & \underset{\sim}{0} \\ \underset{\sim}{\lambda}_s \underset{\sim}{X}_s & \underset{\sim}{\lambda}_s \end{bmatrix} ds \right) \left\{ \begin{array}{c} \overline{a}_1 \\ \vdots \\ \overline{a}_6 \end{array} \right\}_L^i \tag{3.82}$$

Logo, como os esforços virtuais são quaisquer, decorre dessa última equação que a expressão entre parênteses é nula e conseqüentemente que:

$$\left\{ \begin{array}{c} u_1 \\ \vdots \\ u_6 \end{array} \right\}_L^i = \left(\int_s \begin{bmatrix} \underset{\sim}{\lambda}_s & \underset{\sim}{0} \\ \underset{\sim}{\lambda}_s \underset{\sim}{X}_s & \underset{\sim}{\lambda}_s \end{bmatrix}^t \underset{\sim}{E}_s \begin{bmatrix} \underset{\sim}{\lambda}_s & \underset{\sim}{0} \\ \underset{\sim}{\lambda}_s \underset{\sim}{X}_s & \underset{\sim}{\lambda}_s \end{bmatrix} ds \right) \left\{ \begin{array}{c} a_1 \\ \vdots \\ a_6 \end{array} \right\}_L^i \tag{3.83}$$

Nessa equação identifica-se a matriz de flexibilidade em termos das coordenadas do ponto nodal inicial da barra:

$$\underset{\sim}{\Delta}_{jj}^{i} = \int_s \begin{bmatrix} \underset{\sim s}{\lambda} & \underset{\sim}{0} \\ \underset{\sim s}{\lambda}\underset{\sim s}{X} & \underset{\sim s}{\lambda} \end{bmatrix}^t \underset{\sim s}{E} \begin{bmatrix} \underset{\sim s}{\lambda} & \underset{\sim}{0} \\ \underset{\sim s}{\lambda}\underset{\sim s}{X} & \underset{\sim s}{\lambda} \end{bmatrix} ds \qquad (3.84)$$

Logo, tem-se a submatriz de rigidez:

$$\underset{\sim}{k}_{jj}^{i} = \underset{\sim}{\Delta}_{jj}^{i\ -1} \qquad (3.85)$$

e o sistema de equações de equilíbrio:

$$\begin{Bmatrix} a_1 \\ \vdots \\ a_6 \end{Bmatrix}_L^i = \underset{\sim}{k}_{jj}^{i} \begin{Bmatrix} u_1 \\ \vdots \\ u_6 \end{Bmatrix}_L^i \qquad (3.86)$$

Fazendo a seção genérica s coincidir com a extremidade k da barra, tem-se:

$$\begin{Bmatrix} a_1 \\ \vdots \\ a_6 \end{Bmatrix}_{s=k,L}^i = -\begin{Bmatrix} a_7 \\ \vdots \\ a_{12} \end{Bmatrix}_L^i \qquad (3.87)$$

Logo, a partir da equação 3.74b obtém-se os esforços na extremidade k:

$$\begin{Bmatrix} a_7 \\ \vdots \\ a_{12} \end{Bmatrix}_L^i = -\begin{bmatrix} \underset{\sim}{I} & \underset{\sim}{0} \\ \underset{\sim s}{X} & \underset{\sim}{I} \end{bmatrix} \begin{Bmatrix} a_1 \\ \vdots \\ a_6 \end{Bmatrix}_L^i \qquad (3.88)$$

onde:

$$\underset{\sim k}{X} = \begin{bmatrix} 0 & 0 & 0 \\ 0 & 0 & x_k \\ 0 & -x_k & 0 \end{bmatrix} \qquad (3.89)$$

Multiplicando a equação 3.86 pela matriz $\left(-\begin{bmatrix} \underset{\sim}{I} & \underset{\sim}{0} \\ \underset{\sim s}{X} & \underset{\sim}{I} \end{bmatrix} \right)$, obtém-se:

$$-\begin{bmatrix} \underset{\sim}{I} & \underset{\sim}{0} \\ \underset{\sim s}{X} & \underset{\sim}{I} \end{bmatrix} \begin{Bmatrix} a_1 \\ \vdots \\ a_6 \end{Bmatrix}_L^i = -\begin{bmatrix} \underset{\sim}{I} & \underset{\sim}{0} \\ \underset{\sim s}{X} & \underset{\sim}{I} \end{bmatrix} \underset{\sim}{k}_{jj}^{i} \begin{Bmatrix} u_1 \\ \vdots \\ u_6 \end{Bmatrix}_L^i$$

Substituindo a equação 3.88 nessa última equação, tem-se o sistema de equações de equilíbrio:

$$\begin{Bmatrix} a_7 \\ \vdots \\ a_{12} \end{Bmatrix}_L^i = \left(-\begin{bmatrix} \underset{\sim}{I} & \underset{\sim}{0} \\ \underset{\sim k}{X} & \underset{\sim}{I} \end{bmatrix} \underset{\sim}{k}_{jj}^{i} \right) \begin{Bmatrix} u_1 \\ \vdots \\ u_6 \end{Bmatrix}_L^i \qquad (3.90)$$

onde se identifica a submatriz de rigidez:

$$\underset{\sim kj}{k}^{i} = -\begin{bmatrix} \underset{\sim}{I} & \underset{\sim}{0} \\ \underset{\sim k}{X} & \underset{\sim}{I} \end{bmatrix} \underset{\sim jj}{k}^{i} \tag{3.91}$$

Logo, tem-se a transposta dessa submatriz:

$$\underset{\sim jk}{k}^{i} = -\begin{bmatrix} \underset{\sim}{I} & \underset{\sim}{0} \\ \underset{\sim k}{X} & \underset{\sim}{I} \end{bmatrix}^{t} \underset{\sim jj}{k}^{i} \tag{3.92}$$

Dando continuidade à obtenção da matriz de rigidez da barra, da equação 3.88 decorre pelo teorema de A. Clebsch:

$$\begin{Bmatrix} \dot{u}_1 \\ \vdots \\ u_6 \end{Bmatrix}_L^{i} = -\begin{bmatrix} \underset{\sim}{I} & \underset{\sim}{0} \\ \underset{\sim k}{X} & \underset{\sim}{I} \end{bmatrix}^{t} \begin{Bmatrix} u_7 \\ \vdots \\ u_{12} \end{Bmatrix}_L^{i} \tag{3.93}$$

Substituindo essa equação na equação 3.90, obtém-se o sistema de equações de equilíbrio:

$$\begin{Bmatrix} a_7 \\ \vdots \\ a_{12} \end{Bmatrix}_L^{i} = \left(\begin{bmatrix} \underset{\sim}{I} & \underset{\sim}{0} \\ \underset{\sim k}{X} & \underset{\sim}{I} \end{bmatrix} \underset{\sim jj}{k}^{i} \begin{bmatrix} \underset{\sim}{I} & \underset{\sim}{0} \\ \underset{\sim k}{X} & \underset{\sim}{I} \end{bmatrix}^{t} \right) \begin{Bmatrix} u_7 \\ \vdots \\ u_{12} \end{Bmatrix}_L^{i} \tag{3.94}$$

onde se identifica a submatriz de rigidez:

$$\underset{\sim kk}{k}^{i} = \begin{bmatrix} \underset{\sim}{I} & \underset{\sim}{0} \\ \underset{\sim k}{X} & \underset{\sim}{I} \end{bmatrix} \underset{\sim jj}{k}^{i} \begin{bmatrix} \underset{\sim}{I} & \underset{\sim}{0} \\ \underset{\sim k}{X} & \underset{\sim}{I} \end{bmatrix}^{t} \tag{3.95}$$

Agrupando os resultados das equações 3.85, 3.91, 3.92 e 3.95, tem-se a matriz de rigidez da barra em questão:

$$\underset{\sim L}{k}^{i} = \begin{bmatrix} \underset{\sim jj}{\Delta}^{i\,-1} & \underset{\sim jj}{\Delta}^{i\,-1} \underset{\sim k}{T}^{t} \\ \underset{\sim k}{T} \underset{\sim jj}{\Delta}^{i\,-1} & \underset{\sim k}{T} \underset{\sim jj}{\Delta}^{i\,-1} \underset{\sim k}{T}^{t} \end{bmatrix} \tag{3.96}$$

onde:

$$\underset{\sim k}{T} = -\begin{bmatrix} \underset{\sim}{I} & \underset{\sim}{0} \\ \underset{\sim k}{X} & \underset{\sim}{I} \end{bmatrix} \tag{3.97}$$

3.6.4 – Integração numérica

Em grande parte das vezes não é possível ou não compensa efetuar analiticamente as integrais que ocorrem nas expressões de obtenção da matriz de rigidez e do vetor dos esforços de engastamento perfeito de barra curva e/ou de seção transversal variável desenvolvidas nos três últimos itens. A alternativa é utilizar integração numérica como mostrado a seguir.

Considere-se a integração da função f(x) no intervalo [a,b]. Dividindo-se esse intervalo em p partes iguais, têm-se o incremento $\Delta x = (b-a)/p$ da variável independente x e seus valores discretos $x_i = a + i\,\Delta x$, com i variando de 0 até p. Logo, a integral dessa função pode ser calculada de forma aproximada e simplista por uma das seguintes expressões:

$$I = \int_a^b f(x)\,dx \cong \Delta x \sum_{i=0}^{p-1} f(x_i) \tag{3.98a}$$

$$I = \int_a^b f(x)\,dx \cong \Delta x \sum_{i=1}^{p} f(x_i) \tag{3.98b}$$

$$I = \int_a^b f(x)\,dx \cong \Delta x \sum_{i=1}^{p} f\left(\frac{x_i - x_{i-1}}{2}\right) \tag{3.98c}$$

Essa é a *integração por retângulos* ilustrada na Figura 3.25, onde as áreas dos retângulos representados substituem o resultado de $\int_a^b f(x)\,dx$.

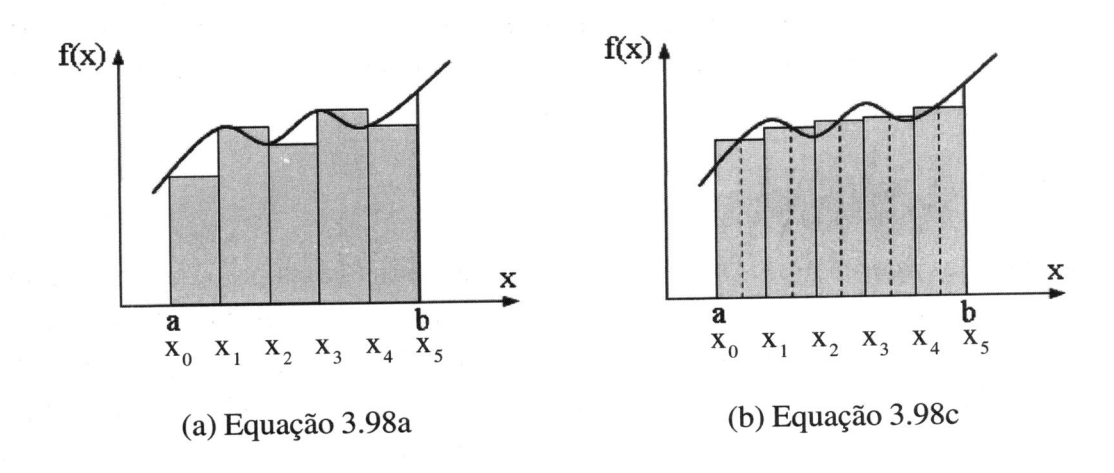

(a) Equação 3.98a   (b) Equação 3.98c

***Figura 3.25** – Integração por retângulos.*

De forma um pouco mais elaborada, escrevendo:

$$I = \int_a^b f(x)\,dx \cong \frac{\Delta x}{2}\left(f(x_0) + 2\sum_{i=1}^{p-1} f(x_i) + f(x_p)\right) \tag{3.99}$$

tem-se a *integração por trapézios* ilustrada na Figura 3.26.

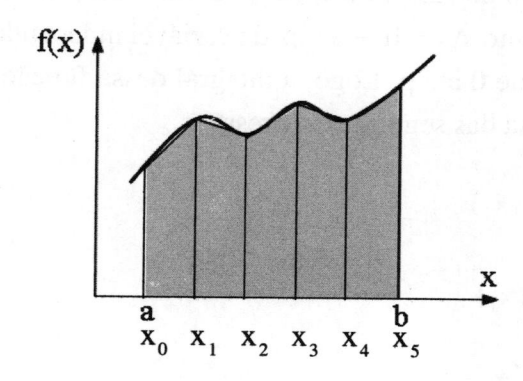

Figura 3.26 – *Integração por trapézios.*

Diversos outros métodos numéricos foram desenvolvidos visando obter uma melhor precisão de integração e são disponibilizados na literatura. Entre esses, por sua grande precisão, destaca-se o *método de integração de Gauss*, também denominado *método de Gauss-Legendre*. Nesse método, considerando uma função $f(\xi)$ no intervalo $[-1,+1]$, escolhe-se um número p de valores discretos da abscissa ξ, chamados de *pontos de integração*, para escrever:

$$I = \int_{-1}^{+1} f(\xi)\,d\xi \cong \sum_{i=1}^{p} w_i\, f(\xi_i) \tag{3.100}$$

onde w_i são denominados *fatores-peso*. Os pontos de integração e os fatores-peso foram determinados de maneira a se ter a melhor precisão da integração para cada determinado número de pontos. Esses pontos e fatores estão relacionados na Tabela 3.1 até o caso de dez pontos, o que atende plenamente ao presente objetivo. Pode-se demonstrar que utilizando p pontos, essa integração é exata no caso de função polinomial do grau $(2p-1)$ e, por essa razão, se diz que esse grau é a ordem da integração.

Nº de pontos	ξ_i	w_i
1	0,0	2,0
2	$\pm 1/\sqrt{3}$	1,0
3	$\pm\sqrt{0,6}$ 0,0	5/9 8/9
4	±0,861 136 311 594 953 ±0,339 981 043 584 856	0,347 854 845 137 454 0,652 145 154 862 546
5	±0,906 179 845 938 664 ±0,538 469 310 105 683 0,0	0,236 926 885 056 189 0,478 628 670 499 366 0,568 888 888 888 889
6	±0,932 469 514 203 152 ±0,661 209 386 466 265 ±0,238 619 186 083 197	0,171 324 492 379 170 0,360 761 573 048 139 0,467 913 934 572 691
7	±0,949 107 912 342 759 ±0,741 531 185 599 394 ±0,405 845 151 377 397 0,0	0,129 484 966 168 870 0,279 705 391 489 277 0,381 830 050 505 119 0,417 959 183 673 469
8	±0,960 289 856 497 536 ±0,796 666 477 413 627 ±0,525 532 409 916 329 ±0,183 434 642 495 650	0,101 228 536 290 376 0,222 381 034 453 374 0,313 706 645 877 887 0,362 683 783 378 362
9	±0,968 160 239 507 626 ±0,836 031 107 326 636 ±0,613 371 432 700 590 ±0,324 253 423 403 809 0,0	0,081 274 388 361 574 0,180 648 160 694 857 0,260 610 696 402 935 0,312 347 077 040 003 0,330 239 355 001 260
10	±0,973 906 528 517 172 ±0,865 063 366 688 985 ±0,679 409 568 299 024 ±0,433 395 394 129 247	0,066 671 344 308 688 0,149 451 349 150 581 0,219 086 362 515 982 0,269 266 719 309 996

Tabela 3.1 – Pontos e fatores-peso da integração de Gauss.

A Figura 3.27 ilustra a integração de Gauss no caso de três pontos.

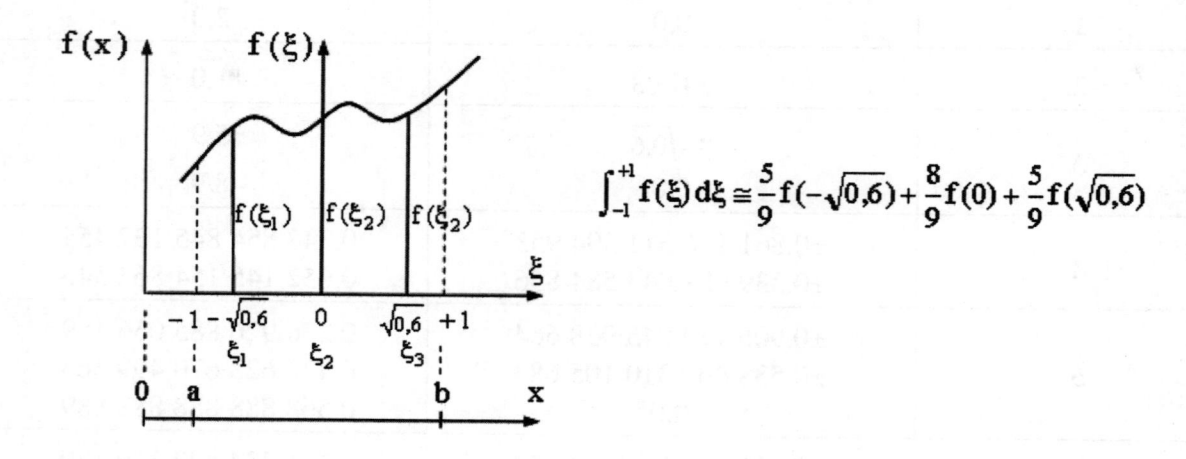

Figura 3.27 – *Integração de Gauss com três pontos.*

Com a condição de os extremos do intervalo de integração estarem incluídos entre os pontos de integração, tem-se o *método de integração de Lobatto*. Pode-se demonstrar que utilizando p pontos, essa integração é exata no caso de função polinomial do grau $(2n-3)$. Por a precisão de esse método ser inferior ao do método de Gauss, ele deve ser empregado apenas no caso de ser necessário considerar os extremos do intervalo de integração como pontos de integração. A Tabela 3.2 relaciona os correspondentes pontos de integração e os fatores peso, até o caso de 10 pontos.

Para utilizar na integral $\int_a^b f(x)\,dx$ os pontos e fatores-peso apresentados para os métodos de Gauss e de Lobatto, faz-se a mudança de coordenadas:

$$x = \frac{1}{2}\left(a + b + \xi\,(b-a)\right) \tag{3.101}$$

de diferencial:

$$dx = \frac{1}{2}(b-a)\,d\xi \tag{3.102}$$

Logo, tem-se a integral:

$$I = \int_a^b f(x)\,dx = \frac{1}{2}(b-a)\int_{-1}^{+1} f(\xi)\,d\xi \cong \frac{1}{2}(b-a)\sum_{i=1}^{p} w_i\,f(\xi_i) \tag{3.103}$$

Nº de pontos	ξ_i	w_i
1	0,0	2,0
2	±1,0	1,0
3	±1,0 0,0	1/3 4/3
4	±1,0 ±0,447 213 595 499 958	1/6 5/6
5	±1,0 ±0,654 653 670 707 977 0,0	0,1 49/90 32/45
6	±1,0 ±0,765 055 323 929 465 ±0,285 231 516 480 645	1/15 0,378 474 956 297 847 0,554 858 377 035 486
7	±1,0 ±0,830 223 896 278 567 ±0,468 848 793 470 714 0,0	0,047 619 047 619 048 0,276 826 047 361 566 0,431 745 381 209 863 0,487 619 047 619 048
8	±1,0 ±0,871 740 148 509 607 ±0,591 700 181 433 142 ±0,209 299 217 902 479	0,035 714 285 714 286 0,210 704 227 143 506 0,341 122 692 483 504 0,412 458 794 658 704
9	±1,0 ±0,899 757 995 411 460 ±0,677 186 279 510 738 ±0,363 117 463 826 178 0,0	1/36 0,165 495 361 560 805 0,274 538 712 500 162 0,346 428 510 973 406 0,371 519 274 376 417
10	±1,0 ±0,919 533 908 166 459 ±0,738 773 865 105 505 ±0,477 924 949 810 444 ±0,165 278 957 666 387	1/45 0,133 305 990 851 070 0,224 889 342 063 126 0,292 042 683 679 684 0,327 539 761 183 897

Tabela 3.2 – Pontos e fatores-peso da integração de Lobatto.

Exemplo 3.7 – Comparam-se os métodos de integração por retângulos, por trapézios, de Lobatto e de Gauss, no cálculo da integral $I = \int_0^1 \frac{1}{1+x^2}\,dx$ de solução exata igual a $\frac{\pi}{4}$.

Efetuando a integração por retângulos de acordo com a equação 3.98a e com 5 valores discretos do integrando, obtém-se:

$$I \cong \Delta x \left(f(x_0) + f(x_1) + f(x_2) + f(x_3) + f(x_4) \right)$$

$$I \cong \frac{1}{4} \left(f(0,0) + f(0,25) + f(0,5) + f(0,75) + f(1,0) \right)$$

$$I \cong 0,25\,(1,0 + 0,941176470 + 0,8 + 0,64 + 0,5) = \mathbf{0{,}970294117}$$

Esse resultado apresenta 23,54% de erro.

Efetuando a integração por trapézios com 5 valores discretos do integrando, obtém-se com a equação 3.99:

$$I \cong \frac{\Delta x}{2} \left(f(x_0) + 2 \cdot f(x_1) + 2 \cdot f(x_2) + 2 \cdot f(x_3) + f(x_4) \right)$$

$$I \cong \frac{1}{4 \cdot 2} \left(f(0,0) + 2 \cdot f(0,25) + 2 \cdot f(0,5) + 2 \cdot f(0,75) + f(1,0) \right)$$

$$I \cong \frac{1}{8} \left(1 + 2 \cdot 0,941176470 + 2 \cdot 0,8 + 2 \cdot 0,64 + 0,5 \right) = \mathbf{0{,}782794117}$$

Esse resultado apresenta -0,33% de erro.

Para utilizar as Tabelas 3.1 e 3.2, de acordo com a equação 3.101, faz-se a transformação de coordenadas $x = \frac{1}{2}(1+\xi)$ que fornece $dx = \frac{1}{2}\,d\xi$.

Adotando 3 pontos de Lobatto, aplica-se a equação 3.103 com auxílio da tabela que se segue:

	w_i	x_i	
-1,0	-0,333 333 333	0,0	0,333 333 333
0,0	1,333 333 333	0,5	1,066 666 667
1,0	0,333 333 333	1,0	0,166 666 667
		$\displaystyle\sum_{i=1}^{3} w_i\,f(\xi_i) =$	1,566 666 667

O resultado da integração de Lobatto 1,566666667/2=**0,783333333** apresenta -0,263% de erro.

Adotando 3 pontos de Gauss, aplica-se a equação 3.103 com auxílio da tabela que se segue:

ξ_i	w_i	x_i	$w_i\, f(\xi_i)$
-0,774 596 667	0,555 555 556	0,112 701 666	0,548 587 581
0,0	0,888 888 889	0,5	0,711 111 111
0,774 596 667	0,555 555 556	0,887 298 333	0,310 835 379
		$\sum_{i=1}^{3} w_i\, f(\xi_i) =$	1,570 534 071

O resultado da integração de Gauss 1,570534071/2=**0,785267035** tem apenas -0,0167% de erro.

Os resultados anteriores comprovam numericamente que os métodos de Lobatto e de Gauss são muito mais precisos do que os demais métodos, e evidenciam a superioridade do método de Gauss.

Exemplo 3.8 – Utilizando o *Mathcad*, determinam-se a matriz de rigidez e os esforços de engastamento perfeito da barra de grelha, biengastada e de seção transversal variável, representada na Figura E3.8a. Adotam-se seis pontos de integração de Gauss e a aproximação de considerar o eixo geométrico da barra como horizontal. As propriedades de seção transversal foram calculadas com auxílio da Tabela 1.1.

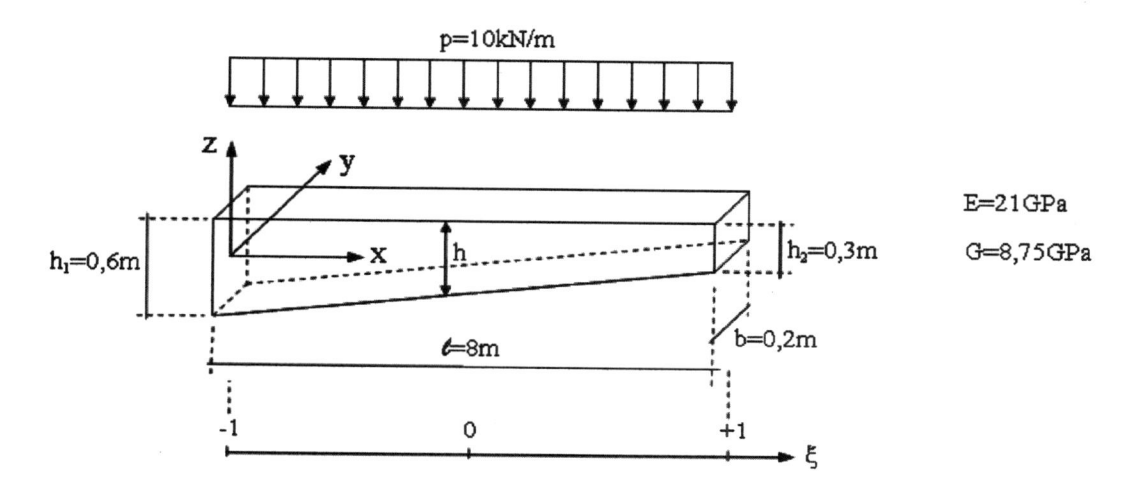

Figura E3.8a – *Barra de grelha de altura variável.*

Com as notações dessa figura, tem-se:

$$h = h_1 + \frac{x}{\ell}\left(h_2 - h_1\right) \quad , \quad x = \frac{\ell}{2}\left(1+\xi\right) \quad , \quad dx = \frac{\ell}{2}\,d\xi$$

Após o cálculo dos esforços de engastamento da extremidade direita da barra, os esforços da extremidade esquerda são obtidos com as notações da Figura E3.8b e as equações de equilíbrio da estática:

$$\begin{cases}\sum F_z = 0 \\ \sum M_x = 0 \\ \sum M_y^j = 0\end{cases} \rightarrow \begin{cases}a_{1,L}^i = p\,\ell - a_{4,L}^i \\ a_{2,L}^i = -a_{5,L}^i = 0 \\ a_{3,L}^i = a_{4,L}^i\,\ell - a_{6,L}^i - \dfrac{p\,\ell^2}{2}\end{cases}$$

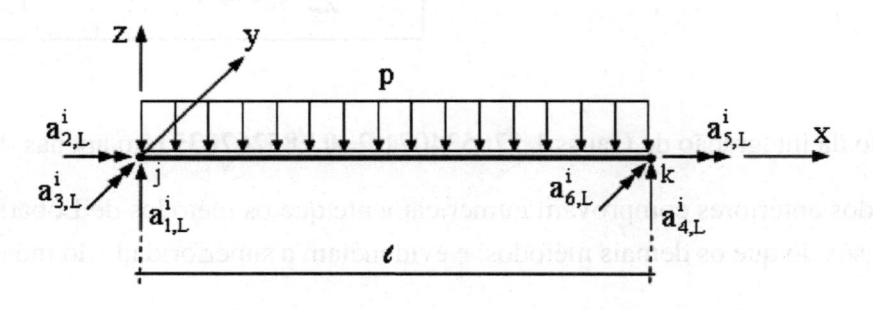

Figura E3.8b *– Esforços de extremidade da barra.*

Dados :

$$b := 0.2 \qquad h1 := 0.6 \qquad h2 := 0.3 \qquad L := 8. \qquad E := 21 \cdot 10^6 \qquad G := 8.75 \cdot 10^6 \qquad p := 10$$

ORIGIN   1

Pontos de integração:

$$\xi := \begin{vmatrix} \xi_1 \leftarrow -0.932469514203152 \\ \xi_2 \leftarrow -0.661209386466265 \\ \xi_3 \leftarrow -0.238619186083197 \\ \xi_4 \leftarrow 0.238619186083197 \\ \xi_5 \leftarrow 0.661209386466265 \\ \xi_6 \leftarrow 0.932469514203152 \\ \xi \end{vmatrix}$$

Fatores peso:

$$w := \begin{vmatrix} w_1 \leftarrow 0.171324492379170 \\ w_2 \leftarrow 0.360761573048139 \\ w_3 \leftarrow 0.467913934572691 \\ w_4 \leftarrow 0.467913934572691 \\ w_5 \leftarrow 0.360761573048139 \\ w_6 \leftarrow 0.171324492379170 \\ w \end{vmatrix}$$

Matriz de flexibilidade – eq. 3.52:

$$\delta := \begin{array}{|l} \text{for } p \in 4..6 \\ \quad \text{for } q \in 4..6 \\ \qquad \delta_{p,q} \leftarrow 0. \\ \text{for } i \in 1..6 \\ \quad \begin{array}{|l} x \leftarrow \dfrac{L}{2} \cdot \left(1 + \xi_i\right) \\ h \leftarrow h1 + \dfrac{x}{L} \cdot (h2 - h1) \\ I \leftarrow b \cdot \dfrac{h^3}{12} \\ AV \leftarrow b \cdot h \cdot \dfrac{5}{6} \\ J \leftarrow h \cdot b^3 \cdot \left[-0.21 \cdot \dfrac{b}{h} \cdot \left(1 - \dfrac{b^4}{12 \cdot h^4}\right) + \dfrac{1}{3}\right] \\ \delta_{4,4} \leftarrow \delta_{4,4} + w_i \cdot \left[\dfrac{(L-x)^2}{E \cdot I} + \dfrac{1}{G \cdot AV}\right] \cdot \dfrac{L}{2} \\ \delta_{5,5} \leftarrow \delta_{5,5} + w_i \cdot \dfrac{1}{G \cdot J} \cdot \dfrac{L}{2} \\ \delta_{6,6} \leftarrow \delta_{6,6} + w_i \cdot \dfrac{1}{E \cdot I} \cdot \dfrac{L}{2} \\ \delta_{4,6} \leftarrow \delta_{4,6} + w_i \cdot \dfrac{x-L}{E \cdot I} \cdot \dfrac{L}{2} \end{array} \\ \delta_{6,4} \leftarrow \delta_{4,6} \\ \delta \end{array}$$

Matriz de rigidez – eq. 3.53, 3.45, e 3.46:

$$k := \begin{array}{|l} e \leftarrow \delta_{4,4} \cdot \delta_{6,6} - \left(\delta_{4,6}\right)^2 \\ k_{4,4} \leftarrow \dfrac{\delta_{6,6}}{e} \\ k_{4,5} \leftarrow 0 \\ k_{4,6} \leftarrow \dfrac{-\delta_{4,6}}{e} \\ k_{5,4} \leftarrow 0 \\ k_{5,5} \leftarrow \dfrac{1}{\delta_{5,5}} \\ k_{5,6} \leftarrow 0 \\ k_{6,4} \leftarrow k_{4,6} \\ k_{6,5} \leftarrow 0 \\ k_{6,6} \leftarrow \dfrac{\delta_{4,4}}{e} \\ \text{for } q \in 4..6 \\ \quad \begin{array}{|l} k_{1,q} \leftarrow -k_{4,q} \\ k_{2,q} \leftarrow -k_{5,q} \\ k_{3,q} \leftarrow k_{4,q} \cdot L - k_{6,q} \end{array} \\ \text{for } p \in 4..6 \\ \quad \text{for } q \in 1..3 \\ \qquad k_{p,q} \leftarrow k_{q,p} \\ \text{for } q \in 1..3 \\ \quad \begin{array}{|l} k_{1,q} \leftarrow -k_{4,q} \\ k_{2,q} \leftarrow -k_{5,q} \\ k_{3,q} \leftarrow k_{4,q} \cdot L - k_{6,q} \end{array} \\ k \end{array}$$

Matriz de rigidez:

$$k = \begin{pmatrix} 690.90164 & 0 & -3.68481\times 10^3 & -690.90164 & 0 & -1.8424\times 10^3 \\ 0 & 875.97225 & 0 & 0 & -875.97225 & 0 \\ -3.68481\times 10^3 & 0 & 2.28023\times 10^4 & 3.68481\times 10^3 & 0 & 6.67616\times 10^3 \\ -690.90164 & 0 & 3.68481\times 10^3 & 690.90164 & 0 & 1.8424\times 10^3 \\ 0 & -875.97225 & 0 & 0 & 875.97225 & 0 \\ -1.8424\times 10^3 & 0 & 6.67616\times 10^3 & 1.8424\times 10^3 & 0 & 8.06308\times 10^3 \end{pmatrix}$$

Deslocamentos da extremidade livre - equações 3.55:

$$u := \begin{vmatrix} u_4 \leftarrow 0 \\ u_6 \leftarrow 0 \\ \text{for } i \in 1..6 \\ \quad \begin{vmatrix} x \leftarrow \dfrac{L}{2}\cdot(1 + \xi_i) \\[2mm] M \leftarrow \dfrac{p\cdot(L-x)^2}{2} \\[2mm] V \leftarrow -p\cdot(L-x) \\[2mm] h \leftarrow h1 + \dfrac{x}{L}\cdot(h2 - h1) \\[2mm] AV \leftarrow b\cdot h\cdot\dfrac{5}{6} \\[2mm] I \leftarrow b\cdot\dfrac{h^3}{12} \\[2mm] u_4 \leftarrow u_4 + w_i\left[\dfrac{M\cdot(x-L)}{E\cdot I} + \dfrac{V}{G\cdot AV}\right]\dfrac{L}{2} \\[2mm] u_6 \leftarrow u_6 + w_i\cdot\dfrac{M}{E\cdot I}\cdot\dfrac{L}{2} \end{vmatrix} \\ u_5 \leftarrow 0 \\ u \end{vmatrix}$$

Esforços de engastamento - equação 3.56 e equações de equilíbrio:

$$a := \begin{vmatrix} \text{for } p1 \in 4..6 \\ \quad \begin{vmatrix} a_{p1} \leftarrow 0 \\ \text{for } q \in 4..6 \\ \quad \begin{vmatrix} a_{p1} \leftarrow a_{p1} - k_{p1,q} \cdot u_q \end{vmatrix} \end{vmatrix} \\ a_1 \leftarrow p \cdot L - a_4 \\ a_2 \leftarrow a_5 \\ a_3 \leftarrow a_4 \cdot L - a_6 - \dfrac{p \cdot L^2}{2} \\ a \end{vmatrix} \qquad a = \begin{pmatrix} 45.487 \\ 0 \\ -77.778 \\ 34.513 \\ 0 \\ 33.882 \end{pmatrix}$$

Pode-se verificar que os seis algarismos significativos exibidos nos resultados anteriores não se alteram quando se utilizam mais do seis pontos de integração.

Sugere-se ao leitor alterar os dados do programa anterior para o caso de barra de grelha de seção transversal constante e verificar que os correspondentes resultados coincidem com os obtidos utilizando a equação 2.74. Sugere-se também modificar esse programa para o caso de barra de pórtico plano de seção de altura variável.

Exemplo 3.9 – Determinam-se, com 6 pontos de integração de Gauss e em programa *Mathcad*, a matriz de rigidez e os esforços de engastamento perfeito da barra parabólica de pórtico, biengastada e de seção transversal constante, representada na Figura E3.9a.

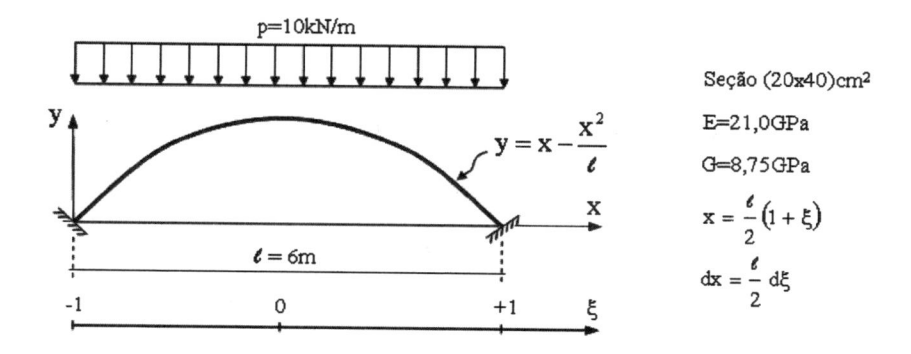

Figura E3.9a – *Barra parabólica de pórtico plano.*

Para a determinação da matriz de rigidez, preparam-se os dados:

$$I = \frac{bh^3}{12} = 1{,}066667 \cdot 10^{-3}\,\mathrm{m}^4 \quad , \quad A = bh = 0{,}08\,\mathrm{m}^2 \quad , \quad A_v = A \cdot \frac{5}{6} = 0{,}066667\,\mathrm{m}^2$$

$$EI = 21,0 \cdot 10^6 \cdot 1,066667 \cdot 10^{-3} = 2,24 \cdot 10^4 \, kN \cdot m^2$$

$$EA = 21,0 \cdot 10^6 \cdot 0,08 = 1,68 \cdot 10^6 \, kN$$

$$GA_V = 8,75 \cdot 10^6 \cdot 0,066667 = 5,83336 \cdot 10^5 \, kN$$

$$\frac{dy}{dx} = 1 - \frac{2x}{\ell} \qquad \rightarrow$$

Para o cálculo dos esforços de engastamento perfeito, determinam-se os esforços seccionais na seção genérica indicados na Figura E3.9b, considerando a barra engastada na sua extremidade inicial e livre na outra sua extremidade:

$$M = \frac{p}{2}(\ell - x)^2 \quad , \quad N = -p\,(\ell - x)\sin\alpha \quad , \quad V = -p\,(\ell - x)\cos\alpha$$

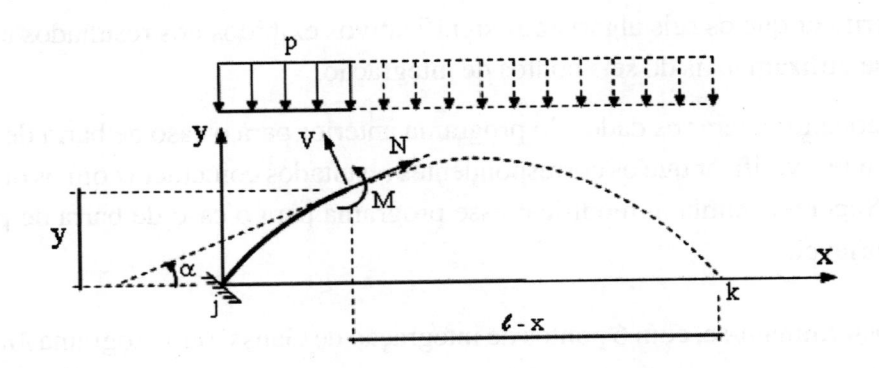

***Figura E3.9b** – Esforços seccionais em seção genérica da barra parabólica.*

Dados :

| EI | 22400 | EA | 1680000 | GAV | 583336 | L | 6. | p | 10. | ORIGIN | 1 |

Pontos de integração: Fatores peso:

	Pontos de integração			Fatores peso
1	0.932469514203152	w	w_1	0.171324492379170
2	0.661209386466265		w_2	0.360761573048139
3	0.238619186083197		w_3	0.467913934572691
4	0.238619186083197		w_4	0.467913934572691
5	0.661209386466265		w_5	0.360761573048139
6	0.932469514203152		w_6	0.171324492379170
			w	

Matriz de flexibilidade - equações 3.63:

$$\delta := \begin{array}{|l} \text{for } p \in 3..6 \\ \quad \text{for } q \in 3..6 \\ \qquad \delta_{p,q} \leftarrow 0. \\ \text{for } i \in 1..6 \\ \quad \left| \begin{array}{l} x \leftarrow \dfrac{L}{2} \cdot \left(1 + \xi_i\right) \\[2mm] \alpha \leftarrow \operatorname{atan}\left(1 - \dfrac{2 \cdot x}{L}\right) \\[2mm] y \leftarrow x - \dfrac{x^2}{L} \\[2mm] \delta_{4,4} \leftarrow \delta_{4,4} + w_i \cdot \left(\dfrac{y^2}{EI \cdot \cos(\alpha)} + \dfrac{\cos(\alpha)}{EA} + \dfrac{\sin(\alpha)^2}{GAV \cdot \cos(\alpha)}\right) \cdot \dfrac{L}{2} \\[3mm] \delta_{5,5} \leftarrow \delta_{5,5} + w_i \cdot \left(\dfrac{L^2 + x^2 - 2 \cdot L \cdot x}{EI \cdot \cos(\alpha)} + \dfrac{\sin(\alpha)^2}{EA \cdot \cos(\alpha)} + \dfrac{\cos(\alpha)}{GAV}\right) \cdot \dfrac{L}{2} \\[3mm] \delta_{6,6} \leftarrow \delta_{6,6} + w_i \cdot \left(\dfrac{1}{EI \cdot \cos(\alpha)}\right) \cdot \dfrac{L}{2} \\[3mm] \delta_{4,5} \leftarrow \delta_{4,5} + w_i \cdot \left(\dfrac{y \cdot L - y \cdot x}{EI \cdot \cos(\alpha)} + \dfrac{\sin(\alpha)}{EA} - \dfrac{\sin(\alpha)}{GAV}\right) \cdot \dfrac{L}{2} \\[3mm] \delta_{4,6} \leftarrow \delta_{4,6} + w_i \cdot \left(\dfrac{y}{EI \cdot \cos(\alpha)}\right) \cdot \dfrac{L}{2} \\[3mm] \delta_{5,6} \leftarrow \delta_{5,6} + w_i \cdot \left(\dfrac{L - x}{EI \cdot \cos(\alpha)}\right) \cdot \dfrac{L}{2} \\[3mm] \delta_{5,4} \leftarrow \delta_{4,5} \\[1mm] \delta_{6,4} \leftarrow \delta_{4,6} \\[1mm] \delta_{6,5} \leftarrow \delta_{5,6} \end{array}\right. \\ \delta \end{array}$$

$$\delta a := \begin{array}{|l} \text{for } p \in 1..3 \\ \quad \text{for } q \in 1..3 \\ \qquad \delta a_{p,q} \leftarrow \delta_{p+3,\,q+3} \\ \delta a \end{array}$$

Matriz de rigidez - equações 3.44, 3.64b e 3.46:

$$ka := \delta a^{-1}$$

$$
k := \begin{vmatrix}
\text{for } p \in 1..3 \\
\quad \text{for } q \in 1..3 \\
\quad\quad k_{p+3,\,q+3} \leftarrow ka_{p,\,q} \\
\quad \text{for } q \in 4..6 \\
\quad\quad \begin{vmatrix} k_{1,\,q} \leftarrow -k_{4,\,q} \\ k_{2,\,q} \leftarrow -k_{5,\,q} \\ k_{3,\,q} \leftarrow -k_{5,\,q} \cdot L - k_{6,\,q} \end{vmatrix} \\
\text{for } p \in 4..6 \\
\quad \text{for } q \in 1..3 \\
\quad\quad k_{p,\,q} \leftarrow k_{q,\,p} \\
\quad \text{for } q \in 1..3 \\
\quad\quad \begin{vmatrix} k_{1,\,q} \leftarrow -k_{4,\,q} \\ k_{2,\,q} \leftarrow -k_{5,\,q} \\ k_{3,\,q} \leftarrow -k_{5,\,q} \cdot L - k_{6,\,q} \end{vmatrix} \\
k
\end{vmatrix}
$$

Matriz de rigidez:

$$
k = \begin{pmatrix}
1.41458\times 10^{4} & 3.39939\times 10^{-12} & -1.34515\times 10^{4} & -1.41458\times 10^{4} & -2.95212\times 10^{-12} & 1.34515\times 10^{4} \\
2.95212\times 10^{-12} & 977.61748 & 2.93285\times 10^{3} & -3.39939\times 10^{-12} & -977.61748 & 2.93285\times 10^{3} \\
-1.34515\times 10^{4} & 2.93285\times 10^{3} & 2.48424\times 10^{4} & 1.34515\times 10^{4} & -2.93285\times 10^{3} & -7.24527\times 10^{3} \\
-1.41458\times 10^{4} & -3.39939\times 10^{-12} & 1.34515\times 10^{4} & 1.41458\times 10^{4} & 2.95212\times 10^{-12} & -1.34515\times 10^{4} \\
-2.95212\times 10^{-12} & -977.61748 & -2.93285\times 10^{3} & 3.39939\times 10^{-12} & 977.61748 & -2.93285\times 10^{3} \\
1.34515\times 10^{4} & 2.93285\times 10^{3} & -7.24527\times 10^{3} & -1.34515\times 10^{4} & -2.93285\times 10^{3} & 2.48424\times 10^{4}
\end{pmatrix}
$$

Deslocamentos da extremidade direita considerada como livre - equação 3.66:

$$u := \begin{vmatrix} u_4 \leftarrow 0 \\ u_5 \leftarrow 0 \\ u_6 \leftarrow 0 \\ \text{for } i \in 1..6 \\ \quad \begin{vmatrix} x \leftarrow \dfrac{L}{2} \cdot (1 + \xi_i) \\ \alpha \leftarrow \text{atan}\left(1 - \dfrac{2 \cdot x}{L}\right) \\ y \leftarrow x - \dfrac{x^2}{L} \\ M \leftarrow -\dfrac{p \cdot (L - x)^2}{2} \\ N \leftarrow -p \cdot (L - x) \cdot \sin(\alpha) \\ V \leftarrow -p \cdot (L - x) \cdot \cos(\alpha) \\ u_4 \leftarrow u_4 + w_i \cdot \left(\dfrac{M \cdot y}{EI \cdot \cos(\alpha)} + \dfrac{N}{EA} - \dfrac{V \cdot \tan(\alpha)}{GAV}\right)\dfrac{L}{2} \\ u_5 \leftarrow u_5 + w_i \cdot \left[\dfrac{M \cdot (L - x)}{EI \cdot \cos(\alpha)} + \dfrac{N \cdot \tan(\alpha)}{EA} + \dfrac{V}{GAV}\right]\dfrac{L}{2} \\ u_6 \leftarrow u_6 + w_i \cdot \dfrac{M}{EI \cdot \cos(\alpha)} \cdot \dfrac{L}{2} \end{vmatrix} \\ u \end{vmatrix}$$

Esforços de engastamento da extremidade direita - equação 3.50:

$$a := \begin{vmatrix} \text{for } p \in 4..6 \\ \quad \begin{vmatrix} a_{p-3} \leftarrow 0 \\ \text{for } q \in 4..6 \\ \quad a_{p-3} \leftarrow a_{p-3} - k_{p,q} \cdot u_q \end{vmatrix} \\ a \end{vmatrix} \qquad a = \begin{pmatrix} -28.26038 \\ 30 \\ -1.65423 \end{pmatrix}$$

Os esforços de engastamento da extremidade esquerda são simétricos aos anteriormente exibidos.

Os dois exemplos anteriores mostram que com a integração numérica evitam-se longos desenvolvimentos algébricos que podem propiciar a ocorrência de enganos de desenvolvimento. Além disso, tendo-se em conta a simplicidade de programação e a excelente precisão do método de integração de Gauss, esse método se mostra uma excelente alternativa ao uso das integrações analíticas.

Quando se tem apenas a definição discreta do eixo geométrico da barra, ajusta-se uma curva passando pelos pontos conhecidos desse eixo e aplica-se o método de integração de Gauss. Para exemplificar essa ajustagem, considera-se que se tenha a definição da geometria da barra representada na Figura E3.9a apenas nos seguintes pontos:

$$y_{|x=0} = 0 \quad , \quad y_{|x=2} = 1,33333333333333 \quad , \quad y_{|x=3} = 1,5 \quad e \quad y_{|x=4} = 1,33333333333333$$

Para ajustar nesses quatro pontos um polinômio do segundo grau, utiliza-se a função *linfit* de regressão linear generalizada disponibilizada no *Mathcad*, fazendo:

$$x := \begin{pmatrix} 0 \\ 2 \\ 3 \\ 4 \end{pmatrix} \qquad y := \begin{pmatrix} 0 \\ 1.33333333333333 \\ 1.5 \\ 1.33333333333333 \end{pmatrix} \qquad f(x) := \begin{pmatrix} 1 \\ x \\ x^2 \end{pmatrix}$$

$$coef := linfit(x, y, f) \qquad coef = \begin{pmatrix} 0 \\ 1 \\ -0.1666667 \end{pmatrix}$$

Os coeficientes do vetor coef exibidos anteriormente definem a função polinomial $y = 0 + x - 0,1666667x^2$ que coincide, como não poderia deixar de ser, com a equação da referida barra.

3.7 – Exercícios propostos

3.7.1 Obtenha a matriz de rigidez e o vetor dos esforços de engastamento perfeito de barra reta de seção transversal constante de pórtico plano, rotulada na extremidade inicial e engastada na extremidade final, sob carregamento uniformemente distribuído. Com essa matriz e esse vetor, comprove os resultados numéricos obtidos no Exemplo 3.1 após a liberação do deslocamento $u^i_{3,L}$ da barra.

3.7.2 Verifique que o programa de pórtico plano desenvolvido no Exemplo 3.2 pode ser utilizado em análise de treliças planas introduzindo rótulas nas extremidades das barras e restringindo as rotações nodais com apoios fictícios. Verifique que em lugar de se introduzir essas rótulas, pode-se simplesmente atribuir momento de inércia nulo às barras. Procure entender o porquê de se obterem resultados corretos.

3.7.3   Com o programa do Exemplo 3.2, analise, tirando partido do eixo de simetria vertical, o pórtico plano da Figura 3.28 em que as barras verticais têm seção de $(25\times25)cm^2$, as barras horizontais têm seção de $(25\times30)cm^2$ e o material tem E=21GPa.

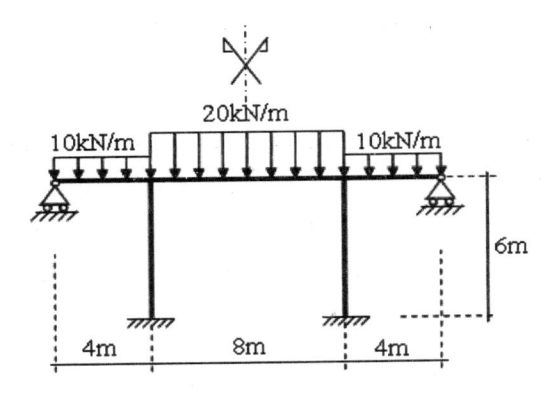

Figura 3.28 *– Pórtico plano simétrico.*

3.7.4   Modifique o programa do Exemplo 3.2 adaptando-o à análise de grelha com articulações generalizadas.

3.7.5   Idem, para o programa do Exemplo 3.4.

3.7.6   Analise o pórtico do Exemplo 3.2 simulando a articulação indicada através de um pequeno trecho de barra de reduzido momento de inércia. Compare os resultados obtidos com os da perfeita idealização de rótula, tirando conclusões.

3.7.7   Com o programa do Exemplo 3.2, determine o esforço que deve ser imposto ao tirante EF da viga armada representada na Figura 3.29 para que o máximo momento fletor negativo na barra AB seja numericamente igual ao máximo momento fletor positivo nessa mesma barra. Todas as barras dessa estrutura têm módulo de elasticidade de 205 GPa, a barra AB e as barras CE e DF têm momento de inércia de $0,0012m^4$ e área de seção transversal de $0,0224m^2$; e os tirantes AE, EF e FB têm área de seção transversal de $0,0004m^2$.

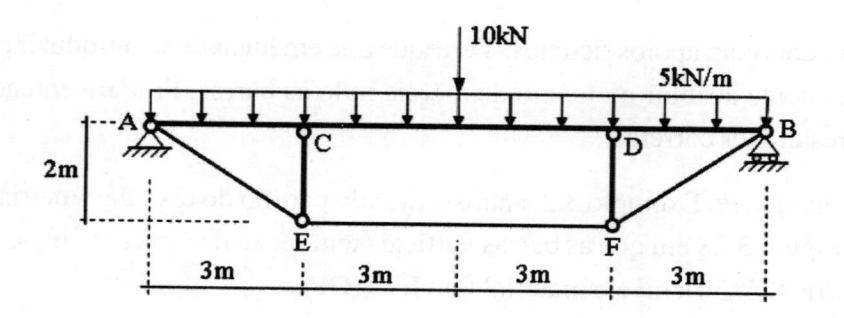

Figura 3.29 – *Viga armada.*

3.7.8 Analise o pórtico do Exemplo 3.4 considerando a excentricidade indicada na Figura E3.4a como pertencente à barra 2 em vez de à barra 1. Compare os resultados obtidos como os exibidos no referido exemplo. Interprete eventuais diferenças. Analise esse mesmo pórtico simulando essa excentricidade através de uma barra de grande rigidez. Compare os resultados com os da perfeita idealização como excentricidade, tirando conclusões.

3.7.9 Escreva a matriz de rigidez de pórtico espacial na ordem dos deslocamentos nodais do vetor $u^i_{\sim G}$ que ocorre na equação 3.32.

3.7.10 Utilizando o programa do Exemplo 3.2 e o método de Müller-Breslau, determine as linhas de influência do momento fletor e da força cortante na seção média da barra AB da viga contínua de dois vãos representada na Figura 3.30.

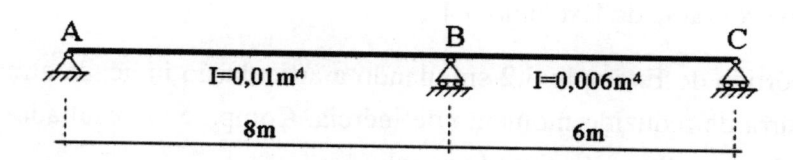

Figura 3.30 – *Viga contínua de dois vãos.*

3.7.11 Modifique o programa do Exemplo 3.2 adaptando-o para a consideração de apoio inclinado como ilustra a Figura 3.31a. Arbitrando valores para o pórtico, compare os resultados obtidos com os do modelo mostrado na Figura 3.31b em que o apoio inclinado é simulado através de uma barra de treliça de grande rigidez e longa. Tire conclusões.

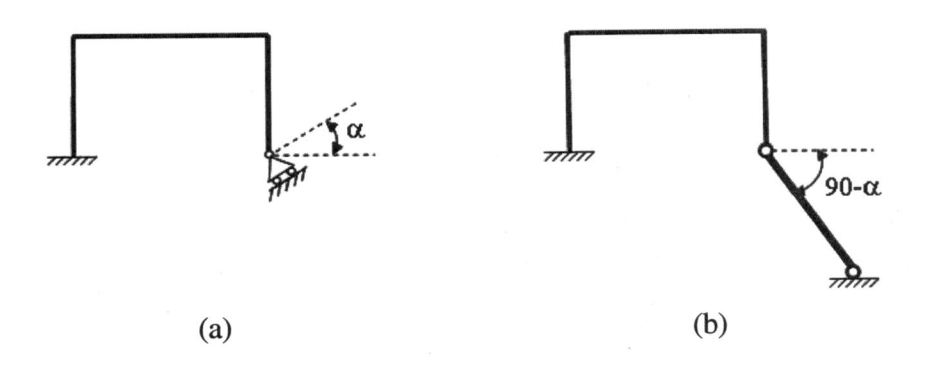

(a)   (b)

Figura 3.31 – Simulação de apoio inclinado.

3.7.12 Para a barra biengastada de pórtico plano representada na Figura 3.32, de $E = 21\text{GPa}$ e , determine a matriz de rigidez e os esforços de engastamento perfeito.

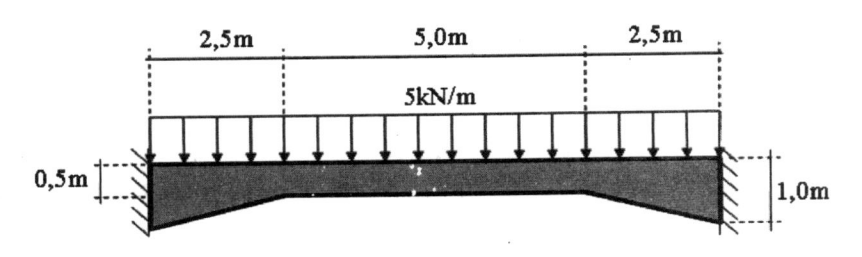

Figura 3.32 – Viga biengastada de seção transversal variável.

3.8 – Questões para reflexão

3.8.1   Quais são as combinações de liberações de deslocamentos nodais em barra de pórtico espacial que a tornam hipostática? Identifique os correspondentes deslocamentos de corpo rígido.

3.8.2   Liberando-se as rotações de todas as extremidades de barra que incidem em um mesmo ponto nodal, pode-se utilizar a *técnica de zeros e um* para evitar singularidade da correspondente matriz de rigidez da estrutura? Por quê?

3.8.3   Por que em barra de treliça não tem sentido considerar ponto nodal mestre que não seja situado na direção do eixo da barra? Por que não é adequado utilizar barras de grande rigidez para simular ligações excêntricas de barra?

3.8.4   Como incorporar em análise de edifícios de andares múltiplos a rigidez de flexão das lajes?

3.8.5 Como levar em conta força lateral de vento no modelo tridimensional de edifício de andares múltiplos em que as lajes são assimiladas a diafragmas? Faça um croqui elucidativo.

3.8.6 Como considerar apoio elástico inclinado?

3.8.7 Resultados analíticos de integrações são necessariamente mais precisos do que utilizando integração numérica? Por que? Faça verificações numéricas utilizando as integrações de Gauss-Legendre e de Lobatto.

Tratamento do sistema de equações

4.1 – Introdução

O método dos deslocamentos em formulação matricial foi apresentado nos dois capítulos anteriores propiciando ao leitor uma ampla visão desse método. Contudo, foram dadas condições apenas para o desenvolvimento de programas de análise de estruturas de reduzido número de deslocamentos nodais, por se ter utilizado matriz de rigidez global em sua forma original quadrada. À medida que se aumenta esse número, cresce de forma quadrática o número de coeficientes dessa matriz e de forma cúbica o número de operações aritméticas necessárias à resolução do correspondente sistema de equações de equilíbrio. Com isso, na maior parte das vezes, é impossível ou extremamente ineficiente armazenar e operar com todos esses coeficientes. Em análise de pórtico espacial de 100 pontos nodais, por exemplo, têm-se 600 deslocamentos nodais. Isso implica em matriz de rigidez não restringida de 360.000 coeficientes, que, considerando representação computacional de apenas 8 bytes para cada um desses coeficientes, corresponde a 2.880.000 bytes de memória apenas para o armazenamento dessa matriz. Esse elevado número de coeficientes requer grande volume de processamento quando da resolução do sistema de equações de equilíbrio da estrutura. Isso evidencia a necessidade de implementação computacional mais eficiente, descartando o armazenamento e a operação dos coeficientes nulos, que em matriz de rigidez de estrutura com muitas barras costumam ser cerca de 80 a 95 por cento, caracterizando uma *matriz esparsa*. Como aquela resolução é a etapa de maior volume de processamento na análise de modelos com elevado número de graus de liberdade, todos os programas computacionais de análise de uso comercial buscam eficiência nessa etapa. Assim, o principal objetivo deste capítulo é apresentar montagem, armazenamento e operação da matriz de rigidez da estrutura com vistas à resolução eficiente do sistema de equações de equilíbrio. Esse tratamento se faz ainda mais necessário quando se trabalha com elementos finitos, quando então o número de deslocamentos nodais do modelo numérico costuma ser muito maior do que no caso de estruturas em barras, às vezes da ordem de diversas dezenas de milhares.

Acompanhando a crescente disponibilidade de memória e de velocidade de processamento dos microcomputadores, têm-se sofisticado os modelos de estruturas na busca de melhores representações dos sistemas físicos capazes de receber e transmitir esforços. Com isso, tem sido crescente o número de deslocamentos nodais dos modelos estruturais, muitas vezes em análises não lineares (que recaem em sucessivas análises lineares), tornando ainda mais imperiosa a necessidade de resoluções eficientes dos correspondentes sistemas de equações. Em análise dinâmica e em determinação de modos de flambagem, na maior parte das vezes, recai-se em problemas de autovalores que costumam ser resolvidos através da resolução de sucessivos sistemas de equações algébricas lineares, requerendo também tratamentos eficientes de resolução.

Após a introdução de condições geométricas de contorno que impeçam os deslocamentos de corpo rígido da estrutura, a matriz de rigidez tem a propriedade de ser simétrica positiva-definida. Essa propriedade, de grande importância quando da resolução do sistema de equações restringido da estrutura, é apresentada no item 4.2. Já no item 4.3, são descritos os armazenamentos de matriz por faixa e por alturas efetivas de coluna, que descartam grande parte dos coeficientes nulos da matriz de rigidez. Esse último armazenamento é atualmente utilizado na grande maioria dos programas computacionais comerciais, sendo o primeiro armazenamento aqui apresentado por ainda ser utilizado em aplicações didáticas. No item 4.4, são apresentados os principais métodos diretos de resolução de sistemas de equações algébricas lineares utilizando transformações elementares. Objetiva-se, nesse item, o desenvolvimento de algoritmos adequados ao armazenamento da matriz de rigidez segundo aquelas alturas efetivas. Dando continuidade ao tema de uso eficiente de memória de computador e redução do número de operações aritméticas em análise de estruturas, no item 4.5 são descritas as duas principais técnicas de análise por subestruturas. Essas técnicas, semelhantemente à divisão da matriz de rigidez em grupos de alturas efetivas de colunas tratada no item 4.3, possibilitam eficientes análises de modelos com quaisquer números de deslocamentos nodais. Na parte final deste capítulo, são propostos exercícios e questões para reflexão.

4.2 – Matriz simétrica positiva-definida

Identificou-se no segundo capítulo que a matriz de rigidez não restringida é simétrica, singular e de coeficientes diagonais principais positivos. Além disso, mostrou-se que ela se torna não singular após a introdução de restrições que impeçam os deslocamentos de corpo rígido da estrutura como um todo e de cada uma de suas partes, no que se diz *estrutura adequadamente vinculada*. Essa vinculação é ilustrada com a treliça plana da Figura 4.1. Na parte (a) dessa figura, a treliça tem o número mínimo de restrições externas e internas para uma adequada vinculação, que é o caso de toda estrutura isostática. Na parte (b), tem-se uma restrição externa a menos, por estar livre o deslocamento de corpo rígido da treliça na direção horizontal, como mostrado em tracejado, caracterizando não adequação de vinculação externa e que se trata de estrutura hipostática. Na parte (c), tem-se uma restrição externa a mais e uma restrição interna a menos. No caso, a rótula na seção média da barra horizontal superior pode ter deslocamento transversal infinitesimal, como ilustrado em tracejado, sem o desenvolvimento de forças elásticas restitutivas. Trata-se, pois, de estrutura hiperestática externamente e hipostática internamente, caracterizando inadequação de vinculações. Por nem sempre ser evidente essa inadequação em aplicações profissionais, é importante que o programa computacional seja capaz de identificá-la como mostrado posteriormente neste capítulo.

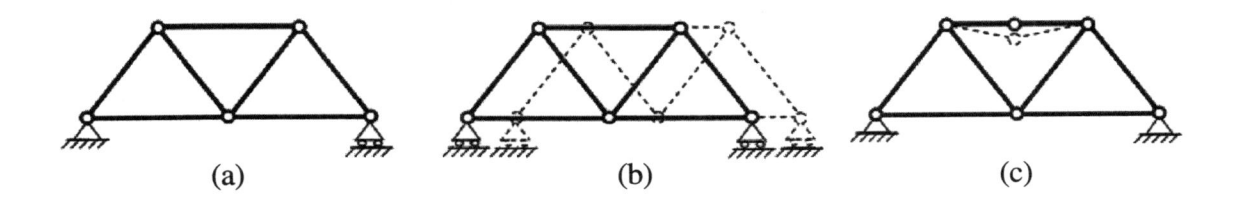

(a)   (b)   (c)

Figura 4.1 – Vinculação em treliça plana.

Em estruturas adequadamente vinculadas e de material elástico, aplicando-se forças nodais gradualmente e de forma lenta a partir zero até os seus valores finais $\underset{\sim\ell}{f}$, o trabalho dessas forças é igual à energia de deformação. Esse trabalho, no caso de material elástico linear, é expresso pelo *teorema de Clapeyron*:

$$U = \frac{1}{2}\, \underset{\sim\ell}{f^t}\, \underset{\sim\ell}{d} \tag{4.1}$$

Nessa equação, substituindo $\underset{\sim\ell}{f}$ por $(\underset{\sim\ell\ell}{K}\,\underset{\sim\ell}{d})$, obtém-se:

$$U = \frac{1}{2}\, \underset{\sim\ell}{d^t}\, \underset{\sim\ell\ell}{K^t}\, \underset{\sim\ell}{d} = \frac{1}{2}\, \underset{\sim\ell}{d^t}\, \underset{\sim\ell\ell}{K}\, \underset{\sim\ell}{d} = \frac{1}{2}\sum_{p=1}^{n}\sum_{q=1}^{n} K_{pq} d_p d_q \tag{4.2}$$

onde n é o número total de deslocamentos nodais livres. A expressão do segundo membro dessa equação é uma *forma quadrática* porque tem apenas termos dos tipos $(K_{pp}d_p^2)$ e $(K_{pq}d_pd_q)$. Como a energia de deformação é sempre positiva para quaisquer deslocamentos nodais não nulos, o trabalho das forças externas também o é para quaisquer forças diferentes de zero. Diz-se então, que a forma anterior é *quadrática positiva-definida*, que a matriz de rigidez restringida $\underset{\sim \ell\ell}{K}$ é *positiva-definida*, e por ser simétrica, *simétrica positiva-definida*. Escolhendo o vetor $\underset{\sim \ell}{d}$ com $m < n$ coeficientes diferentes de zero, a energia de deformação continua maior do que zero, e portanto qualquer submatriz formada pela interseção de m linhas e as correspondentes colunas da matriz $\underset{\sim \ell\ell}{K}$ é também simétrica positiva-definida. O determinante dessa matriz, como será mostrado no item 4.4, é positivo.

Substituindo a equação 2.3 do método das forças na equação 4.1, obtém-se:

$$U = \frac{1}{2} \underset{\sim \ell}{f^t} \underset{\sim \ell\ell}{\Delta} \underset{\sim \ell}{f} \tag{4.3}$$

mostrando também que toda matriz de flexibilidade é positiva-definida.

Considerando na matriz simétrica positiva-definida $\underset{\sim \ell\ell}{K}$ uma submatriz principal de ordem 2 relativamente às linhas p e q, tem-se:

$$\det \begin{vmatrix} K_{pp} & K_{pq} \\ K_{qp} & K_{qq} \end{vmatrix} = K_{pp}K_{qq} - K_{pq}^2 > 0$$

em que a simetria da submatriz foi levada em conta. Dessa equação obtém-se:

$$K_{pq}^2 < K_{pp} K_{qq} \tag{4.4}$$

Esse resultado mostra que, em matriz de rigidez, existe "preponderância de grandeza" dos coeficientes da diagonal principal em relação aos coeficientes fora dessa diagonal. Assim, em aplicação da técnica do número grande de condições geométricas de contorno, basta estimar o número grande em função da grandeza média dos coeficientes dessa diagonal.

Em análise de estrutura, caso ocorra matriz não positiva-definida, é adequado que se interrompa o processamento com mensagem de erro ao usuário, pois isso se deve a erro de programação e/ou de dados.

A partir da equação 4.2 obtém-se o coeficiente de rigidez:

$$K_{pq} = \frac{\partial^2 U}{\partial d_p \, \partial d_q} \tag{4.5}$$

Semelhantemente, a partir da equação 4.3, obtém-se o coeficiente de flexibilidade:

$$\delta_{pq} = \frac{\partial^2 U}{\partial f_p \, \partial f_q} \tag{4.6}$$

Essas duas últimas equações são "formas energéticas" de obtenção de matriz de rigidez restringida e de matriz de flexibilidade.

Exemplo 4.1 – Determina-se, utilizando a expressão da energia de deformação elástica, a matriz de rigidez da associação de molas do Exemplo 2.2 reproduzida na Figura E4.1.

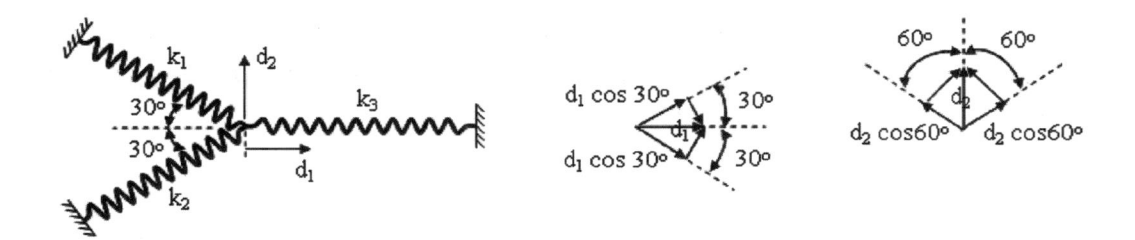

Figura E4.1 *– Associação de molas.*

Designando por u_1, u_2 e u_3 as alterações de comprimento das molas de coeficientes k_1, k_2 e k_3, respectivamente, tem-se, a partir da equação 4.1, a energia de deformação:

$$U = \frac{1}{2}(k_1\,u_1)u_1 + \frac{1}{2}(k_2\,u_2)u_2 + \frac{1}{2}(k_3\,u_3)u_3 = \frac{1}{2}\,k_1\,u_1^2 + \frac{1}{2}\,k_2\,u_2^2 + \frac{1}{2}\,k_3\,u_3^2$$

Essas alterações se escrevem:

$$\begin{cases} u_1 = d_1\cos 30^\circ - d_2\cos 60^\circ = \dfrac{\sqrt{3}\,d_1}{2} - \dfrac{d_2}{2} \\[2mm] u_2 = d_1\cos 30^\circ + d_2\cos 60^\circ = \dfrac{\sqrt{3}\,d_1}{2} + \dfrac{d_2}{2} \\[2mm] u_3 = d_1 \end{cases}$$

Substituindo essas alterações na equação anterior, obtém-se a energia de deformação sob a forma:

$$U = \frac{1}{2}\,k_1\left(\frac{\sqrt{3}\,d_1}{2} - \frac{d_2}{2}\right)^2 + \frac{1}{2}\,k_2\left(\frac{\sqrt{3}\,d_1}{2} + \frac{d_2}{2}\right)^2 + \frac{1}{2}\,k_3\,d_1^2$$

Logo, obtém-se a matriz de rigidez da associação de molas por derivação dessa energia:

$$\begin{bmatrix} \dfrac{\partial^2 U}{\partial d_1^2} & \dfrac{\partial^2 U}{\partial d_1 \partial d_2} \\[3mm] \dfrac{\partial^2 U}{\partial d_2 \partial d_1} & \dfrac{\partial^2 U}{\partial d_2^2} \end{bmatrix} = \begin{bmatrix} \dfrac{3k_1}{4} + \dfrac{3k_2}{4} + k_3 & -\dfrac{\sqrt{3}\,k_1}{4} + \dfrac{\sqrt{3}\,k_2}{4} \\[3mm] -\dfrac{\sqrt{3}\,k_1}{4} + \dfrac{\sqrt{3}\,k_2}{4} & \dfrac{k_1}{4} + \dfrac{k_2}{4} \end{bmatrix}$$

Exemplo 4.2 – Determina-se, utilizando a expressão da energia de deformação elástica, a matriz de rigidez da reação elástica à sapata rígida excêntrica sobre base elástica de Winkler tratada no Exemplo 2.3. Essa sapata é reproduzida na Figura E4.2a.

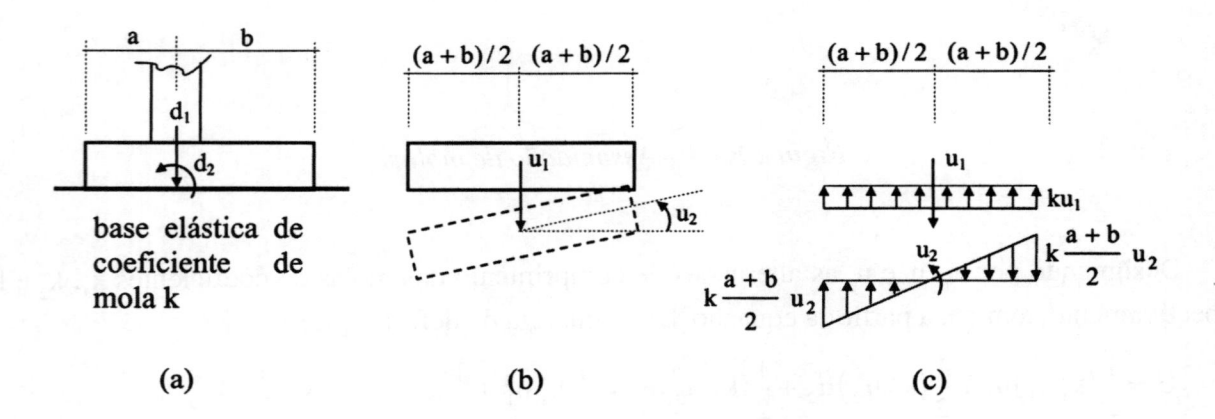

(a)　　　　　　(b)　　　　　　(c)

Figura E4.2. – Sapata sobre base elástica.

Considerando os deslocamentos u_1 e u_2 no centro geométrico da sapata como mostrados na Figura E4.2b, têm-se as forças reativas indicadas na Figura E4.2c. Logo, a partir da equação 4.1 e trabalhando diretamente com as resultantes dessas forças, escreve-se a energia de deformação:

$$U = \frac{1}{2}\,k\,u_1(a+b)\,u_1 + 2\left(\frac{1}{2}\,k\,\frac{a+b}{2}\,u_2\,\frac{1}{2}\,\frac{a+b}{2}\,\frac{2}{3}\,\frac{a+b}{2}\,u_2\right)$$

$$U = \frac{1}{2}\,k(a+b)\,u_1^2 + \frac{k}{3}\left(\frac{a+b}{2}\right)^3 u_2^2$$

Têm-se as relações entre os deslocamentos (d_1, d_2) e (u_1, u_2):

$$\begin{cases} u_1 = d_1 - d_2\left(\dfrac{a+b}{2} - a\right) = d_1 + \dfrac{d_2}{2}(a-b) \\[3mm] u_2 = d_2 \end{cases}$$

Substituindo essas relações na expressão de energia anterior, essa energia se escreve:

$$U = \frac{1}{2}\,k\,(a+b)\left\{d_1 + \frac{d_2}{2}(a-b)\right\}^2 + \frac{k}{3}\left(\frac{a+b}{2}\right)^3 d_2^2$$

Logo, por derivação dessa energia, obtém-se a matriz de rigidez procurada:

$$\begin{bmatrix} \dfrac{\partial^2 U}{\partial d_1^2} & \dfrac{\partial^2 U}{\partial d_1 \partial d_2} \\[2ex] \dfrac{\partial^2 U}{\partial d_2 \partial d_1} & \dfrac{\partial^2 U}{\partial d_2^2} \end{bmatrix} = \begin{bmatrix} k\,(a+b) & \dfrac{k}{2}\left(a^2 - b^2\right) \\[2ex] \dfrac{k}{2}\left(a^2 - b^2\right) & \dfrac{k}{3}\left(a^3 + b^3\right) \end{bmatrix}$$

Essa matriz tem determinante $(k^2/(a^4 + 4ab^3 + 4a^3b + b^4 - 6a^2b^2)$, que é maior do que zero quaisquer que sejam os valores de a, b e k, evidenciando tratar-se de matriz positiva-definida.

4.3 – Armazenamento computacional da matriz de rigidez da estrutura

Como a matriz de rigidez de qualquer estrutura é simétrica, basta calcular apenas a parte triangular superior e a diagonal principal dessa matriz, indicadas na Figura 4.2, ou, o que dá no mesmo, calcular a parte inferior mais essa diagonal. Naturalmente, para economia de armazenamento, os correspondentes coeficientes precisariam ser armazenados descartando-se posições de memória para os coeficientes não calculados.

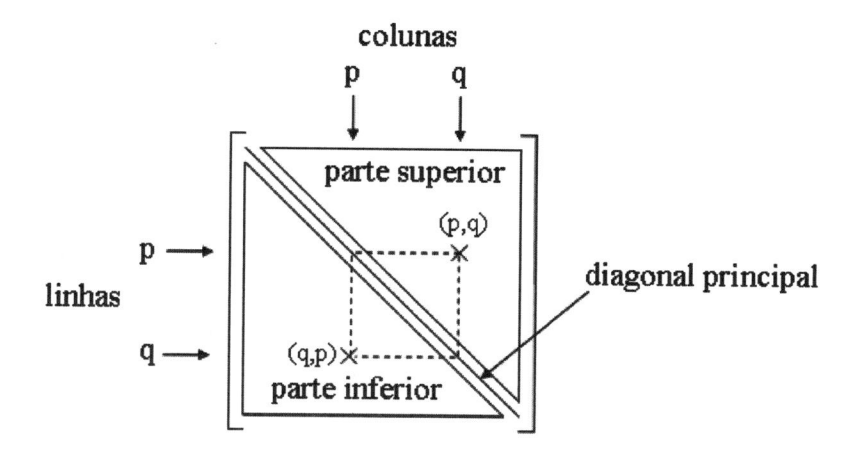

Figura 4.2 – Esquema de matriz quadrada.

Deixar de armazenar uma das partes triangulares da matriz de rigidez da estrutura, contudo, não é suficiente para dar eficiência ao programa quando da análise de estruturas com grande número de deslocamentos nodais. Por isso, é necessário utilizar a propriedade do coeficiente K_{pq} poder ser diferente de zero apenas no caso dos deslocamentos d_p e d_q serem em pontos nodais ligados por uma barra. Isso é ilustrado na Figura 4.3 para os coeficientes de rigidez associados ao deslocamento $d_6 = 1$ da treliça dessa figura, onde os coeficientes K_{p6} com $p > 10$, que são nulos não estão indicados.

Como a ordem dos deslocamentos acompanha a ordem dos pontos nodais, numerando-se esses pontos de maneira a se ter pequena diferença de numeração entre os pontos nodais de cada barra da estrutura, os coeficientes de rigidez não nulos da matriz de rigidez não restringida situam-se ao longo de sua diagonal principal. Isso é mostrado na Figura 4.4a para o caso da treliça da Figura 4.3, com a região de contorno em tracejado no que se refere à parte triangular superior. Nessa figura, representou-se com "x" os coeficientes não nulos e com "o" os coeficientes nulos por a força normal em barra de treliça não estar acoplada com esforço transversal a essa barra. Os demais coeficientes nulos, correspondentes às direções de deslocamentos não ligadas por barra, não estão assinalados. Essa distribuição ao longo da diagonal principal é dita *distribuição em banda* ou *em faixa*. A "distância" entre o coeficiente não-nulo mais afastado dessa diagonal e o correspondente coeficiente diagonal, inclusive, é denominada *semilargura de banda* ou *largura de faixa*, e denotada por f.

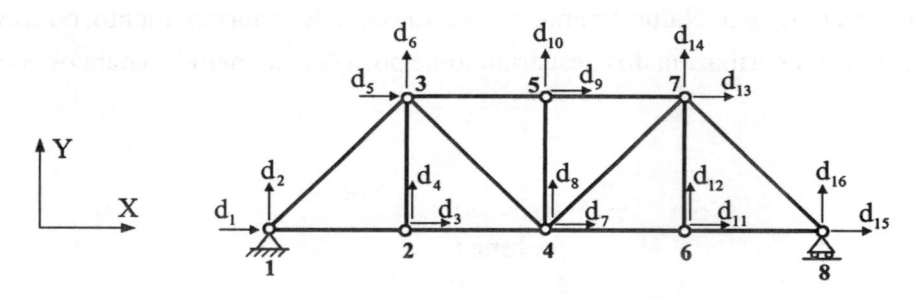

(a) Numerações dos pontos e dos deslocamentos, nodais.

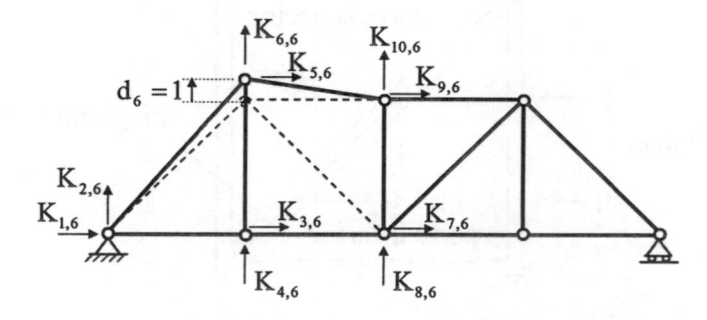

(b) Coeficientes de rigidez associados ao deslocamento $d_6=1$.

Figura 4.3 – Treliça plana.

Designando por d a máxima diferença entre os números dos pontos nodais das barras da estrutura e sendo g o número de deslocamentos por ponto nodal, a largura de faixa é expressa por:

$$f = (d+1)\,g \qquad\qquad (4.7)$$

Utilizando métodos diretos de resolução do sistema de equações são necessários, como será mostrado no item 4.4, apenas os coeficientes dentro da referida faixa, e não são gerados coeficientes diferentes de zero fora da mesma. Assim, com o objetivo de se utilizar menor quantidade de memória de computador, pode-se armazenar e operar os coeficientes dessa faixa na forma retangular representada na Figura 4.4b, em que um coeficiente de posição lógica (p,q) da matriz quadrada $\underset{\sim}{K}$ tem posição $(p, q-p+1)$ na matriz retangular $\underset{\sim}{K}'$. Esses coeficientes podem também ser armazenados seqüencialmente em um vetor de trabalho $\underset{\sim}{a}$ com o coeficiente de posição lógica (p,q) da matriz quadrada $\underset{\sim}{K}$ ocupando a posição $f\,(p-1)+q-p+1$ desse vetor, como ilustra a Figura 4.4c. Para reduzir o número de operações aritméticas na determinação dessa posição, os algoritmos de resolução do sistema de equações utilizados com essa forma de armazenamento devem operar os coeficientes de rigidez seqüencialmente segundo as linhas, de maneira que, uma vez determinada a posição do coeficiente da diagonal principal em determinada linha, os demais coeficientes desta linha sejam acessados nas consecutivas posições de armazenamento.

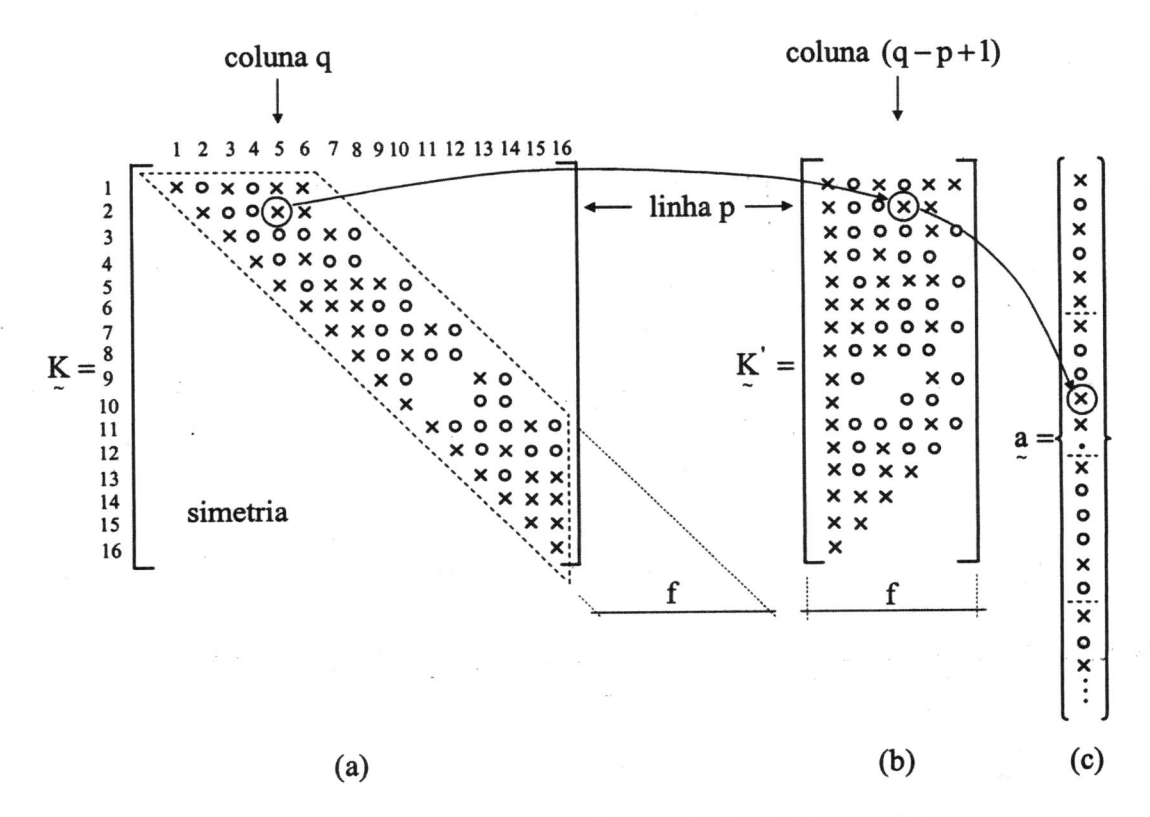

(a)   **(b)**   **(c)**

Figura 4.4 *– Armazenamento de matriz de rigidez em faixa.*

Para montar a matriz de rigidez não restringida na forma de matriz retangular, modifica-se o algoritmo 2.28 como se segue:

$$
\begin{aligned}
&\text{Inicialização da matriz } \underset{\sim}{K}{}' \text{ com valores nulos} \\
&\rightarrow i = 1, 2 \ldots \text{até o número de barras} \\
&\quad \text{Cálculo da matriz de rigidez da i-ésima barra, } \underset{\sim}{k}{}^i_G \\
&\quad \text{Determinação do vetor de correspondência da i-ésima barra, } q^i \\
&\quad \rightarrow j = 1, 2 \ldots \text{até o número de deslocamentos nodais por barra} \\
&\quad\quad \rightarrow k = 1, 2 \ldots \text{até o número de deslocamentos nodais por barra} \\
&\quad\quad\quad \text{Se } q^i_k \geq q^i_j \\
&\quad\quad\quad\quad c = q^i_k - q^i_j + 1 \\
&\quad\quad\quad\quad K'_{q^i_j, c} = K'_{q^i_j, c} + k^i_{G_{j,k}}
\end{aligned}
\tag{4.8}
$$

Nesse algoritmo, a variável c especifica a coluna em que se acumula, na matriz retangular $\underset{\sim}{K}{}'$, o coeficiente de rigidez de posição (j,k) da i-ésima barra, $k^i_{G_{j,k}}$, cuja posição lógica na matriz de rigidez não restringida é (q^i_j, q^i_k), sendo q^i_j o j-ésimo coeficiente do vetor de correspondência dos deslocamentos q^i e q^i_k o k-ésimo coeficiente desse vetor. O não atendimento do teste $q^i_k \geq q^i_j$, na região do controle incremental k, faz com que o contador k assuma o seu valor consecutivo, desconsiderando coeficiente de rigidez de posição lógica abaixo da diagonal principal da matriz de rigidez não restringida.

Para armazenar a distribuição em faixa da matriz de rigidez no vetor de trabalho $\underset{\sim}{a}$ mostrado na Figura 4.4c, modifica-se o algoritmo anterior para a forma que se segue, em que a variável c especifica a nova posição de armazenamento do coeficiente $k^i_{G_{j,k}}$:

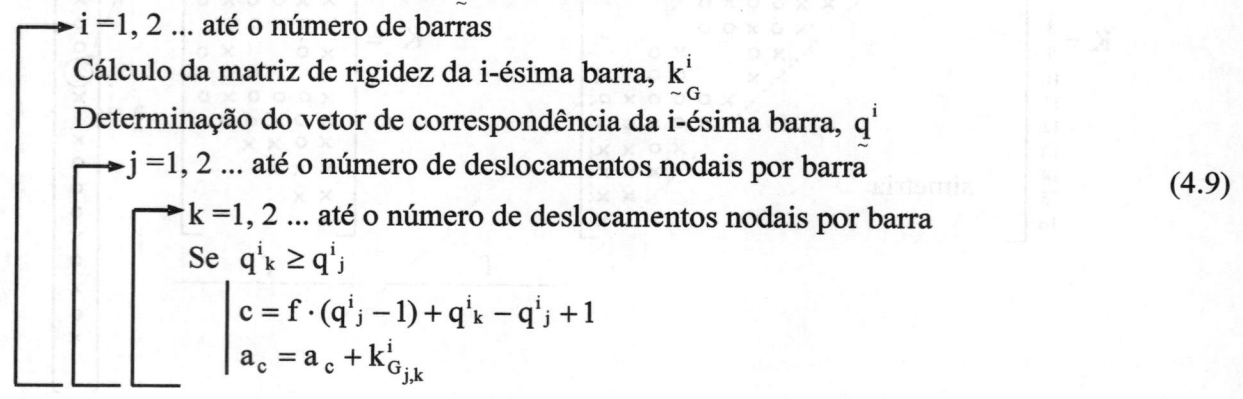

$$
\begin{aligned}
&\text{Inicialização do vetor de trabalho } \underset{\sim}{a} \text{ com valores nulos} \\
&\rightarrow i = 1, 2 \ldots \text{até o número de barras} \\
&\quad \text{Cálculo da matriz de rigidez da i-ésima barra, } \underset{\sim}{k}{}^i_G \\
&\quad \text{Determinação do vetor de correspondência da i-ésima barra, } q^i \\
&\quad \rightarrow j = 1, 2 \ldots \text{até o número de deslocamentos nodais por barra} \\
&\quad\quad \rightarrow k = 1, 2 \ldots \text{até o número de deslocamentos nodais por barra} \\
&\quad\quad\quad \text{Se } q^i_k \geq q^i_j \\
&\quad\quad\quad\quad c = f \cdot (q^i_j - 1) + q^i_k - q^i_j + 1 \\
&\quad\quad\quad\quad a_c = a_c + k^i_{G_{j,k}}
\end{aligned}
\tag{4.9}
$$

A Figura 4.4 mostra que dentro da faixa ainda pode ocorrer grande número de coeficientes nulos. Na busca de maior eficiência, diversas outras técnicas de armazenamento foram desenvolvidas e são encontradas na literatura. A melhor técnica depende do tipo de esparsidade da matriz e do tratamento matemático a se efetuar com essa matriz. No caso da resolução de sistemas com até diversas dezenas de milhares de equações é usual adotar métodos diretos baseados em transformações elementares, que serão desenvolvidos no item 4.4. Esses métodos podem transformar coeficiente nulo da matriz de rigidez em não nulo, apenas no caso em que na mesma coluna desse coeficiente ocorra um coeficiente não nulo acima do mesmo. Tirando partido dessa propriedade, A. Jennings e A. D. Tuff propuseram, em 1971, o *armazenamento por alturas efetivas de coluna* ilustrado na Figura 4.5. Esse armazenamento consiste em posicionar seqüencialmente em um *vetor de trabalho* a , os coeficientes situados a partir do primeiro coeficiente não-nulo de cada coluna até o correspondente coeficiente da diagonal principal, inclusive; ou o que dá no mesmo raciocinando com a parte triangular inferior da matriz, em armazenar nesse vetor os coeficientes de cada linha a partir do primeiro coeficiente não-nulo até o coeficiente da diagonal principal dessa linha, inclusive. O contorno da região desses coeficientes na parte triangular superior da matriz de rigidez é denominado *perfil* e, para o caso da treliça da Figura 4.3a, está indicado em tracejado na Figura 4.5a. Observa-se que ainda ocorrem alguns coeficientes nulos abaixo desse perfil.

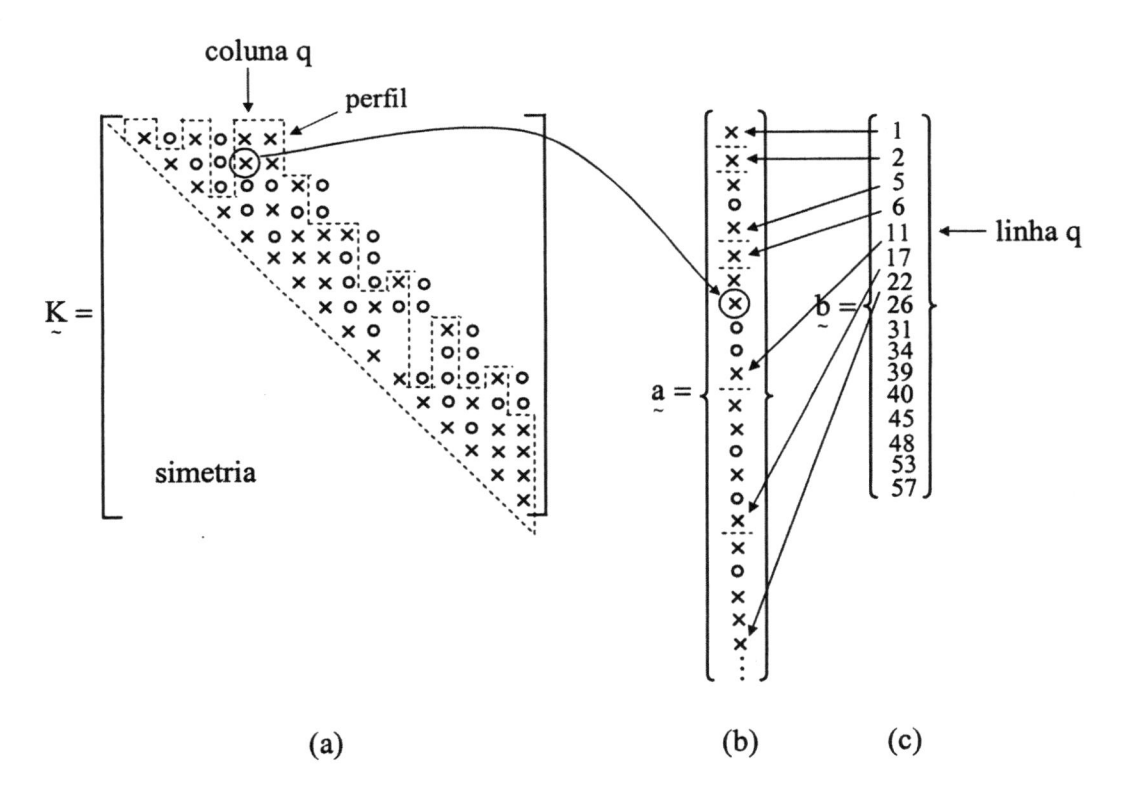

(a) (b) (c)

***Figura 4.5** – Armazenamento de matriz de rigidez por alturas efetivas de coluna.*

A identificação da posição de armazenado de cada coeficiente de rigidez no vetor de trabalho $\underset{\sim}{a}$ se faz através do *vetor apontador* $\underset{\sim}{b}$ em que o q-ésimo elemento indica a posição de armazenamento do coeficiente diagonal da q-ésima coluna da matriz $\underset{\sim}{K}$, como ilustra a Figura 4.5c. Isso é, o coeficiente b_q especifica a posição em que se armazena o coeficiente diagonal K_{qq} no vetor $\underset{\sim}{a}$. Logo, o coeficiente de posição lógica (p,q) dessa matriz, em que $q \geq p$, é armazenado no vetor $\underset{\sim}{a}$ na posição:

$$c = b_q + p - q \tag{4.10}$$

A "distância" entre o primeiro coeficiente não-nulo da q-ésima coluna e o correspondente coeficiente diagonal dessa matriz, inclusive, é denominada *altura efetiva da coluna* q e tem valor $h = b_q - b_{q-1}$

Para utilizar essa forma de armazenamento, tem-se inicialmente que se determinar o vetor apontador $\underset{\sim}{b}$, o que é feito a seguir:

$$
\begin{aligned}
&i = 1, 2, \ldots \text{ até o número de barras} \\
&\quad ni = 1 \text{ se } M_{i,1} < M_{i,2}, \text{ e } ni = 2 \text{ se } M_{i,1} > M_{i,2} \\
&\quad p = g(M_{i,ni} - 1) + 1 \\
&\quad j = 1, 2 \ldots \text{ até o número de nós por barra, 2 no presente caso} \\
&\quad\quad k = 1, 2, \ldots \text{ até } g \\
&\quad\quad q = g(M_{i,j} - 1) + k \\
&\quad\quad h = q - p + 1 \\
&\quad\quad b_q = h \text{ se } b_q < h \\[4pt]
&i = 1, 2 \ldots \text{ até o número de deslocamentos da estrutura} \\
&\quad b_i = b_{i-1} + b_i
\end{aligned} \tag{4.11}
$$

Na primeira etapa desse algoritmo, obtém-se a altura efetiva de cada coluna da matriz de rigidez, utilizando a matriz de conectividade das barras $\underset{\sim}{M}$, em cuja i-ésima linha têm-se as numerações dos pontos nodais da barra de ordem i. Na segunda etapa, faz-se a soma acumulada dessas alturas, obtendo-se as respectivas posições de armazenamento dos coeficientes da diagonal principal da matriz de rigidez $\underset{\sim}{K}$ no vetor de trabalho $\underset{\sim}{a}$. Nesse algoritmo, ni é a ordem na i-ésima linha da matriz $\underset{\sim}{M}$ do ponto nodal de menor numeração da barra de ordem i, e p é a ordem, na numeração global, do deslocamento de menor numeração dessa mesma barra. Esse algoritmo se aplica também ao caso de elementos finitos em que se pode ter um número qualquer de pontos nodais por elemento, desde que se determine adequadamente a variável ni utilizada nesse algoritmo. Por simplicidade, considera-se que todos os deslocamentos nodais de uma mesma barra estejam acoplados, isso é, que o coeficiente de posição lógica (p,q) da matriz de rigidez não restringida seja pertencente a alguma altura efetiva desde que os deslocamentos de ordens p e q ocorram em pontos nodais ligados por uma barra. Assim, o algoritmo anterior verifica apenas se o primeiro deslocamento do ponto nodal de menor numeração de cada barra está "ligado" ao deslocamento de ordem q, pesquisando-se a maior diferença de numeração entre esses deslocamentos para se estabelecer a altura efetiva da q-ésima coluna.

Para armazenar as alturas efetivas de coluna da matriz de rigidez no vetor de trabalho $\underset{\sim}{a}$, modifica-se o algoritmo 4.8 para a forma:

Inicialização do vetor $\underset{\sim}{a}$ com valores nulos
$i = 1, 2 \dots$ até o número de barras
    Cálculo da matriz de rigidez da i-ésima barra, $\underset{\sim G}{k}^i$
    Determinação do vetor de correspondência da i-ésima barra, $\underset{\sim}{q}^i$
    $j = 1, 2 \dots$ até o número de deslocamentos nodais por barra
        $k = 1, 2 \dots$ até o número de deslocamentos nodais por barra
        Se $q^i{}_k \geq q^i{}_j$
$$c = b_{q^i{}_k} + q^i{}_j - q^i{}_k$$
$$a_c = a_c + k^i_{G_{j,k}}$$

$$(4.12)$$

Esse algoritmo se aplica também ao caso de elementos finitos.

Para maior eficiência computacional, os algoritmos de resolução de sistemas de equações com a presente técnica de armazenamento devem acessar os coeficientes de rigidez seqüencialmente segundo as alturas efetivas de coluna da matriz de rigidez. Assim, após se operar com o primeiro coeficiente não-nulo da coluna q e de posição de armazenamento $(b_{q-1} + 1)$, devem ser operados os consecutivos coeficientes dessa mesma coluna até se atingir o correspondente coeficiente diagonal de posição de armazenamento b_q. Com isso, não se utiliza na etapa de resolução do sistema de equações da estrutura a equação 4.10 que requer um maior número de operações aritméticas.

Por esse armazenamento se mostrar muito eficiente, ele é utilizado pela maioria dos sistemas comerciais de análise de estruturas. Uma vantagem imediata é não requerer necessariamente uma numeração criteriosa dos pontos nodais para que os coeficientes de rigidez não-nulos se distribuam ao longo da diagonal principal, como no caso do armazenamento em faixa. Contudo, como a numeração dos pontos nodais afetam as alturas efetivas de colunas e, na grande maioria dos casos, não é simples e nem prático escolher uma numeração que requeira uma reduzida dimensão para o vetor de trabalho $\underset{\sim}{a}$, encontram-se na literatura diversos algoritmos de renumeração de pontos nodais com o objetivo de reduzir essas alturas. Entre esses algoritmos, destaca-se o proposto por A. W. Sloan em 1986.

Os sistemas operacionais de computador utilizam o procedimento de memória virtual, em que as partes do programa e dos dados que não estejam sendo utilizadas nos últimos instantes de tempo são automaticamente transferidas para uma memória auxiliar (memória em disco rígido no caso dos microcomputadores), para liberar espaço na memória central (memória RAM, no caso dos microcomputadores). Esses sistemas operam também multi-processamento, executando diversos programas e tarefas simultaneamente. Com isso, é possível processar programas sem o completo armazenamento de códigos, de dados e de resultados intermediários em memória central, à custa de tempo adicional despendido em transferências de informações entre memórias. Assim, para maior eficiência de processamento, quando se analisa estrutura com um número muito elevado de deslocamentos nodais, é mais adequado que o próprio programa controle a transferência dos coeficientes de rigidez entre memórias, em função da lógica com que esses coeficientes são utilizados, evitando-se transferências desnecessárias. Para isso, no caso de armazenamento por alturas efetivas de coluna, utilizam-se grupos de alturas efetivas, como ilustra a Figura 4.6a, de maneira a se reter em memória central, de cada vez, os grupos que de fato sejam necessários na correspondente etapa de processamento, com cada grupo armazenado em um vetor de trabalho. É natural que os algoritmos que operam com esses grupos sejam desenvolvidos de maneira a minimizar o número de transferências dos correspondentes vetores de trabalho entre memórias, além de operar com os coeficientes de rigidez seqüencialmente segundo as alturas efetivas de coluna. O vetor dos termos independentes costuma também ser dividido em partes, como ilustra a Figura 4.6b.

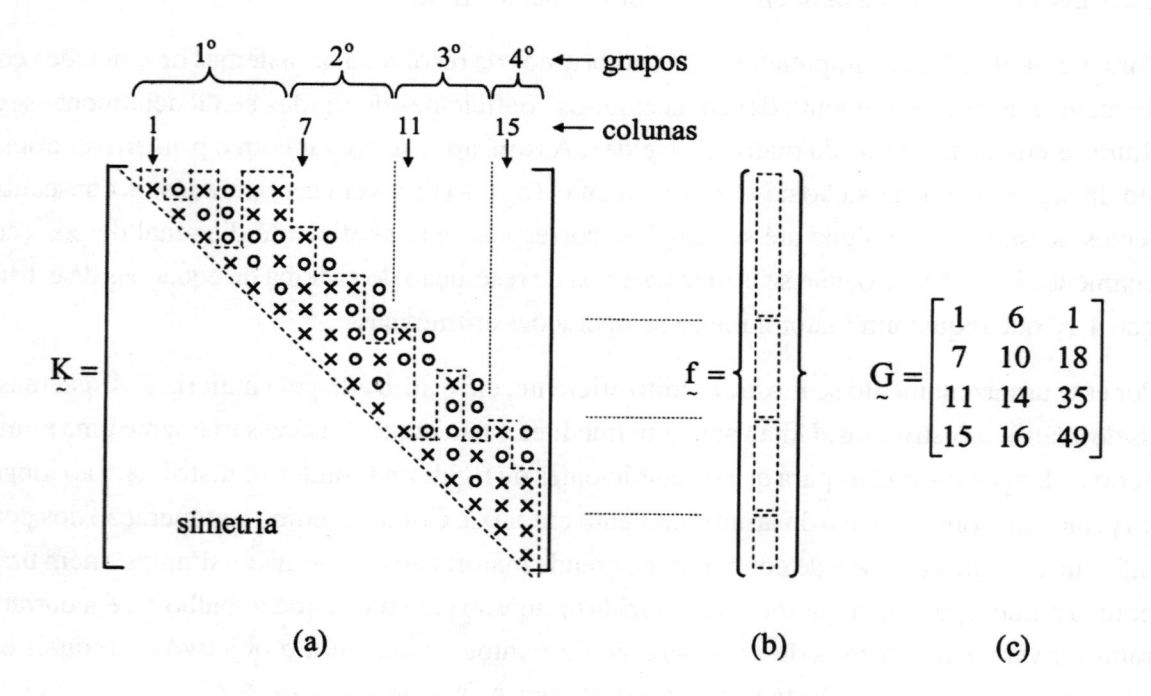

(a)   (b)   (c)

Figura 4.6 – *Divisão do perfil em grupos de alturas efetivas.*

Como mostrado na Figura 4.6c, esse agrupamento de alturas efetivas pode ser descrito pela matriz de identificação de grupos G, em que, na i-ésima linha, o primeiro coeficiente designa a primeira coluna do grupo de ordem i, o segundo coeficiente especifica a última coluna desse grupo, e o terceiro coeficiente especifica o primeiro elemento desse grupo na ordem de armazenamento de coeficientes identificada pelo vetor apontador b.

Escolhendo uma dimensão t para o vetor de armazenamento a de cada grupo de alturas efetivas, tem-se o seguinte algoritmo de determinação da matriz G:

nf=t

ng=1

$G_{1,1}=1$

$G_{1,3}=1$

$$
\begin{array}{l}
\rightarrow \text{i} = 1, 2 \dots \text{até o número de deslocamentos nodais da estrutura} \\
\quad \text{Se } b_i \leq nf \rightarrow \text{continuação do controle incremental} \\
\quad G_{ng,2} = i - 1 \quad , \quad ng = ng + 1 \\
\quad G_{ng,1} = i \quad , \quad G_{ng,3} = b_{i-1} + 1 \\
\quad nf = b_{i-1} + t
\end{array}
$$

$$G_{ng,2} = \text{número de deslocamentos nodais da estrutura}$$

$$(4.13)$$

O valor final da variável ng nesse algoritmo é o número de grupos em que se divide o perfil da matriz de rigidez. O parâmetro t pode ser uma constante do programa ou uma variável ajustada em função da quantidade de memória RAM identificada como disponível em nível de processamento e em função da estrutura em análise. No caso da Figura 4.6, a matriz G foi obtida com $t = 17$.

Tendo-se essa matriz de identificação de grupos, a partir do algoritmo 4.12, constrói-se o seguinte algoritmo de formação da matriz de rigidez global:

> ig = 1, 2 ... até o número de grupos
> Inicialização do vetor $\underset{\sim}{a}$ com valores nulos
>> i = 1, 2 ... até o número de barras
>> ni = 1 e nf = 2 se $M_{i,1} < M_{i,2}$, e ni = 2 e nf = 1 se $M_{i,1} > M_{i,2}$
>> $c_i = g\,(M_{i,ni} - 1) + 1$
>> $c_f = g\,(M_{i,nf} - 1) + 1$
>> Se $G_{ig,1} \leq c_i \leq G_{ig,2}$ ou se $G_{ig,1} \leq c_f \leq G_{ig,2}$
>>> Cálculo da matriz de rigidez da i-ésima barra
>>> Determinação do vetor de correspondência dos desloc. da i-ésima barra
>>>> k = 1, 2 ... até o número de deslocamentos nodais por barra
>>>> Se $G_{ig,1} \leq q^i_k \leq G_{ig,2}$
>>>>> j = 1, 2 ... até o número de deslocamentos nodais por barra
>>>>> Se $q^i_k \geq q^i_j$
>>>>>> $c = b_{q^i_k} + q^i_j - q^i_k - G_{ig,3} + 1$
>>>>>> $a_c = a_c + k^i_{G_{j,k}}$
> Introdução das condições geométricas de contorno relativas ao grupo de ordem ig
> Gravação do grupo de ordem ig em memória auxiliar

$$(4.14)$$

Nesse algoritmo, sob controle do contador ig variando de 1 até o número de grupos, identifica-se para cada uma das barras se pelo menos um de seus deslocamentos nodais diz respeito ao grupo em questão para então se proceder à acumulação de contribuições de coeficientes de rigidez dessa barra. Um coeficiente de posição lógica (p,q) da matriz $\underset{\sim}{K}$, com $q \geq p$ e pertencente a uma coluna do grupo de ordem ig, situa-se na posição $c = b_q + p - q - G_{ig,3} + 1$ do vetor de trabalho desse grupo. Ainda nesse algoritmo, ni é a ordem na linha i da matriz $\underset{\sim}{M}$ do ponto nodal de menor numeração da i-ésima barra, e nf é a ordem do ponto nodal de maior numeração dessa barra. Adaptando adequadamente a determinação dessas ordens de pontos nodais, esse algoritmo se aplica também ao caso de elementos finitos. Ainda nesse algoritmo, c_i é a menor ordem de deslocamento do ponto nodal de menor numeração dessa barra, e c_f é a menor ordem de deslocamento do ponto nodal de maior numeração dessa mesma barra. Desde que c_i ou c_f seja igual à ordem de uma das colunas do grupo de numeração ig, a i-ésima barra tem contribuição de rigidez ao grupo em questão. Para reduzir transferências entre memórias, ao término da montagem do vetor de trabalho de cada grupo, foi considerada a introdução das condições geométricas de contorno que dizem respeito ao grupo em questão, antes de armazená-lo em memória auxiliar. Além disso, como na resolução do sistema de equações serão necessários dois grupos de cada vez em memória central, é prático utilizar tal quantidade de memória na fase de montagem da matriz de rigidez não restringida, em modificação da lógica anterior deixada a cargo do leitor. Acompanhando a divisão do perfil em grupos de colunas, o vetor dos termos independentes pode também ser dividido como ilustra a Figura 4.6b. Também a lógica da correspondente montagem é deixada a cargo do leitor.

4.4 – Métodos de resolução de sistemas de equações

Os métodos de resolução de sistemas de equações algébricas lineares podem ser classificados em iterativos e diretos. Nos métodos iterativos, arbitra-se uma "solução tentativa", para, por meio de aproximações sucessivas, chegar-se à solução procurada. Nos métodos diretos, têm-se algoritmos que fornecem diretamente a solução procurada. Os primeiros são adequados quando da análise de estruturas com muitas centenas de milhares de equações. Contudo, na grande maioria das aplicações em análise de estruturas, métodos diretos se mostram mais eficientes e, por essa razão, serão os métodos estudados neste capítulo. Essa maior eficiência se acentua ainda mais quando se têm diversos vetores de termos independentes para uma mesma matriz dos coeficientes.

Considere-se o sistema de equações algébricas lineares não homogêneas:

$$\underset{\sim}{K}\,\underset{\sim}{d} = \underset{\sim}{f} \tag{4.15}$$

em que $\underset{\sim}{K}$ é uma matriz quadrada não singular de coeficientes constantes, não necessariamente simétrica, denominada *matriz dos coeficientes*; $\underset{\sim}{f}$ é o *vetor dos termos independentes* e $\underset{\sim}{d}$ é o *vetor das incógnitas*.

Nos métodos diretos, transforma-se o sistema anterior para a forma:

$$\underset{\sim}{B}\,\underset{\sim}{K}\,\underset{\sim}{d} = \underset{\sim}{B}\,\underset{\sim}{f} \tag{4.16}$$

em que $\underset{\sim}{B}$ é uma matriz quadrada, e o resultado do produto $\underset{\sim}{B}\underset{\sim}{K}$ é uma matriz triangular superior ou inferior $\underset{\sim}{T}$. Com isso, a resolução do requerido sistema se reduz em resolver:

$$\underset{\sim}{T}\,\underset{\sim}{d} = \underset{\sim}{B}\,\underset{\sim}{f} = \underset{\sim}{g} \tag{4.17}$$

em que $\underset{\sim}{g}$ é um novo vetor de termos independentes. Como a matriz dos coeficientes desse último sistema é triangular, é possível, como será mostrado posteriormente, obter a solução $\underset{\sim}{d}$ de forma direta, uma incógnita após a outra.

Nos métodos diretos, a matriz de transformação $\underset{\sim}{B}$ pode ser ortogonal ou não. No primeiro caso, diz-se *transformação ortogonal*, e no segundo caso, *transformação elementar*. As transformações elementares requerem um menor número de operações aritméticas do que as transformações ortogonais como as de Givens, de Householder, de Gram-Schimidt (Wilkinson, 1965), e por isso são as usualmente utilizadas na resolução direta de sistemas de equações algébricas lineares.

Particularizando ao caso de matriz simétrica $\underset{\sim}{K}$, tem a fatoração:

$$\underset{\sim}{K} = \underset{\sim}{L}\,\underset{\sim}{D}\,\underset{\sim}{L}^{t} = \triangle \setminus \triangledown \tag{4.18}$$

em que $\underset{\sim}{D}$ é uma matriz diagonal e $\underset{\sim}{L}$ é uma matriz triangular inferior de coeficientes diagonais unitários positivos. Dependendo dos coeficientes diagonais da matriz $\underset{\sim}{D}$, a matriz $\underset{\sim}{K}$ se classifica como:

$$\begin{cases} \text{positiva - definida, se } D_{ii} > 0 \text{ para todos os valores de } i \\ \text{positiva semi - definida, se } D_{ii} = 0 \text{ para pelo menos um valor de } i, \text{ e } D_{jj} > 0 \text{ para } j \neq i \\ \text{não definida, se } D_{ii} > 0 \text{ e } D_{jj} < 0 \text{ para } j \neq i \\ \text{negativa - definida, se } D_{ii} < 0 \text{ para todos os valores de } i \\ \text{negativa semi - definida, se } D_{ii} = 0 \text{ para pelo menos um valor de } i, \text{ e } D_{jj} < 0 \text{ para } j \neq i \end{cases}$$

Como a matriz $\underset{\sim}{L}$, que ocorre na equação anterior, é triangular de coeficientes diagonais unitários positivos, o seu determinante é igual a 1. Além disso, como o determinante de um produto de matrizes é igual ao produto dos determinantes dessas matrizes, o determinante da matriz $\underset{\sim}{K}$ anterior é igual ao produto dos coeficientes diagonais da matriz $\underset{\sim}{D}$. Logo, toda matriz simétrica positiva-definida tem determinante maior do que zero e toda matriz positiva semi-definida é singular.

A fatoração anterior é sempre possível no caso de matriz simétrica positiva-definida ou negativa-definida. Nos demais casos de matriz simétrica, uma reordenação da matriz $\underset{\sim}{K}$ pode ser necessária para se efetuar essa fatoração. Caso se considerasse matriz $\underset{\sim}{K}$ não simétrica, em lugar da matriz $\underset{\sim}{L}^{t}$ na equação anterior ocorreria uma matriz triangular superior não transposta da matriz triangular inferior $\underset{\sim}{L}$. No que se segue, considera-se apenas matriz simétrica positiva-definida, por ser essa uma propriedade da matriz da matriz de rigidez restringida de estrutura. Contudo, será adotada a notação $\underset{\sim}{K}$ e não a notação $\underset{\sim}{K}_{\ell\ell}$, por simplicidade.

Na resolução dos sistemas de equações de equilíbrio do método dos deslocamentos, é útil identificar eventual ocorrência de coeficiente $D_{ii} \leq 0$, para interromper processamentos inadequados. Um coeficiente D_{ii} igual a zero expressa que o i-ésimo deslocamento da estrutura é função de parâmetro indefinido multiplicador de deslocamento(s) de corpo rígido motivador(es) dessa singularidade, como ilustrado nas partes (b) e (c) da Figura 4.1. Contudo, um coeficiente D_{ii} que deveria ser nulo em aritmética infinita pode ser calculado apenas como muito próximo de zero em aritmética de ponto-flutuante de computador, devido às aproximações de truncamento e de arredondamento dessa aritmética. Isso caracteriza uma falsa matriz de rigidez não singular que permite a resolução do sistema de equações de equilíbrio. Para ilustrar as conseqüências de tal resolução, considere-se a treliça não adequadamente vinculada representada na Figura 4.7 e que foi motivo de exame na Figura 4.1b. Em fatoração da matriz de rigidez dessa treliça, caso não ocorra, devido às referidas aproximações, coeficiente D_{ii} igual a zero, o carregamento horizontal mostrado na parte (a) da Figura 4.7 excitará o modo de deslocamento de corpo rígido horizontal da treliça, conduzindo a resultados completamente sem significado físico. Utiliza-se a palavra *modo* no sentido de expressar uma relação entre deslocamentos mas sem seus valores reais. No caso do carregamento vertical simétrico mostrado na parte (b) da referida figura, não se terá excitação do aludido modo, obtendo-se deslocamentos horizontais sem significado físico, mas obtendo-se esforços corretos nas barras. Isso pode ser confirmado arbitrando dados para a referida treliça e utilizando o programa do Exemplo 3.2 modificado para a resolução do sistema de equações com a função *lsolve* do *Mathcad*. Assim, para evitar falsa matriz não singular, o teste de singularidade dos coeficientes D_{ii} deve ser feito nas "proximidades" de zero.

(a)   (b)

Figura 4.7 *– Treliça não adequadamente vinculada.*

Adotando a notação:

$$\underset{\sim}{G} = \underset{\sim}{D}\,\underset{\sim}{L}^{t} \tag{4.19}$$

$\underset{\sim}{G}$ é uma matriz triangular superior. Logo, a equação 4.18 fornece:

$$\underset{\sim}{K} = \underset{\sim}{L}\,\underset{\sim}{G} = \triangle\,\triangledown \tag{4.20}$$

e o sistema de equações 4.14 toma a forma:

$$\underset{\sim}{L}\,\underset{\sim}{G}\,\underset{\sim}{d} = \underset{\sim}{f} \tag{4.21}$$

Adotando nesse sistema a notação:

$$\underset{\sim}{G}\,\underset{\sim}{d} = \underset{\sim}{y} \tag{4.22}$$

recai-se no sistema:

$$\underset{\sim}{L}\, \underset{\sim}{y} = \underset{\sim}{f} \qquad\qquad (4.23)$$

Assim, tendo-se a fatoração da matriz $\underset{\sim}{K}$ expressa pela equação 4.20, efetua-se a resolução do sistema 4.23, em que a matriz dos coeficientes é triangular inferior, determinando-se o vetor $\underset{\sim}{y}$, e posteriormente, faz-se a resolução do sistema 4.22 em que a matriz dos coeficientes é triangular superior, obtendo-se a solução $\underset{\sim}{d}$. Esse é o *método de eliminação de Gauss*, a matriz $\underset{\sim}{G}$ é o *fator de Gauss*, a resolução do sistema 4.23 é denominada *etapa de substituição para a frente*, e a resolução do sistema 4.22, *etapa de retrosubstituição*.

Considerando matriz $\underset{\sim}{K}$ positiva-definida, os coeficientes da matriz diagonal $\underset{\sim}{D}$ são positivos o que permite adotar a notação:

$$\underset{\sim}{U} = \underset{\sim}{D}^{\frac{1}{2}}\, \underset{\sim}{L}^{t} \qquad\qquad (4.24)$$

em que $\underset{\sim}{D}^{\frac{1}{2}}$ é a matriz diagonal formada pelas raízes quadradas dos coeficientes diagonais da matriz $\underset{\sim}{D}$, e $\underset{\sim}{U}$ é uma matriz triangular superior. Logo, a equação 4.18 de fatoração da matriz $\underset{\sim}{K}$ fornece:

$$\underset{\sim}{K} = \underset{\sim}{U}^{t}\, \underset{\sim}{U} = \diagup\!\diagdown \qquad\qquad (4.25)$$

e o sistema de equações 4.15 toma a forma:

$$\underset{\sim}{U}^{t}\, \underset{\sim}{U}\, \underset{\sim}{d} = \underset{\sim}{f} \qquad\qquad (4.26)$$

Adotando nesse sistema a notação:

$$\underset{\sim}{U}\, \underset{\sim}{d} = \underset{\sim}{y}^{*} \qquad\qquad (4.27)$$

recai-se no sistema:

$$\underset{\sim}{U}^{t}\, \underset{\sim}{y}^{*} = \underset{\sim}{f} \qquad\qquad (4.28)$$

Assim, tendo-se a fatoração de triangularização expressa pela equação 4.25, faz-se a resolução do sistema 4.28 em que a matriz dos coeficientes é triangular inferior, obtendo-se o vetor $\underset{\sim}{y}^{*}$ em substituição para frente, e posteriormente, efetua-se a resolução do sistema 4.27 em que a matriz dos coeficientes é triangular superior, obtendo-se a solução $\underset{\sim}{d}$ em retrosubstituição. Esse é o *método de Cholesky* e a matriz $\underset{\sim}{U}$ é o *fator de Cholesky*.

As equações 4.19 e 4.24 fornecem:

$$\underset{\sim}{G} = \underset{\sim}{D}^{\frac{1}{2}}\, \underset{\sim}{U} \qquad\qquad (4.29a)$$

$$\text{e} \qquad \underset{\sim}{U} = \underset{\sim}{D}^{-\frac{1}{2}}\, \underset{\sim}{G} \qquad\qquad (4.29b)$$

A primeira dessas equações mostra que o fator de Gauss pode ser obtido a partir do fator de Cholesky, multiplicando-se cada linha deste pelos seus respectivos elementos da diagonal principal. Semelhantemente, a segunda dessas equações mostra que o fator de Cholesky pode ser obtido a partir do fator de Gauss, dividindo-se cada linha deste pela raiz quadrada de seus respectivos elementos da diagonal principal.

Quando se têm vários casos de carregamento em uma mesma estrutura, como de peso próprio, de carga acidental, de efeito de vento etc, é mais eficiente fatorar a matriz de rigidez uma única vez e com o correspondente fator resolver simultaneamente os sistemas de equações de equilíbrio desses carregamentos. Para isso, considerando c casos de carregamento, escrevem-se os correspondentes sistemas sob a forma compacta:

$$\underset{\sim}{K}\begin{bmatrix} \underset{\sim}{d}_1 & \underset{\sim}{d}_2 & \cdots & \underset{\sim}{d}_c \end{bmatrix} = \begin{bmatrix} \underset{\sim}{f}_1 & \underset{\sim}{f}_2 & \cdots & \underset{\sim}{f}_c \end{bmatrix} \tag{4.30}$$

Adotando as notações:

$$\underset{\sim}{\mathcal{D}} = \begin{bmatrix} \underset{\sim}{d}_1 & \underset{\sim}{d}_2 & \cdots & \underset{\sim}{d}_c \end{bmatrix} \quad , \quad \underset{\sim}{F} = \begin{bmatrix} \underset{\sim}{f}_1 & \underset{\sim}{f}_2 & \cdots & \underset{\sim}{f}_c \end{bmatrix} \tag{4.31a,b}$$

a equação anterior toma a forma:

$$\underset{\sim}{K}\underset{\sim}{\mathcal{D}} = \underset{\sim}{F} \tag{4.32}$$

Substituindo a equação 4.20 nessa última equação, tem-se:

$$\underset{\sim}{L}\,\underset{\sim}{G}\underset{\sim}{\mathcal{D}} = \underset{\sim}{F} \tag{4.33}$$

Com a notação:

$$\underset{\sim}{G}\underset{\sim}{\mathcal{D}} = \begin{bmatrix} \underset{\sim}{y}_1 & \underset{\sim}{y}_2 & \cdots & \underset{\sim}{y}_c \end{bmatrix} = \underset{\sim}{Y} \tag{4.34}$$

recai-se na resolução dos sistemas de equações:

$$\underset{\sim}{L}\,\underset{\sim}{Y} = \underset{\sim}{F} \tag{4.35}$$

Logo, resolvem-se esses sistemas de matriz dos coeficientes triangular inferior trabalhando simultaneamente com os c vetores de termos independentes, e, posteriormente, resolvem-se os sistemas representados pela equação 4.34 em que a matriz dos coeficientes é triangular superior operando simultaneamente com os correspondentes vetores de termos independentes. De maneira semelhante, pode-se utilizar a fatoração de Cholesky em vez da fatoração de Gauss.

De acordo com Melosh (1990), no projeto de edifícios altos costuma-se ter de 5 a 12 casos de carregamento independentes; de pontes, navios e estruturas ferroviárias, 8 a 16 casos de carregamento; e de veículos terrestres e aéreos, 12 a 22 casos de carregamento, evidenciando a vantagem de se fatorar a matriz de rigidez uma única vez. À medida que se aumenta o número de casos de carregamento, cresce em muito a vantagem dos métodos diretos frente aos métodos iterativos.

Nos itens que se seguem são apresentadas apenas as formas clássicas dos métodos de Gauss e de Cholesky, assim como uma variante do método de Gauss denominada *método de Crout*.

4.4.1 – Método de eliminação de Gauss

Este é o método de resolução de sistemas de equações algébricas lineares mais utilizado em procedimento manual de cálculo e o que requer o menor número de operações aritméticas. É aplicável a qualquer sistema cuja matriz dos coeficientes seja quadrada não singular. No que se segue, ele é desenvolvido para o caso de matriz dos coeficientes simétrica positiva-definida.

A p-ésima equação do sistema de n equações 4.15 se escreve:

$$\sum_{q=1}^{n} K_{pq}d_q = f_p \tag{4.36}$$

Fazendo $p = 1$ nessa equação e separando o termo em que $q = 1$, obtém-se:

$$K_{1,1}d_1 + \sum_{q=2}^{n} K_{1q}d_q = f_1$$

que explicita a primeira incógnita sob a forma:

$$d_1 = \frac{f_1}{K_{1,1}} - \frac{1}{K_{1,1}} \sum_{q=2}^{n} K_{1q}d_q \tag{4.37}$$

Semelhantemente, considerando $p \neq 1$ na equação 4.36 e separando o termo em que $q = 1$, escreve-se:

$$K_{p1}d_1 + \sum_{q=2}^{n} K_{pq}d_q = f_p \tag{4.38}$$

Substituindo a equação 4.37 nessa última equação, elimina-se a incógnita d_1 nas últimas $(n-1)$ equações do sistema 4.15, cuja p-ésima equação passa a se escrever:

$$K_{p1}\left(\frac{f_1}{K_{1,1}} - \frac{1}{K_{1,1}} \sum_{q=2}^{n} K_{1q}d_q \right) + \sum_{q=2}^{n} K_{pq}d_q = f_p$$

Essa equação se escreve também sob a forma:

$$\sum_{q=2}^{n} \left(K_{pq} - \frac{K_{p1} K_{1q}}{K_{1,1}} \right) d_q = f_p - \frac{K_{p1}}{K_{1,1}} f_1 \qquad (4.39)$$

Como essa equação é válida com p variando de 2 até n, ela corresponde a um sistema de $(n-1)$ equações nas incógnitas d_2 a d_n, cujos termos genéricos da matriz dos coeficientes e do vetor dos termos independentes se escrevem:

$$\begin{cases} K_{pq}^{(1)} = K_{pq}^{(0)} - \dfrac{K_{p1}^{(0)}}{K_{1,1}^{(0)}} K_{1q}^{(0)} \\[3mm] f_p^{(1)} = f_p^{(0)} - \dfrac{K_{p1}^{(0)}}{K_{1,1}^{(0)}} f_1^{(0)} \end{cases} \qquad (4.40)$$

Nessa equação, o índice superior entre parênteses indica a ordem de modificação do correspondente coeficiente, com o índice 1 indicando o resultado da eliminação da primeira incógnita e com o índice zero indicando os coeficientes originais da matriz dos coeficientes e do vetor dos termos independentes.

Sucessivamente, eliminam-se as demais incógnitas nas equações consecutivas, tal que na ℓ-ésima etapa de eliminação, obtenham-se os termos genéricos:

$$\begin{cases} K_{pq}^{(\ell)} = K_{pq}^{(\ell-1)} - \dfrac{K_{p\ell}^{(\ell-1)}}{K_{\ell\ell}^{(\ell-1)}} K_{\ell q}^{(\ell-1)} \\[3mm] f_p^{(\ell)} = f_p^{(\ell-1)} - \dfrac{K_{p\ell}^{(\ell-1)}}{K_{\ell\ell}^{(\ell-1)}} f_\ell^{(\ell-1)} \end{cases} \qquad (4.41)$$

de um sistema de $(n-\ell)$ equações nas incógnitas $d_{\ell+1}$ a d_n. Como a matriz dos coeficientes desse sistema continua sendo simétrica, na equação anterior pode-se substituir $K_{p\ell}^{(\ell-1)}$ por $K_{\ell p}^{(\ell-1)}$, e adotar a notação:

$$m_{\ell p} = \frac{K_{\ell p}^{(\ell-1)}}{K_{\ell\ell}^{(\ell-1)}} \qquad (4.42)$$

para se escrever a equação 4.41 sob a forma:

$$\begin{cases} K_{pq}^{(\ell)} = K_{pq}^{(\ell-1)} - m_{\ell p} K_{\ell q}^{(\ell-1)} \\[3mm] f_p^{(\ell)} = f_p^{(\ell-1)} - m_{\ell p} f_\ell^{(\ell-1)} \end{cases} \qquad (4.43)$$

Fazendo nessa equação ℓ variar de 1 até $(n-1)$, com p variando de $(\ell+1)$ até n, e q variando de 1 até n, quando ℓ chegar a $(n-1)$ obtém-se $K_{pq}^{(n-1)}$ e $f_p^{(n-1)}$ que são, respectivamente, coeficiente genérico do fator de Gauss e coeficiente genérico do vetor y da etapa de substituição para a frente. O coeficiente $K_{\ell\ell}^{(\ell-1)}$, denominador na equação 4.42, é denominado *pivô*, e é sempre maior do que zero no caso de matriz simétrica positiva-definida. Assim, em implementação do método de eliminação de Gauss, é útil verificar se essa condição é atendida para interrupção do processamento no caso de não atendimento. Com pivô nulo, tem-se instabilidade numérica devido à divisão por zero.

Definindo a matriz:

$$
\underset{\sim}{m}_\ell =
\begin{bmatrix}
1 & 0 & 0 & 0 & \cdots & 0 \\
\ddots & & & & & \vdots \\
0 & 1 & 0 & 0 & & 0 \\
0 & 0 & 1 & 0 & & 0 \\
0 & 0 & -m_{\ell,\ell+1} & 1 & & 0 \\
\vdots & & \vdots & & \ddots & \\
0 & \cdots & 0 & -m_{\ell n} & 0 & 1
\end{bmatrix}
\tag{4.44}
$$

pode-se demonstrar que:

$$
\underset{\sim}{B} = \underset{\sim}{m}_{n-1} \, \underset{\sim}{m}_{n-2} \cdots \underset{\sim}{m}_1 \, \underset{\sim}{K}
\tag{4.45}
$$

é a matriz de transformação que ocorre na equação 4.16. Contudo, essa matriz não é relevante de ser obtida no desenvolvimento que segue.

Com as equações 4.42 e 4.43, constrói-se o seguinte algoritmo de obtenção do fator de Gauss e do vetor $\underset{\sim}{y}$:

$$
\begin{aligned}
&\ell = 1, 2 \ldots \text{até } (n-1) \\
&\quad p = (\ell+1), (\ell+2) \ldots \text{até } n \\
&\qquad m = \frac{K_{\ell p}^{(\ell-1)}}{K_{\ell\ell}^{(\ell-1)}} \\
&\qquad q = \ell, \ell+1 \ldots \text{até } n \\
&\qquad\quad K_{pq}^{(\ell)} = K_{pq}^{(\ell-1)} - m\,K_{\ell q}^{(\ell-1)} \\
&\qquad f_p^{(\ell)} = f_p^{(\ell-1)} - m\,f_\ell^{(\ell-1)}
\end{aligned}
\tag{4.46}
$$

Esse algoritmo é semelhante ao algoritmo 3.5 de liberação de deslocamentos nodais em barra. Nele, m é uma variável auxiliar que visa reduzir o número de divisões. Em sua implementação automática, os coeficientes $K_{pq}^{(\ell)}$ e $f_p^{(\ell)}$ podem ocupar, respectivamente, as mesmas posições de memória que os coeficientes originais da matriz de rigidez e do vetor dos termos independentes, tornando-se ao final da etapa de eliminação, respectivamente, os coeficientes do fator de Gauss e do vetor y. Além disso, pode-se alterar o controle incremental q para fazê-lo variar de p até n, pois é supérfluo calcular a parte triangular inferior do fator de Gauss, que é de coeficientes nulos.

Assim, o algoritmo anterior fornece o sistema de equações 4.22 que tem a forma expandida:

$$\begin{bmatrix} G_{1,1} & G_{1,2} & \cdots & G_{1n} \\ 0 & G_{2,2} & \cdots & G_{2n} \\ \vdots & \vdots & \ddots & \vdots \\ 0 & 0 & \cdots & G_{nn} \end{bmatrix} \begin{Bmatrix} d_1 \\ d_2 \\ \vdots \\ d_n \end{Bmatrix} = \begin{Bmatrix} y_1 \\ y_2 \\ \vdots \\ y_n \end{Bmatrix} \tag{4.47}$$

A p-ésima equação desse sistema se escreve:

$$G_{pp}d_p + \sum_{q=p+1}^{n} G_{pq}d_q = y_p$$

que fornece a p-ésima incógnita:

$$d_p = \frac{y_p - \sum_{q=p+1}^{n} G_{pq}d_q}{G_{pp}} \tag{4.48}$$

Fazendo p variar de n até 1, obtém-se com essa equação a solução d, constituindo a etapa de retrosubstituição. Naturalmente, com $p = n$ o somatório dessa equação deve ser eliminado.

Assim, constrói-se o seguinte algoritmo:

$$d_n = \frac{y_n}{G_{nn}}$$

$$\begin{aligned} &\rightarrow p = (n-1),\ (n-2)\ \ldots \text{ até } 1 \\ &\quad s = y_p \\ &\quad \rightarrow q = (p+1),\ (p+2)\ \ldots \text{ até } n \\ &\quad\quad s = s - G_{pq}d_q \\ &\quad d_p = \frac{s}{G_{pp}} \end{aligned} \tag{4.49}$$

Na implementação desse algoritmo, os coeficientes d_p e y_p podem ocupar as mesmas posições de memória.

Com os algoritmos 4.46 e 4.49 tem-se a resolução do sistema de equações 4.15.

Exemplo 4.3 – Implementa-se o método de eliminação de Gauss desenvolvido anteriormente.

ORIGIN:= 1 $\qquad\qquad\qquad$ n := 3

$$K := \begin{pmatrix} 4 & 2 & 2 \\ 2 & 5 & 4 \\ 2 & 4 & 6 \end{pmatrix} \qquad\qquad f := \begin{pmatrix} 4 \\ 2 \\ 1 \end{pmatrix}$$

$G :=$
$\quad$ for $p \in 1..n$
$\qquad$ for $q \in 1..n$
$\qquad\quad$ $G_{p,q} \leftarrow K_{p,q}$
$\quad$ for $L \in 1..n-1$
$\qquad$ error("matriz não positiva-definida") if $G_{L,L} \leq 10^{-50}$
$\qquad$ for $p \in L+1..n$
$\qquad\quad$ $m \leftarrow \dfrac{G_{L,p}}{G_{L,L}}$
$\qquad\quad$ for $q \in L..n$
$\qquad\qquad$ $G_{p,q} \leftarrow G_{p,q} - m \cdot G_{L,q}$
$\quad$ error("matriz não positiva-definida") if $G_{n,n} \leq 10^{-50}$
$\quad$ G

$$G = \begin{pmatrix} 4 & 2 & 2 \\ 0 & 4 & 3 \\ 0 & 0 & 2.75 \end{pmatrix}$$

$y :=$
$\quad$ for $p \in 1..n$
$\qquad$ $y_p \leftarrow f_p$
$\quad$ for $L \in 1..n-1$
$\qquad$ for $p \in L+1..n$
$\qquad\quad$ $m \leftarrow \dfrac{G_{L,p}}{G_{L,L}}$
$\qquad\quad$ $y_p \leftarrow y_p - m \cdot y_L$
$\quad$ y

$$y = \begin{pmatrix} 4 \\ 0 \\ -1 \end{pmatrix}$$

$$d := \left| \begin{array}{l} d_n \leftarrow \dfrac{y_n}{G_{n,n}} \\[2ex] \text{for } p \in (n-1), (n-2)..1 \\[1ex] \quad \left| \begin{array}{l} s \leftarrow y_p \\[1ex] \text{for } q \in p+1..n \\[1ex] \quad s \leftarrow s - G_{p,q} \cdot d_q \\[1ex] d_p \leftarrow \dfrac{s}{G_{p,p}} \end{array} \right. \\[2ex] d \end{array} \right.$$

$$d = \begin{pmatrix} 1.045 \\ 0.273 \\ -0.364 \end{pmatrix}$$

Para identificar matriz não positiva-definida, considerou-se nulo todo coeficiente diagonal principal menor do que 10^{-50}.

Para adaptar os *algoritmos de eliminação de Gauss* 4.46 e 4.49 ao armazenamento retangular da matriz de rigidez, basta que o coeficiente de posição lógica (p,q) seja acessado na posição de armazenamento $(p, q-p+1)$. Além disso, não mais indicando a ordem de eliminação de incógnitas, denotando o fator de Gauss com a notação da matriz dos coeficientes, e designando os vetores $\underset{\sim}{y}$ e $\underset{\sim}{d}$ com a notação do vetor dos termos independentes, esses algoritmos tomam a forma:

◆ Etapas de triangularização e de substituição:

$$
\begin{array}{l}
\ell = 1, 2 \ldots \text{até } (n-1) \\[1ex]
\quad p = (\ell+1),\ (\ell+2)\ \ldots\ \text{até } n \\[1ex]
\quad\quad m = \dfrac{K_{\ell, p-\ell+1}}{K_{\ell 1}} \\[2ex]
\quad\quad q = p,\ (p+1)\ \ldots\ \text{até } n \\[1ex]
\quad\quad\quad K_{p, q-p+1} = K_{p, q-p+1} - m\, K_{\ell, q-\ell+1} \\[1ex]
\quad\quad f_p = f_p - m\, f_\ell
\end{array}
\tag{4.50}
$$

◆ Etapa de retrosubstituição:

$$f_n = \frac{f_n}{K_{n1}}$$

$p = (n-1), \; (n-2) \; ... \; \text{até} \; 1$

$s = f_p$

$q = (p+1), \; (p+2) \; ... \; \text{até} \; n$

$s = s - K_{p,q-p+1} \, f_q$

$$f_p = \frac{s}{K_{pp}}$$

(4.51)

4.4.2 – Método de Crout

O algoritmo 4.46 do método de eliminação de Gauss opera os coeficientes da matriz $\underset{\sim}{K}$ seqüencialmente segundo as linhas, isso é, em cada etapa de eliminação de incógnita, modifica os coeficientes das linhas consecutivas, da esquerda para a direita em cada linha. Além disso, cada coeficiente da p-ésima linha dessa matriz é modificado $(p-1)$ vezes até se transformar em coeficiente do fator de Gauss, e o p-ésimo termo do vetor $\underset{\sim}{d}$ é modificado $(p-1)$ vezes até se transformar em termo do vetor $\underset{\sim}{y}$. Essa ordem de cálculo não é adequada ao armazenamento por alturas efetivas de coluna. Por essa razão, reordena-se essa seqüência de cálculo, de maneira a calcular cada coeficiente desse fator e desse vetor em uma única etapa, operando seqüencialmente segundo as colunas da matriz $\underset{\sim}{K}$, como mostrado a seguir.

Tendo-se em conta a simetria da matriz $\underset{\sim}{K}$, os termos genéricos obtidos na eliminação de ordem ℓ e expressos pela equação 4.41 se escrevem:

$$K_{pq}^{(\ell)} = K_{pq}^{(\ell-1)} - \frac{K_{\ell p}^{(\ell-1)}}{K_{\ell\ell}^{(\ell-1)}} K_{\ell q}^{(\ell-1)}$$

$$f_p^{(\ell)} = f_p^{(\ell-1)} - \frac{K_{\ell p}^{(\ell-1)}}{K_{\ell\ell}^{(\ell-1)}} f_\ell^{(\ell-1)}$$

De maneira semelhante, na etapa de eliminação de ordem $(\ell-1)$, tem-se:

$$K_{pq}^{(\ell-1)} = K_{pq}^{(\ell-2)} - \frac{K_{\ell-1, p}^{(\ell-2)}}{K_{\ell-1,\ell-1}^{(\ell-2)}} K_{\ell-1, q}^{(\ell-2)}$$

$$f_p^{(\ell-1)} = f_p^{(\ell-2)} - \frac{K_{\ell-1, p}^{(\ell-2)}}{K_{\ell-1,\ell-1}^{(\ell-1)}} f_{\ell-1}^{(\ell-2)}$$

Substituindo essa equação na que lhe precede, obtém-se:

$$\begin{cases} K_{pq}^{(\ell)} = K_{pq}^{(\ell-2)} - \dfrac{K_{\ell-1,p}^{(\ell-2)}}{K_{\ell-1,\ell-1}^{(\ell-2)}} K_{\ell-1,q}^{(\ell-2)} - \dfrac{K_{\ell p}^{(\ell-1)}}{K_{\ell\ell}^{(\ell-1)}} K_{\ell q}^{(\ell-1)} \\[4mm] f_{p}^{(\ell)} = f_{p}^{(\ell-2)} - \dfrac{K_{\ell-1,p}^{(\ell-2)}}{K_{\ell-1,\ell-1}^{(\ell-2)}} f_{\ell-1}^{(\ell-2)} - \dfrac{K_{\ell p}^{(\ell-1)}}{K_{\ell\ell}^{(\ell-1)}} f_{\ell}^{(\ell-1)} \end{cases}$$

Nessa equação, substituindo os coeficientes $K_{pq}^{(\ell-2)}$ e $f_{p}^{(\ell-2)}$ pelo resultado da eliminação de ordem $(\ell-2)$, e assim, sucessivamente, pelos resultados das eliminações de ordens inferiores, pode-se chegar aos coeficientes originais $K_{pq}^{(p-1)}$ e $f_{p}^{(0)}$, para escrever:

$$\begin{cases} K_{pq}^{(p-1)} = K_{pq}^{(0)} - \displaystyle\sum_{\ell=1}^{p-1} \dfrac{K_{\ell p}^{(\ell-1)}}{K_{\ell\ell}^{(\ell-1)}} K_{\ell q}^{(\ell-1)} \\[5mm] f_{p}^{(p-1)} = f_{p}^{(0)} - \displaystyle\sum_{\ell=1}^{p-1} \dfrac{K_{\ell p}^{(\ell-1)}}{K_{\ell\ell}^{(\ell-1)}} f_{\ell}^{(\ell-1)} \end{cases} \tag{4.52}$$

Como os termos $K_{pq}^{(p-1)}$ e $f_{p}^{(p-1)}$ são, respectivamente, os coeficientes do fator de Gauss e do vetor y, e os termos $K_{pq}^{(0)}$ e $f_{p}^{(0)}$ são, respectivamente, os coeficientes da matriz $\underset{\sim}{K}$ e do vetor $\underset{\sim}{f}$, reescreve-se a equação anterior com as notações:

$$\begin{cases} G_{pq} = K_{pq} - \displaystyle\sum_{\ell=1}^{p-1} \dfrac{G_{\ell p}}{G_{\ell\ell}} G_{\ell q} \\[5mm] y_{p} = f_{p} - \displaystyle\sum_{\ell=1}^{p-1} \dfrac{G_{\ell p}}{G_{\ell\ell}^{(\ell-1)}} y_{\ell} \end{cases} \tag{4.53}$$

Nesse cálculo, sabe-se que com matriz simétrica positiva-definida o coeficiente $G_{\ell\ell}$ é sempre maior do que zero.

Com esses resultados constrói-se o *algoritmo de Crout*:

$$
\begin{array}{l}
\boxed{\begin{array}{l}
q = 1, 2 \ldots \text{até } n \\
G_{1q} = K_{1q}
\end{array}} \\[2mm]
\boxed{\begin{array}{l}
q = 2, 3 \ldots \text{até } n \\
\quad \boxed{\begin{array}{l}
p = 2, 3 \ldots \text{ até } q \\
s = K_{pq} \\
\quad \boxed{\begin{array}{l}
\ell = 1, 2 \ldots \text{até } (p-1) \\
s = s - \dfrac{G_{\ell p}}{G_{\ell \ell}} G_{\ell q}
\end{array}} \\
G_{pq} = s
\end{array}}
\end{array}}
\end{array}
\qquad (4.54)
$$

$$
y_1 = f_1
$$

$$
\boxed{\begin{array}{l}
p = 2, 3 \ldots \text{ até } n \\
s = f_p \\
\quad \boxed{\begin{array}{l}
\ell = 1, 2 \ldots \text{até } (p-1) \\
s = s - \dfrac{G_{\ell p}}{G_{\ell \ell}} \, y_\ell
\end{array}} \\
y_p = s
\end{array}}
$$

Nesse algoritmo foram considerados nulos os coeficientes do fator de Gauss abaixo de sua diagonal principal. Também na implementação desse algoritmo, os coeficientes desse fator podem ocupar as mesmas posições de memória que os coeficientes da matriz K, e os coeficientes do vetor y podem ocupar as mesmas posições de memória que os do vetor f. Além disso, identifica-se que no cálculo do coeficiente G_{pq} são necessários apenas os coeficientes anteriormente calculados das colunas p e q, além dos coeficiente diagonais já calculados, como indicado na Figura 4.8. Identifica-se também que não são gerados coeficientes fora da distribuição em banda da matriz dos coeficientes e nem gerados coeficientes fora da altura efetiva de cada coluna dessa matriz. Contudo, um coeficiente nulo dentro de uma altura efetiva de coluna pode, mas não necessariamente, transformar-se em coeficiente não nulo do fator de Gauss.

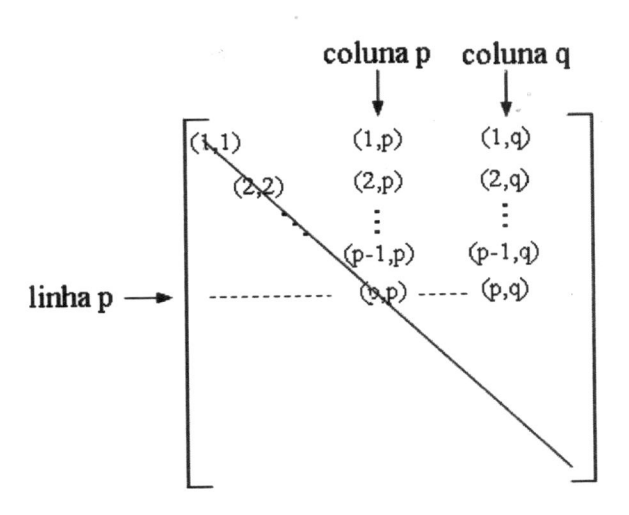

Figura 4.8 – Coeficientes necessários quando do cálculo do coeficiente G_{pq}.

Exemplo 4.4 – Implementa-se o método de Crout desenvolvido anteriormente.

ORIGIN:= 1   n := 3

$$K := \begin{pmatrix} 4 & 2 & 2 \\ 2 & 5 & 4 \\ 2 & 4 & 6 \end{pmatrix} \qquad f := \begin{pmatrix} 4 \\ 2 \\ 1 \end{pmatrix} \qquad G = \begin{pmatrix} 4 & 2 & 2 \\ 0 & 4 & 3 \\ 0 & 0 & 2.75 \end{pmatrix}$$

$G :=$ | for $q \in 1..n$
  $\quad G_{1,q} \leftarrow K_{1,q}$
  for $q \in 2..n$
  $\quad$ for $p \in 2..q$
  $\qquad s \leftarrow K_{p,q}$
  $\qquad$ for $L \in 1..p-1$
  $\qquad\quad$ error("matriz não positiva-definida") if $G_{L,L} \leq 0$
  $\qquad\quad s \leftarrow s - \dfrac{G_{L,p} \cdot G_{L,q}}{G_{L,L}}$
  $\qquad G_{p,q} \leftarrow s$
  error("matriz não positiva-definida") if $G_{n,n} \leq 0$
  G

$$y := \begin{vmatrix} y_1 \leftarrow f_1 \\ \text{for } p \in 2..n \\ \quad \begin{vmatrix} s \leftarrow f_p \\ \text{for } L \in 1..p-1 \\ \quad s \leftarrow s - \dfrac{G_{L,p}}{G_{L,L}} \cdot y_L \\ y_p \leftarrow s \end{vmatrix} \\ y \end{vmatrix} \qquad\qquad y = \begin{pmatrix} 4 \\ 0 \\ -1 \end{pmatrix}$$

$$d := \begin{vmatrix} d_n \leftarrow \dfrac{y_n}{G_{n,n}} \\ \text{for } p \in (n-1),(n-2)..1 \\ \quad \begin{vmatrix} s \leftarrow y_p \\ \text{for } q \in p+1..n \\ \quad s \leftarrow s - G_{p,q} \cdot d_q \\ d_p \leftarrow \dfrac{s}{G_{p,p}} \end{vmatrix} \\ d \end{vmatrix} \qquad\qquad d = \begin{pmatrix} 1.045 \\ 0.273 \\ -0.364 \end{pmatrix}$$

O algoritmo de Crout 4.54 tem divisão pelo pivô dentro do controle incremental mais interno ℓ, o que não ocorre com o algoritmo de eliminação de Gauss 4.46, implicando em um maior número de operações aritméticas. Para evitar essa divisão, altera-se esse algoritmo de Crout para a seguinte forma:

$$q = 1, 2 \ldots \text{até } n$$
$$G_{1q} = K_{1q}$$
$$q = 2, 3 \ldots \text{até } n$$
$$p = 2, 3 \ldots \text{até } q$$
$$s = K_{pq} \quad, \quad m_{p-1} = \frac{G_{p-1,p}}{G_{p-1,p-1}} \quad, \quad v_{p-1} = G_{p-1,q}$$
$$\ell = 1, 2 \ldots \text{até } (p-1)$$
$$s = s - m_\ell \, v_\ell$$
$$G_{pq} = s$$

$$(4.55)$$

$$y_1 = f_1$$

$$p = 2, 3 \ldots \text{ até } n$$

$$s = f_p \quad , \quad m_{p-1} = \frac{G_{p-1,p}}{G_{p-1,p-1}}$$

$$\ell = 1, 2 \ldots \text{ até } (p-1)$$

$$s = s - m_\ell \; y_\ell$$

$$y_p = s$$

Esse algoritmo tem o mesmo número de operações aritméticas que o algoritmo de Gauss 4.46, sendo conhecido como *algoritmo de Crout modificado*. Nele, m_ℓ e v_ℓ são termos de vetores auxiliares. Na implementação computacional desse algoritmo, semelhantemente ao algoritmo de Crout original, os coeficientes do fator de Gauss podem ocupar as mesmas posições de memória que os coeficientes da matriz $\underset{\sim}{K}$, e os termos do vetor y podem ocupar as mesmas posições de memória que os do vetor $\underset{\sim}{f}$.

Uma vez calculado o fator de Gauss e o vetor y, utiliza-se o algoritmo de retrosubstituição 4.49 para se obter a solução $\underset{\sim}{d}$. Contudo, nesse algoritmo os coeficientes desse fator são acessados seqüencialmente segundo as linhas, o que não é adequado ao armazenamento por alturas efetivas de coluna, principalmente quando se faz a divisão do perfil em grupos de alturas efetivas. Para acessar esses coeficientes segundo as colunas, modifica-se esse algoritmo de retrosubstituição para a seguinte forma:

$$q = 1, 2 \ldots \text{ até } n$$

$$d_q = y_q$$

$$q = n, (n-1) \ldots \text{ até } 2$$

$$d_q = \frac{d_q}{G_{q,q}}$$

$$p = 1, 2 \ldots \text{ até } (q-1)$$

$$d_p = d_p - G_{pq} \, d_q$$

$$d_1 = \frac{d_1}{G_{1,1}}$$

$$(4.56)$$

Exemplo 4.5 – Implementa-se a forma modificada do método de Crout expressa pelos algoritmos 4.55 e 4.56.

ORIGIN := 1 $\qquad\qquad$ n := 3

$$K := \begin{pmatrix} 4 & 2 & 2 \\ 2 & 5 & 4 \\ 2 & 4 & 6 \end{pmatrix} \qquad\qquad f := \begin{pmatrix} 4 \\ 2 \\ 1 \end{pmatrix}$$

$$G := \begin{vmatrix} \text{for } q \in 1..n \\ \quad G_{1,q} \leftarrow K_{1,q} \\ \text{for } q \in 2..n \\ \quad \text{for } p \in 2..q \\ \qquad \begin{vmatrix} s \leftarrow K_{p,q} \\ m_{p-1} \leftarrow \dfrac{G_{p-1,p}}{G_{p-1,p-1}} \\ v_{p-1} \leftarrow G_{p-1,q} \\ \text{for } L \in 1..p-1 \\ \quad s \leftarrow s - m_L \cdot v_L \\ G_{p,q} \leftarrow s \end{vmatrix} \\ G \end{vmatrix} \qquad G = \begin{pmatrix} 4 & 2 & 2 \\ 0 & 4 & 3 \\ 0 & 0 & 2.75 \end{pmatrix}$$

$$y := \begin{vmatrix} y_1 \leftarrow f_1 \\ \text{for } p \in 2..n \\ \quad \begin{vmatrix} s \leftarrow f_p \\ m_{p-1} \leftarrow \dfrac{G_{p-1,p}}{G_{p-1,p-1}} \\ \text{for } L \in 1..p-1 \\ \quad s \leftarrow s - m_L \cdot y_L \\ y_p \leftarrow s \end{vmatrix} \\ y \end{vmatrix} \qquad y = \begin{pmatrix} 4 \\ 0 \\ -1 \end{pmatrix}$$

$$d := \left| \begin{array}{l} \text{for } q \in 1..n \\ \quad d_q \leftarrow y_q \\ \text{for } q \in n, (n-1)..2 \\ \quad \left| \begin{array}{l} d_q \leftarrow \dfrac{d_q}{G_{q,q}} \\ \text{for } p \in 1..q-1 \\ \quad d_p \leftarrow d_p - d_q \cdot G_{p,q} \end{array} \right. \\ d_1 \leftarrow \dfrac{d_1}{G_{1,1}} \\ d \end{array} \right.$$

$$d = \begin{pmatrix} 1.045 \\ 0.273 \\ -0.364 \end{pmatrix}$$

Tendo-se c casos de carregamento, faz-se a fatoração da matriz $\underset{\sim}{K}$ uma única vez, utilizando a parte inicial do algoritmo de Crout modificado 4.55. Quanto à etapa de substituição para frente, modifica-se a segunda parte desse algoritmo para a forma:

$$
\begin{array}{l}
\rightarrow j = 1, 2 \ldots \text{ até } c \\
\quad Y_{1j} = F_{1j} \\
\rightarrow p = 2, 3 \ldots \text{ até } n \\
\quad m_{p-1} = \dfrac{G_{p-1,p}}{G_{p-1,p-1}} \\
\quad \rightarrow j = 1, 2 \ldots \text{ até } c \\
\quad\quad s = F_{pj} \\
\quad\quad \rightarrow \ell = 1, 2 \ldots \text{ até } (p-1) \\
\quad\quad\quad s = s - m_\ell \, Y_{\ell j} \\
\quad\quad Y_{pj} = s
\end{array}
\tag{4.57}
$$

Quanto à etapa de retrosubstituição, modifica-se o algoritmo 4.56 para a forma:

$$j = 1, 2 \ldots \text{até } c$$
$$q = 1, 2 \ldots \text{até } n$$
$$\mathcal{D}_{qj} = Y_{qj}$$

$$j = 1, 2 \ldots \text{até } c$$
$$q = n, (n-1) \ldots \text{até } 2$$
$$\mathcal{D}_{qj} = \frac{\mathcal{D}_{qj}}{G_{q,q}}$$
$$p = 1, 2 \ldots \text{até } (q-1)$$
$$\mathcal{D}_{pj} = \mathcal{D}_{pj} - G_{pq}\,\mathcal{D}_{qj}$$

$$j = 1, 2 \ldots \text{até } c$$
$$\mathcal{D}_{1j} = \frac{\mathcal{D}_{1j}}{G_{1,1}}$$

(4.58)

4.4.3 – Método de Cholesky

O método de Cholesky requer, na presente forma clássica, que a matriz dos coeficientes seja simétrica positiva-definida. É adequado ao armazenamento por alturas efetivas de coluna, principalmente quando se adota o procedimento de grupos de alturas efetivas de colunas, como será identificado posteriormente.

A fatoração de Cholesky expressa pela equação 4.25 fornece para $q \geq p$:

$$K_{pq} = \sum_{r=1}^{p} U_{rp} U_{rq} \tag{4.59}$$

Fazendo nessa equação $q = p$, obtém-se:

$$K_{pp} = \sum_{r=1}^{p-1} U_{rp}^2 + U_{pp}^2$$

Dessa equação decorre o coeficiente genérico da diagonal principal do fator de Cholesky:

$$U_{pp} = \sqrt{K_{pp} - \sum_{r=1}^{p-1} U_{rp}^2} \tag{4.60}$$

Um radicando menor ou igual a zero expressa que a matriz $\underset{\sim}{K}$ não é positiva-definida e implica em instabilidade numérica. No caso de $p = 1$, desconsidera-se o somatório que ocorre na equação anterior.

Semelhantemente ao procedimento anterior, considerando $p \neq q$ na equação 4.59, escreve-se:

$$K_{pq} = \sum_{r=1}^{p-1} U_{rp} U_{rq} + U_{pp} U_{pq}$$

Dessa equação, obtém-se os coeficientes acima da diagonal principal do fator de Cholesky:

$$U_{pq} = \frac{K_{pq} - \sum_{r=1}^{p-1} U_{rp}U_{rq}}{U_{pp}} \tag{4.61}$$

Essa equação é válida com q variando de 2 até n, e p variando de 1 até $q-1$. No caso de $p=1$, o somatório que ocorre nessa equação deve ser cancelado.

Com as equações 4.60 e 4.61, constrói-se o seguinte algoritmo de obtenção do fator de Cholesky:

$$
\begin{array}{l}
U_{1,1} = \sqrt{K_{1,1}} \\
\quad q = 2, 3 \dots \text{até } n \\
\qquad p = 1, 2 \dots \text{até } q \\
\qquad s = K_{pq} \\
\qquad \text{Se } p \ge 2 \ , \quad r = 1, 2 \dots \text{até } (p-1) \\
\qquad\qquad\qquad\qquad\quad s = s - U_{rp}U_{rq} \\
\qquad \text{Se } p = q \ , \quad U_{pp} = \sqrt{s} \\
\qquad \text{Se } p \ne q \ , \quad U_{pq} = \dfrac{s}{K_{pp}}
\end{array} \tag{4.62}
$$

Esse algoritmo tem o mesmo número de operações aritméticas que o algoritmo de fatoração de Crout modificado e que o algoritmo de fatoração de Gauss, mais n raízes quadradas. Em sua implementação computacional, os coeficientes do fator de Cholesky são acessados seqüencialmente segundo as colunas e podem ocupar as mesmas posições de memória que os coeficientes da matriz $\tilde{K}$. No caso dessa matriz não ser positiva-definida, a variável auxiliar s assume valor nulo ou negativo, permitindo que se interrompa o processamento.

A p-ésima equação do sistema 4.28 se escreve:

$$\sum_{q=1}^{p-1} U_{qp} \, y_q^* + U_{pp} \, y_p^* = f_p$$

Dessa igualdade decorre, em etapa de substituição para frente, a incógnita:

$$y_p^* = \frac{f_p - \sum_{q=1}^{p-1} U_{qp} \, y_q^*}{U_{pp}} \tag{4.63}$$

Naturalmente o somatório dessa equação deve ser eliminado no caso de $p=1$.

Com essa equação constrói-se o algoritmo:

$$y_1^* = \frac{f_1}{U_{1,1}}$$
$$p = 2, 3 \ldots \text{ até } n$$
$$s = f_p$$
$$q = 1, 2, \ldots \text{ até } (p-1)$$
$$s = s - U_{qp}\, y_q^*$$
$$y_p^* = \frac{s}{U_{pp}}$$

(4.64)

Esse algoritmo tem n divisões a mais do que os algoritmos de substituição para frente dos métodos de Gauss e de Crout. Também nesse algoritmo os coeficientes são acessados seqüencialmente segundo as colunas e os coeficientes do vetor y^* podem ocupar as mesmas posições de memória que os coeficientes do vetor $\underset{\sim}{f}$.

A resolução do sistema 4.27, que fornece a solução $\underset{\sim}{d}$, pode ser feita com o algoritmo de retrosubstituição 4.56 trocando-se a notação G por U, e a notação y por y^*.

Exemplo 4.6 – Implementa-se o método de Cholesky desenvolvido anteriormente para o caso de sistemas com mais de duas equações.

$$\text{ORIGIN} := 1 \qquad n := 3 \qquad K := \begin{pmatrix} 4 & 2 & 2 \\ 2 & 5 & 4 \\ 2 & 4 & 6 \end{pmatrix} \qquad f := \begin{pmatrix} 4 \\ 2 \\ 1 \end{pmatrix}$$

$$U := \left| \begin{array}{l} \text{error("matriz não positiva-definida")} \text{ if } K_{1,1} \le 0 \\ U_{1,1} \leftarrow \sqrt{K_{1,1}} \\ \text{for } q \in 2..n \\ \quad \text{for } p \in 1..q \\ \qquad \left| \begin{array}{l} s \leftarrow K_{p,q} \\ \text{for } r \in 1..p-1 \qquad \text{if } p \ge 2 \\ \quad s \leftarrow s - U_{r,p} \cdot U_{r,q} \\ \text{error("matriz não positiva-definida")} \text{ if } p = q \wedge s \le 0 \\ U_{p,p} \leftarrow \sqrt{s} \text{ if } p = q \\ U_{p,q} \leftarrow \dfrac{s}{U_{p,p}} \text{ if } p \ne q \end{array} \right. \\ U \end{array} \right.$$

$$U = \begin{pmatrix} 2 & 1 & 1 \\ 0 & 2 & 1.5 \\ 0 & 0 & 1.658 \end{pmatrix}$$

$$y := \begin{vmatrix} y_1 \leftarrow \dfrac{f_1}{U_{1,1}} \\[2mm] \text{for } p \in 2..n \\[1mm] \quad \begin{vmatrix} s \leftarrow f_p \\[1mm] \text{for } q \in 1..p-1 \\[1mm] \quad s \leftarrow s - U_{q,p} \cdot y_q \\[2mm] y_p \leftarrow \dfrac{s}{U_{p,p}} \end{vmatrix} \\[2mm] y \end{vmatrix}$$

$$y = \begin{pmatrix} 2 \\ 0 \\ -0.603 \end{pmatrix}$$

$$d := \begin{vmatrix} \text{for } q \in 1..n \\[1mm] \quad d_q \leftarrow y_q \\[1mm] \text{for } q \in n,(n-1)..2 \\[1mm] \quad \begin{vmatrix} d_q \leftarrow \dfrac{d_q}{U_{q,q}} \\[2mm] \text{for } p \in 1..q-1 \\[1mm] \quad d_p \leftarrow d_p - d_q \cdot U_{p,q} \end{vmatrix} \\[2mm] d_1 \leftarrow \dfrac{d_1}{U_{1,1}} \\[2mm] d \end{vmatrix}$$

$$d = \begin{pmatrix} 1.045 \\ 0.273 \\ -0.364 \end{pmatrix}$$

No caso de matriz não positiva-definida aparece em tela:

$$
U := \begin{vmatrix}
\text{error("matriz não positiva-definida")} \quad \text{if } K_{1,1} \leq 0 \\
U_{1,1} \leftarrow \sqrt{K_{1,1}} \\
\text{for } q \in 2..n \\
\quad \text{for } p \in 1..q \\
\qquad \begin{vmatrix}
s \leftarrow K_{p,q} \\
\text{for } r \in 1..p-1 \qquad \text{if } p \geq 2 \\
\quad s \leftarrow s - U_{r,p} \cdot U_{r,q} \\
\text{error("matriz não positiva-definida")} \quad \text{if } p = q \wedge s \leq 0 \\
U_{p,p} \leftarrow \sqrt{s} \quad \text{if } p = q \\
U_{p,q} \leftarrow \dfrac{s}{U_{p,p}} \quad \text{if } p \neq q
\end{vmatrix} \\
U
\end{vmatrix}
$$

matriz não positiva-definida

Identifica-se no algoritmo 4.62 de determinação do fator de Cholesky, que não são gerados coeficientes não nulos fora do perfil da matriz dos coeficientes. Além disso, identifica-se que no cálculo do coeficiente U_{pq} são necessários apenas os coeficientes anteriormente calculados das colunas p e q, diferentemente que o algoritmo de Crout em que são necessários também os coeficientes diagonais anteriormente calculados. Isso é favorável quando se utiliza armazenamento das alturas efetivas de coluna em grupos, por se requerer em memória central apenas dois grupos de colunas, de cada vez, na etapa de fatoração. Para adaptar esse algoritmo a essa forma de armazenamento, deve-se identificar o primeiro coeficiente não nulo de cada coluna e iniciar o contador p a partir da linha desse coeficiente. Além disso, o contador r deve ser iniciado a partir do maior valor entre a linha do primeiro coeficiente não nulo da coluna p e a linha do primeiro coeficiente não nulo da coluna q, como esclarece a Figura 4.9 onde estão esquematizadas as alturas efetivas dessas colunas.

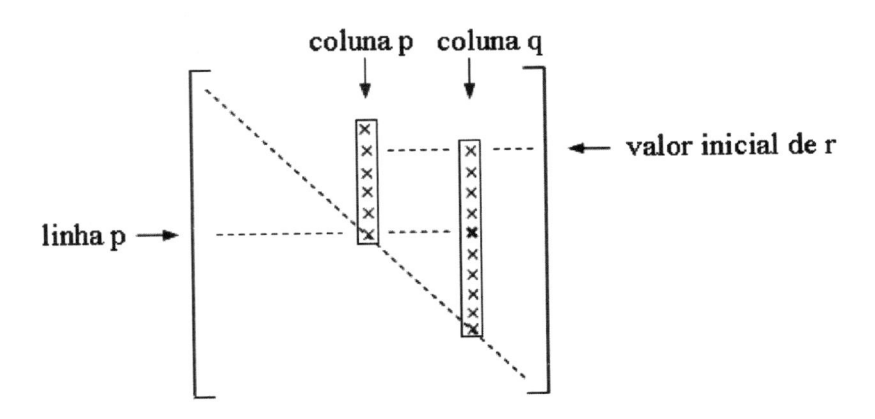

*Figura 4.9 – Linha inicial do controle incremental r
no caso de alturas efetivas de colunas.*

No caso de c casos de carregamento, o algoritmo de substituição para frente 4.64 modifica-se para a forma:

$$
\begin{aligned}
&\rightarrow j = 1, 2 \ldots \text{ até } c \\
&\quad Y_{1j}^{*} = \frac{F_{1j}}{U_{1,1}} \\
&\rightarrow p = 2, 3 \ldots \text{ até } n \\
&\quad\rightarrow j = 1, 2 \ldots \text{ até } c \\
&\qquad s = F_{pj} \\
&\qquad\rightarrow q = 1, 2, \ldots \text{ até } (p-1) \\
&\qquad\quad s = s - U_{qp}\, Y_{qj}^{*} \\
&\qquad Y_{pj}^{*} = \frac{s}{U_{pp}}
\end{aligned}
\tag{4.65}
$$

Obtida a matriz Y^{*}, utiliza-se o algoritmo de retrosubstituição 4.58 trocando-se a notação G por U, e a notação Y por $\tilde{Y}^{*}$. Com isso, completa-se a resolução dos sistemas de equações representados pela equação 4.30.

Exemplo 4.7 – Apresenta-se modificação do programa do Exemplo 3.2, operando com a matriz de rigidez não restringida em armazenamento por alturas efetivas de coluna e com o método de Cholesky. Por concisão, reproduz-se apenas a parte posterior à determinação do vetor de forças nodais combinadas, uma vez que a parte anterior não se modifica, e omite-se também o cálculo das reações de apoio.

Utiliza-se o algoritmo 4.62 de obtenção do fator de Cholesky, com a modificação de endereçamento requerida pelo referido armazenamento e adota-se para esse fator a mesma notação do vetor de trabalho de armazenamento da matriz de rigidez.

Vetor apontador:

$$b := \begin{vmatrix} \text{for } i \in 1..\,g\cdot\text{nnos} \\ \quad b_i \leftarrow 1 \\ \text{for } i \in 1..\,\text{nbarras} \\ \quad \begin{vmatrix} ni \leftarrow 1 \\ ni \leftarrow 2 \ \text{if } M_{i,1} > M_{i,2} \\ p \leftarrow g\cdot\left(M_{i,ni}-1\right)+1 \\ \text{for } j \in 1..\,2 \\ \quad \begin{vmatrix} \text{for } k \in 1..\,g \\ \quad \begin{vmatrix} q \leftarrow g\cdot\left(M_{i,j}-1\right)+k \\ h \leftarrow q - p + 1 \\ b_q \leftarrow h \ \text{if } b_q < h \end{vmatrix} \end{vmatrix} \end{vmatrix} \\ \text{for } j \in 2..\,g\cdot\text{nnos} \\ \quad b_j \leftarrow b_{j-1} + b_j \\ b \end{vmatrix}$$

Matriz de rigidez não restringida:

$$a := \begin{vmatrix} \text{for } j \in 1..\,b_{g\cdot\text{nnos}} \\ \quad a_j \leftarrow 0. \\ \text{for } i \in 1..\,\text{nbarras} \\ \quad \begin{vmatrix} ki \leftarrow R(i)^T \text{klinha}(i)\cdot R(i) \\ qi \leftarrow q(i) \\ \text{for } j \in 1..\,2\cdot g \\ \quad \begin{vmatrix} \text{for } k \in 1..\,2\cdot g \\ \quad \text{if } qi_k \geq qi_j \\ \quad \begin{vmatrix} c \leftarrow b_{\left(qi_k\right)} + qi_j - qi_k \\ a_c \leftarrow a_c + ki_{j,k} \end{vmatrix} \end{vmatrix} \end{vmatrix} \\ a \end{vmatrix}$$

Modificação da matriz de rigidez pela técnica do número grande:

$$a := \begin{vmatrix} \text{for } j \in 1..\,b_{g\cdot\text{nnos}} \\ \quad at_j \leftarrow a_j \\ \text{for } ii \in 1..\,\text{nnos} \\ \quad \begin{vmatrix} \text{for } jj \in 1..\,g \\ \quad \text{if } dirr_{ii,jj} = 1 \\ \quad \begin{vmatrix} q \leftarrow g\cdot(ii-1)+jj \\ at_{\left(b_q\right)} \leftarrow at_{\left(b_q\right)} + Ng \end{vmatrix} \end{vmatrix} \\ at \end{vmatrix}$$

Modificação do vetor independente pela técnica do número grande:

$$
f := \begin{vmatrix}
\text{for } ii \in 1.. \text{nnos} \\
\quad \text{for } jj \in 1.. g \\
\qquad \begin{vmatrix}
ft_{g \cdot (ii-1)+jj} \leftarrow f_{g \cdot (ii-1)+jj} + Ng \cdot dprescr_{ii,\,jj} \quad \text{if } dirr_{ii,\,jj} = 1 \\
ft_{g \cdot (ii-1)+jj} \leftarrow f_{g \cdot (ii-1)+jj} \quad \text{otherwise}
\end{vmatrix} \\
ft
\end{vmatrix}
$$

Etapa de triangularização:

$$
a := \begin{vmatrix}
u_1 \leftarrow \sqrt{a_1} \\
\text{for } q \in 2.. g \cdot \text{nnos} \\
\quad \begin{vmatrix}
hq \leftarrow b_q - b_{q-1} \\
q1 \leftarrow b_{q-1} + 1 \\
t \leftarrow q - hq + 1 \\
\text{if } t \neq q \\
\quad \begin{vmatrix}
u_{q1} \leftarrow \dfrac{a_{q1}}{u_{(b_t)}} \\
\text{for } p \in t + 1.. q \\
\quad \begin{vmatrix}
q1 \leftarrow q1 + 1 \\
hp \leftarrow b_p - b_{p-1} \\
x \leftarrow p - hp + 1 \\
x \leftarrow t \quad \text{if } x < t \\
s \leftarrow a_{q1} \\
\text{if } x \leq p - 1 \\
\quad \begin{vmatrix}
q2 \leftarrow b_p - (p - x) - 1 \\
q3 \leftarrow b_q - (q - x) - 1 \\
\text{for } r \in x.. p - 1 \\
\quad \begin{vmatrix}
q2 \leftarrow q2 + 1 \\
q3 \leftarrow q3 + 1 \\
s \leftarrow s - u_{q2} \cdot u_{q3}
\end{vmatrix}
\end{vmatrix} \\
u_{q1} \leftarrow \dfrac{s}{u_{(b_p)}} \quad \text{if } p \neq q \\
u_{q1} \leftarrow \sqrt{s} \quad \text{if } p = q
\end{vmatrix}
\end{vmatrix} \\
u_{q1} \leftarrow \sqrt{s}
\end{vmatrix} \\
u
\end{vmatrix}
$$

Etapa de substituição:

$$y := \begin{vmatrix} y_1 \leftarrow \dfrac{f_1}{a_1} \\[4pt] \text{for } p \in 2..\,g\cdot nnos \\ \quad \begin{vmatrix} s \leftarrow f_p \\ h \leftarrow b_p - b_{p-1} \\ r \leftarrow p - h + 1 \\ q1 \leftarrow b_{p-1} \\ s \leftarrow f_p \\ \text{for } q \in r..\,p-1 \qquad \text{if } r \neq p \\ \quad \begin{vmatrix} q1 \leftarrow q1 + 1 \\ s \leftarrow s - a_{q1}\cdot y_q \end{vmatrix} \\ y_p \leftarrow \dfrac{s}{a_{(b_p)}} \end{vmatrix} \\ y \end{vmatrix}$$

Etapa de retrosubstituição:

$$d := \begin{vmatrix} \text{for } q \in 1..\,g\cdot nnos \\ \quad d_q \leftarrow y_q \\ \text{for } q \in g\cdot nnos\,,(g\cdot nnos - 1)..2 \\ \quad \begin{vmatrix} d_q \leftarrow \dfrac{d_q}{a_{(b_q)}} \\ h \leftarrow b_q - b_{q-1} \\ t \leftarrow q - h + 1 \\ \text{if } t \neq q \\ \quad \begin{vmatrix} q1 \leftarrow b_{q-1} \\ \text{for } p \in t..\,q-1 \\ \quad \begin{vmatrix} q1 \leftarrow q1 + 1 \\ d_p \leftarrow d_p - d_q \cdot a_{q1} \end{vmatrix} \end{vmatrix} \end{vmatrix} \\ d_1 \leftarrow \dfrac{d_1}{a_1} \\[4pt] d \end{vmatrix}$$

Esforços de extremidade das barras:

$$aF := \begin{vmatrix} \text{for } i \in 1..\,nbarras \\ \quad \begin{vmatrix} qi \leftarrow q(i) \\ \text{for } j \in 1..\,2\cdot g \\ \quad uG_j \leftarrow d_{(qi_j)} \\ uL \leftarrow R(i)\cdot uG \\ aLF \leftarrow klinha(i)\cdot uL + aLlinha(i) \\ \text{for } j \in 1..\,2\cdot g \\ \quad aF_{i,j} \leftarrow aLF_j \end{vmatrix} \\ aF \end{vmatrix}$$

$$aF = \begin{pmatrix} -10 & 75 & 0 & 10 & 75 & 1.847\times 10^{-13} \\ 75 & 50 & 120 & -75 & -10 & 0 \\ 75 & 1.025\times 10^{-13} & 2.05\times 10^{-13} & -75 & -1.025\times 10^{-13} & 2.051\times 10^{-13} \end{pmatrix}$$

Os valores com potência -13 exibidos nessa matriz devem ser considerados nulos.

4.5 – Subestrutura

A divisão do perfil da matriz de rigidez em grupos de alturas efetivas de coluna descrita no item 4.3 não diz respeito a uma divisão física da estrutura, e tem a finalidade de tornar mais eficiente a análise de estrutura com um número muito elevado de deslocamentos nodais, retendo-se, em memória central de computador e sob controle do programa, apenas partes dessa matriz de cada vez. Diferentemente, pode-se considerar a estrutura dividida em partes denominadas *subestruturas*, para se trabalhar com o sistema de equações de equilíbrio de cada uma dessas subestruturas por vez. Essa concepção foi apresentada por J. S. Przemieniecki em 1963. A finalidade é também tornar mais eficiente a análise de estrutura com um número muito elevado de deslocamentos, principalmente quando se têm partes repetidas na mesma.

São duas as principais técnicas de subestruturas. A primeira dessas técnicas é ilustrada na Figura 4.10 com a divisão de um pórtico plano em três subestruturas ordenadas seqüencialmente.

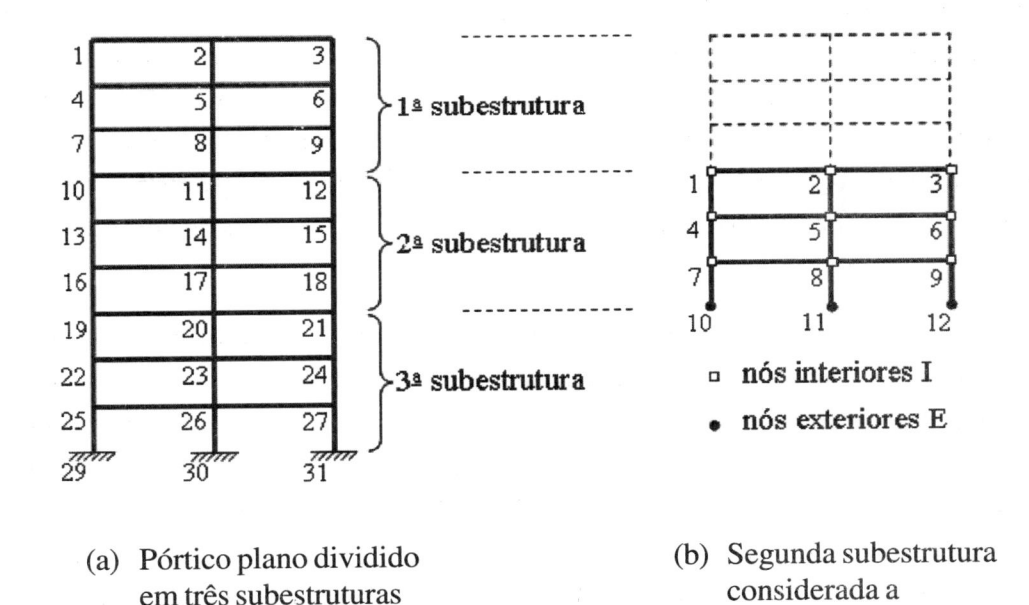

(a) Pórtico plano dividido em três subestruturas

(b) Segunda subestrutura considerada a influência da anterior

Figura 4.10 – Primeira técnica de subestruturas.

Os pontos nodais de cada uma das subestruturas são divididos em *pontos nodais interiores* (sem condições geométricas de contorno e não são pertencentes à subestrutura consecutiva) e *pontos nodais exteriores* (de interface com a subestrutura consecutiva e/ou com condições geométricas de contorno). Em cada subestrutura, numeram-se inicialmente os pontos nodais interiores, seguidos dos pontos nodais exteriores, como mostrado na parte (b) da Figura 4.10 no caso da segunda subestrutura. Nessa técnica, monta-se o sistema de equações de equilíbrio da primeira subestrutura, introduzem-se eventuais condições geométricas de contorno que dizem respeito aos pontos nodais exteriores dessa subestrutura, e faz-se a eliminação de Gauss dos seus deslocamentos nodais interiores, para se obter o sistema de equações de equilíbrio em termos apenas dos correspondentes deslocamentos nodais exteriores. A partir desse sistema (e não a partir de valores iniciais nulos como no algoritmo 2.28) forma-se o sistema de equações da segunda subestrutura, para então se proceder à introdução de eventuais condições geométricas de contorno e à eliminação dos correspondentes deslocamentos nodais interiores, e assim sucessivamente, até a última subestrutura. Dessa maneira, retém-se em memória central de computador, de cada vez, apenas o sistema de equações de equilíbrio de uma das subestruturas, levando-se em conta a influência da eliminação dos deslocamentos nodais interiores das subestruturas que lhe antecede. Terminada a eliminação de Gauss na última subestrutura, procede-se à etapa de retrosubstituição no seu sistema de equações, obtendo-se os correspondentes deslocamentos nodais interiores e conseqüentemente, também os deslocamentos nodais da interface com subestrutura que lhe antecede, e assim, sucessivamente, até a primeira subestrutura. Também nessa etapa de retrosubstituição, retém-se em memória central apenas o sistema de equações de uma das subestruturas, uma por vez.

A principal diferença da técnica de divisão do perfil da matriz de rigidez em grupos de alturas efetivas de coluna em relação à presente técnica de subestruturas é que na primeira a divisão do sistema de equações é imaterial e transparente ao usuário (dividindo-se ou não o vetor dos termos independentes). Numerando-se os pontos nodais da estrutura seqüencialmente como mostrado na Figura 4.10a, a matriz de rigidez e o vetor de forças nodais da estrutura ficam esquematizados conforme ilustra a Figura 4.11 em que se representa em traço contínuo o posicionamento da matriz de rigidez e do vetor das forças nodais da segunda subestrutura, e se representa em tracejado os posicionamentos da matriz de rigidez e do vetor de forças nodais da primeira e da terceira subestruturas. As "regiões de influência" da primeira subestrutura sobre a segunda, quando da formação do sistema de equações dessa última, estão indicadas com hachurado.

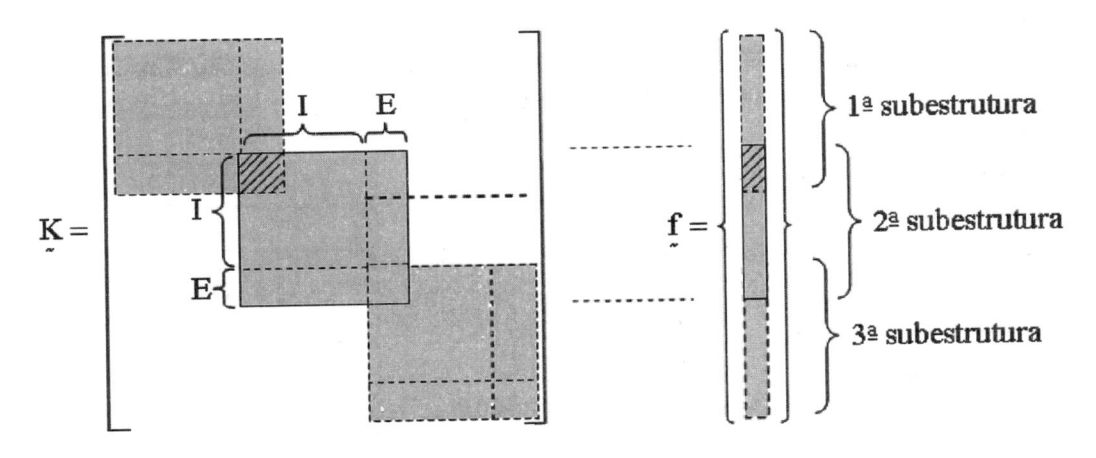

***Figura 4.11** – Esquemas de divisão da matriz de rigidez e do vetor de forças nodais.*

Na presente técnica de subestruturas, a resolução do sistema de equações está entrelaçada com a montagem e resolução do sistema de equações, pois a eliminação de Gauss dos deslocamentos nodais interiores de cada subestrutura é parte da resolução do sistema de equações da estrutura como um todo. Característica semelhante tem a técnica de resolução frontal proposta por B. M. Irons em 1970.

A segunda técnica de subestruturas é ilustrada na Figura 4.12a com a divisão do mesmo pórtico da Figura 4.10. No caso, os pontos nodais exteriores não são necessariamente de interface com outra subestrutura ou têm condições geométricas de contorno. Nessa técnica, eliminam-se os deslocamentos nodais interiores das diversas subestruturas, para posterior montagem do sistema de equações de equilíbrio em que se tenham apenas os deslocamentos nodais exteriores dessas subestruturas. Essa montagem pode ser feita com o algoritmo 2.28, com a substituição da palavra barra por subestrutura e com a determinação de um vetor de correspondência para os deslocamentos exteriores da i-ésima subestrutura, em substituição ao vetor de correspondência dos deslocamentos da i-ésima barra. Uma vez obtido esse sistema, introduzem-se as condições geométricas de contorno, para então se proceder à resolução do sistema resultante, com obtenção dos deslocamentos exteriores não restringidos do conjunto das subestruturas. A partir desses deslocamentos, identificam-se os deslocamentos exteriores de cada uma das subestruturas, uma por vez, e calculam-se os correspondentes deslocamentos nodais interiores em etapa de retrosubstituição. Uma importante diferença entre essa técnica e a que lhe precede é que no presente caso as subestruturas não precisam ter uma disposição seqüencial, com os pontos nodais exteriores de uma subestrutura sendo pontos interiores da consecutiva, podendo-se inclusive ser pontos nodais de interface com mais de uma subestrutura.

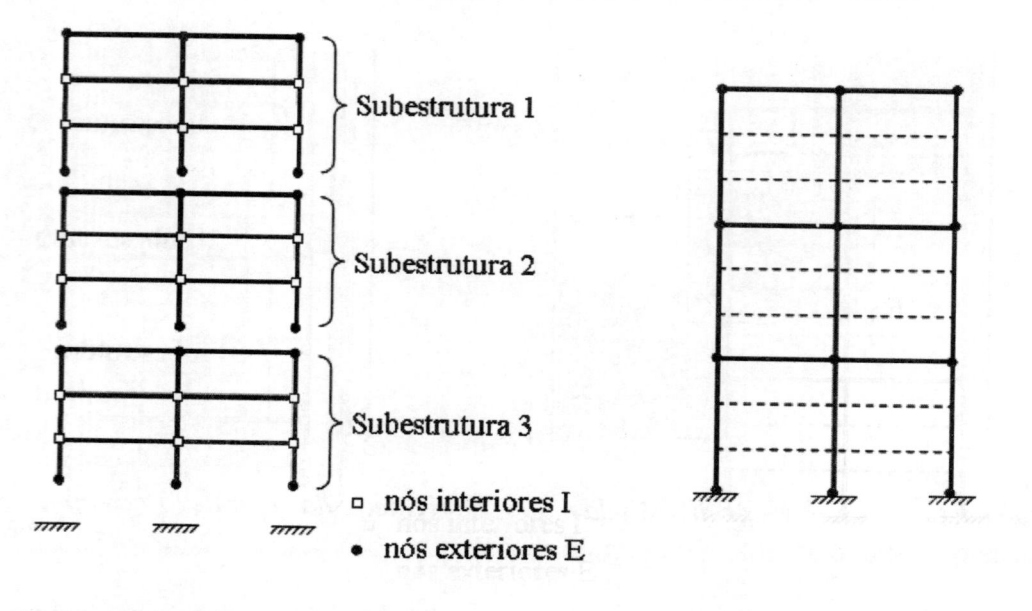

(a) Divisão em três subestruturas   (b) Montagem das subestruturas

***Figura 4.12** – Segunda técnica de subestruturas.*

Os deslocamentos interiores de cada subestrutura das duas técnicas descritas anteriormente foram numerados antes dos deslocamentos exteriores. Com isso, o correspondente sistema de equações de equilíbrio tem a forma:

$$\begin{bmatrix} K_{II} & K_{IE} \\ K_{EI} & K_{EE} \end{bmatrix} \begin{Bmatrix} d_I \\ d_E \end{Bmatrix} = \begin{Bmatrix} f_I \\ f_E \end{Bmatrix} \tag{4.66}$$

que é esquematizada na Figura 4.13. Desse sistema decorre:

$$K_{II}\, d_I + K_{IE}\, d_E = f_I \tag{4.67a}$$

$$K_{EI}\, d_I + K_{EE}\, d_E = f_E \tag{4.67b}$$

Para se proceder à eliminação de Gauss dos deslocamentos nodais interiores operando com submatrizes, escrevem-se esses deslocamentos a partir da equação 4.67a sob a forma:

$$d_I = K_{II}^{-1} \left(f_I - K_{IE}\, d_E \right) \tag{4.68}$$

Substituindo essa equação em 4.67b, obtém-se:

$$\left(\underset{\sim EE}{K} - \underset{\sim EI}{K}\, \underset{\sim II}{K}^{-1}\, \underset{\sim IE}{K} \right) \underset{\sim E}{d} = \underset{\sim E}{f} - \underset{\sim EI}{K}\, \underset{\sim II}{K}^{-1}\, \underset{\sim I}{f} \tag{4.69}$$

Nessa equação, adotando as notações:

$$\begin{cases} \underset{\sim EE}{K}{}' = \underset{\sim EE}{K} - \underset{\sim EI}{K}\, \underset{\sim II}{K}^{-1}\, \underset{\sim IE}{K} \\ \underset{\sim E}{f}{}' = \underset{\sim E}{f} - \underset{\sim EI}{K}\, \underset{\sim II}{K}^{-1}\, \underset{\sim I}{f} \end{cases} \tag{4.70}$$

obtém-se o sistema:

$$\underset{\sim EE}{K}{}'\, \underset{\sim E}{d} = \underset{\sim E}{f}{}' \tag{4.71}$$

Esse procedimento é denominado *condensação estática de graus de liberdade* e, no presente caso, consiste na redução do sistema de equações de equilíbrio de subestrutura por eliminação de seus deslocamentos nodais interiores.

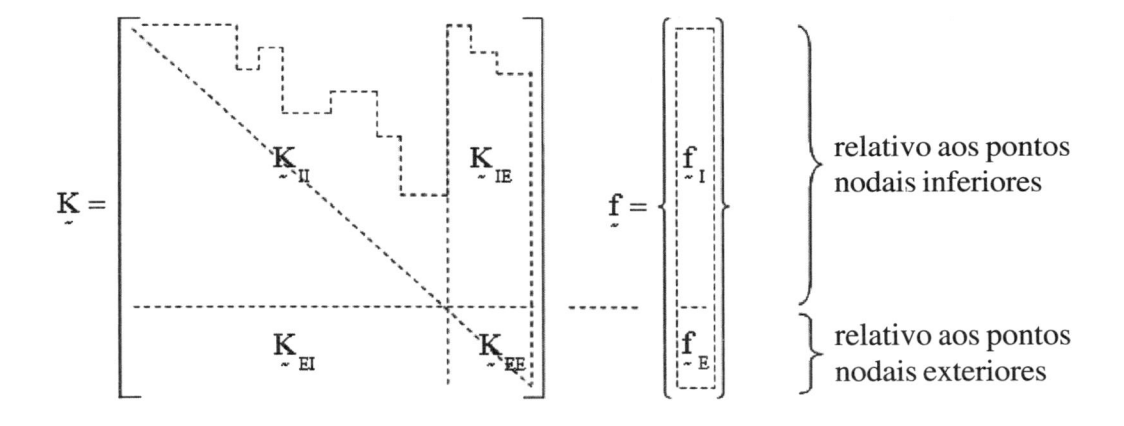

Figura 4.13 *– Partição da matriz de rigidez*
e do vetor de forças nodais de uma subestrutura.

A seguir, apresenta-se essa condensação utilizando o algoritmo de Crout modificado e o armazenamento por alturas efetivas de coluna. Conservando as notações da matriz de rigidez e do vetor de forças nodais, e designando por ni o número de deslocamentos interiores e por n o número total de deslocamentos de determinada subestrutura, modifica-se o algoritmo 4.55 para a forma:

$$q = 2, 3 \ldots \text{até } n$$

$$p = 2, 3 \ldots \text{até } q$$

$$s = K_{pq} \quad , \quad m_{p-1} = \frac{K_{p-1,p}}{K_{p-1,p-1}} \quad , \quad v_{p-1} = K_{p-1,q}$$

$$\text{Se } p \le ni \quad , \quad \ell s = p - 1$$

$$\text{Se } p > ni \quad , \quad \ell s = ni$$

$$\ell = 1, 2 \ldots \text{até } \ell s$$

$$s = s - m_\ell \, v_\ell$$

$$K_{pq} = s$$

$$(4.72)$$

$$p = 2, 3 \ldots \text{até } n$$

$$s = f_p \quad , \quad m_{p-1} = \frac{K_{p-1,p}}{K_{p-1,p-1}}$$

$$\text{Se } p \le ni \quad , \quad \ell s = p - 1$$

$$\text{Se } p > ni \quad , \quad \ell s = ni$$

$$\ell = 1, 2 \ldots \text{até } \ell s$$

$$s = s - m_\ell \, f_\ell$$

$$f_p = s$$

Com esse algoritmo obtém-se a matriz $\underset{\sim}{K}'_{EE}$ nas posições de memória da submatriz $\underset{\sim}{K}_{EE}$, e obtém-se o vetor $\underset{\sim}{f}'_{E}$ nas posições de memória de $\underset{\sim}{f}_{E}$.

A segunda dessas técnicas de subestruturas é particularmente útil quando a estrutura tem partes repetidas, pois a condensação estática dos deslocamentos interiores pode ser feita apenas uma vez para cada conjunto de subestruturas iguais entre si, com conseqüente redução de processamento. A primeira dessas técnicas é muito útil em análise tridimensional de edifício de andares múltiplos, com a hipótese do diafragma apresentada no item 3.4. Nesse caso, como mostrado a seguir, é vantajoso trabalhar com deslocamentos de corpo rígido de cada laje em relação à laje que lhe é inferior, denominados *deslocamentos relativos*, e não com deslocamentos medidos em relação à base, denominados *deslocamentos absolutos*.

Por simplicidade de exposição, em representação unidimensional de edifício de andares múltiplos e considerando apenas deformação no plano XZ, a Figura 4.14 ilustra o deslocamento de corpo rígido da n-ésima laje em numeração de cima para baixo. Na parte (a) dessa figura está mostrado o deslocamento absoluto d_X^n e na parte (b), o deslocamento relativo d_X^{rn}. Logo, tem-se para a n-ésima laje:

$$d_X^n = \sum_{i=n}^{N} d_X^{ri} \tag{4.73}$$

onde N é o número total de lajes e o índice superior r denota deslocamento relativo.

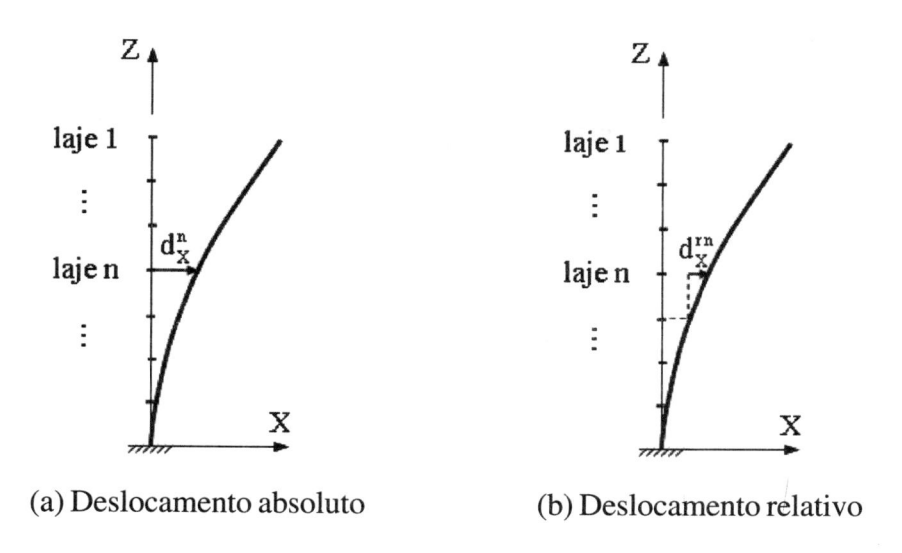

(a) Deslocamento absoluto   (b) Deslocamento relativo

Figura 4.14 – *Deslocamento de corpo rígido de laje em representação unidimensional.*

Com a equação anterior, escreve-se para as diversas lajes do edifício:

$$\begin{Bmatrix} d_X^1 \\ d_X^2 \\ \vdots \\ d_X^n \\ \vdots \end{Bmatrix} = \begin{bmatrix} 1 & 1 & & 1 & \\ 0 & 1 & \cdots & 1 & \cdots \\ & \vdots & & \vdots & \\ 0 & 0 & \cdots & 1 & \cdots \\ & \vdots & & \vdots & \end{bmatrix} \begin{Bmatrix} d_X^{r1} \\ d_X^{r2} \\ \vdots \\ d_X^{rn} \\ \vdots \end{Bmatrix} \tag{4.74}$$

que em notação compacta se escreve:

$$\underset{\sim X}{d} = \underset{\sim}{T}\ \underset{\sim X}{d^r} \tag{4.75}$$

Nessa equação, $\underset{\sim}{T}$ é uma matriz triangular superior de coeficientes unitários.

Logo, pelo princípio da contragradiência, tem-se o vetor de forças associadas aos deslocamentos relativos $\underset{\sim X}{d}^{r}$:

$$\underset{\sim X}{f}^{r} = \underset{\sim}{T}^{T} \underset{\sim X}{f} \tag{4.76}$$

onde $\underset{\sim X}{f}$ é o vetor de forças associadas aos deslocamentos $\underset{\sim X}{d}$. Essa equação fornece:

$$f_X^{rn} = \sum_{i=1}^{n} f_X^i \tag{4.77}$$

expressando que a força associada ao deslocamento relativo d_X^{rn} é igual à força horizontal real aplicada na n-ésima laje mais as forças horizontais reais aplicadas às lajes que lhe são superiores.

Tendo-se o sistema de equações de equilíbrio do edifício em termos dos seus deslocamentos absolutos:

$$\underset{\sim}{K} \underset{\sim X}{d} = \underset{\sim X}{f} \tag{4.78}$$

escreve-se:

$$\underset{\sim}{T}^{T} \underset{\sim}{K} \underset{\sim}{T} \underset{\sim X}{d}^{r} = \underset{\sim}{T}^{T} \underset{\sim X}{f} \tag{4.79}$$

Logo, adotando nessa equação as notações:

$$\begin{cases} \underset{\sim}{K}^{r} = \underset{\sim}{T}^{T} \underset{\sim}{K} \underset{\sim}{T} \\ \underset{\sim X}{f}^{r} = \underset{\sim}{T}^{T} \underset{\sim}{f} \end{cases} \tag{4.80}$$

o sistema anterior se escreve:

$$\underset{\sim}{K}^{r} \underset{\sim X}{d}^{r} = \underset{\sim X}{f}^{r} \tag{4.81}$$

Esse é o sistema de equações do edifício em termos dos seus deslocamentos relativos.

No desenvolvimento anterior, considerou-se apenas um deslocamento de corpo rígido por laje e não foram incluídos os deslocamentos independentes em pontos nodais nessa laje. Designam-se agora todos os deslocamentos independentes na n-ésima laje por $\underset{\sim 2n-1}{d}$ (notação com índice ímpar) e os três deslocamentos de corpo rígido dessa laje por $\underset{\sim 2n}{d}$ (notação com índice par), deslocamentos esses ilustrados esquematicamente na Figura 4.15a. Na Figura 4.15b estão esquematizads as forças restritivas para se impor deslocamentos absolutos $\underset{\sim 2n}{d}$ unitários, e na Figura 4.15c, deslocamentos relativos $\underset{\sim 2n}{d}^{r}$ unitários, forças essas que são numericamente iguais a coeficientes de rigidez. Como não existe acoplamento entre os deslocamentos $\underset{\sim 2n}{d}^{r}$ da n-ésima laje e os deslocamentos $\underset{\sim 2n-2}{d}^{r}$ da laje imediatamente superior, as submatrizes $K^r_{\sim 2n-2,2n}$ e $K^r_{\sim 2n-3,2n}$ são nulas. Além disso, por simetria, tem-se $K^r_{\sim 2n,2n-2} = 0$ e conseqüentemente, também $K^r_{\sim 2n+2,2n} = 0$. Já, com deslocamentos absolutos, têm-se $K_{\sim 2n+2,2n} \neq 0$ e $K_{\sim 2n-3,2n} \neq 0$. Obtém-se, assim, uma maior esparsidade na matriz $\underset{\sim}{K}$ quando se trabalha com deslocamentos relativos do que com deslocamentos absolutos.

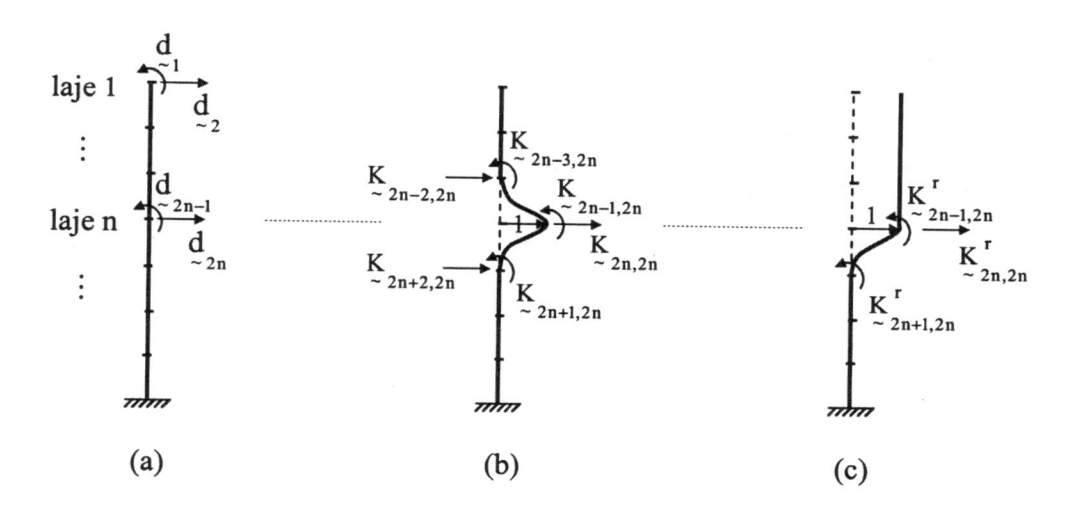

Figura 4.15 – *Comparação entre deslocamento absoluto e deslocamento relativo de corpo rígido de laje.*

Adotando deslocamentos relativos e considerando a n-ésima laje com suas vigas e pilares imediatamente inferiores como a subestrutura de ordem n, o correspondente sistema de equações de equilíbrio tem a forma:

$$
\begin{bmatrix}
K^r_{\sim 2n-1,2n-1} & K^r_{\sim 2n-1,2n} & K^r_{\sim 2n-1,2n+1} \\
& K^r_{\sim 2n,2n} & K^r_{\sim 2n,2n+1} \\
simetria & & K^r_{\sim 2n+1,2n+1}
\end{bmatrix}
\begin{Bmatrix}
d^r_{\sim 2n-1} \\
d^r_{\sim 2n} \\
d^r_{\sim 2n+1}
\end{Bmatrix}
=
\begin{Bmatrix}
f^r_{\sim 2n-1} \\
f^r_{\sim 2n} \\
f^r_{\sim 2n+1}
\end{Bmatrix}
\tag{4.82}
$$

Nesse sistema, $d^r_{\sim 2n-1}$ e $d^r_{\sim 2n}$ são os deslocamentos interiores e $d^r_{\sim 2n+1}$ são os deslocamentos exteriores, da referida subestrutura. Faz-se então a condensação estática dos deslocamentos interiores e monta-se o sistema de equações de equilíbrio da subestrutura consecutiva, para posterior eliminação dos correspondentes deslocamentos interiores, e assim sucessivamente com as demais subestruturas. Atingido o pavimento térreo, introduzem-se as condições geométricas de contorno e se inicia a etapa de retrosubstituição em cada uma das subestruturas na ordem de baixo para cima, obtendo-se os correspondentes deslocamentos interiores.

4.6 – Exercícios propostos

4.6.1   Modifique o programa do Exemplo 3.2 para se operar com a matriz de rigidez sob a forma retangular com o conceito de largura de faixa, resolvendo o sistema de equações de equilíbrio pelo método de eliminação de Gauss.

4.6.2   Idem, para o programa do Exemplo 3.4, com a resolução do sistema de equações de equilíbrio pelo método de Cholesky.

4.6.3   Modifique o programa do Exemplo 4.7, adotando o algoritmo de Crout modificado.

4.6.4   Desenvolva um programa para a análise de pórticos planos utilizando a técnica de subestruturas ilustrada na Figura 4.10.

4.6.5   Idem, para a técnica de subestruturas ilustrada na Figura 4.12.

4.7 – Questões para reflexão

4.7.1   Por que em programas automáticos de análise de estrutura não se utiliza inversão da matriz dos coeficientes do sistema de equações de equilíbrio? Utilizando método direto baseado em transformações elementares na resolução desse sistema, como identificar se a matriz dos coeficientes é positiva-definida? Qual é a vantagem de se fazer essa identificação?

4.7.2   Em que circunstâncias coeficientes nulos da matriz dos coeficientes são transformados em não nulos quando da fatoração dessa matriz com método direto baseado em transformações elementares? Por que nessa fatoração não são gerados coeficientes não nulos acima do primeiro coeficiente não nulo em cada coluna?

4.7.3   Por que o procedimento de ordenar separadamente os deslocamentos nodais livres não é adequado ao armazenamento por alturas efetivas de coluna? A ordem de numeração dos pontos nodais tem influência quando se utiliza esse armazenamento? Por quê?

4.7.4 Quais são as vantagens do armazenamento por alturas efetivas de coluna frente ao armazenamento em forma retangular em que se tira partido da distribuição em banda dos coeficientes de rigidez?

4.7.5 Quais são as vantagens das técnicas de subestruturas frente à técnica de divisão do perfil da matriz de rigidez em grupos de alturas efetivas de coluna, e vice-versa? Essas técnicas podem ser empregadas conjuntamente?

4.7.6 O que significa fisicamente a eliminação estática de graus de liberdade? Por que se faz essa condensação quando se trabalha com subestruturas?

Quem fez a história em análise de estruturas?

I.1 – Introdução

São apresentadas as contribuições pioneiras mais relevantes à Análise de Estruturas. O objetivo é motivar o estudo dessa análise, revelando o seu lado "humano" e o longo caminho que a humanidade percorreu até chegar ao presente estágio de desenvolvimento do presente tema. Nesse sentido são oportunas as palavras do filósofo Olavo de Carvalho: *"A conquista da verdade sobre o passado não é nunca um benefício automático trazido pelo decurso do tempo: é um prêmio que cada geração tem de reconquistar na luta contra o esquecimento e a falsificação"* (Jornal *O Globo*, 3 de abril de 2004).

A luta do homem pela sobrevivência, com a construção de abrigos, monumentos, meios de transportes e ferramentas, resultou nos tempos modernos na *Teoria de Análise de Estruturas*. Como prática empírica, o conhecimento do comportamento das estruturas remonta à antiguidade quando, então, as construções eram erguidas baseando-se na intuição e experiência de mestres de obra que passavam regras sem base científica, de geração em geração, guardadas muitas vezes como segredo. Os conceitos de mecânica eram primitivos e o estado da matemática insipiente. A estabilidade de uma edificação se devia à geometria de suas partes constituintes, encaixadas de tal forma que tivessem comportamento predominantemente à compressão. O conceito de resistência das construções resumia-se à sua capacidade em resistir à ação destruidora do tempo, e a grande dificuldade dessas construções era o transporte, entalhadura e posicionamento final de grandes blocos de pedra. É o caso das pirâmides do Egito e das grandes obras da Grécia e de Roma antigas.

Um exemplo dessas construções é a Ponte de Alcântara mostrada na Foto I.1. Trata-se de ponte em múltiplos arcos de granito sem argamassa, com 8m de largura, 71m de altura e 194m de comprimento, projetada pelo arquiteto romano Gaius Julius Lacer e ainda em uso. No meio dessa ponte existe um arco de triunfo em homenagem ao imperador Trajano - Marcus Ulpius Traianus. Foi construída no ano 118 sobre o rio Tagus, Extremadura, Espanha.

Foto I.1 *– Ponte de Alcântara, cortesia do Dr. Bernd Nedel,*
www.bernd-nebel.de/bruecken/index.html.

Na Renascença, teve-se o despertar para as ciências e para as artes. Leonardo Da Vinci (1452-1529), que conhecia as equações de equilíbrio da estática, estudou experimentalmente e de forma sistemática, sem desenvolvimento analítico, a resistência de peças de estruturas. Contudo, coube a Galileo Galilei (1564-1642) associar experimento com formulação analítica, na busca da determinação de dimensões seguras de peças estruturais, introduzindo conceitos rudimentares de tensão e de resistência limite de material, e iniciando o que hoje se denomina *Resistência dos Materiais*. Iniciou também o desenvolvimento da *Dinâmica* como ciência e foi pioneiro na *Teoria da Semelhança*, esclarecendo que, entre dois corpos geometricamente similares e de mesmo material, mas com dimensões distintas, o de maiores dimensões, devido ao seu peso próprio, é menos resistente a receber cargas.

A Figura I.1 é reprodução de ilustração de flexão de viga por Galileo no livro *Discorsi e Dimostrazoni Matematiche* denominado *Two New Sciences*, em 1655, que foi utilizada para mostrar a resistência à fratura em viga em balanço. Contudo, Galileo admitiu erroneamente que a tensão axial de fratura fosse uniformemente distribuída na seção transversal da viga e que essa tensão ocorria quando da rotação dessa seção em torno da respectiva borda inferior, como mostra a Figura I.2.

Figura I.1 - *Ilustração de flexão de viga por Galileo,* Two New Sciences, *1638.*

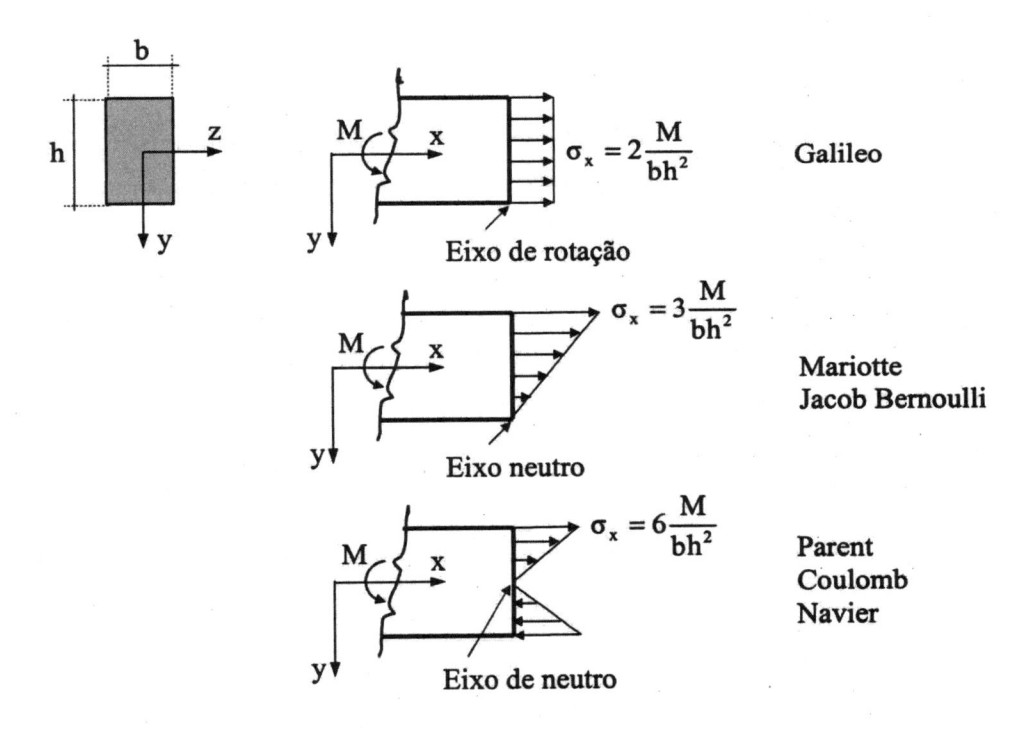

Figura I.2 – *Distribuição de tensão em teorias de viga.*

Sendo a *Resistência dos Materiais* a mecânica das barras deformáveis, ela precede a *Análise de Estruturas* que trata da determinação do comportamento da associação de barras na função de receber e transmitir esforços, constituindo o que se denomina *estrutura*. Por serem disciplinas intimamente relacionadas, não é didático discorrer sobre a segunda sem se reportar à primeira.

I.2 – Contribuições relevantes à Resistência dos Materiais

Na Resistência dos Materiais, distintamente o que expressa o seu nome, estuda-se o comportamento de vigas, pilares, escoras, tirantes, eixos etc, ou simplesmente barras, que têm uma dimensão preponderante em relação às suas demais dimensões. É um caso particular da *mecânica dos sólidos deformáveis*, que por sua vez é uma particularização da *mecânica do contínuo*. Entre as mais relevantes contribuições à Resistência dos Materiais, destacam-se:

- A lei da proporcionalidade entre carga aplicada e o deslocamento de seu ponto de aplicação em corpo elástico, publicada por Robert Hooke (1635-1703) em 1678. Contudo, Hooke não apresentou a equação $\delta = P\ell / EA$ que expressa a sua lei, nem fez experimentos de tração uniaxial em corpos de prova como os utilizados atualmente para comprovar essa lei. Identificou apenas a proporcionalidade entre carga e deslocamento em experimentos com molas helicoidal e espiralada, e em experimentos de flexão de viga. Nessa flexão, reconheceu que as fibras longitudinais no lado convexo da deformada são distendidas e que as fibras longitudinais no lado côncavo são comprimidas, sem desenvolver uma teoria de viga.

- Teoria de flexão de viga desenvolvida por Edmé Mariotte (1620-1684) em 1686, considerando material elástico, a hipótese da seção transversal plana, o eixo neutro passando pela borda dessa seção no lado côncavo da deformada, e a conseqüente distribuição triangular de tensão axial como mostra a Figura I.2. Posteriormente, Mariotte identificou que as fibras longitudinais no lado convexo da deformada são distendidas e as fibras longitudinais do lado côncavo são comprimidas, contudo sem chegar à atual tensão de flexão em comportamento elástico. Teoria semelhante foi desenvolvida por Jacob Bernoulli (1654-1705), em 1694.

- Teorias de flexão de viga publicadas por Antoine Parent (1666-1716) em 1713, por Charles Augustin Coulomb (1736-1806) em 1776, e por Louis Marie Henri Navier (1785-1836) em 1826, adotando a hipótese da seção transversal plana e concluindo que o eixo neutro passa pelo centróide dessa seção como mostra a Figura I.2. Por essa última teoria ser a mais completa, incluindo a expressão de curvatura $\dfrac{1}{r} = \dfrac{M}{EI}$ e a equação da linha elástica $EI\dfrac{d^2 y}{dx^2} = M$ para qualquer carregamento lateral de viga, atribui-se a Navier a hipótese da seção plana em flexão de viga. Contudo, a teoria clássica de viga é conhecida como teoria de Bernoulli-Euler.

- Generalização do princípio dos deslocamentos virtuais por John Bernoulli (1667-1748) em 1725. Forma rudimentar desse princípio foi utilizada por Jordanus de Nemora na Alemanha no século III, e posteriormente por Leonardo da Vinci e por Galileo. Deste princípio podem ser obtidos todos os teoremas de energia da mecânica dos sólidos deformáveis.

- Conceito de energia de deformação apresentado por Daniel Bernoulli (1700-1782) em 1738, e que foi generalizado por George Green (1793-1841) em 1871, obtendo-se a energia de deformação sob a forma quadrática das componentes de deformação em que é hoje utilizada nos princípios variacionais da mecânica dos sólidos.

- Obtenção da equação diferencial da linha elástica em condições particulares de carregamento, através do cálculo variacional, e da carga crítica de flambagem em pilares esbeltos, por Leonard Euler (1707-1783) em 1757. Thomas Young (1773-1829) deu continuidade ao estudo de instabilidade de pilares e motivou posteriormente o nome módulo de Young para o módulo de elasticidade longitudinal, muito embora não tenha utilizado essa propriedade elástica na forma em que hoje a conhecemos.

- Apresentação dos conceitos de tensão e de deformação linear por Augustin Louis Cauchy (1789-1857) em 1822. Em estudo macroscópico do comportamento de material, o conceito de tensão veio substituir o de força repulsiva/atrativa entre moléculas, função da distância entre elas, utilizado por Navier em teoria da elasticidade, em 1821.

- Demonstração, em barra sob estado uniaxial de tensão, que a deformação longitudinal ε_x ocorre simultaneamente com deformação transversal $\varepsilon_y = \nu \varepsilon_x$, com $\nu = 1/4$ e que $G = \dfrac{E}{2(1+1/4)}$, por Siméon Denis Poisson (1781-1840) em 1830, mostrando que em materiais isótropos têm-se apenas duas propriedades elásticas independentes entre si. Posteriormente, foi verificado que a propriedade ν depende do material, recebendo o nome coeficiente de Poisson.

- Identificação do fenômeno de fadiga em materiais por Jean Victor Poncelet (1788-1867) em 1839, conceito esse que foi fundamental no dimensionamento de eixos ferroviários por A. Wöhler (1819-1914) a partir de 1847.

- Apresentação de teoria de flexão de barra curva em 1843 e de teoria de torção de barra de seção transversal qualquer em 1855, por Barré de Saint-Venant (1797-1886).

- Apresentação da equação $V = dM/dx$ por J. W. Schwedler em 1851 e introdução da tensão cisalhante de força cortante em teoria de viga por William John Macquorn Rankine (1820-1872) em 1858.

- Estabelecimento de que o trabalho das forças externas aplicadas a uma estrutura de comportamento elástico linear (metade do somatório do produto de cada força pelo deslocamento de seu ponto de aplicação e em sua própria direção) é igual à sua energia de deformação, apresentado por Gabriel Lamé (1795-1870) em 1852, como de autoria de Benoit Paul Émile Clapeyron

(1799-1864). Trata-se de uma forma particular do princípio da conservação de energia em processo adiabático, sem geração de calor e sem efeitos magnéticos e dinâmicos.

◆ Demonstração de que a derivada da energia de deformação em relação a uma força concentrada (em estrutura de comportamento linear) fornece o deslocamento do correspondente ponto de aplicação, e de que a derivada dessa energia em relação a esse deslocamento fornece essa força, por James Henry Cotterill (1836-1922) em 1865. Aparentemente, sem ter conhecimento dessa demonstração, Carlo Alberto Pio Castigliano (1847-1884) deu a público novas demonstrações dessas descobertas em 1875, motivando inadequadamente para as mesmas as denominações primeiro e segundo teoremas de Castigliano.

◆ Definição da energia complementar de deformação (que diferentemente da energia de deformação não tem significado físico) e demonstração de que a derivada dessa energia em relação a uma força concentrada fornece o deslocamento do ponto de aplicação correspondente, em sóli, do de material elástico não linear, apresentada por Francesco Crotti (1839-1896) em 1878, e por Friedrich Engesser (1848-1931) em 1889, em trabalhos aparentemente independentes. Por essa razão, esse resultado é atualmente denominado teorema de Crotti-Engesser. Esse teorema foi pouco conhecido até a sua divulgação por H. M. Westergaard em 1941.

◆ Hipótese de que, em flexão de viga, a seção transversal plana gira com uma parcela devido ao momento fletor e uma parcela adicional devido ao esforço cortante, por Stephen P. Timoshenko em 1921, dando origem à teoria de viga de Timoshenko.

I.3 – Contribuições relevantes à Análise de Estruturas

A introdução, como materiais de construção, do ferro fundido a partir de 1776, do concreto armado provavelmente em 1849 (com o nome de cimento armado até 1920), e do aço a partir de 1855, tornou imperioso o desenvolvimento da análise de estruturas. Isso porque, sendo materiais escassos, o seu uso econômico passou a requerer a precisa determinação de dimensões seguras dos elementos estruturais. Além disso, por as estruturas hiperestáticas serem, na maior parte das vezes, mais eficientes do que as estruturas isostáticas, as primeiras passaram a ter grande importância, motivando ainda mais o desenvolvimento da análise de estruturas.

As fotos a seguir apresentam quatro estruturas pioneiras em suas categorias e ainda em uso. As Fotos I.2 mostram a primeira ponte em ferro fundido (*Iron Bridge*), de 60m de comprimento e 30,5m de vão principal. É um marco da revolução industrial, construído sobre o rio Severn, perto de Coalbrookdale, Shropshire, Inglaterra e completado em 1779.

Fotos I.2 – Iron Bridge, pintura da época e vista atual
em cortesia do Prof. Michael Liitmann, www.princeton.edu /~mlittman.

As Fotos I.3 mostram a primeira ponte ferroviária em aço (*Firth of Forth Rail Bridge*), de 2,5km de comprimento, vãos principais de 521m e 46m acima da maré máxima, perto de Edimburgo, Escócia, concluída em 1890. Tem a concepção de três pares de vigas treliçadas em balanço situadas entre duas torres. Foi superdimensionada, por ter sido construída após o trágico acidente com a ponte ferroviária em ferro fundido *Tay Bridge*, em 1879. É a segunda mais longa ponte do mundo em sua categoria.

Fotos I.3 – Firth of Forth Rail Bridge, vista da época e vista
atual em cortesia do Dr. Klauss Föhl, www.foehl.net.

As Fotos I.4 mostram a primeira ponte pênsil do Brasil, em São Vicente, Estado de São Paulo, de vão entre torres de 180m, largura de 6,4m e 5m acima da maré máxima, completada em 1914. A motivação de sua construção foi a execução do plano de saneamento do Engº Saturnino Brito e as inaugurações da Ponte Pênsil de Brooklin em 1883 e da Ponte Pênsil de Manhattan em 1909.

*Fotos I.4 – Ponte Pênsil de São Vicente, vista no dia
da inauguração e vista atual, www.novomilenio.inf.br/sv.*

As Fotos I.5 mostram o edifício *A Noite*, primeiro edifício alto em concreto armado do mundo, com 22 andares correspondentes a 30 andares de um edifício atual, construído na Praça Mauá, Rio de Janeiro e concluído em 1930. É um marco da construção em concreto que veio alterar o estilo da construção em todas as grandes cidades brasileiras.

*Fotos I.5 – Edifício A Noite, vista em fase de conclusão
e vista atual ao lado do moderno Edifício RB-1, www.inpi.gov.br.*

No desenvolvimento dessa análise vale destacar:

◆ Identificação por Navier em 1825, que as estruturas estaticamente indeterminadas podem ser analisadas considerando, além das equações da estática, equações que expressem condições de deformabilidade dessas estruturas.

- Apresentação do processo de equilíbrio dos nós de treliça para a determinação das forças normais, por Squire Whipple em 1847.

- Resolução, sem demonstração consistente, de treliças hiperestáticas externamente através da minimização da energia de deformação em relação às redundantes estáticas, por Luigi Frederico Menabréa (1809-1896) em 1858. Essa é uma aplicação do *teorema da mínima energia deformação* que foi demonstrado de forma consistente por Cotterill em 1865 e por Castigliano em 1875, no caso de estrutura de comportamento linear. Extensão desse teorema ao caso de material elástico não linear foi apresentada por F. Engesser em 1889.

- Demonstração, por A. Clebsch (1833-1872) em 1862, que deslocamentos em rótulas de treliças podem ser escolhidos como incógnitas em lugar das forças nas barras, em concepção inicial do método dos deslocamentos.

- Método das seções em análise de treliça, apresentado por August Ritter em 1863.

- Concepção do método da força unitária e do método das forças em treliças, por James Clerk Maxwell (1831-1879) em 1864, apresentando também o teorema de reciprocidade de trabalho de força por deslocamento em estados de carregamentos distintos. O primeiro desses métodos foi redescoberto por Otto Christian Mohr (1835-1918) dez anos mais tarde, motivando o nome *método de Maxwell-Mohr*. A forma atual das equações de compatibilidade de deslocamentos do método das forças foi apresentada por Heinrich Franz Bernhard Müller-Breslau (1815-1925) em 1886.

- Concepção da linha de influência por E. Winkler (1835-1888) em 1867, cujo método cinemático de determinação a partir do teorema de reciprocidade de trabalho foi apresentado por Müller-Breslau em 1886. Winkler concebeu também a hipótese das forças reativas em viga sobre base elástica serem proporcionais ao deslocamento da viga em cada ponto. Devido à complexidade do comportamento do solo, essa hipótese simplista tem tido amplo uso no projeto de fundações.

- Determinação de rotações nodais e de esforços seccionais em pórtico plano sem deslocamentos nodais de translação, apresentada por Axel Bendixen em 1914, com o nome *slope-deflection method*. Nesse método, acumulam-se os momentos de engastamento perfeito em cada ponto nodal do modelo com rotações nodais restringidas (denominado atualmente sistema principal do método dos deslocamentos) para se escrever o sistema de equações algébricas de equilíbrio em termos das rotações nodais. A resolução desse sistema fornece essas rotações que, por sua vez, permitem a determinação dos esforços seccionais. Esse é o método dos deslocamentos em estruturas indeslocáveis.

- Modificação do método anterior por K. A. Kalisev em 1922, com retirada, uma por vez, das restrições de rotações nodais que são introduzidas quando da construção do referido sistema principal. Com isso, substitui-se a resolução do sistema de equações de equilíbrio de momentos nodais, por sucessivas resoluções de uma equação de equilíbrio nodal, a partir da qual se calculam novos momentos nodais, e por aproximações sucessivas determinam-se as rotações nodais e os momentos fletores nas extremidades das barras. Esse é um caso particular do *método de relaxação* utilizado por L. K. Richardson em análise de barragem em 1910, e generalizado por R. V. Southwell em 1940 para a resolução de sistemas de equações algébricas de modelos matemáticos de diversos sistemas físicos.

- Concepção da forma atual do método dos deslocamentos em que se têm rotações e translações nodais como incógnitas, por A. S. Ostenfeld em 1925. Ostenfeld também identificou a dualidade entre o método das forças e o método dos deslocamentos.

- Modificação do processo de Kalisev por Hardy Cross em trabalhos de 1929 e 1930, com a direta distribuição do momento desequilibrado em cada ponto nodal ao se retirar a correspondente restrição de rotação. Cross não apresentou referências bibliográficas, contudo é pouco provável que não tenha tido conhecimento dos artigos precursores de Bendixen e de Kalisev. Esse é o *processo de Cross* que teve grande sucesso nos escritórios de projeto até que o computador tornou usual a análise de estruturas pelo método dos deslocamentos.

- Início da utilização de matrizes em análise de casca por R. S. Jenkins, em 1947. A análise matricial de estruturas foi consolidada com o uso de computador, dado à facilidade de se operar com matrizes em linguagem de programação de alto nível.

- Publicação de importantes artigos sobre os teoremas de energia em abordagem unificada da análise de estruturas, por J. H. Argyris em trabalhos de 1954, 1955 e 1960. Argyris deu início também ao método dos elementos finitos

- Independentemente dos trabalhos de Argyris, obtenção de matriz da rigidez de barra juntamente com a concepção do método dos elementos finitos, por M. J. Turner, R. W. Clough, H. C. Martin e L. J. Topp, em 1956, também em aplicações aeronáuticas.

- Primeira aplicação da formulação matricial do método dos deslocamentos em engenharia civil, por J. L. Archer, em 1958.

- Utilização pioneira do conceito de forças nodais equivalentes em análise matricial de estruturas por Fernando Venancio Filho em julho de 1960, como extensão do uso de momentos de engastamento perfeito originalmente adotado por Bendixen em 1914. Contudo, o nome forças nodais equivalentes foi criado por Ming L. Pei em publicação de setembro de 1960, independentemente do trabalho de Venancio.

◆ Concepção da análise matricial utilizando subestruturas por J. S. Przemieniecki em 1963.

I.4 – Contribuições relevantes nacionais

No Brasil, as contribuições pioneiras mais relevantes em análise de estruturas foram na forma de apostilas e livros. Por questão de espaço, relacionam-se a seguir apenas as principais contribuições até 1975:

◆ Telêmaco van Langendonck publicou, a partir de 1944 e na Escola Politécnica da Universidade de São Paulo, apostilas de hiperestática de grande rigor científico. Publicou também, a partir de 1970, dois livros sobre a teoria das charneiras plásticas.

◆ Sydney M. G. dos Santos publicou, a partir de 1947, livros de hiperestática caracterizados pela generalidade de abordagem.

◆ Aderson Moreira da Rocha iniciou em 1954 a publicação de "Hiperestática Plana Geral" em três volumes, que por duas décadas teve grande importância na engenharia de estruturas do país.

◆ Fernando Venancio Filho publicou em 1962 o primeiro artigo sobre análise matricial de estruturas no país, e foi o autor em 1975 do primeiro livro nacional de análise matricial de estruturas, abordando estática e dinâmica, estabilidade elástica e método dos elementos finitos.

◆ Jaime Ferreira da Silva publicou em 1967 o primeiro livro sobre o processo de Cross, que teve grande sucesso na década de 70.

◆ Alcebiades Vasconcellos Filho foi autor na COPPE/UFRJ da primeira tese de doutorado sobre o método dos elementos finitos do país, em 1970.

I.5 – Bibliografia

Archer, J. S., 1958, *Digital Computation for Stiffness Matrix Analysis*, Journal of Structural Division, Proceedings of the American Society or Civil Engineers, v 84, n ST6, paper 1814.

Argyris, J. H. e Kelsey, S., 1960, *Energy Theorems and Structural Analysis*, Butterworth & Co. Ltd.

Carneiro, F. L. L. B., 1984, *Galileo Galilei*, Coordenação dos Programas de Pós-Graduação de Engenharia da UFRJ.

Chamecki, S., 1956, Curso de Estática das Construções, Editora Científica.

Cross, H., 1929, *Simplified Rigid Frame Design*, Journal of the American Concrete Institute – Proceedings, v 26, n 2, p 170-183, e 1930, Transactions of the American Concrete Institute, v 27, p 170-183.

Cross, H., 1930, *Analysis of Continuous Frames by Distributing Fixed-End Moments*, Transactions of the American Society of Civil Engineers, p 1-10.

Fordham, A. A., 1938, *The History of the Theory of Structures*, The Structural Engineer, p 154-163, may.

Galileo Galileo, *Duas Novas Ciências*, Instituto Cultural Italo-Brasileiro, Nova Stella Editorial – Ched Editorial.

Hamilton, S. B., 1952, *The Historical Development of Structural Theory*, Proceedings - The Institution of Civil Engineering, part III, p 374-419.

Oravas, G. A. e McLean, L., 1966, *Historical Development of Energetical Principles in Elastomechanics*, Applied Mechanics Reviews, part I, v 19, n 8, p 647-658, e part II, v 19, n 11, p 919-933.

Pei, M. L., 1960, *Stiffness Method of Rigid Frame Analysis*, 2nd Conference on Eletronic Computation, American Society of Civil Engineers, Pittsburgh, Pa, p 225-248.

Picon, d'A., diretor, 1997, *L'Art de L'Ingénieur – Constructeur, Entrepreneur, Inventeur*, Centre Georges Pompidou.

Rocha, A. M., 1954, *Hiperestática Plana Geral*, v 1, Editora Científica.

Rocha, A. M., 1955, *Hiperestática Plana Geral*, v 2, Editora Científica.

Rocha, A. M., 1957, *Hiperestática Plana Geral*, v 3, Editora Científica.

Santos, M. G., 1947, *As Aplicações das Cadeias Cinemáticas no Cálculo das Estruturas Planas de Hastes Retas*, Livraria Agir Editora.

Santos, M. G., 1950, *Estruturas Hiperestáticas com Solicitação de Torção*, publicação do autor.

Timoshenko, S. P., 1921, *On the Correction for Shear of the Differential Equations for Vibrations of Prismatic Bars*, Philosophica Magazine, v 41, n 6, p 744-746.

Timoshenko, S. P., 1953, *History of Strength of Materials*, Dover Publication, Inc.

Truesdell, C., 1982, *História da Mecânica Clássica*, Revista Brasileira de Ciências Mecânicas, parte I, v IV, n 2, p 3-7, e parte II, v V, n 3, p 3-21.

Turner, M. J.; Clough, R. J.; Martin, H. C. e Topp, L. J., 1956, *Stiffness and Deflections Analysis of Complex Structures*, Journal of Aeronautic Society, v 23, n 9, p 805-823.

Van Langendonck, T., 1970, *Teoria Elementar das Charneiras Plásticas*, v I, Associação Brasileira de Cimento Portland.

Vasconcelos, A. C., 1985, *O Concreto no Brasil*, patrocínio de Construções e Comércio Camargo Corrêa S.A.

Vasconcellos Filho, A., 1970, *O Método dos Elementos Finitos: Fundamentos Teóricos – Automatização – Aplicações a Problemas de Placas e de Elasticidade Plana*, tese de doutorado, n 11-70, COPPE/UFRJ.

Venancio Filho, F., 1960, *Matrix Analysis of Plane Rigid Frames*, Journal of Structural Division, Proceedings of the American Society of Civil Engineers, v 86, n ST7, p 95-108.

Venancio Filho, F., 1962, *Formulação Matricial da Hiperestática*, Estrutura – Revista Técnica, n 43, p 199-220.

Venancio Filho, F., 1967, *Introduction to Matrix Structural Theory in Its Application to Civil and Aircraft Construction*, Frederick Ungar Publishing Co., Inc.

Venancio Filho, F., 1975, *Análise Matricial de Estruturas- Estática, Estabilidade, Dinâmica*, Almeida Neves - Editores, Ltda.

Westergaard, H. M., 1930, *One Hundred Fifty Years Advance in Structural Analysis*, Transactions of the American Society of Civil Engineers, v 94, p 226-240.

Westergaard, H. M., 1941, *On the Method of Complementary Energy*, Transactions of the American Society of Civil Engineers, v 67, n 2, p 199-227.

Como utilizar o Mathcad?

II.1 – Introdução

Mathcad é um sistema computacional de marca registrada e comercializada pela empresa *Mathsoft Engineering and Education, Inc.*, de endereço na Internet http:/www.mathcad.com. É destinado à execução de operações matemáticas, de formas numérica e analítica, em ambiente de trabalho agradável e com sintaxe semelhante à dos desenvolvimentos matemáticos manuais.

Neste anexo, apresentam-se apenas informações básicas do *Mathcad*. O objetivo é possibilitar aos leitores não familiarizados com esse sistema o entendimento dos programas incluídos nos capítulos anteriores. Para isso, ilustra-se o seu uso em exemplos simples de maneira a facilitar o entendimento de seus comandos. Recursos para auto-aprendizado dos amplos recursos do *Mathcad* são encontrados no *Help* desse sistema.

Sugere-se que a leitura deste anexo seja acompanhada do acionamento, passo a passo, das janelas de ferramentas e dos comandos descritos a seguir.

II.2 – Comandos básicos

II.2.1 – Primeira barra de menus

A primeira barra de menus do *Mathcad* versão 12 tem a configuração:

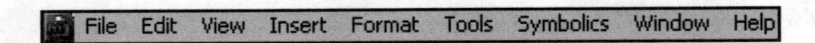

Clicando-se em *View*, obtém-se um menu vertical onde se optando por *Toolbars* obtém-se um outro menu vertical, como mostrado a seguir:

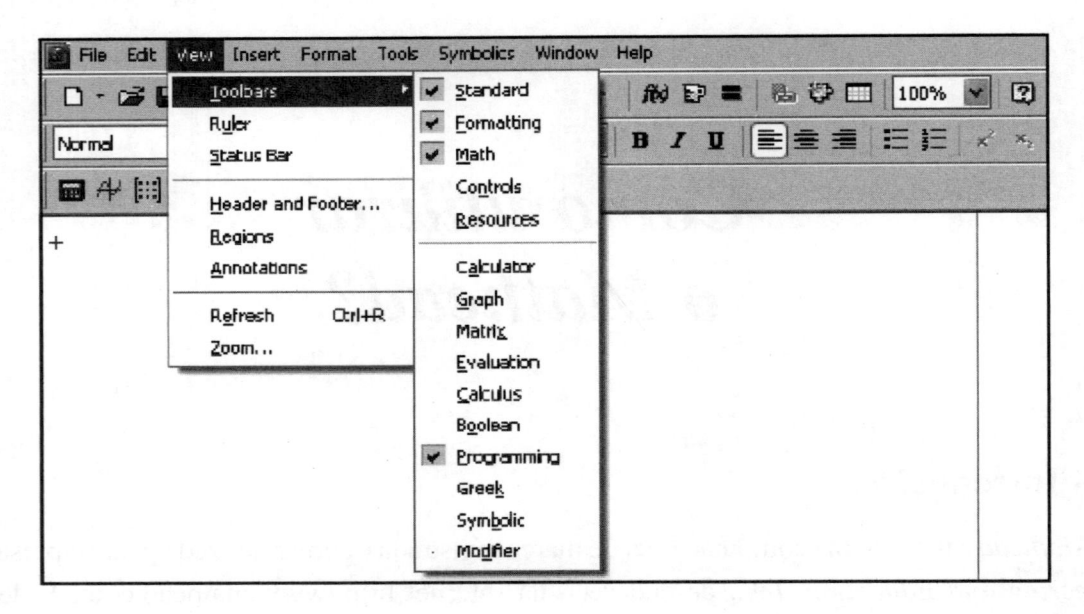

Esse último menu vertical é aqui denominado menu *View-Toolbars*. Nele podem ser escolhidas, para exposição em tela, várias barras e janelas de ferramentas, que em parte são descritas a seguir.

II.2.2 – Barra *Standard*

A segunda barra de ferramentas exibida na tela padrão do *Mathcad* é denominada barra *Standard*. A sua ativação ou desativação pode ser feita no menu *View-Toolbars*. Essa barra tem a seguinte configuração:

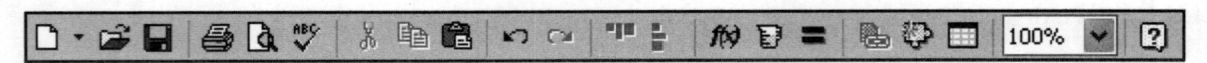

Entre outros, essa barra oferece recursos para a manipulação de arquivos e o acionamento do *Help* do sistema através do ícone [?] . Esse *Help* pode também ser acionado através do ícone [Help] da primeira barra de menus.

II.2.3 – Barra *Formatting*

A terceira barra de ferramentas exibida na tela padrão do *Mathcad* é denominada barra *Formatting*. A sua ativação ou desativação pode também ser feita no menu *View-Toolbars*. Essa barra disponibiliza comandos de formatação de textos e de fontes, com a configuração:

II.2.4 – Barra *Math*

A barra *Math*, acionada no menu *View-Toolbars*, oferece atalhos para janelas de ferramentas relacionadas com operações matemáticas e com programação. Tem a seguinte configuração:

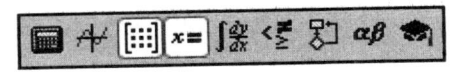

No contexto dos programas deste livro, foram utilizadas as janelas acionadas pelos ícones: *Calculator* [▦], *Matrix* [▦], *Boolean* [▦], *Greek* [αβ], *Evaluation* [x=] e *Programming* [▦]. A finalidade de cada uma dessas janelas será descrita posteriormente. Nesses programas, não foram utilizados os ícones: *Graph* [⊹] (que oferece recursos para a construção de gráficos), *Calculus* [▦] (que disponibiliza comandos para efetuar integrais, derivadas, limites, somatórios e produtórios) e *Symbolic* [▦] (que possibilita resoluções analíticas ou simbólicas). Essas duas últimas janelas foram utilizadas nas integrações analíticas do item 3.6.

II.2.5 – Edição e execução dos comandos

As variáveis e os comandos são editados na tela em fundo branco no ponto em que se clicar com o botão esquerdo do mouse. Letra minúscula tem significado diferente que letra maiúscula e, nos números, o separador da casa decimal é o ponto e não a vírgula. As teclas com setas e a barra de espaço do teclado são úteis para o posicionamento do cursor na posição desejada de edição. O *Mathcad* disponibiliza diversas barras e janelas de ferramentas que facilitam essa edição, que em parte estão detalhadas no presente anexo.

Para a resolução de um problema de matemática, define-se nessa tela um conjunto de variáveis, de equações, de determinações de exibição de resultados e, se for o caso, de texto e de especificações para traçado de gráficos, formando o que se denomina *worksheet* ou um programa. Ao se deslizar a barra de rolamento vertical, esse *worksheet* é executado da esquerda para a direita e de cima para baixo, permitindo o usuário acompanhar as etapas de cálculo através da exibição dos resultados intermediários solicitados. Por o *worksheet* ter características semelhantes ao equacionamento do correspondente problema em uma folha de papel, a sua leitura esclarece a resolução adotada. Além disso, a alteração das variáveis de entrada para obtenção dos novos resultados correspondentes é simples.

Para alterar dígitos de um número que já tenha sido editado, clica-se à direita desses dígitos, o que provoca a exibição de um retângulo envolvendo o número e a exibição de um cursor azul indicando a nova posição de digitação. Isso é exemplificado com o dígito 1 do número 4915,23 mostrado abaixo:

$$\boxed{491\,|5.23}$$

Para alterar o dígito 1 do número anterior, pressiona-se a tecla *Backspace* para apagar esse dígito e digita-se a modificação desejada. Para alterar uma parte de uma expressão, clica-se à direita dessa parte e seleciona-se essa parte arrastando o mouse para a esquerda com o botão esquerdo pressionado. Com isso, essa seleção é assinalada por uma região escura como exemplificado a seguir:

$$\boxed{\sin\left(\frac{\pi}{2}\right)\cdot\cos(\pi) = -1 \ \blacksquare}$$

Pressiona-se então, a tecla *Delete* ou a tecla *Backspace* para apagar a referida parte e digita-se a modificação desejada.

II.2.6 – Exibição de resultados

Para exibir em tela o valor de uma variável, função ou resultado de uma expressão matemática, basta digitar após o nome da variável, função ou expressão o sinal de igual, =, como nos exemplos:

$$\sqrt{2+7} - 3\cdot2 = -3 \qquad \sin\left(\frac{\pi}{2}\right)\cdot\cos(\pi) = -1 \qquad \pi\cdot e^3 = 63.101 \qquad 5\frac{2}{3} + \frac{1}{17} = 5.725$$

Esse sinal é também disponibilizado na janela *Evaluation* acionada na barra *Math* como também acionada no menu *View-Toolbars*. Essa janela é mostrada a seguir:

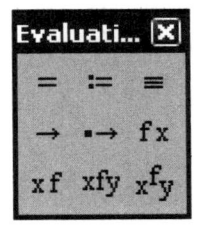

Colocando-se o cursor no limite inferior dessa e de diversas outras janelas de ferramentas, pode-se alterar o formato da janela.

Nos programas deste livro, a maior parte dos resultados foram exibidos com 3 casas depois do ponto separador da casa decimal, embora o *Mathcad* sempre calcule os valores com até 16 dígitos. Para alterar o número de casas exibidas depois do ponto, seleciona-se a partir da primeira barra de menus *Format* e *Result*. Com isso, obtém-se em tela a janela *Result Format* mostrada a seguir, em que na paleta *Number Format* se pode especificar esse número de casas (até o máximo de 15) em *Number of decimal places*:

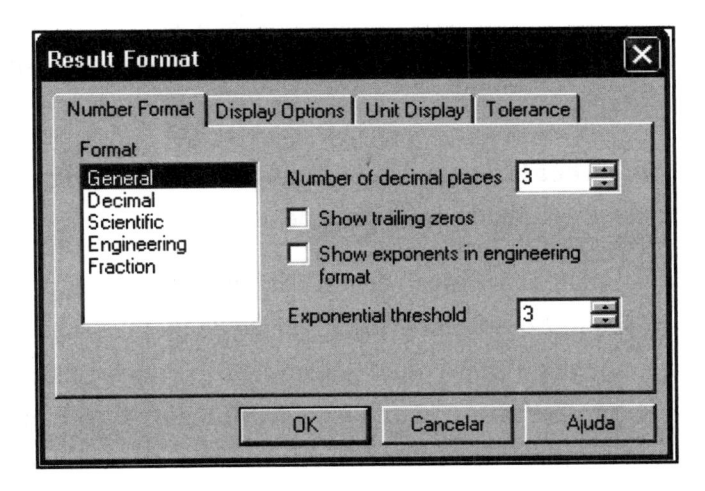

Na exibição de valores, o arredondamento é "para cima" no caso do algarismo da primeira casa não exibida ser maior ou igual a 5.

A janela anterior mostra as opções padrão. Com *General Format* a exibição de pequenos valores é sem expoente, modificando-se para a notação científica no caso de grandes valores. Têm-se ainda as opções: (1) *Show trailing zeros* que, uma vez selecionado, faz com que essa exibição seja com o número de casas especificadas depois do ponto (3 por padrão), mesmo que os algarismos dessas casas sejam iguais a zero, (2) *Exponential threshold* que permite definir a partir de quantas casas decimais (3 por padrão) essa exibição é em notação científica, e (3) *Show exponents in engineering format*.

Na paleta *Display Options* da janela anterior, tem-se escolha quanto ao formato de exibição de matrizes. Já a paleta *Unit Display* dessa mesma janela oferece opções quanto à forma de exibição de resultados com unidades físicas (no caso de atribuição de unidades aos números), e a paleta *Tolerance* está relacionada com a exibição de números complexos.

II.2.7 – Organização dos comandos

Como os comandos podem ser digitados em um ponto qualquer da tela quando da construção de um *woksheet*, eles costumam ficar em posições desorganizadas. Para organizá-los, são disponibilizados vários recursos, como descrito a seguir. Clicando-se em um comando já editado e posicionando-se o cursor na borda do retângulo que é então exibido, aparece o desenho de uma "mãozinha" que permite alterar a posição do comando na tela. Para isso, pressiona-se o botão esquerdo do mouse e arrasta-se o mouse até situar o comando na posição desejada.

Para alterar simultaneamente a posição de um conjunto de comandos, clica-se com o botão esquerdo do mouse em um ponto qualquer da tela e arrasta-se o mouse para selecionar o conjunto de comandos que são, então, envolvidos em retângulos de linhas tracejadas, como ilustra o exemplo:

$$\text{ORIGIN} := 1 \qquad n := 3 \qquad K := \begin{pmatrix} 4 & 2 & 2 \\ 2 & 5 & 4 \\ 2 & 4 & 6 \end{pmatrix} \qquad f := \begin{pmatrix} 4 \\ 2 \\ 1 \end{pmatrix}$$

A seguir posiciona-se o cursor na borda de um desses retângulos para surgir a "mãozinha", e arrasta-se o mouse com o botão esquerdo pressionado até a nova posição desejada.

Alternativamente, para alinhar a exposição de um conjunto de comandos selecionados da maneira descrita anteriormente, clica-se em *Format* na primeira barra de menus, seguido de *Align_Regions* no menu que é então oferecido, onde pode-se escolher a opção *Across* (para alinhar os comandos horizontalmente) ou a opção *Down* (para alinhar os comandos verticalmente). Essas opções podem também ser efetuadas após a seleção de um conjunto de comandos, clicando-se, respectivamente, nos ícones ▦ e ▦ que estão disponibilizados na barra *Standard* após essa seleção.

II.2.8 – Operadores matemáticos

Os principais operadores matemáticos, funções e constantes estão disponíveis na janela *Calculator* acionada na barra *Math* como também acionada no menu *View-Toolbars*. Essa janela tem a configuração:

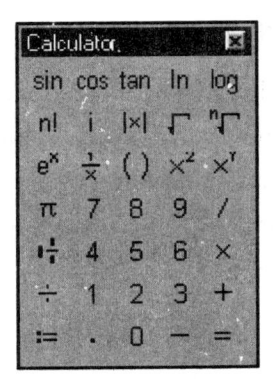

Os ícones dessa janela são símbolos usuais na matemática, a menos do ícone $\frac{\bullet}{\bullet}$ destinado à digitação de um número com fração, e do ícone $:=$ destinado à atribuição de determinado valor ou expressão ao nome de uma variável ou função, como descrito no próximo item.

II.2.9 – Operador de atribuição $:=$

Ao se clicar no ícone $:=$ exibido na janela *Calculator* como também na janela *Evaluation*, ou simplesmente ao se digitar dois pontos, $:$, surge na tela o objeto:

$$\blacksquare := \blacksquare$$

em que o sinal $\blacksquare$, denominado *placeholder*, indica uma posição de digitação. *Placeholders* ocorrem também em outros operadores, funções (próprias do *Mathcad*) e comandos. No *placeholder* à esquerda do sinal $:=$, digita-se o nome de uma variável ou função que se deseja definir, e no *placeholder* à direita desse sinal, digita-se o correspondente valor ou expressão. Trata-se assim, de um *operador de atribuição*, como na função:

$$f(x, y, z) := \sin(x) \cdot \tan(\cos(y \cdot z))$$

Esse sinal difere do sinal de igual, $=$, que tem a função de exibir resultados. Assim, para calcular essa função com os valores $x = \pi / 2$, $y = \sqrt{\pi - 1}$ e $z = \pi^2$, basta digitar $f\left(\dfrac{\pi}{2}, \sqrt{\pi - 1}, \pi^2\right)$ seguido do sinal de igual, obtendo-se em tela:

$$f\left(\frac{\pi}{2}, \sqrt{\pi - 1}, \pi^2\right) = -0.311$$

II.2.10 – Operador de atribuição global ≡

O sinal ≡ disponibilizado na janela *Evaluation* é denominado *operador de atribuição global*. Utiliza-se esse operador quando se deseja alterar a ordem padrão de execução dos comandos em um *worksheet*, que é da esquerda para a direita e de cima para baixo. O uso desse operador em qualquer posição do *worksheet* é o mesmo que fazer a atribuição de valor a uma variável antes de todos os demais comandos, como esclarecem os exemplos:

$$b := 7 \qquad c := a + b$$
$$a \equiv 8$$
$$c = 15$$

$$e$$

$$a := 2 \qquad b := 7 \qquad c := a + b$$
$$a \equiv 8$$
$$c = 9$$

Nesse último exemplo, observa-se que a atribuição de valor à variável "a" na primeira linha invalida a atribuição global dessa variável na segunda linha.

O operador de atribuição global é útil para testar programas longos. Para isso, apagam-se as atribuições dos dados de entrada na parte inicial do programa e que foram utilizadas ao longo de seu desenvolvimento, e definem-se, com esse operador, novos dados na parte final do programa. Dessa maneira, para cada nova definição de dados, utiliza-se o sinal de igual, =, para a exibição dos novos resultados.

II.2.11 – Janela *Matrix*

Matriz e operações matriciais básicas são acionadas através da janela *Matrix* que, por sua vez, é disponibilizada na barra *Math* acionada no menu *View-Toolbars*. Essa janela tem a configuração:

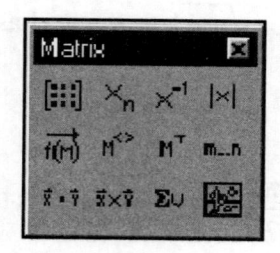

Nessa janela têm-se, entre outros, os ícones: [:::] destinado à edição de uma matriz; x_n destinado à digitação de uma variável indexada com até dois índices separados por vírgula (índices esses que também podem ser indexados); $\times^{-1}$ para o cálculo do recíproco de um número e inversão de uma matriz (mensagem de erro é emitida nos casos de matriz singular e de matriz não quadrada); $|\times|$ destinado à obtenção do módulo de uma variável e ao cálculo do determinante de uma matriz (mensagem de erro é emitida no caso de matriz não quadrada) e M^T para a transposição de matriz. O uso do ícone $m..n$ disponibilizado nessa janela será descrito posteriormente.

Para editar uma matriz com determinado nome, digita-se o nome da matriz e aciona-se o ícone do operador de atribuição $:=$. Alternativamente, pode-se digitar o nome da matriz após o acionamento desse operador. Em seguida, em ambos os casos, aciona-se, o ícone [:::] na janela *Matrix* para obter em tela a janela:

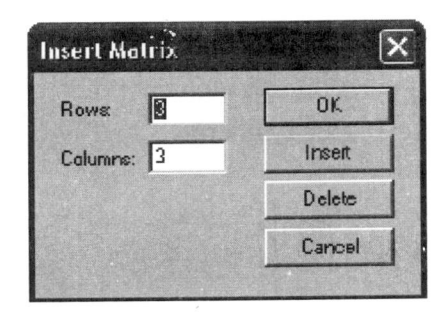

Nessa janela devem ser especificados o número de linhas (*rows*) e o número de colunas (*columns*), para obter em tela no caso de matriz (3x3), por exemplo, o objeto:

$$\blacksquare := \begin{pmatrix} \blacksquare & \blacksquare & \blacksquare \\ \blacksquare & \blacksquare & \blacksquare \\ \blacksquare & \blacksquare & \blacksquare \end{pmatrix}$$

No *placeholder* à esquerda do sinal $:=$, digita-se o nome da matriz (se este não tiver sido digitado previamente), e nos *placeholders* exibidos entre parênteses, digitam-se os coeficientes da matriz.

Para adicionar linhas e/ou colunas em uma matriz já editada, clica-se em um elemento dessa matriz e, seguidamente, a partir da primeira barra de menus, seleciona-se *Insert* e *Matrix*, obtendo-se novamente a exibição da janela anterior. Selecionam-se então, os números de linhas e de colunas que se desejam acrescentar à matriz e confirma-se *Insert*. Essas linhas são inseridas abaixo do referido elemento e essas colunas, à sua direita. Para eliminar linhas e/ou colunas, o procedimento é semelhante, finalizando, contudo, com a opção *delete*.

O padrão de início de numeração das linhas e das colunas de matriz é 0 (zero), mas pode ser alterado para qualquer número inteiro, positivo ou negativo. Para definir uma origem não padrão, utiliza-se o comando *ORIGIN* := , seguido da especificação da nova origem. Em todos os programas deste livro foi utilizada a origem 1, estabelecendo:

$$ORIGIN := 1$$

Os coeficientes de matriz podem ser constantes, variáveis (indexadas ou não), expressões ou funções, como no exemplo da função:

$$a(x) := \begin{pmatrix} x & x^2 & x^3 \\ x & \sqrt{x} & \sqrt[3]{x} \\ \sin\left(\dfrac{1}{x}\right) & \cos\left(\dfrac{1}{x}\right) & \tan\left(\dfrac{1}{x}\right) \end{pmatrix}$$

Atribuindo os valores 2 e 3 à variável independente dessa função e solicitando a exibição dos correspondentes resultados, obtêm-se, respectivamente:

$$a(2) = \begin{pmatrix} 2 & 4 & 8 \\ 2 & 1.414 & 1.26 \\ 0.479 & 0.878 & 0.546 \end{pmatrix} \quad e \quad a(3) = \begin{pmatrix} 3 & 9 & 27 \\ 3 & 1.732 & 1.442 \\ 0.327 & 0.945 & 0.346 \end{pmatrix}$$

No caso particular de coeficientes numéricos, uma maneira mais cômoda de se criar uma matriz do que acionando o ícone ⊞ na barra *Math*, como explicado anteriormente, é utilizar planilhas semelhantes à do *Excel*. Para isso, seleciona-se a partir da primeira barra de menus a seqüência *Insert*, *Data*, *Tabel*, obtendo-se em tela o objeto:

■ :=	0	1
0	0	
1		

Nesse objeto, é disponibilizado um *placeholder* para se digitar o nome da matriz. Os números 0 e 1 mostrados nas áreas sombreadas especificam as linhas e colunas da matriz, uma vez que a origem padrão de suas numerações é 0. Clicando-se na tabela aparecem alças ao seu redor que permitem o seu redimensionamento. Digitando-se um valor em uma das células da tabela, o cursor se move para a célula imediatamente abaixo ao se teclar *Enter*. Utilizando o botão direito do mouse, são oferecidas, entre outras, opções para inserir e remover células, e para importar dados de uma tabela externa.

Pode-se operar diretamente com os coeficientes de matrizes, como ilustra o exemplo:

$$\text{ORIGIN} := 1$$

$$B := \begin{pmatrix} 1 & 2 & 3 \\ 4 & 5 & 6 \end{pmatrix} \qquad C := \begin{pmatrix} 7 & 8 \\ 9 & 10 \\ 11 & 12 \end{pmatrix}$$

$$a := B_{2,3} + C_{3,2}$$

$$a = 18$$

$$a := B_{2,3} + C_{(B_{1,3},B_{1,2})}$$

$$a = 18$$

Pode-se também operar com matrizes como se fossem números, como mostram os exemplos:

$$\text{ORIGIN} := 1$$

$$B := \begin{pmatrix} 1 & 2 & 3 \\ 4 & 5 & 6 \end{pmatrix} \qquad C := \begin{pmatrix} 7 & 8 \\ 9 & 10 \\ 11 & 12 \end{pmatrix}$$

$$A := B + C^{T}$$

$$A = \begin{pmatrix} 8 & 11 & 14 \\ 12 & 15 & 18 \end{pmatrix}$$

e

$$\text{ORIGIN} := 1$$

$$B := \begin{pmatrix} 1 & 2 & 3 \\ 4 & 5 & 6 \end{pmatrix} \qquad C := \begin{pmatrix} 7 & 8 \\ 9 & 10 \\ 11 & 12 \end{pmatrix}$$

$$A := (B \cdot C)^{2}$$

$$A = \begin{pmatrix} 1.226 \times 10^{4} & 1.357 \times 10^{4} \\ 2.947 \times 10^{4} & 3.261 \times 10^{4} \end{pmatrix}$$

II.2.12 – Range *variable*

A janela *Matrix* apresentada anteriormente disponibiliza também o ícone ᵐ⁻ⁿ destinado à criação de variável incremental denominada *range variable*. Essa variável é essencial ao comando *for* que será apresentado posteriormente.

Acionando-se o ícone ᵐ⁻ⁿ após o de operador de atribuição := , aparece em tela o objeto:

$$\blacksquare := \blacksquare .. \blacksquare$$

No *placeholder* à esquerda do operador de atribuição := digita-se um nome de variável, no primeiro *placeholder* à direita desse operador digita-se o valor inicial da variável, seguido de vírgula e do primeiro valor consecutivo da variável, e no segundo *placeholder* depois desse operador digita-se um valor que não pode ser superado pela variável incremental. Isso é exemplificado a seguir:

$$a := 2,3..5 \quad a = \begin{array}{|c|} \hline 2 \\ \hline 3 \\ \hline 4 \\ \hline 5 \\ \hline \end{array} \qquad a := 1,1.25..1.9 \quad a = \begin{array}{|c|} \hline 1 \\ \hline 1.25 \\ \hline 1.5 \\ \hline 1.75 \\ \hline \end{array}$$

Nesses exemplos, os valores assumidos pela variável incremental são exibidos dentro de retângulos posicionados em coluna.

O incremento da variável pode ser positivo ou negativo, e ser omitido no caso de igual a 1 ou igual a -1. Para isso, especificam-se apenas o valor inicial da variável e o valor que não deve ser superado por essa variável incremental, como mostram os exemplos:

$$a := 2..5 \quad a = \begin{array}{|c|} \hline 2 \\ \hline 3 \\ \hline 4 \\ \hline 5 \\ \hline \end{array} \qquad a := 2..-1 \quad a = \begin{array}{|c|} \hline 2 \\ \hline 1 \\ \hline 0 \\ \hline -1 \\ \hline \end{array}$$

II.2.13 – Funções do *Mathcad*

Algumas poucas funções do *Mathcad* estão disponibilizadas na janela *Calculator* apresentada anteriormente. Entretanto, qualquer função do *Mathcad* pode ser acionada selecionando-se a partir da primeira barra de menus *Insert* e *Function*, quando então se obtém em tela a janela:

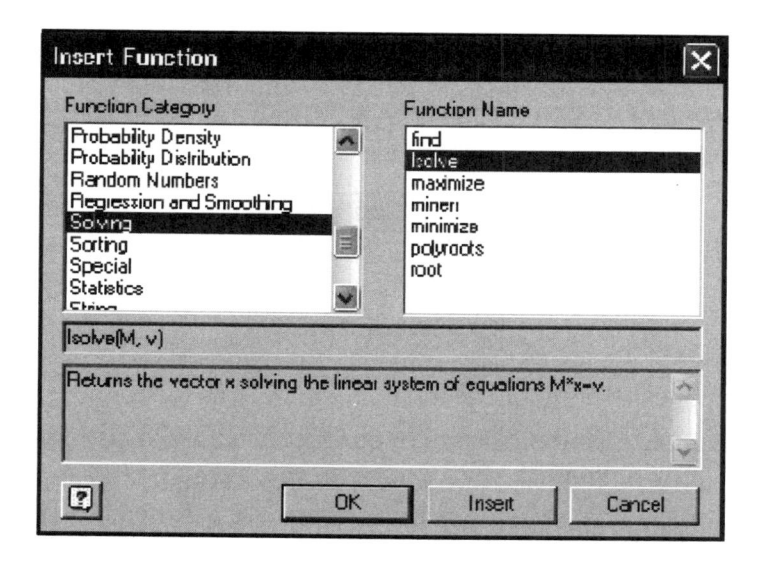

Nessa janela, fez-se a escolha da categoria *Solving* em *Function Category*, seguido da escolha da função *lsolve* em *Function Name*. De maneira mais simples, a janela anterior pode exibida clicando-se no ícone **f(x)** disponibilizado na barra *Standard*.

No quadro intermediário da janela anterior, a função *lsolve* é mostrada com seus argumentos. Já no quadro inferior dessa mesma janela, tem-se a finalidade dessa função como sendo a resolução de sistema de equações lineares de matriz dos coeficientes M e vetor dos termos independentes v. Exemplifica-se, a seguir, o uso dessa função:

$$a := \begin{pmatrix} 4 & 2 & 2 \\ 2 & 5 & 4 \\ 2 & 4 & 6 \end{pmatrix} \qquad b := \begin{pmatrix} 4 \\ 2 \\ 1 \end{pmatrix}$$

$$c := \text{lsolve}(a, b) \qquad c = \begin{pmatrix} 1.045 \\ 0.273 \\ -0.364 \end{pmatrix}$$

Em uso indevido de função, mensagem é emitida para orientação do usuário, como no exemplo:

$$a := \begin{pmatrix} 4 & 2 & 2 \\ 2 & 5 & 4 \\ 2 & 4 & 6 \end{pmatrix} \qquad b := \begin{pmatrix} 4 \\ 2 \end{pmatrix}$$

$$c := \text{lsolve}(a, b) \qquad c = \blacksquare$$

The number of rows or columns do not match.

II.2.14 – Janela *Boolean*

Os operadores relacionais e lógicos estão disponibilizados na janela *Boolean* que pode ser acionada na barra *Math*, como também acionada no menu *View-Toolbars*. Essa janela tem a seguinte configuração:

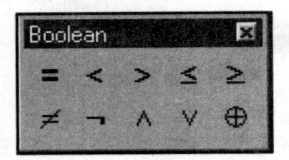

Nessa janela, têm-se os ícones: **=** símbolo de igual, **<** símbolo de menor que, **>** símbolo de maior que, **≤** símbolo de menor ou igual, **≥** símbolo de maior ou igual, **≠** símbolo de diferente, **¬** símbolo de *não*, **∧** símbolo de *e*, **∨** símbolo de *ou*, e **⊕** símbolo de *ou exclusivo*. O sinal de igual em negrito disponibilizado nessa tabela, **=**, é um operador relacional, diferentemente que o sinal de igual sem negrito, =, que é o operador destinado à exibição de valores previamente definidos ou calculados. Os operadores dessa janela são essenciais ao comando *if* que será descrito posteriormente.

Relações lógicas com esses operadores retornam o valor 1 ou o valor 0, correspondentes, respectivamente, a verdadeiro ou falso, como ilustram os exemplos:

$$a := 2 \qquad b := 3$$

$$a < b = 1 \qquad a > b = 0 \qquad a = b = 0$$

Esses operadores podem também ser utilizados em expressões lógicas, como no exemplo:

$$a := 2 \qquad b := 3 \qquad c := 6$$

$$a < b \vee b \geq c \wedge (a + b) > c = 1$$

II.2.15 – Janela *Greek*

As letras gregas estão disponibilizadas na janela *Greek* que pode ser acionada na barra *Math*, como também acionada no menu *View-Toolbars*. Essa janela tem a configuração:

A letra π é também disponibilizada na janela *Calculador*.

II.3 – Programação

II.3.1 – Janela *Programming*

Programas em *Mathcad* são desenvolvidos utilizando comandos disponibilizados na janela *Programming* que pode ser acionada na barra *Math* apresentada anteriormente. Essa janela tem a configuração:

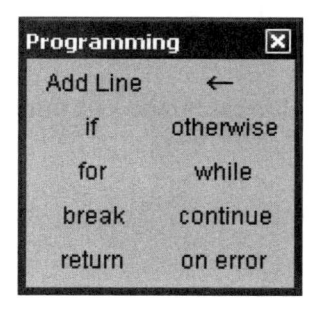

Os comandos disponibilizados nessa janela não podem ser digitados, apenas acionados através dessa janela. Esses comandos são descritos nos itens que se seguem.

II.3.2 – Comando *Add line*

Ao se acionar o comando *Add line* na janela *Programming,* surge na tela o objeto:

para a edição de uma linha de comando em cada um dos dois *placeholders* disponibilizados do lado direito do segmento vertical desse objeto. Esse segmento é aqui denominado *barra de programação*. Clicando-se em qualquer desses *placeholders* e acionando-se novamente o comando *Add line*, é disponibilizado mais um *placeholder* à direita dessa barra como mostrado a seguir:

Acionando-se repetidas vezes *Add line*, são disponibilizados novos *placeholders*, à direita da barra de programação, para a edição de mais linhas de comandos, com essa barra delimitando uma *área local de programação*. Para eliminar um desses *placeholders*, clica-se no mesmo e pressiona-se a tecla *Backspace*.

II.3.3 – Operador de atribuição em área local de programação

Em área local de programação, a atribuição de um valor a uma variável ou função se faz através do simbolo ← disponibilizado na janela *Programming*, e não através do operador de atribuição :=. Após a definição de todas as linhas de uma área local de programação, digitando-se o sinal de igual, =, obtém-se o último valor calculado ou definido nessa área, como mostra o exemplo:

$$\left|\begin{array}{l} b \leftarrow 2 \\ c \leftarrow 3 \\ a \leftarrow b + c \end{array}\right. = 5$$

Qualquer atribuição de valor ou valor calculado em uma área local de programação é restrita a essa área, como exemplificado a seguir:

$$a := 10$$

$$\left|\begin{array}{l} b \leftarrow 2 \\ c \leftarrow 3 \\ \text{"Cálculo da variável a"} \\ a \leftarrow b + c \end{array}\right. = 5$$

$$a = 10$$

Nesse exemplo, o valor atribuído à variável "a" na primeira linha do *woksheet* é mantido após uma área local de programação em que se calculou um valor diferente para uma variável com a mesma designação "a". Esse último exemplo mostra também que texto entre aspas em linha de programação local é interpretado como comentário. O texto, contudo, não pode ser na última linha de área local de programação.

II.3.4 – Transferência de resultados para fora de área local de programação

Programa em *Mathcad* costuma ser constituído por atribuição de valores a variáveis, definição de funções próprias do usuário e de várias programações locais. Assim, é usual ter-se a necessidade de transferência de resultados obtidos em áreas locais de programação para fora dessas áreas. Para isso, o operador *Add line* deve ser acionado após o operador de atribuição := , quando então, é exibido em tela o objeto:

$$\blacksquare := \left|\begin{array}{l} \blacksquare \\ \blacksquare \end{array}\right.$$

No *placeholder* à esquerda do operador de atribuição deve ser digitado o nome da variável, matriz ou função que será calculada ou definida com as linhas editadas nos *placeholders* à direita da barra de programação. O resultado transferido para fora da área dessa programação é o último obtido ou o especificado na última linha dessa área, podendo ter nome diferente que o digitado no *placeholder* à esquerda do operador := , como ilustram os exemplos:

$$x := \begin{vmatrix} b \leftarrow 2 \\ c \leftarrow 3 \\ a \leftarrow b + c \end{vmatrix} \qquad e \qquad x := \begin{vmatrix} b \leftarrow 2 \\ c \leftarrow 3 \\ a \leftarrow b + c \\ c \end{vmatrix}$$

$$x = 5 \qquad\qquad\qquad\qquad x = 3$$

II.3.5 – Comando *if*

Quando se deseja realizar uma tarefa apenas em determinada condição, utiliza-se o comando condicional *if* disponibilizado na janela *Programming*. Esse comando tem a sintaxe:

$$\blacksquare \quad if \quad \blacksquare$$

No *placeholder* do lado esquerdo da palavra *if* edita-se a tarefa e no *placeholcer* do lado direito edita-se uma relação lógica. Essa tarefa é executada apenas no caso dessa relação lógica ser verdadeira, como ilustram os exemplos:

$$b := 2 \quad c := 3 \qquad\qquad\qquad b := 3 \qquad c := 2$$

$$x := \begin{vmatrix} a \leftarrow b + c \ \ if \ \ c > b \\ a \leftarrow b \cdot c \ \ if \ \ c \leq b \\ a \end{vmatrix} \qquad e \qquad x := \begin{vmatrix} a \leftarrow b + c \ \ if \ \ c > b \\ a \leftarrow b \cdot c \ \ if \ \ c \leq b \\ a \end{vmatrix}$$

$$x = 5 \qquad\qquad\qquad\qquad x = 6$$

Quando a relação lógica do *if* não é verdadeira, a tarefa especificada no lado esquerdo do *if* não é executada e a execução passa à próxima linha de programação, como esclarecem os exemplos:

$$b := 2 \qquad c := 3 \qquad\qquad\qquad b := 2 \qquad c := 3$$

$$x := \begin{vmatrix} a \leftarrow b + c \ \ if \ \ c > b \\ a \leftarrow b \cdot c \\ a \end{vmatrix} \qquad e \qquad x := \begin{vmatrix} a \leftarrow b \cdot c \ \ if \ \ c > b \\ a \leftarrow b + c \\ a \end{vmatrix}$$

$$x = 6 \qquad\qquad\qquad\qquad x = 5$$

Quando a tarefa que diz respeito ao *if* requerer mais de uma linha de programação, clica-se no *placeholder* do lado esquerdo do *if* para então acionar o comando *Add line*, obtendo-se o objeto:

$$\text{if} \ \blacksquare$$
$$\begin{array}{|c} \blacksquare \\ \blacksquare \end{array}$$

Nesse objeto, têm-se um *placeholder* superior para a edição da relação lógica e dois *placeholders* à direita de uma barra de programação para a edição da tarefa a ser executada no caso dessa relação lógica ser verdadeira. Isso é ilustrado a seguir:

$$b := 2 \qquad c := 3$$
$$x := \begin{array}{|l} \text{if } c > b \\ \quad \begin{array}{|l} a \leftarrow b + c \\ a \leftarrow a \cdot a \end{array} \\ a \end{array}$$
$$x = 25$$

Se forem necessários novos *placeholders* para a edição da tarefa, clica-se em um dos *placeholders* destinados a essa tarefa e aciona-se novamente *Add line*.

II.3.6 – Comando *otherwise*

Otherwise é um comando condicional complementar ao comando *if* e também acionado através da janela *Programming*. Ele é utilizado para indicar que uma tarefa deve ser executada no caso da relação lógica de um *if* não ser verdadeira. Tem a seguinte sintaxe:

$$\blacksquare \ \text{otherwise}$$

No *placeholder* à esquerda da palavra *otherwise* digita-se a referida tarefa, como ilustra o exemplo:

$$b := 2 \qquad c := 3$$
$$x := \begin{array}{|l} a \leftarrow b + c \ \text{ if } c < b \\ a \leftarrow b - c \ \text{ otherwise} \\ a \end{array}$$
$$x = -1$$

Nesse último exemplo, o resultado seria o mesmo sem o *otherwise*, porque a relação lógica do *if* não é verdadeira, como mostrado a seguir:

$$b := 2 \qquad c := 3$$
$$x := \begin{vmatrix} a \leftarrow b + c & \text{if } c < b \\ a \leftarrow b - c \\ a \end{vmatrix}$$
$$x = -1$$

Modificando-se os dados desse último programa de maneira que $b \geq c$, a relação lógica do *if* passa a ser verdadeira e a tarefa do *otherwise* não é executada, obtendo-se resultados diferentes utilizando e não utilizando o *otherwise*.

No caso da tarefa a ser executada na condição *otherwise* requerer mais de uma linha para a sua edição, clica-se no *placeholder* à esquerda da palavra *otherwise* e aciona-se *Add line* para obter uma barra de programação com dois *placeholders* à sua direita. Novos *placeholders* podem ser obtidos clicando-se em um desses *placeholders* e acionando-se novamente *Add line*. O exemplo a seguir ilustra a tarefa de um *otherwise* editada em duas linhas:

$$b := 2 \qquad c := 3$$
$$x := \begin{vmatrix} a \leftarrow b + c & \text{if } c < b \\ \text{otherwise} \\ \quad \begin{vmatrix} a \leftarrow b - c & \text{if } a < b^2 \\ a \leftarrow b \cdot c & \text{otherwise} \end{vmatrix} \\ a \end{vmatrix}$$
$$x = -1$$

II.3.7 – Comando *for*

O comando *for*, também disponibilizado na janela *Programming*, é um comando de controle incremental, muito útil quando são conhecidos o valor inicial de uma variável, o incremento dessa variável e o valor máximo a ser alcançado por essa variável. Esse comando tem a sintaxe:

$$\text{for } \blacksquare \in \blacksquare$$
$$\blacksquare$$

No *placeholder* do lado esquerdo do símbolo $\in$ digita-se um nome de variável e no *placeholder* do lado direito desse símbolo especifica-se uma variável incremental utilizando o ícone m..n disponibilizado na janela *Matrix*. No *placeholder* situado abaixo do *for*, digita-se a tarefa a ser executada para cada valor dessa variável, como no exemplo:

$$x := \begin{vmatrix} a \leftarrow 0 \\ \text{for } i \in 1..5 \\ \quad a \leftarrow a + i \\ a \end{vmatrix}$$

$$x = 15$$

Os controles da variável incremental no comando *for* podem ser expressões, como ilustra o exemplo:

$$b := -10$$

$$x := \begin{vmatrix} a \leftarrow 0 \\ \text{for } i \in \left(\left| \dfrac{b}{5} \right| - 1 \right), \left(\left| \dfrac{b}{10} \right| + 1 \right) .. \left| \dfrac{b}{2} \right| \\ \quad a \leftarrow a + i \\ a \end{vmatrix}$$

$$x = 15$$

Caso sejam necessárias mais de uma linha para a edição da tarefa de um *for*, clica-se no *placeholder* situado abaixo do *for* e aciona-se o comando *Add line* para se obter dois *placeholders* destinados à tarefa. Com isso, obtém-se em tela o objeto:

$$\text{for } \blacksquare \in \blacksquare$$
$$\begin{vmatrix} \blacksquare \\ \blacksquare \end{vmatrix}$$

Se forem necessários mais *placeholders* para a edição da tarefa do *for*, clica-se em um dos *placeholders* do lado direito de sua barra de programação e aciona-se novamente o comando *Add line*.

O comando *for* foi utilizado na criação da função matriz identidade mostrada a seguir:

$$\text{ORIGIN} := 1$$

$$I(x) := \begin{vmatrix} \text{for } i \in 1..x \\ \quad \text{for } j \in 1..x \\ \qquad \begin{vmatrix} a_{i,j} \leftarrow 1 & \text{if } i = j \\ a_{i,j} \leftarrow 0 & \text{otherwise} \end{vmatrix} \\ a \end{vmatrix} \qquad I(3) = \begin{pmatrix} 1 & 0 & 0 \\ 0 & 1 & 0 \\ 0 & 0 & 1 \end{pmatrix}$$

II.3.8 – Comando *while*

O comando *while*, também disponibilizado na janela *Programming*, é um outro controle condicional. Esse comando é útil quando não se conhece o número de iterações a serem executadas e tem a sintaxe:

$$\text{while } \blacksquare$$
$$\blacksquare$$

No *placeholder* à direita do *while* especifica-se uma expressão lógica e no *placeholder* abaixo do *while* edita-se uma tarefa a ser executada enquanto essa expressão for verdadeira. No caso de se necessitar mais de uma linha para a edição da tarefa, clica-se nesse *placeholder* e aciona-se *Add line* para a obtenção de uma barra de programação com dois *placeholders*. Novos *placeholders* podem ser obtidos acionando-se repetidas vezes *Add line*. O processo iterativo de execução da tarefa se repete até que a expressão lógica deixe de ser verdadeira, como ilustra o exemplo:

$$x := \begin{vmatrix} a \leftarrow 0 \\ i \leftarrow 0 \\ \text{while } i < 5 \\ \quad \begin{vmatrix} i \leftarrow i + 1 \\ a \leftarrow a + i \end{vmatrix} \\ a \end{vmatrix}$$

$$x = 15$$

No caso da expressão lógica não se tornar falsa durante o processamento, tem-se um *loop* que se repete indefinidamente, como no exemplo:

$$x := \begin{vmatrix} a \leftarrow 0 \\ i \leftarrow 0 \\ \text{while } i < 5 \\ \quad \begin{vmatrix} i \leftarrow i + 1 \\ a \leftarrow a + i \\ i \leftarrow i - 1 \end{vmatrix} \\ a \end{vmatrix}$$

$$\boxed{x = \blacksquare}$$

O processamento desse *loop* pode ser interrompido pressionando-se a tecla *Esc*, quando então é exibida a janela:

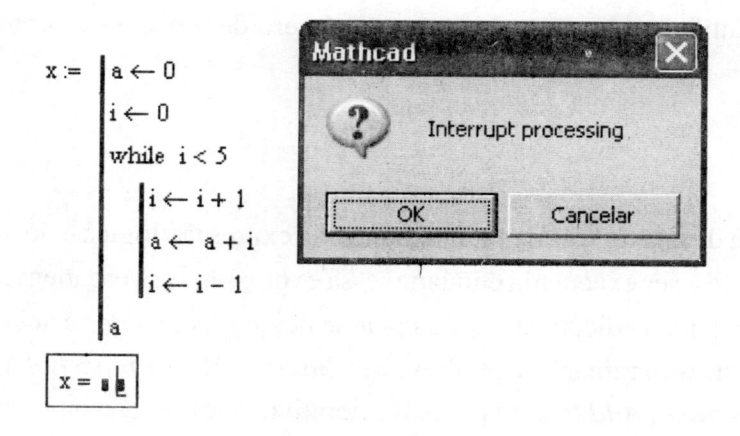

II.3.9 – Comando *break*

O comando *break*, também disponibilizado na janela *Programming*, é utilizado na área de atuação de um *for* ou de um *while* com a finalidade de interromper o correspondente processo incremental ou iterativo. Os dois exemplos seguintes esclarecem o uso desse comando:

$$x := \begin{vmatrix} a \leftarrow 0 \\ \text{for } i \in 1..10 \\ \quad \begin{vmatrix} \text{break if } i > 5 \\ a \leftarrow a + i \end{vmatrix} \\ a \end{vmatrix}$$

$$x = 15$$

e

$$x := \begin{vmatrix} a \leftarrow 0 \\ i \leftarrow 0 \\ \text{while } i < 10 \\ \quad \begin{vmatrix} \text{break if } i \geq 5 \\ i \leftarrow i + 1 \\ a \leftarrow a + i \end{vmatrix} \\ a \end{vmatrix}$$

$$x = 15$$

II.3.10 – Comando *continue*

O comando *continue*, também disponibilizado na janela *Programming*, é utilizado na área de atuação de um *for* para fazer a variável incremental assumir o seu próximo valor sem que sejam executadas as linhas situadas abaixo desse *continue*. Isso é ilustrado a seguir:

$$x := \begin{vmatrix} a \leftarrow 0 \\ \text{for } i \in 1..10 \\ \quad \begin{vmatrix} \text{continue} & \text{if } i > 5 \\ a \leftarrow a + i \end{vmatrix} \\ a \end{vmatrix}$$

$$x = 15$$

Nesse exemplo, tudo se passa como se a variável incremental tivesse o valor máximo igual a 5.

II.3.11 – Comando *return*

O comando *return*, também disponibilizado na janela *Programming*, altera o retorno padrão de uma programação local (que é o resultado calculado ou especificado na última de suas linhas). Isso é mostrado no exemplo:

$$x := \begin{vmatrix} a \leftarrow 0 \\ \text{for } i \in 1..5 \\ \quad a \leftarrow a + i \\ \text{return } a \\ a \leftarrow a^5 \\ a \end{vmatrix}$$

$$x = 15$$

Nesse caso, a potência a^5 não é calculada e não tem função no programa.

O comando *return* costuma ser útil quando se têm diversos *for* e/ou *if* em uma área local de programação.

II.3.12 – Comando *on error*

O comando *on error*, também disponibilizado na janela *Programming*, permite o uso de uma linha de comando alternativa à ocorrência de algum erro interno durante a execução de um programa. Esse comando tem a sintaxe:

$$\blacksquare \quad \text{on error} \quad \blacksquare$$

No *placeholder* à direita das palavras *on error* deve ser digitada uma expressão a ser executada no caso de não ocorrência de erro na mesma, e no *placeholder* à esquerda dessas palavras, deve ser digitada uma expressão a ser executada no caso de ocorrência de erro na expressão anterior. Isso é ilustrado na definição da função f(x) que se segue:

$$f(x) := \frac{1}{\sin(x) - 1} \quad \text{on error} \quad \frac{1}{\cos(x) - 1}$$

$$f(0) = -1$$

$$f\left(\frac{\pi}{2}\right) = -1$$

$$f\left(\frac{\pi}{4}\right) = -3.414$$

Nesse exemplo não se tem divisão por zero que acarretaria erro na definição da função.

II.3.13 – Comando error

Diferentemente do comando *on error* descrito anteriormente, o comando *error* tem a finalidade de exibir uma mensagem no caso de ocorrência de determinada condição especificada no programa. Esse comando tem a sintaxe:

$$error(\text{"mensagem"})$$

O exemplo a seguir esclarece o uso desse comando:

$$a(x) := \begin{vmatrix} error(\text{"o número deve ser positivo"}) & \text{if } x < 0 \\ \sqrt{x} & \text{otherwise} \end{vmatrix}$$

$$a(4) = 2$$

$$a(-4) = \blacksquare\blacksquare$$

o número deve ser positivo

A mensagem "o número deve ser positivo" é exibida ao se clicar na caixa retangular que envolve a variável de valor não exibido.

II.4 – Aplicação

O produto matricial $\underset{\sim}{A} = \underset{\sim}{B}\ \underset{\sim}{C}$, em que as matrizes $\underset{\sim}{B}$ e $\underset{\sim}{C}$ são conformes de dimensões (axb) e (bxc), respectivamente, tem $A_{ij} = \sum_{k=1}^{b} B_{ik}C_{kj}$ como coeficiente genérico da matriz $\underset{\sim}{A}$. Esse produto será resolvido de várias maneiras no presente item.

Para esse produto desenvolve-se o algoritmo:

> i=1, 2, ... até o valor de a (nº de linhas da matriz $\underset{\sim}{A}$)
>> j=1, 2, ... até o valor de c (nº de colunas da matriz $\underset{\sim}{C}$)
>> $A_{ij} = 0$
>>> k=1, 2 ... até o valor de b (nº de colunas de $\underset{\sim}{B}$ e de linhas de $\underset{\sim}{C}$)
>>> $A_{ij} = A_{ij} + B_{ik} \cdot C_{kj}$

A seta em forma de laço à esquerda de cada variável incremental estabelece a área de atuação dessa variável, com a seqüência de incrementos especificada à direita do sinal de igual.

a)   Inicialmente, utilizando o comando *for*, o algoritmo anterior é programado sob a forma:

$$\text{ORIGIN} := 1$$

$$B := \begin{pmatrix} 1 & 2 & 3 \\ 4 & 5 & 6 \end{pmatrix} \qquad C := \begin{pmatrix} 7 & 8 \\ 9 & 10 \\ 11 & 12 \end{pmatrix} \qquad a := 2 \qquad b := 3 \qquad c := 2$$

$$A := \begin{vmatrix} \text{for } i \in 1\,..\,a \\ \quad \text{for } j \in 1\,..\,c \\ \qquad \text{"Inicialização de valor nulo"} \\ \qquad A_{i,j} \leftarrow 0 \\ \qquad \text{"Produto da linha i de B pela coluna j de C"} \\ \qquad \text{for } k \in 1\,..\,b \\ \qquad\quad A_{i,j} \leftarrow A_{i,j} + B_{i,k} \cdot C_{k,j} \\ A \end{vmatrix} \qquad A = \begin{pmatrix} 58 & 64 \\ 139 & 154 \end{pmatrix}$$

A seguir, exemplifica-se o uso do operador de atribuição global ≡ que permite a especificação dos dados depois da programação do produto de matrizes:

$$A := \begin{vmatrix} \text{for } i \in 1..a \\ \quad \text{for } j \in 1..c \\ \qquad A_{i,j} \leftarrow 0 \\ \qquad \text{for } k \in 1..b \\ \qquad\quad A_{i,j} \leftarrow A_{i,j} + B_{i,k} \cdot C_{k,j} \\ A \end{vmatrix}$$

$$\text{ORIGIN} \equiv 1$$

$$a \equiv 2 \qquad b \equiv 3 \qquad c \equiv 2 \qquad B \equiv \begin{pmatrix} 1 & 2 & 3 \\ 4 & 5 & 6 \end{pmatrix} \qquad C \equiv \begin{pmatrix} 7 & 8 \\ 9 & 10 \\ 11 & 12 \end{pmatrix}$$

$$A = \begin{pmatrix} 58 & 64 \\ 139 & 154 \end{pmatrix}$$

b) Alternativamente, pode-se criar uma função para efetuar o produto das referidas matrizes, como a seguir:

$$\text{ORIGIN} := 1$$

$$A(B,C,a,b,c) := \begin{vmatrix} \text{for } i \in 1..a \\ \quad \text{for } j \in 1..c \\ \qquad A_{i,j} \leftarrow 0 \\ \qquad \text{for } k \in 1..b \\ \qquad\quad A_{i,j} \leftarrow A_{i,j} + B_{i,k} \cdot C_{k,j} \\ A \end{vmatrix}$$

$$B := \begin{pmatrix} 1 & 2 & 3 \\ 4 & 5 & 6 \end{pmatrix} \qquad C := \begin{pmatrix} 7 & 8 \\ 9 & 10 \\ 11 & 12 \end{pmatrix} \qquad a := 2 \qquad b := 3 \qquad c := 2$$

$$A(B,C,a,b,c) = \begin{pmatrix} 58 & 64 \\ 139 & 154 \end{pmatrix}$$

A vantagem de se criar uma função é poder utilizá-la quantas vezes se desejar, como no produto $A = BCB$ abaixo:

$$A1 := A(B,C,a,b,c)$$

$$A(A1,B,a,c,b) = \begin{pmatrix} 314 & 436 & 558 \\ 755 & 1.048 \times 10^3 & 1.341 \times 10^3 \end{pmatrix}$$

c)   Utilizando o comando *while*, o produto $\underset{\sim}{A} = \underset{\sim}{B}\ \underset{\sim}{C}$ é programado sob a forma:

$$ORIGIN := 1$$

$$B := \begin{pmatrix} 1 & 2 & 3 \\ 4 & 5 & 6 \end{pmatrix} \qquad C := \begin{pmatrix} 7 & 8 \\ 9 & 10 \\ 11 & 12 \end{pmatrix} \qquad a := 2 \quad b := 3 \quad c := 2$$

```
A :=  | i ← 0
      | while i < a
      |     | i ← i + 1
      |     | j ← 0
      |     | while j < c
      |     |     | j ← j + 1
      |     |     | A_{i,j} ← 0
      |     |     | k ← 0
      |     |     | while k < b
      |     |     |     | k ← k + 1
      |     |     |     | A_{i,j} ← A_{i,j} + B_{i,k}·C_{k,j}
      | A
```

$$A = \begin{pmatrix} 58 & 64 \\ 139 & 154 \end{pmatrix}$$

d)   Alternativamente, o resultado do produto $\underset{\sim}{B}\underset{\sim}{C}$ pode ser obtido nas mesmas posições de memória que as da matriz $\underset{\sim}{B}$, como mostrado a seguir:

$$ORIGIN := 1 \quad B := \begin{pmatrix} 1 & 2 & 3 \\ 4 & 5 & 6 \end{pmatrix} \qquad C := \begin{pmatrix} 7 & 8 \\ 9 & 10 \\ 11 & 12 \end{pmatrix} \qquad a := 2 \quad b := 3 \quad c := 2$$

```
B :=  | for i ∈ 1..a
      |     | "Inicialização de vetor auxiliar"
      |     | for j ∈ 1..c
      |     |     aux_j ← 0
      |     | "Produto da linha i de B pela coluna j de C"
      |     | for j ∈ 1..c
      |     |     | for k ∈ 1..b
      |     |     |     aux_j ← aux_j + B_{i,k}·C_{k,j}
      |     | for j ∈ 1..c
      |     |     B_{i,j} ← aux_j
      | B
```

$$B = \begin{pmatrix} 58 & 64 \\ 139 & 154 \end{pmatrix}$$

e)   De forma mais simples, o produto anterior pode ser feito multiplicando as matrizes $\underset{\sim}{B}$ e $\underset{\sim}{C}$ como se fossem números:

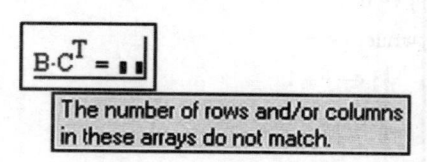

$$\text{ORIGIN} := 1$$

$$B := \begin{pmatrix} 1 & 2 & 3 \\ 4 & 5 & 6 \end{pmatrix} \qquad C := \begin{pmatrix} 7 & 8 \\ 9 & 10 \\ 11 & 12 \end{pmatrix} \qquad B{\cdot}C = \begin{pmatrix} 58 & 64 \\ 139 & 154 \end{pmatrix}$$

No caso do produto de matrizes não conformes, obtém-se mensagem de erro, como mostrado a seguir:

$$B{\cdot}C^T = \blacksquare\blacksquare$$

The number of rows and/or columns in these arrays do not match.

II.5 – Bibliografia

Larsen, R. W., *Introduction to Mathcad 11*, Prentice Hall Engineering Source, 2004.

Nitz, M. e Galha, R. , *Calcule com o Mathcad – Versão 11*, Érica Editora, 2003.

Glossário

Ações externas. Força, variação de temperatura e deformação prévia, impostas em uma estrutura.

Altura efetiva de coluna. "Distância" entre o primeiro coeficiente não nulo em coluna de matriz de rigidez de uma estrutura e o correspondente coeficiente diagonal principal inclusive.

Apoio elástico. Apoio que se deforma em função da força que lhe é aplicado e que retorna à configuração original após a retirada dessa força.

Armazenamento de matriz de rigidez em faixa. Armazenamento dos coeficientes de rigidez de uma estrutura em uma matriz retangular, tirando partido da simetria dessa matriz e de que esses coeficientes se distribuem ao longo da diagonal principal.

Armazenamento de matriz de rigidez por alturas efetivas de coluna. Armazenamento dos coeficientes de rigidez de uma estrutura a partir do primeiro coeficiente não nulo em cada coluna até o correspondente coeficiente diagonal principal inclusive, seqüencialmente em um vetor de trabalho no qual as posições dos coeficientes diagonais são identificadas por um vetor apontador.

Articulação. Ligação entre barras ou dessas com o meio exterior de maneira a permitir deslocamentos relativos entre extremidades dessas barras ou entre essas extremidades e esse meio exterior, anulando os esforços seccionais correspondentes a esses deslocamentos.

Barra. Componente estrutural com uma dimensão preponderante em relação às suas demais dimensões, também denominado elemento unidimensional ou, simplesmente, elemento. De acordo com sua função é chamada de viga, coluna, pilar, escora, haste, tirante, eixo, nervura etc.

Carga. Força externa devido à ação da gravidade.

Coeficiente de flexibilidade. Coeficiente numericamente igual ao deslocamento de um ponto de uma estrutura adequadamente vinculada e em determinada direção coordenada, quando se aplica uma força unitária nesse ponto ou em qualquer outro da estrutura.

Coeficiente de rigidez. Coeficiente numericamente igual à força em determinada direção coordenada de uma estrutura quando se impõe deslocamento unitário segundo essa direção ou qualquer outra, restringindo-se as demais direções coordenadas.

Comportamento estático. Comportamento de estrutura sob ações externas aplicadas gradualmente a partir de zero até os seus valores finais sem despertarem forças de inércia e de amortecimento. Diz-se **comportamento dinâmico,** em caso contrário.

Comportamento físico linear. Comportamento de estrutura constituída de material(ais) de diagrama(s) tensão-deformação linear(es). Diz-se **comportamento físico não linear**, em caso contrário.

Comportamento geométrico linear. Comportamento de estrutura em que as equações de equilíbrio podem ser escritas, com aproximações julgadas aceitáveis, na configuração anterior à aplicação das ações externas embora se suponha que essas ações estejam atuando. Diz-se **comportamento geométrico não linear**, em caso contrário.

Condensação estática de graus de liberdade. Eliminação de Gauss de parte dos deslocamentos nodais em sistema de equações de equilíbrio de uma estrutura ou de uma subestrutura.

Condições geométricas de contorno. Deslocamentos prescritos (conhecidos), nulos ou não, em pontos de uma estrutura.

Condições mecânicas de contorno. Forças prescritas (conhecidas) em pontos nodais de estrutura em barras.

Deslocamentos virtuais. Deslocamentos pequenos e fictícios em uma estrutura, que atendem às condições geométricas de contorno no caso das reações não serem incluídas na equação do teorema dos deslocamentos virtuais.

Esforços de engastamento perfeito. Esforços nodais de restrição das duas extremidades de uma barra isolada e sob ações externas.

Esforços seccionais ou solicitantes. Esforços (internos) em seção transversal de barra, a saber: força normal, forças cortantes, momentos fletores e momento de torção. São componentes da força e do momento, no centróide de uma seção transversal, que a parte da barra à esquerda dessa seção exerce sobre a correspondente parte direita, ou vice-versa.

Estrutura contínua. Estrutura constituída de componentes estruturais nos quais não se caracteriza uma dimensão preponderante em relação às suas demais dimensões. É o caso das chapas, placas, cascas, membranas e sólidos.

Estrutura em barras ou reticulada. Estrutura constituída de componentes que se caracterizam por ter uma dimensão preponderante em relação às suas demais dimensões.

Estruturas hipostática, isostática e hiperestática. Estruturas em que os vínculos externos e internos são, respectivamente, insuficientes, suficientes e superabundantes, para manter o equilíbrio estático delas e de suas partes, sob ações quaisquer.

Fator de Cholesky. Matriz triangular superior que pré-multiplicada pela sua transposta fornece uma matriz simétrica positiva-definida. É obtida no método de Cholesky.

Fator de Gauss. Matriz triangular superior obtida no método de eliminação de Gauss e no método de Crout, em resolução de sistemas de equações algébricas lineares.

Forças nodais equivalentes. Esforços de engastamento perfeito com sinais contrários, que transformam estaticamente ações aplicadas em barras em forças nodais para efeito de determinação de deslocamentos nodais.

Forças nodais combinadas. Soma das forças externas aplicadas diretamente em ponto nodal com as forças nodais equivalentes nesse nó.

Forças virtuais. Forças fictícias quaisquer em equilíbrio em uma estrutura.

Grau de indeterminação cinemática. Número de deslocamentos não restringidos considerados na análise de uma estrutura em barras pelo método dos deslocamentos.

Grau de indeterminação estática. Número de redundantes estáticas de uma estrutura em barras.

Grau de liberdade. Deslocamento nodal não restringido adotado como incógnita primária em análise de estrutura pelo método dos deslocamentos.

Grelha. Modelo de estrutura em barras retas ou curvas, situadas em um mesmo plano, sob ações externas que as solicitam de maneira a desenvolver em cada seção transversal de barra apenas momento fletor de vetor representativo nesse plano, força cortante normal a esse plano e momento de torção.

Hipótese do diafragma. Idealização de estrutura de superfície plana como tendo rigidez infinita em seu plano e rigidez transversal nula a esse plano.

Ligação excêntrica ou em offset. Ligação entre extremidades não coincidentes de eixos de barras que impõe relações lineares entre os deslocamentos dessas extremidades.

Matriz de conectividade ou de incidência das barras. Matriz em que se relacionam os pontos nodais inicial e final de cada barra de uma estrutura.

Matriz de correspondência de deslocamentos. Matriz que relaciona a numeração local dos deslocamentos nodais de barra com a numeração global dos deslocamentos de uma estrutura.

Matriz de rotação. Matriz que transforma componentes vetoriais de um referencial cartesiano para outro referencial cartesiano, por rotação de eixos.

Matriz de rigidez global ou matriz de rigidez não restringida. Matriz de rigidez relativa aos deslocamentos nodais livres e restringidos de uma estrutura.

Matriz diagonal. Matriz quadrada em que apenas os coeficientes diagonais principais são diferentes de zero.

Matriz esparsa. Matriz com elevada percentagem de coeficientes nulos.

Matriz simétrica positiva-definida. Matriz simétrica de determinante positivo.

Matriz triangular. Matriz quadrada em que os coeficientes abaixo ou acima da diagonal principal são nulos.

Método da força unitária. De determinação de deslocamento em estrutura adequadamente vinculada por aplicação de uma força unitária no ponto e direção em que se deseja conhecer deslocamento.

Método das forças. De obtenção de redundantes estáticas em estrutura em barras, através da resolução de sistema de equações de compatibilidade de deslocamentos nos pontos e direções dessas redundantes.

Método de Cholesky. De resolução de sistemas de equações algébricas lineares em que a matriz dos coeficientes simétrica positiva-definida é fatorada no produto de uma matriz triangular inferior por sua transposta que é denominada fator de Cholesky.

Método de Crout. Variante do método de eliminação de Gauss em que cada coeficiente do fator de Gauss é obtido em uma única etapa de cálculo.

Método de eliminação de Gauss. De resolução, por eliminação de incógnitas, de sistemas de equações algébricas lineares.

Método de integração de Gauss ou de Gauss-Legendre. Método numérico de integração em que os pontos de integração são raízes de polinômios de Legendre.

Método dos deslocamentos. De obtenção de deslocamentos nodais de estrutura em barras através da resolução de sistema de equações de equilíbrio dos nós da estrutura.

Ponto nodal ou nó. Ponto em que se consideram deslocamentos quando da análise de estrutura pelo método dos deslocamentos.

Pórtico plano. Modelo de estrutura em barras retas ou curvas, situadas em um mesmo plano, sob ações que as solicitam apenas nesse plano, de maneira que em cada seção transversal de barra desenvolvam unicamente momento fletor de vetor representativo normal a esse plano, força normal e força cortante de vetor representativo nesse plano.

Pórtico espacial. Modelo de estrutura em barras em que podem ser desenvolvidos os seis esforços seccionais.

Princípio da superposição (dos efeitos). Estabelece que o comportamento de uma estrutura sob várias ações externas é igual à superposição dos seus comportamentos devidos a cada uma dessas ações agindo separadamente. Válido no caso de comportamento estático linear.

Redundantes estáticas. Reações de apoio e/ou esforços seccionais superabundantes ao equilíbrio estático de uma estrutura, também denominados hiperestáticos.

Referencial global. Referencial adotado para toda uma estrutura.

Referencial local. Referencial adotado em cada barra de uma estrutura.

Rótula. Articulação que anula momento fletor.

Seção transversal. Seção perpendicular ao eixo geométrico de barra.

Semilargura de banda ou largura de faixa. "Distância" entre o coeficiente não-nulo mais afastado da diagonal principal e o correspondente coeficiente dessa diagonal inclusive, em matriz de rigidez de estrutura.

Sistema principal do método das forças. Modelo obtido por retirada de um conjunto das redundantes estáticas em uma estrutura hiperestática de maneira a permitir a determinação de seus esforços solicitantes com as leis da estática.

Sistema principal do método dos deslocamentos. Modelo obtido por restrição dos graus de liberdade escolhidos em análise de uma estrutura em barras pelo método dos deslocamentos.

Subestrutura. Parte de uma estrutura considerada separadamente para se proceder à condensação estática de seus deslocamentos nodais interiores antes de fazer a montagem do sistema de equações de equilíbrio do método dos deslocamentos com as demais subestruturas.

Técnica de zeros e um. Técnica de introdução de condições geométricas de contorno em sistema de equações de equilíbrio do método dos deslocamentos, prescrevendo diretamente cada deslocamento conhecido através da utilização na matriz de rigidez de zeros e um.

Técnica do número grande. Técnica de introdução de condições geométricas de contorno em sistema de equações de equilíbrio do método dos deslocamentos utilizando apoio elástico de grande rigidez em cada direção de deslocamento prescrito.

Teorema dos deslocamentos virtuais. Supondo-se em uma estrutura um campo de deslocamentos virtuais, a igualdade entre o trabalho virtual externo e o trabalho virtual interno é condição necessária e suficiente de equilíbrio desta estrutura.

Teorema das forças virtuais. Supondo-se em uma estrutura em barras de comportamento linear um sistema de forças virtuais, a igualdade entre o trabalho virtual externo e o trabalho virtual interno é apenas uma forma alternativa de escrita do teorema dos deslocamentos virtuais.

Teorema da contragradiência de A. Clebsch. Se uma matriz transforma um conjunto de deslocamentos em um outro conjunto de deslocamentos, a transposta dessa matriz transforma as forças segundo esses deslocamentos em forças segundo aqueles deslocamentos.

Treliça (plana ou espacial). Modelo de estrutura em barras retas rotuladas em suas extremidades e com forças externas apenas nessas extremidades, de maneira que as barras desenvolvam unicamente força normal.

Vetor apontador. Vetor que identifica as posições dos coeficientes da diagonal principal da matriz de rigidez global quando armazenada de forma unidimensional segundo as suas alturas efetivas de coluna.

Bibliografia

Abramowitz, M. e Stegun, I. (editors), 1968, *Handbook of Mathematical Functions*, Dover Publications, Inc.

Associação Brasileira de Cimento Portland, 1967, *Vocabulário de Teoria das Estruturas*, São Paulo.

Carneiro, F. L. L. B., 1970, *Notas de Aula da Disciplina EC.540-Mecânica das Estruturas*, Coordenação dos Programas de Pós-Graduação de Engenharia da UFRJ.

Crout, P. D., 1941, *A Short Method for Evaluating Determinants and Solving Systems of Linear Equations with Real or Complex Coefficients*, AIEE Transactions, v. 60, p 1235-1240.

Dahlquist, G. e Björck A., 1974, *Numerical Methods*, Prentice Hall, Inc.

Felipa, C. A., 1975, *Solution of Linear Equations with Skyline-Stored Symmetric Matrix*, Computers & Structures, v 5, n 1, p 13-29.

Figueirôa, J. P., 1972, *Análise de Grelhas com Elementos de Eixo Curvo e Seção Variável – Aplicação ao Cálculo de Linhas de Influência em Vigas Curvas*, tese de M.Sc., COPPE/UFRJ.

Fiuza, V. C. Jr., 1978, *Análise dos Esforços em Edifícios Altos*, tese de M.Sc., COPPE/UFRJ.

Forsythe, G. E. e Moler, C. B., 1967, *Computer Solution of Linear Algebraic Systems*, Prentice-Hall, Inc.

Gere, M. J. e Weaver, W. Jr., 1965, *Matrix Algebra for Engineers*, D. Van Nostrand Company, Inc.

Gere, M. J. e Weaver, W. Jr., 1965, *Analysis of Framed Structures*, D. Van Nostrand Company, Inc.

Hall, W. (editor), 1968, *Matrix Analysis for Structural Engineers*, Prentice-Hall International, Inc.

Hetényi, M., 1967, *Beams on Elastic Foundation*, The University of Michigan Press.

Irons, B. M., 1970, *A Frontal Solution Program for Finite Element Analysis*, International Journal for Numerical Methods in Engineering, v 2, n 1, p 5-30, 1970.

ISO - International Organization for Standardization, 1978, *Mathematical Signs and Symbols for use in Physical Sciences and Technology*, 31/XI.

Jennings, A. e Tuff, A. D., 1971, *A Direct Method for the Solution of Large Sparse Symmetric Equations*, Large Sparse Sets of Linear Equations, J. K. Reid e A. E. R. E. Harwell (editors), Academic Press, Inc.

Jennings, A., 1977, *Matrix Computation for Engineers and Scientist*, John Wiley & Sons, Inc.

Jensen, H. G. e Parks, G. A., 1970, *Efficient Solution for Linear Matrix Equations*, ASCE, Journal of Structural Division, v 96, n ST1.

Martin, H. C., 1966, *Introduction to Matrix Methods of Structural Analysis*, McGraw-Hill, Inc.

Melosh, R. J., 1990, *Structural Engineering Analysis*, Prentice-Hall International, Inc.

Mondkar, D. P. e Powell, G. H., 1974, *Towards Optimal Incore Equation Solving*, Computers & Structures, v 4, n 3, p 531-548.

Mondkar, D. P. e Powell, G. H., 1974, *Large Capacity Equation Solver for Structural Analysis*, Computers & Structures, v 4, n 4, p 699-728.

Moreira, D. F., 1977, *Análise Matricial das Estruturas*, Livros Técnicos e Científicos Editora S.A.

Morice, P. B., 1959, *Linear Structural Analysis*, Robert Maclehose and Co Ltd.

Noor, A. K., Kamel, H. A. e Fulton, R. E., 1978, *Substructuring Techniques – Status and Projection*, Computers & Structures, v 8, n 5, p 621-632.

Przemieniecki, J. S., 1963, *Matrix Structural Analysis of Substructures*, AIAA Journal, v 1, n 1, p 138-147.

Przemieniechi, J. S., 1968, *Theory of Matrix Structural Analysis*, MacGraw-Hill, Inc.

Roark, R. J., 1967, *Formulas for Stress and Strain*, McGraw-Hill, Inc.

Rogers, G. L. e Causey, M. L., 1962, *Engineering Structures*, John Wiley and Sons, Inc.

Roy, J. R., 1971, *Numerical Error in Structural Solutions*, ASCE, Journal of Structural Division, v 97, n ST4, p 1039-1054.

Rubinstein, M. F., 1970, *Structural Systems – Statics, Dynamics and Stability*, Prentice-Hall, Inc.

Sloan, A. W., 1986, *An Algorithm for Profile and Wavefront Reduction of Sparse Matrices*, International Journal for Numerical Methods in Engineering, v 23, p 239-251.

Sloan, A. W. e Ng, W. S., 1989, *A Direct Comparison of Three Algorithms for Reducing Profile and Wavefront*, Computers & Structures, v 33, n 2, p 411-419.

Soriano, H. L., 1972, *Formulação dos Métodos de Gauss e de Cholesky para a Análise Matricial de Estruturas*, publicação técnica nº 11.72, COPPE/UFRJ.

Soriano, H. L., 1981, *Sistemas de Equações Algébricas Lineares em Problemas Estruturais*, Laboratório Nacional de Engenharia Civil, Lisboa, Portugal.

Soriano, H. L. e Souza Lima, S., 1993, *Análise Matricial em Computadores: Estruturas Reticuladas*, SR-2, Cadernos Didáticos, UFRJ.

Venancio Filho, F. 1975, *Análise Matricial de Estruturas - Estática, Estabilidade, Dinâmica*, Almeida Neves - Editores, Ltda.

Wang, C. K., 1966, Matrix Methods of Structural Analysis, International Textbook Company.

Wang, P. C., 1966, *Numerical and Matrix Method in Structural Mechanics, with Applications to Computers*, John Wiley & Sons.

Weaver, W. Jr., 1967, *Computer Programs for Structural Analysis*, McGraw-Hill, Inc.

Wilkinson, J. H., 1965, *The Algebraic Eigenvalue Problem*, Clarendon Press.

Willems, N. e Lucas, W. M., Jr., 1968, *Matrix Analysis for Structural Engineers*, Prentice-Hall, Inc.

Willians, F. W., 1973, *Comparison between Sparse Stiffness Matrix and Sub-structure Methods*, International Journal for Numerical Methods in Engineering, v 5, n 3, p 383-394.

Notações

As notações são definidas quando da primeira ocorrência ao longo do texto. A seguir são descritas apenas as de cunho mais geral:

- A barra sobre a notação indica grandeza virtual.

- O til sob a notação indica matriz coluna (pseudovetor) e matriz quadrada ou retangular, também representados por $\{\cdot\}$ e por $[\,\cdot\,]$, respectivamente.

- Matriz transposta é representada por $[\,\cdot\,]^t$.

- Matriz linha é representada por $\{\cdot\}^t$ e por $\lfloor\cdot\rfloor$.

- Vetor de seta dupla representa rotação ou momento.

- O índice inferior G em notação matricial denota grandezas no referencial global da estrutura.

- O índice inferior L em notação matricial denota grandezas em referencial local de barra.

- O índice superior i em variável ou a numeração superior em notação matricial denota a barra que diz respeito.

- O índice inferior ℓ em notação matricial denota direção não restringida.

- O índice inferior p em notação matricial denota direção restringida.

F,P	-	Força concentrada.
R	-	Reação de apoio ou raio.
$\underset{\sim}{R}$	-	Matriz de rotação.
p	-	Força distribuída por unidade de comprimento.
N,M,V,T	-	Esforços seccionais, a saber: força normal, momento fletor, força cortante e momento de torção, respectivamente. M também representa momento externo aplicado.
t,g_t	-	Variação de temperatura e gradiente de temperatura, respectivamente.
g	-	Número de graus de liberdade por ponto nodal.
E,G	-	Módulos de elasticidade longitudinal e transversal, respectivamente.
A,I,A_v,J	-	Propriedades de seção transversal de barra, a saber: área, momento de inércia, área efetiva de cisalhamento (área da seção dividida pelo fator de cisalhamento f) e momento de inércia à torção (momento de inércia polar no caso de seção circular), respectivamente.

α	-	Coeficiente de dilatação térmica ou ângulo.
$\underset{\sim}{\alpha}$	-	Matriz de correspondência de deslocamentos entre as numerações locais e a numeração global.
$\underset{\sim}{M}$	-	Matriz de conectividade ou de incidência das barras.
$\underset{\sim}{T}$	-	Matriz de transformação.
$\underset{\sim}{I}$	-	Matriz identidade.
X,Y,Z	-	Eixos do referencial global.
x,y,z	-	Eixos do referencial local.
x^s, y^s, z^s	-	Eixos em seção transversal com x^s tangente ao eixo geométrico de barra curva.
ξ, ξ_i	-	Coordenada adimensional no intervalo $[-1,+1]$ e pontos de integração, respectivamente.
w_i	-	Fatores-peso de método de integração numérica.
δ	-	Deslocamento de seção transversal.
δ_{i0}	-	Coeficiente de carga no método das forças.
$\underset{\sim 0}{\delta}$	-	Vetor dos coeficientes de carga no método das forças.
δ_{ij} com $j \neq 0$	-	Coeficiente de flexibilidade.
$\underset{\sim}{\Delta}$	-	Matriz de flexibilidade.
$\underset{\sim}{X}$	-	Vetor das redundantes estáticas no método das forças.
$\underset{\sim}{d}, \underset{\sim}{f}$	-	Vetores dos deslocamentos nodais e das forças nodais, respectivamente.
$\underset{\sim \ell}{d}, \underset{\sim \not p}{d}$	-	Vetores dos nodais livres e prescritos, respectivamente.
$\underset{\sim \ell}{f}, \underset{\sim \not p}{f}$	-	Vetores das forças nodais externas e das reações de apoio, respectivamente.
$\underset{\sim L}{u}^i, \underset{\sim G}{u}^i$	-	Vetor dos deslocamentos nodais da i-ésima barra no referencial local e no referencial global, respectivamente.
$\underset{\sim L}{a}^i, \underset{\sim G}{a}^i$	-	Vetor dos esforços nodais da i-ésima barra no referencial local e no referencial global, respectivamente.
k	-	Coeficiente de mola ou coeficiente de rigidez.
$\underset{\sim L}{k}^i, \underset{\sim G}{k}^i$	-	Matriz de rigidez da i-ésima barra no referencial local e no referencial global, respectivamente.
$\underset{\sim \ell \ell}{K}, \underset{\sim}{K}$	-	Matriz de rigidez da estrutura restringida e não restringida, respectivamente.
$\underset{\sim}{G}$	-	Fator de Gauss e matriz de identificação de grupos de alturas efetivas de colunas.
$\underset{\sim}{U}$	-	Fator de Cholesky.

Relação das Fotos

Relação das Tabelas

Índice